河南省"十四五"普通高等教育规划教材

应用型本科院校土木工程专业系列教材

YINGYONGXING BENKE YUANXIAO TUMU GONGCHENG ZHUANYE XILIE JIAOCAI

第4版

混凝土结构设计原理

HUNNINGTU JIEGOU SHEJI YUANLI

主　编■刘志钦　张玉新

副主编■郝　晓　马政伟

参　编■王　仪　武海荣　赵　晋

　　　　屈讼昭　刘方方　张锋剑

重庆大学出版社

内容提要

本书共 11 章,内容包括:绪论,混凝土结构所用材料的性能,混凝土结构设计的基本原则,轴心受力构件正截面承载力计算,受弯构件正截面承载力计算,受弯构件斜截面承载力计算,受扭构件承载力计算,偏心受力构件承载力计算,混凝土构件的裂缝、挠度和耐久性验算,预应力混凝土构件,混凝土现浇楼盖设计。为方便学生自学、自检和自测,各章设有学习要点、小结、思考题和习题。

本书可作为应用型本科院校土木工程专业教材,也可作为相关专业的成人本科教材,还可作为土建工程技术人员的参考用书。

图书在版编目(CIP)数据

混凝土结构设计原理 / 刘志钦,张玉新主编. -- 4
版. -- 重庆:重庆大学出版社,2023.5
应用型本科院校土木工程专业系列教材
ISBN 978-7-5624-9411-9

Ⅰ.①混… Ⅱ.①刘… ②张… Ⅲ.①混凝土结构—
结构设计—高等学校—教材 Ⅳ.①TU370.4

中国版本图书馆 CIP 数据核字(2022)第 173062 号

河南省"十四五"普通高等教育规划教材
应用型本科院校土木工程专业系列教材

混凝土结构设计原理

（第 4 版）

主 编 刘志钦 张玉新
副主编 郝 晓 马政伟
策划编辑:林青山 刘颖果

责任编辑:刘颖果 版式设计:刘颖果
责任校对:谢 芳 责任印制:赵 晟

*

重庆大学出版社出版发行
出版人:饶帮华
社址:重庆市沙坪坝区大学城西路 21 号
邮编:401331
电话:(023)88617190 88617185(中小学)
传真:(023)88617186 88617166
网址:http://www.cqup.com.cn
邮箱:fxk@ cqup.com.cn(营销中心)
全国新华书店经销
重庆亘鑫印务有限公司印刷

*

开本:787mm×1092mm 1/16 印张:22.5 字数:563 千
2023 年 5 月第 4 版 2023 年 5 月第 7 次印刷
印数:12 001—14 000
ISBN 978-7-5624-9411-9 定价:59.00 元

前　言

"混凝土结构设计原理"是土木工程专业的重要专业基础课,在培养学生建立混凝土结构设计原理基本知识体系、综合设计能力和土木工程实践能力等方面有着重要的地位,能为后续专业设计课程的学习和毕业后持续学习土木工程专业相关领域知识打下良好的理论基础。

本书坚持以习近平新时代中国特色社会主义思想为指导,深入贯彻习近平总书记关于教材建设工作的重要指示批示精神,全面落实立德树人根本任务,根据高等学校土木工程专业指导委员会制订的土木工程专业培养方案关于该课程的教学大纲要求,同时参考《混凝土结构设计规范》(GB 50010—2010,2015 年版)、《混凝土结构通用规范》(GB 55008—2021)、《工程结构通用规范》(GB 55001—2021)、《建筑结构可靠性设计统一标准》(GB 50068—2018)、《钢筋混凝土用钢　第 2 部分:热轧带肋钢筋》(GB/T 1499.2—2018)等现行国家标准、规范进行编写。

本书共 11 章,分别是:绪论,混凝土结构所用材料的性能,混凝土结构设计的基本原则,轴心受力构件承载力计算,受弯构件正截面承载力计算,受弯构件斜截面承载力计算,受扭构件承载力计算,偏心受力构件承载力计算,混凝土构件的裂缝、挠度和耐久性验算,预应力混凝土构件设计,以及混凝土现浇楼盖设计。

本书主要特色体现在:知识点由浅入深,解题思路清晰,易于理解和掌握;例题中融入二级注册结构工程师 2011—2021 年部分考试真题,提升学生综合应用知识解决问题的能力;数字资源丰富,省级精品在线课程(https://www.icourse163.org/course/HNCJ - 1003363032? from = searchPage)同步学习。

参与本书修订工作的有:广西大学张玉新(第 5 章 5.7 节),河南城建学院郝晓(第 11 章),河南城建学院马政伟(第 5 章 5.1 节至 5.6 节、5.8 节,第 6 章 6.1 节至 6.5 节、6.7 节),河南城建学院王仪(第 1 章、第 2 章、第 8 章 8.3 节至 8.5 节),河南城建学院武海荣(第 9 章),河南城建学院赵晋(第 7 章、第 8 章 8.1 节至 8.2 节),河南城建学院屈讼昭(第 3 章、第

10 章）,河南城建学院刘方方（第 4 章）,河南城建学院张锋剑（第 6 章 6.6 节）。全书由河南城建学院刘志钦定稿。

感谢参与本书第一版编写的北华航天工业学院王振武老师、新疆农业大学刘晓娟老师、广州大学张春梅老师和海南大学杨竹鹃老师。

由于作者水平有限,对本书存在的不足之处,希望广大读者给予批评指正。

编　者

2022 年 12 月

目　录

混凝土结构设计原理
Hunningtu Jiegou Sheji Yuanli

1

绪 论

1.1 混凝土结构的基本概念

混凝土结构是以混凝土为主要材料制作的结构,主要包括素混凝土结构、钢筋混凝土结构、型钢混凝土结构、钢管混凝土结构、预应力混凝土结构及纤维混凝土结构。混凝土结构广泛应用于建筑、桥梁、隧道、水利及港口等工程中。

素混凝土结构是指无筋或不配置受力钢筋的混凝土结构。素混凝土是针对钢筋混凝土、预应力混凝土等而言的。由于无钢筋参与受力,其承载性能主要由混凝土决定,而混凝土的抗拉强度很低,因此该类结构主要应用在结构构件处于受压的状况下,如轴心受压的柱子等。

混凝土结构
的基本概念

钢筋混凝土结构是指用钢筋作为配筋的普通混凝土结构。图 1.1 为常见钢筋混凝土结构和构件的配筋实例。其中,图 1.1(a)为钢筋混凝土简支梁的配筋情况,图 1.1(b)为钢筋混凝土简支平板的配筋情况,图 1.1(c)为装配式钢筋混凝土单层工业厂房边柱的配筋情况,图 1.1(d)为钢筋混凝土杯形基础的配筋情况,图 1.1(e)为两层单跨钢筋混凝土框架的配筋情况。由图 1.1 可见,在不同的结构和构件中,钢筋的位置及形式不完全相同。因此,在钢筋混凝土结构和构件中,钢筋和混凝土不是任意结合的,而是根据结构构件的形式和受力特点,在其受拉或受压部位布置某种规格和一定数量的钢筋。

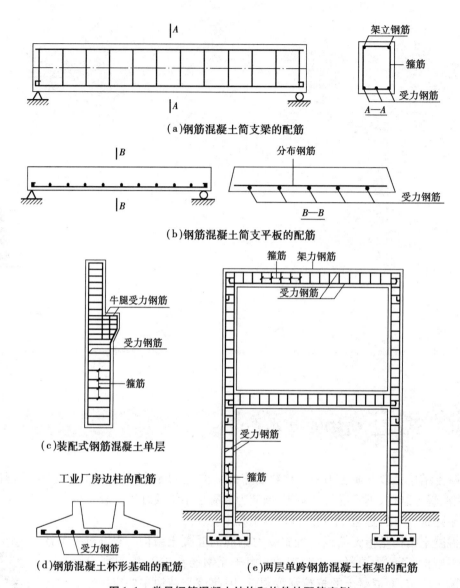

图 1.1 常见钢筋混凝土结构和构件的配筋实例

型钢混凝土结构及钢管混凝土结构具有承载能力大、抗震性能好等特点,但耗钢量较多,造价较高,一般在高层、大跨或抗震要求较高的工程中采用。

预应力混凝土结构是指在结构构件制作时,在其受拉部位人为地预先施加压应力的混凝土结构,主要应用在大跨度的板和梁等梁式构件中。

纤维混凝土结构是指在混凝土结构中加入各种纤维材料(如玻璃纤维、钢纤维等)形成的混凝土结构。其目的主要是用纤维材料代替钢筋,发挥纤维材料轻质、高强等受力性能。其应用领域主要由纤维的材料性能决定,如钢纤维混凝土在隧道、地铁、机场、高架路床、溢洪道以及防爆防震等工程中应用广泛,而玻璃纤维混凝土主要用于非承重与次要承重的构件中。

▶ **1.1.1 本课程的研究对象**

在土木工程中,按应用领域分,结构可分为建筑结构、桥梁结构、水电结构和其他特种结构。

本书主要依据《混凝土结构设计规范》(GB 50010—2010,2015 年版)(以下简称"现行《混凝土结构设计规范》"),研究建筑结构中的普通混凝土结构和预应力混凝土结构的材料性能、设计原则,以及各种基本构件的设计计算方法和构造措施。

▶ **1.1.2 钢筋混凝土结构的基本概念**

通过对比简支梁试验进行说明。

试件基本参数:跨度 4 m,截面尺寸 $b \times h = 200$ mm$\times 300$ mm,混凝土强度等级 C20。

图 1.2(a)为素混凝土梁;图 1.2(b)为在受拉区布置 3 根直径 16 mm 的 HPB300 级钢筋(记作 3 ϕ 16),并在受压区布置 2 根直径 10 mm 的架立钢筋和适量箍筋的钢筋混凝土梁,二者试验对比结果列入表 1.1 中;图 1.2(c)为素混凝土梁与钢筋混凝土梁跨中弯矩与挠度关系曲线。

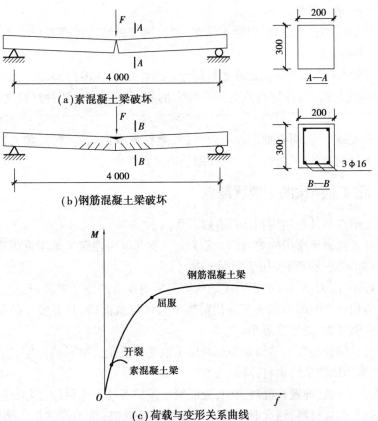

图 1.2 素混凝土梁与钢筋混凝土梁的破坏情况对比

表 1.1　素混凝土梁与钢筋混凝土梁破坏过程对比

梁的配筋	破坏特征	截面材料强度利用	承受破坏荷载 F/kN
3 ϕ 16 纵向受拉筋,配筋率 1%	正截面裂而不坏,梁经历较明显的弯曲变形后,上侧混凝土被压碎,破坏时变形较大	受拉钢筋应力达到屈服,上侧混凝土受压可达到极限压应变	36
无筋	正截面一裂即断,脆性明显,破坏时变形很小	全截面混凝土被拉裂	8

因此,在混凝土结构中配置一定数量的钢筋,可以获得以下效果:

①结构的承载能力和变形能力有很大提高。

②结构的受力性能得到显著改善。

将两种性能极不相同的材料结合在一起共同工作,使其发挥各自抗拉、抗压强度的特长,可以使梁具有较高的承载能力和较好的经济效益。实践证明,这两种材料能够有效结合在一起共同工作的主要原因基于以下几点:

①混凝土结硬后,能与钢筋牢固地黏结在一起,由于黏结力的存在使二者在荷载的作用下能共同工作、协调变形。

②钢筋和混凝土两种材料的线膨胀系数相近。钢筋为 $1.2 \times 10^{-5}/℃$,混凝土为 $(1.0 \sim 1.5) \times 10^{-5}/℃$。当温度变化时,两种材料不会产生较大的相对变形而使两种材料之间的黏结应力受到破坏。

③钢筋埋置混凝土中,对钢筋形成有效保护,能够克服钢筋易锈蚀、防火性差等缺点,同时可以提高受压区钢筋的稳定性,充分发挥钢筋的材料性能。

▶　**1.1.3　混凝土结构的主要优缺点**

钢筋混凝土结构与其他结构相比具有以下优点:

①就地取材。混凝土所用的主材(砂、石料)一般可以由建筑工地附近供应。另外,还可以将工业废料(如矿渣、粉煤灰)用于混凝土中。

②整体性好,刚度大。现在的混凝土结构大多采用现浇的施工方法,相对砌体结构而言,钢筋混凝土结构构件之间的节点大多采用混凝土整体浇筑而成,具有较好的整体性。另外,钢筋混凝土结构刚度大,受力变形小。

③节约钢材。钢筋混凝土结构合理地利用了钢筋和混凝土材料的性能,发挥了二者各自的优势,与钢结构相比能节约钢材,降低成本。

④耐久、耐火。钢筋埋置在混凝土中,受混凝土保护不易发生锈蚀,因而提高了结构的耐久性。混凝土是非燃烧材料,遇火时不像木结构那样易燃烧,也不像钢结构那样很快软化而破坏,具有较好的耐火性。

⑤可模性好。钢筋混凝土构件可根据外形需要浇筑成任何形状。

钢筋混凝土结构也具有下述主要缺点:

①结构自重大。钢筋混凝土的重度约为 25 kN/m³,比砌体和木材的重度(19 kN/m³, 5 kN/m³)大,尽管钢材的重度(79 kN/m³)大,但钢材的强度高,在相同的内力下,钢筋混凝土结构的截面尺寸比钢结构的截面尺寸大很多,因此其自重远大于相同跨度或高度的钢结构。

②抗裂性能差。混凝土的抗拉强度很低,一般构件都存在拉应力,配置钢筋以后虽然可以提高构件的承载力,但抗裂能力提高很少,因此普通钢筋混凝土结构经常带裂缝工作。这对构件的刚度和耐久性都带来不利的影响。预应力结构可减轻此缺点带来的影响。

③费工费模。现在混凝土结构大多采用现浇的施工方法,费工时较多,且施工受季节气候条件的限制。模板消耗量大,若采用木模,则耗费大量的木材,增加成本,污染环境。

综上所述,钢筋混凝土结构的优点远多于缺点。因此,它已经在房屋建筑、地下结构、桥梁、隧道、水利、港口等工程中得到广泛应用,而且人们已经研究出许多克服其缺点的有效措施,这进一步推动了混凝土结构的应用和发展。

1.2 混凝土结构的发展及其应用概况

▶ 1.2.1 混凝土结构的发展概况及其应用

现代混凝土结构是随着水泥和钢铁工业的发展而发展起来的。混凝土作为一种工程材料,在土木工程各个领域取得了飞速发展和广泛应用。

1824 年,英国约瑟夫·阿斯普丁(Joseph Aspdin)发明了波特兰水泥,在 19 世纪 50 年代,钢筋混凝土结构开始被用来建造各种简单的楼板、柱、基础等。1890 年,旧金山建造了一幢两层高、约 95 m 长的钢筋混凝土美术馆。进入 20 世纪,钢筋混凝土结构有了较快发展,许多国家陆续建造了一些建筑、桥梁、码头和堤坝。20 世纪 30 年代,钢筋混凝土开始应用于空间结构,如薄壳、折板,在这期间预应力混凝土结构也得到了广泛的研究与应用。第二次世界大战以后,重建城市的任务十分繁重,必须加快建设速度,于是加速了钢筋混凝土结构工业化施工方法的发展进程,工厂生产的预制构件也得到了较广泛的应用。由于混凝土和钢筋材料强度不断提高,钢筋混凝土结构和预应力混凝土结构的应用范围也不断向大跨和高层发展。我国在 1998 年建造的上海金茂大厦,其主体结构为钢筋混凝土,主楼 88 层,高 420.5 m。1997 年建成的万州长江大桥(原名万县长江大桥)是当时世界上跨径和规模最大的钢筋混凝土拱桥,桥拱净跨 420 m。

在计算理论与设计方法方面,也经历了以下 3 个发展阶段:

①20 世纪 50 年代以前,混凝土结构处于允许应力法阶段;截面设计方法由按弹性理论计算法改进为按破损阶段计算法。

②20 世纪 50—60 年代,混凝土结构采用半经验半概率的极限状态设计法;将数理统计方法用于结构设计中,奠定了现代观念钢筋混凝土结构的基本计算理论。

③20 世纪 60 年代至今,混凝土结构发展形成了近似全概率的可靠度极限状态设计法。我国现行的《混凝土设计规范》(GB 50010—2010,2015 年版)即采用这种以概率理论为基础的极限状态设计法。

▶ **1.2.2　混凝土结构的发展展望**

随着人们对混凝土材料性能的深入研究,钢筋混凝土结构在土木工程领域必将得到更广泛的应用。混凝土向着轻质高强的理想目标不断前进。混凝土的抗拉强度有可能达到200 MPa,而混凝土的拉、压强度比从目前的1/10提高到1/2,并且具有早强、收缩徐变小的特性。重度为 14～18 kN/m³ 的轻骨料(陶粒、浮石)混凝土和多孔混凝土得到迅速发展。此外,纤维混凝土等聚合物混凝土也正在研究发展中,有的已在实际工程中开始应用。

伴随混凝土和钢筋等材料的不断升级和建造技术的发展,未来建造 600～900 m 的钢筋混凝土建筑,跨度达 500～600 m 的钢筋混凝土桥梁,以及钢筋混凝土海上浮动城市、海底城市、地下城市等将成为可能。

1.3　本课程的特点及学习方法

"混凝土结构设计原理"课程主要是围绕房屋建筑中的混凝土结构构件的受力性能、计算方法和构造要求等问题进行讨论。本课程在内容、研究方法上都与力学课程有很大的不同,这些特点概括起来包括以下两个方面:

1)材料性能的特殊性

材料力学研究的是单一、匀质、连续、弹性材料的构件。本课程研究的是由钢筋和混凝土两种材料组成的构件,而且混凝土是非匀质、非连续、非弹性的材料。因此,材料力学公式可直接应用的情况不多,但是通过几何、物理、平衡关系建立基本方程的途径是相同的,同时在每一种关系的具体内容上则需要考虑钢筋混凝土性能的特点。

钢筋混凝土构件是由两种材料组成的复合材料构件,因此就存在着两种材料在数量上和强度上的匹配问题。如果钢筋在截面面积上的比例和材料强度上的匹配超过了一定的界限,则会引起构件受力性能的改变。这是单一材料构件所没有的特点,而对于钢筋混凝土构件,则是一个既具有基本理论意义,又具有工程实际意义的问题。这是学习本课程需要特别注意的方面。

由于混凝土材料力学性能的复杂性和离散性,目前还没有建立起较为完善的强度和变形理论。有关混凝土的强度和变形理论,在很大程度上依赖于试验给出的经验公式。在学习本课程时要重视构件的试验研究,掌握通过试验现象观察到的构件受力性能变化,以及受力分析所采用的基本假定的试验依据,在运用计算公式时应特别注意其适用条件和范围。

2)设计的综合性

力学课程侧重于构件的应力(或内力)和变形计算,它们的习题答案往往是唯一的。而混凝土结构解决的不仅仅是强度和变形计算问题,更重要的是构件和结构的设计问题,包括材料选用、结构方案、构件类型的确定和配筋构造等。结构设计是一个综合性的问题,在进行结构布置、构造处理时,不仅要考虑结构受力的合理性,同时还要考虑使用要求、材料、造价、施工等方面的问题,即要根据安全适用、经济合理、技术先进的原则,对各项指标进行全面综合的分析比较。因此,在学习本课程时,要注意培养学生对多种因素进行综合分析的能力。

在学习本课程的过程中要学会运用规范,这是在力学课程中不曾遇到的问题。在熟悉、运用规范时,注意力应不限于规范所列具体条文、公式、表格,更重要的是要对规范条文的概念和实质有正确的理解和把握,只有这样才能准确地运用规范,充分发挥设计者的主动性和创造性。

思考题

1.1 混凝土结构的类型有哪些? 什么是钢筋混凝土结构?

1.2 钢筋混凝土梁与素混凝土梁相比,结构的性能有哪些不同?

1.3 钢筋混凝土结构有哪些主要优缺点?

1.4 钢筋与混凝土共同工作的主要原因是什么?

1.5 本课程主要包括哪些内容? 学习本课程要注意哪些问题?

混凝土结构所用材料的性能

〖**本章学习要点**〗

本章主要介绍钢筋和混凝土的强度、变形性能以及二者共同工作的原理。通过本章学习,要求熟悉钢筋的品种、级别以及钢筋的强度及变形性能;掌握混凝土结构对钢筋性能的要求;熟悉混凝土在各种受力状态下的强度及变形性能;掌握混凝土的选用原则;了解钢筋和混凝土共同工作的原理;熟悉保证钢筋和混凝土之间可靠黏结的构造措施。

2.1 钢 筋

▶ 2.1.1 钢筋的品种、级别与选用

混凝土结构中所使用的钢筋按化学成分,可分为碳素钢和普通低合金钢两大类;按钢筋加工工艺不同,可分为热轧钢筋、消除应力钢丝、螺旋肋钢丝、刻痕钢丝、钢绞线及热处理钢筋6种。《混凝土结构设计规范》(GB 50010—2010,2015年版)规定,用于钢筋混凝土结构和预应力混凝土结构中的普通钢筋,可采用热轧钢筋;用于预应力混凝土结构中的预应力钢筋,可采用预应力钢丝、钢绞线和预应力螺纹钢筋。

钢筋的品种与级别

热轧钢筋由低碳钢、普通低合金钢或细晶粒钢在高温状态下轧制而成。热轧钢筋为软钢,其应力-应变曲线有明显的屈服点和流幅,断裂时有"颈缩"现象,伸长率较大。根据力学指标的高低,钢筋级别分为HPB300级(符号Φ)、HRB400级(符号Φ)、RRB400级(符号Φ^R)、HRB400E级(符号Φ^E)、HRBF400级(符号Φ^F)、HRBF400E级(符号Φ^{FE})、HRB500级(符号

⏀）、HRB500E 级（符号Φ^E）、HRBF500 级（符号Φ^F）、HRBF500E 级（符号Φ^{FE}）、HRB600 级（符号规范暂未规定）。其中，HPB300 级为低碳钢，外形为光圆钢筋；HRB400 级、HRB400E 级、HRB500 级、HRB500E 级、HRB600 级为低合金钢，HRBF400 级、HRBF400E 级、HRBF500 级、HRBF500E 级为细晶粒钢筋，均在表面轧有月牙肋，统称为变形钢筋。钢筋级别尾部的字母"E"表示具有抗震性能的普通热轧，标志着钢筋产品达到了国家颁布的"抗震"标准。

钢筋的化学成分以铁元素为主，还含有少量的其他元素，这些元素也影响着钢筋的力学性能。其中，HPB300 级为低碳钢，强度较低，但有较好的塑性；HRB400 级、HRB500 级、HRB600 级为低合金钢，其成分除每级递增碳元素的含量外，再分别加入少量的锗、硅、钒、钛等元素，以提高钢筋的强度。目前我国生产的低合金钢有锰系（20MnSi，25MnSi）、硅钒系（40Si2MnV，45SiMnV）、硅钛系（45Si2MnTi）、硅锰系（40Si2Mn，48Si2Mn）、硅铬系（45Si2Cr）等系列。钢筋中碳的含量增加，强度就随之提高，不过塑性和可焊性有所降低。一般低碳钢含碳量≤0.25%，高碳钢含碳量为 0.6% ~ 1.4%。在钢筋的化学成分中，磷和硫是有害元素，磷、硫含量多的钢筋其塑性就大为降低，容易脆断，而且影响焊接质量，因此对其含量要予以限制。

消除应力钢丝是将钢筋拉拔后校直，经中温回火消除应力并稳定化处理的光面钢丝。螺旋肋钢丝是以普通低碳钢或低合金钢热轧的圆盘条为母材，经冷轧减径后在其表面冷轧成两面或三面有月牙肋的钢筋。光面钢丝和螺旋肋钢丝按直径可分为5.0 mm，7.0 mm 和9.0 mm 三种。

刻痕钢丝是在光面钢丝的表面进行机械刻痕处理，以增加与混凝土的黏结力，分 5 mm，7.0 mm 两种。

钢绞线是由多根高强钢丝捻制在一起，经低温回火处理消除应力后制成，分为 1×3 和 1×7 两种。

热处理钢筋是将特定强度的热轧钢筋通过加热、淬火和回火等调质工艺处理的钢筋。热处理后的钢筋强度能得到较大幅度的提高，而塑性降低并不多。热处理钢筋为硬钢，其应力-应变曲线没有明显的屈服点和流幅，伸长率较小，质地硬脆。常见的热处理钢筋有 40Si2Mn，48Si2Mn 和 45Si2Cr 三种。

混凝土结构中所采用的钢筋也可分为柔性钢筋和劲性钢筋两大类，如图 2.1 所示。柔性钢筋即一般的普通钢筋，是主要使用的钢筋形式。根据柔性钢筋的外形不同，可分为光圆钢筋与变形钢筋，变形钢筋有螺纹形、人字纹形和月牙纹形等，其中以月牙纹形使用最为广泛。

光圆钢筋直径为 6 ~ 22 mm，变形钢筋的公称直径为 6 ~ 50 mm，公称直径即与其公称截面面积相等的圆的直径。当钢筋直径在 12 mm 以上时，通常采用变形钢筋；当钢筋直径在 6 ~ 12 mm 时，可采用变形钢筋，也可采用光圆钢筋。直径小于 6 mm 的钢筋常称为钢丝，钢丝外形多为光圆，但因其强度很高，故也有在表面刻痕以加强钢丝与混凝土的黏结作用。

钢筋混凝土结构构件中的钢筋网、平面和空间的钢筋骨架可采用铁丝将柔性钢筋绑扎成型，也可采用焊接网和焊接骨架。

劲性钢筋是以角钢、槽钢、工字钢、钢轨等型钢作为结构构件的配筋。劲性钢筋本身刚度很大，施工时模板及混凝土的重力可以由劲性钢筋本身来承担，因此能加速并简化支模工作，承载力也比较大。

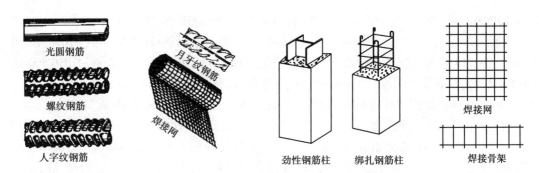

| 光圆钢筋 | 月牙纹钢筋 | 劲性钢筋柱 | 绑扎钢筋柱 | 焊接网 |

螺纹钢筋　焊接网　人字纹钢筋　焊接骨架

图2.1　钢筋的各种形式

▶ 2.1.2　钢筋的强度与变形

钢筋的强度与变形(包括弹性和塑性变形)可以通过单向拉伸试验所得到的钢筋应力-应变曲线来说明。钢筋的应力-应变曲线有两类:一类是有明显流幅的应力-应变曲线(图2.2),如热轧低碳钢和普通热轧低合金钢所制成的钢筋等;另一类是没有明显流幅的应力-应变曲线(图2.3),如热处理钢筋、高碳钢制成的钢筋等。

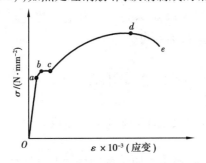

图2.2　有明显流幅的钢筋应力-应变曲线　　图2.3　无明显流幅的钢筋应力-应变曲线

图2.2是有明显流幅的钢筋的典型应力-应变曲线。从图中可以看到,oa为一段斜直线,其应力与应变之比为常数,应变在卸荷后能完全消失,称为弹性阶段,与a点相应的应力称为比例极限(或弹性极限)。应力超过a点之后,钢筋中晶粒开始产生相互滑移错位,应变比应力增长得稍快,除弹性应变外,还有卸荷后不能消失的塑性变形。到达b点后,钢筋开始屈服,此时荷载不增加,应变却继续发展增加很多,出现水平段bc,bc段称之为流幅或屈服平台,b点则称为屈服点,与b点相应的应力称为屈服应力或屈服强度。经过屈服阶段之后,钢筋内部晶粒经调整重新排列,抵抗外荷载的能力又有所提高,cd段称为强化阶段,d点相应的应力称为钢筋的极限强度,而与d点应力相应的荷载是试件所能承受的最大荷载,称为极限荷载。过d点之后,在试件的最薄弱截面出现横向收缩,截面逐渐缩小,塑性变形迅速增大,出现所谓"颈缩"现象,此时应力随之降低,直至e点试件断裂。实用上,图2.2所示曲线可分为4个阶段:弹性阶段ob、屈服阶段bc、强化阶段cd和破坏阶段de。

钢筋的力学性能

对于有明显流幅的钢筋,一般取屈服点作为钢筋设计强度的依据。因为屈服之后,钢筋的塑性变形将急剧增加,钢筋混凝土构件将出现很大的变形和过宽的裂缝,以致不能满足正常使用要求。因此,构件大多在钢筋尚未或刚进入强化阶段即产生破坏。但在个别意外的情况和抗震结构中,受拉钢筋可能进入强化阶段,故而钢筋的极限强度也不能过低,若与屈服强度太接近则比较危险。

试验表明,钢筋的受压性能与受拉性能类同,其受拉和受压弹性模量也是相同的。

在图2.2中,e点对应的横坐标代表了钢筋的极限应变,即伸长率,它和钢筋的流幅(bc段)长短都因钢筋的品种而有所不同,能够反映钢筋的塑性性能,一般与材质含碳量成反比。含碳量越低则钢筋的流幅越长、伸长率越大,即标志着钢筋的塑性性能好。这类钢筋不致突然发生危险的脆性破坏,因为断裂前钢筋有相当大的变形,足够给出构件即将破坏的预告。因此,强度和塑性这两个方面的要求,都是选用钢筋的必要条件。

钢筋的变形性能

对于无明显流幅的钢筋,钢筋的应力-应变曲线如图2.3所示。此类钢筋的比例极限大约相当于其极限强度的75%,一般取极限强度的80%,即取残余应变为0.2%时的应力$\sigma_{0.2}$作为条件屈服点。一般来说,含碳量高的钢筋,质地较硬,没有明显的流幅,其强度高,但伸长率低,下降段极短促,其塑性性能较差。

冷弯性能是检验钢筋塑性性能的另一项指标。为使钢筋在加工使用时不开裂、弯断或脆断,可对钢筋试件进行冷弯试验(图2.4),要求钢筋围绕某个规定直径D(D规定为$1d,2d,3d$等)的辊轴弯曲一定角度(90°或180°)而不产生裂缝、脱落或断裂现象。弯曲角度越大、辊轴直径D越小,钢筋的塑性就越好。冷弯试验较受力均匀的拉伸试验能更有效地揭示材质的缺陷,冷弯性能是衡量钢筋力学性能的一项综合指标。

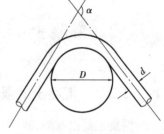

图2.4　钢筋的冷弯试验

此外,根据需要,钢筋还可做冲击韧性试验和反弯试验,以确定钢筋的有关力学性能。

我国国家标准对混凝土结构所用钢筋的机械性能作出规定:对于有明显流幅的钢筋,其主要指标为屈服强度、极限强度、伸长率和冷弯性能;对于没有明显流幅的钢筋,其主要指标为抗拉强度、伸长率和冷弯性能。

▶ 2.1.3　混凝土结构对钢筋性能的要求

用于混凝土结构中的钢筋,一般应能满足下列要求:

①钢筋的强度。钢筋的强度指的是钢筋的屈服强度(或条件屈服强度)和极限强度。屈服强度是设计计算时的主要依据,屈服强度高则材料用量省,因此要选用高强度钢筋;另一个是钢筋的极限强度,屈服强度与极限强度的比值称为屈强比,它代表了结构的强度储备,比值小则结构的强度储备大,但比值太小则钢筋强度的有效利用率太低,因此要选择适当的屈强比。

②钢筋的塑性。要求钢材有一定的塑性是为了使钢筋在断裂时有足够的变形,在混凝土结构中,能使构件在破坏之前显示出预警信号,以保证安全。此外,在施工时,钢筋要经受各种加工,因此钢筋要保证冷弯试验的要求。屈服强度、极限强度、伸长率和冷弯性能是钢筋强度和变形的四项主要指标。

③钢筋的可焊性。要求钢筋具备良好的焊接性能,保证焊接强度,焊接后钢筋不产生裂纹及过大的变形。

④钢筋的耐久性和耐火性。细直径钢筋,尤其是冷加工钢筋和预应力钢筋,容易遭受腐蚀而影响表面与混凝土的黏结性能,甚至削弱截面,降低承载力。环氧树脂涂层钢筋或镀锌钢丝均可提高钢筋的耐久性,但降低了钢筋与混凝土间的黏结性能,设计时应注意这种不利影响。热轧钢筋的耐火性能最好,冷拉钢筋其次,预应力钢筋最差。设计时应注意设置必要的混凝土保护层厚度,以满足对构件耐火极限的要求。

⑤钢筋的抗低温性能。在寒冷地区,要求钢筋具备抗低温性能,以防钢筋低温冷脆而致破坏。

⑥钢筋与混凝土的黏结力。黏结力是钢筋与混凝土得以共同工作的基础,在钢筋表面加以刻痕或制成各种纹形,都有助于或大大提高黏结力。钢筋表面沾染油脂、糊着泥污、长满浮锈等都会影响钢筋与混凝土的黏结。

对钢筋的各项要求应满足《混凝土结构工程施工质量验收规范》(GB 50204—2015)中的规定。

2.2 混凝土

▶ 2.2.1 混凝土的强度

混凝土是由水泥、砂、石材用水拌和硬化后形成的人工石材,是一种多相复合材料,其内部结构复杂。混凝土的强度受到许多因素的影响,如水泥的品质和用量、骨料的性质、混凝土的级配、水灰比、制作的方法、养护环境的温湿度、龄期、试件的形状和尺寸、试验的方法等,因此,在检测混凝土强度时规定了一个统一的标准试验方法。

1)混凝土的抗压强度

(1)混凝土的立方体抗压强度和强度等级

立方体试件的强度比较稳定,试验方法也比较简单,因此我国采用立方体抗压强度作为混凝土强度的基本指标,并把立方体抗压强度作为评定混凝土强度等级的标准。《混凝土物理力学性能试验方法标准》(GB/T 50081—2019)规定,以边长为150 mm 的立方体为标准试件,标准立方体试件在(20±3)℃的温度和相对湿度90%以上的潮湿空气中养护28 天,按标准试验方法测得的抗压强度称为混凝土的标准立方体抗压强度,单位为 N/mm^2。

混凝土单向
受力下的强度

现行《混凝土结构设计规范》规定,混凝土强度等级应按立方体抗压强度标准值确定,用符号 f_{cuk} 表示,即用上述标准试验方法测得的具有95% 保证率的立方体抗压强度作为混凝土的强度等级。《混凝土结构设计规范》规定的混凝土强度等级有 C20,C25,C30,C35,C40,C45,C50,C55,C60,C65,C70,C75,C80 共 13 个等级。例如,C30 表示立方体抗压强度标准值为 30 N/mm^2。其中,C50 及其以下为普通混凝土,C50 以上属高强混凝土范畴。

现行《混凝土结构设计规范》规定,素混凝土结构的混凝土强度等级不应低于C20;钢筋混凝土结构的混凝土强度等级不应低于C25;采用强度等级 500 MPa 及以上等级钢筋的混凝土结构构件,其强度等级不应低于C30;承受重复荷载的钢筋混凝土构件,其混凝土强度等级不应低于 C30；预应力混凝土楼板结构的混凝土强度等级不应低于 C30，其他预应力混凝土结构构件的混凝土强度等级不应低于 C40；钢-混凝土组合结构构件的混凝土强度等级不应低于 C30；抗震等级不低于二级的混凝土结构构件，其混凝土强度等级不应低于 C30。

试验方法对混凝土的立方体抗压强度有较大影响。试件在压力机上单向受压，竖向缩短，横向扩张。由于混凝土与压力机钢垫板的弹性模量与横向变形系数不一致，压力机钢垫板的横向变形明显小于混凝土的横向变形，所以钢垫板通过接触面的摩擦力约束混凝土试件的横向变形，就像在试件上、下端各加了一个套箍，致使混凝土破坏时形成两个对顶的角锥形破坏面，抗压强度比没有约束的情况要高，如图 2.5(a) 所示。如果在试件上、下表面涂以油脂润滑剂，则加压时试件与压力机钢垫板之间的摩擦力将大大减少，其横向变形几乎不受约束，受压时没有"套箍"作用的影响，试件将沿着平行于力的作用方向产生几条裂缝而破坏，测得的抗压强度就低，所测强度也就较前为小，如图 2.5(b) 所示。图 2.5(a)、(b) 给出了两种试验方法下混凝土立方体试件的破坏情况，我国规定的标准试验方法是不涂油脂润滑剂的。

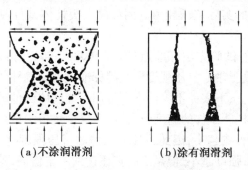

(a)不涂润滑剂　　　　(b)涂有润滑剂

图 2.5　混凝土立方体试块的破坏情况

试件的强度还与试验时的加荷速度有关，加荷速度过快，则材料来不及反应，不能充分变形，内部裂缝也难以开展，测得的强度就较高；反之，加荷速度过慢，测得的强度就较低。标准加荷速度为 $0.3 \sim 0.8$ MPa/s。

我国取边长为 150 mm 的混凝土立方体试件作为标准试件，其材料消耗和质量都较适中，便于搬运和试验。但用边长为 200 mm 或 100 mm 的立方体试件来测定混凝土强度时，就会发现前者的数值偏低，而后者的数值偏高，这就是所谓的"尺寸效应"。因为试件的尺寸越小，则摩擦力的影响越大，而试件的尺寸越大，则摩擦力的影响越小，且试件内部结构存在瑕疵的可能性越大。所以，根据对比试验的研究结果，现行《混凝土结构设计规范》规定，当用边长分别为 200 mm 和 100 mm 的立方体试件时，所得强度数值要分别除以强度换算系数 0.95 和 1.05 加以校正。

混凝土的立方体抗压强度还与成型后的龄期有关，如图 2.6 所示。在一定的温度和湿度情况下，混凝土的立方体抗压强度随龄期逐渐增长，增长速度开始较快，其后趋于缓慢，强度增长过程往往需要延续几年，在潮湿环境中往往延续时间更长。

(2)混凝土的轴心抗压强度

混凝土的抗压强度与试件的形状有关。在混凝土结构受压构件中，构件的长度一般比截面尺寸大很多，形成棱柱体。另由上述分析可见，混凝土立方体试件在轴心受压时的应力和变形状态以及破坏过程和破坏形态均表明，用标准试验方法并未在试件中建立起均匀的单轴

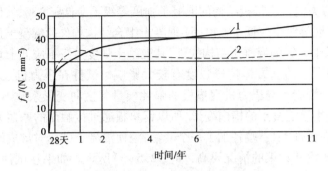

图 2.6　混凝土立方体抗压强度随龄期的变化

1—含水量 6%，在潮湿环境中养护；

2—含水量 6%，在潮湿环境中养护 7 天后置于干燥环境中

受压应力状态，由此得到的也不是理想的混凝土单轴抗压强度。因此，采用棱柱体比立方体能更好地反映混凝土结构的实际抗压能力。用混凝土棱柱体试件测得的抗压强度称为混凝土的轴心抗压强度。

《混凝土物理力学性能试验方法标准》（GB/T 50081—2019）规定，以 150 mm×150 mm×300 mm 的棱柱体作为混凝土轴心抗压强度试验的标准试件。棱柱体试件与立方体试件的制作条件相同。棱柱体试件上、下表面不涂油脂润滑剂。棱柱体试件的抗压试验及试验破坏情况如图 2.7 所示。由于棱柱体试件的高度越大，压力机钢垫板与试件之间的摩擦力对试件高度中部的横向变形的约束影响越小，因此棱柱体试件的抗压强度都比立方体的强度值小，并且棱柱体试件高宽比越大，强度越小，但是当高宽比达到一定值后，这种影响就不明显了。在确定棱柱体试件尺寸时，一方面要考虑试件具有足够的高度以不受压力机与试验承压面之间摩擦力的影响，在试件的中间区段形成纯压状态；另一方面也要避免试件过高，在破坏前产生较大的附加偏心而降低抗压极限强度。

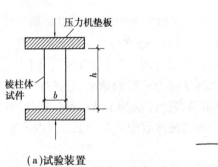

（a）试验装置

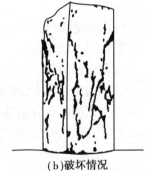

（b）破坏情况

图 2.7　混凝土轴心抗压试验

一般认为棱柱体试件的高宽比 $h/b = 2 \sim 3$ 时，可以消除上述两种因素的影响。

现行《混凝土结构设计规范》规定，以上述棱柱体试件试验测得的具有 95% 保证率的抗压强度作为混凝土的轴心抗压强度标准值，用符号 f_{ck} 表示。

图 2.8 是混凝土棱柱体试件与立方体试件抗压强度对比试验的结果。由图可以看出，f_c^0 和 f_{cu}^0 的统计平均值大致呈线性关系，它们的比值大致在 0.70 ~ 0.92 变化，强度大的比值

大些。

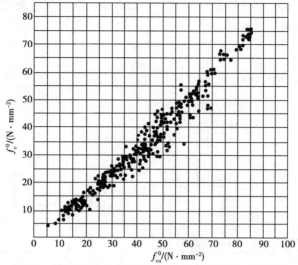

图 2.8　混凝土轴心抗压强度与立方体抗压强度的关系

考虑实际结构构件制作、养护和受力情况,实际构件强度与试件强度之间存在的差异,现行《混凝土结构设计规范》基于安全取偏低值,轴心抗压强度标准值与立方体抗压强度标准值的关系按下式确定:

$$f_{ck} = 0.88\alpha_{c1}\alpha_{c2}f_{cu,k} \qquad (2.1)$$

式中　α_{c1}——棱柱体抗压强度与立方体抗压强度之比,对混凝土强度等级为 C50 及以下的取 $\alpha_{c1} = 0.76$,对 C80 取 $\alpha_{c1} = 0.82$,中间按线性规律变化取值;

　　　α_{c2}——混凝土的脆性折减系数,对 C40 取 $\alpha_{c2} = 1.00$,对 C80 取 $\alpha_{c2} = 0.87$,中间按线性规律变化取值;

　　　0.88——考虑结构混凝土强度与试件混凝土强度之间的差异而取用的修正系数。

2)混凝土的抗拉强度

混凝土的抗拉强度可采用轴心受拉试验、劈裂试验和弯折试验确定。

轴心受拉试验采用的试件为 100 mm×100 mm×500 mm 的棱柱体,两端各预埋 1ϕ16 钢筋,钢筋埋入深度为 150 mm 并置于试件的中心轴线上,如图 2.9 所示。试验时用试验机的夹具夹紧试件两端外伸的钢筋并施加拉力,最后试件在没有钢筋的中部截面被拉断而告破坏,试件被拉断时的总拉力除以其截面面积即为混凝土轴心抗拉强度。

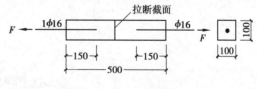

图 2.9　轴心受拉试验

用上述方法测定混凝土的轴心抗拉强度时,保持试件轴心受拉是很重要的,也是不容易做到的,因为混凝土内部结构不均匀,试件的质量中心往往不与几何中心重合,钢筋的预埋和试件的安装都难以对中,而偏心和歪斜又对抗拉强度有很大的干扰。为避免这种情况,可采用劈裂试验或弯折试验来间接测定混凝土的抗拉强度。

劈裂试验的试件可做成圆柱体或立方体,如图 2.10 所示。做劈裂试验时,压力机通过垫

条对试件中心面施加均匀线分布荷载 F,除垫条附近外,中心截面上将产生均匀的拉应力,当拉应力达到混凝土的抗拉强度时,试件即被劈裂成两半。按照弹性理论,截面的横向拉力即混凝土的抗拉强度,可按下式计算:

$$f_t = \frac{2F}{\pi dl} \tag{2.2}$$

式中　　F——破坏荷载;
　　　　d——圆柱体直径或立方体边长;
　　　　l——圆柱体长度或立方体边长。

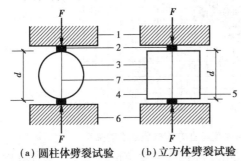

（a）圆柱体劈裂试验　　（b）立方体劈裂试验

图 2.10　混凝土劈裂试验与弯折试验示意图

图 2.11　简支梁弯折试验示意图

1—压力机上压板;2—垫条;3—试件;4—浇模顶面;
5—浇模底面;6—压力机下压板;7—试件破裂线

弯折试验通常用简支梁进行。梁尺寸为 150 mm×150 mm×(500~600) mm。采用三分点对称加载(图 2.11),由材料力学知识可得到对应抗拉强度。弯折试验所得的混凝土抗折强度 f_r 假定截面应力为直线分布,并按下式计算:

$$f_r = \frac{M_u}{W} \tag{2.3}$$

式中　　M_u——相应荷载下试件的极限弯矩值;
　　　　W——试件破坏截面的截面抵抗矩。

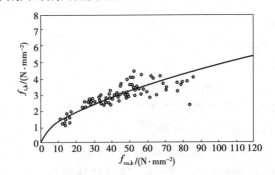

图 2.12　混凝土轴心抗拉强度与立方体抗压强度的关系

图 2.12 是混凝土轴心抗拉强度与立体方抗压强度对比试验的结果。由图可以看出,轴心抗拉强度只有立方体抗拉强度的 $\frac{1}{17} \sim \frac{1}{8}$,混凝土强度等级越高,这个比值越小。考虑构件

与试件的差别、尺寸效应、加载速度等因素的影响,现行《混凝土结构设计规范》考虑了普通混凝土到高强度混凝土的变化规律,轴心抗拉强度标准值与立方体抗压强度标准值的关系按下式确定:

$$f_{tk} = 0.88 \times 0.395\alpha_{c2} f_{cu,k}^{0.55} \tag{2.4}$$

式中,0.88 的意义和 α_{c2} 的取值与式(2.1)中的相同。

3)复合受力状态下的混凝土强度

以上所述各种混凝土是单向受力状态,在实际混凝土结构中是较少的,比较多的则是处于双向、三向或兼有剪应力的复合受力状态。复合受力强度是混凝土结构的重要理论问题,由于问题的复杂性,至今还在研究探讨之中。目前,混凝土复合受力强度主要还是凭借试验所得的经验分析数据。

(1)双向受力强度

图 2.13 所示为双向受力混凝土试件的试验结果。试验时沿试件的两个平面作用着法向应力 σ_1 和 σ_2,沿试件厚度方向的法向应力 $\sigma_3 = 0$,试件处于平面应力状态。图中第一象限为双向受拉应力状态,σ_1 和 σ_2 相互间的影响不大,无论 σ_1/σ_2 比值如何,实测破坏强度基本上接近单向抗拉强度。第三象限为双向受压情况,由于双向压应力的存在,相互制约了横向的变形,因而抗压强度有所提高。此时,混凝土的强度与 σ_1/σ_2 的比值有关,值得注意的是双向受压强度的最大值不是发生在 $\sigma_1/\sigma_2 = 1$ 的情况下,而是发生在 σ_1/σ_2 约等于 0.5 时。在第二、四象限,试件一个平面受拉,另一个平面受压,其相互作用的结果正好助长了试件的横向变形,故在两向异号的受力状态下,混凝土强度要降低。

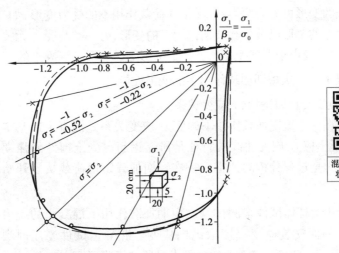

图 2.13 双向受力状态下混凝土的强度曲线

(2)平面法向应力和剪应力的组合强度

图 2.14 所示是在一个单元体上,除作用有剪应力 τ 外,还作用有法向应力 σ。当压应力低时,抗剪强度随压应力的增大而增大;当压应力超过 $0.6f_c$ 时,抗剪强度随压应力的增大而减小。因此,在混凝土结构构件中,剪应力的存在将影响抗压强度。另外,抗剪强度随拉应力的增大而减少,也就是说,剪应力的存在也会使抗拉强度降低。

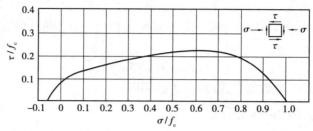

图 2.14　平面法向应力和剪应力组合的强度曲线

（3）三向受压强度

混凝土处于三向受压时，由于变形受到相互间有利的制约，形成约束混凝土，其强度有较大的提高。根据圆柱体试件周围加侧向液压的试验结果，三向受压时混凝土纵向轴心抗压强度计算的经验公式为：

$$f_{cc} = f_c + 4kf_1 \qquad\qquad (2.5)$$

式中　f_{cc}——有侧向压力约束时试件的轴心抗压强度；

　　　f_c——无侧向压力约束时试件的轴心抗压强度；

　　　f_1——侧向约束压应力；

　　　k——侧向压应力系数，当混凝土强度等级不超过 C50 时取 1.0，当混凝土强度等级为 C80 时取 0.85，其间按线性内插值确定。

▶　2.2.2　混凝土的变形性能

混凝土的变形可分为两类：一类是在荷载作用下的受力变形，如一次短期加载的变形、荷载重复作用下的变形以及荷载长期作用下的变形；另一类与受力无关，称为体积变形，如混凝土收缩、膨胀以及由于温度变化所产生的变形等。变形是混凝土的一个重要力学性能。

1）混凝土在一次短期加载作用下的变形性能

（1）混凝土受压时的应力-应变关系

一次短期加载作用下混凝土的变形性能

混凝土在一次短期加载作用下的应力-应变关系是混凝土最基本的力学性能之一，混凝土应力-应变曲线的特征是研究钢筋混凝土构件的强度、变形、延性和进行受力全过程分析的依据。一次短期加载是指荷载从零开始单调增加至试件破坏。

我国采用棱柱体试件来测试一次短期加载作用下混凝土的应力-应变曲线。测试时，在试件的 4 个侧面安装应变仪读取纵向应变。混凝土试件受压时典型的应力-应变曲线如图 2.15 所示，可以看到，整个曲线包括上升段和下降段两个部分。

①在上升 OC 段：起初压应力较小，当应力 $\sigma \leqslant 0.3f_c$ 时（OA 段），变形主要取决于混凝土内部骨料和水泥石的弹性变形，应力-应变关系呈直线变化；当应力 σ 在 $(0.3 \sim 0.8)f_c$ 时（AB 段），由于混凝土内部水泥凝胶体的黏性流动，以及各种原因形成的微裂缝的稳态发展，致使应变的增长速度比应力增长的快，表现出材料的弹塑性性质；当应力 $\sigma > 0.8f_c$ 之后（BC 段），混凝土内部微裂缝进入非稳态发展阶段，塑性变形急剧增大，曲线斜率显著减小；当应力到达峰值时，混凝土内部黏结力破坏，随着微裂缝的延伸和扩展，试件形成若干贯通的纵裂缝，混

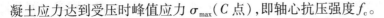

凝土应力达到受压时峰值应力 σ_{max}（C 点），即轴心抗压强度 f_c。

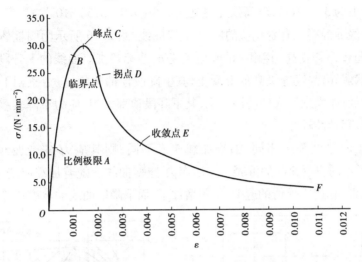

图 2.15　混凝土受压时应力-应变曲线

②在下降 CE 段：当试件应力达到 f_c（C 点）后，随着裂缝的贯通，试件的承载能力开始下降。在峰值应力以后，裂缝迅速发展，内部结构的整体性受到越来越严重的破坏，赖以传递荷载的传力路线不断减少，试件的平均应力强度下降，因此应力-应变曲线向下弯曲，直到凹向发生改变，曲线出现"拐点"（D 点）。超过"拐点"，曲线开始凸向应变轴，这时只靠骨料间的咬合及摩擦力与残余承压面来承受荷载。随着变形的增加，应力-应变曲线逐渐凸向应变轴方向，此段曲线中曲率最大的点 E 称为"收敛点"。从收敛点 E 开始以后的曲线称为收敛段（EF 段），这时贯通的主裂缝已很宽，内聚力几乎耗尽，对无侧向约束的混凝土，收敛段 EF 已失去结构上的意义。

若试验时使用的是刚度较小的试验机，则试验机在释放加荷过程中积累起来的应变能所产生的压缩量将大于试件可能产生的变形量，试件在此一瞬间即被压碎，从而测不出应力-应变曲线的下降段。因此，使用刚度较大的试验机，或者在试验时附加控制装置以等应变速度加载，或者采用辅助装置以减慢试验机释放应变能时变形的恢复速度，使试件承受的压力稳定下降，试件不致立即破坏，才能测出下降段，从而得到混凝土受压时的应力-应变全曲线。

混凝土受压的应力-应变曲线中峰值应力 f_c 与其相应的应变值 ε_0（C 点），以及破坏时的极限应变值 ε_{max}（E 点）是曲线的 3 个特征值。最大应变值 ε_{max} 包括弹性应变和塑性应变两部分，塑性部分越长，变形能力越大，即其延性越好。对于均匀受压的棱柱体试件，其压应力达到 f_c 后，混凝土就不能承受更大的荷载，此时 ε_0 就成为计算结构构件时的主要指标。在应力-应变曲线中，相应于 f_c 的应变 ε_0 随混凝土的强度等级而异，在 $(1.5\sim2.5)\times10^{-3}$ 变动，通常对普通混凝土取为 2.0×10^{-3}，对高强度混凝土取为 $(2.0\sim2.15)\times10^{-3}$。对于非均匀受压的情况，如弯曲受压或大偏心受压构件截面的受压区，混凝土所受压力是不均匀的，则其应变也是不均匀的。在这种情况下，受压区最外层纤维达到最大应力后，附近受压较小的内层纤维会协助外层纤维受压，对外层起卸载的作用，直至最外层纤维的应变达到受压极限应变 ε_{max}

时,截面才破坏,此时压应变值为$(2.0 \sim 6.0) \times 10^{-3}$,甚至达到$8.0 \times 10^{-3}$或者更高,结构计算式对普通混凝土取为$3.3 \times 10^{-3}$,对高强度混凝土取为$(3.0 \sim 3.3) \times 10^{-3}$。

不同强度等级的混凝土有着相似的应力-应变曲线,图2.16所示为圆柱体试件的试验结果。由图可见,随着f_c的提高,其相应的峰值应变ε_0也略增加。曲线的上升段形状都是相似的,但下降段形状迥异,强度等级高的混凝土,其下降段顶部陡峭,应力急剧下降,曲线较短,残余应力相对较低;而强度等级低的混凝土,其下降段顶部宽坦,应力下降较缓,曲线较长,残余应力相对较高,其延性较好。

另外,混凝土的强度等级相同,如果加载速度不同,则其应力-应变曲线也是不同的,图2.17就给出了不同应变速度的混凝土受压应力-应变曲线。随着加载应变速度的降低,应力峰值f_c略有降低,相应于峰值的应变ε_0却增加了,而下降段曲线的坡度更趋缓和。

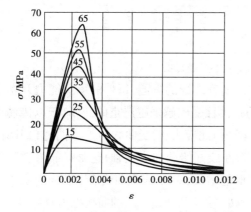

图2.16 强度等级不同的混凝土的应力-应变曲线

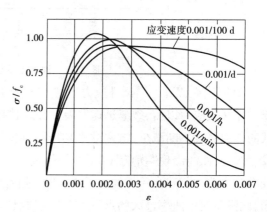

图2.17 不同应变速度的混凝土受压应力-应变曲线

（2）混凝土受压时横向应变与纵向应变的关系

混凝土试件在一次短期加载时,纵向受到压缩,横向产生膨胀,横向应变ε_h与纵向应变ε_l之比称为横向变形系数μ:

$$\mu = \frac{\varepsilon_h}{\varepsilon_l} \tag{2.6}$$

试件在不同压应力作用下,横向变形系数μ的变化曲线如图2.18所示。当压应力$<0.5f_c$时,试件大体处于弹性阶段,μ值保持为常数,可取为1/6,这个数值就是混凝土的泊松比;当压应力$\sigma>0.5f_c$时,横向变形系数将增大,材料处于塑性阶段,试件内部微裂缝有所发展,接近破坏时,μ值达0.5以上。

图2.19表示压应力比值与混凝土体积变化的关系。图中$\varepsilon_x,\varepsilon_y,\varepsilon_z$分别代表试件3个方向量测所得的应变,并以3个方向应变的平均值为横坐标。由图可见,试件受压后体积是随压应力比值的增大而逐渐缩小的,当压应力$\sigma>0.5f_c$时,体积逐渐增大;当压应力更大,试件接近破坏时,试件体积将超过未受力前的体积。

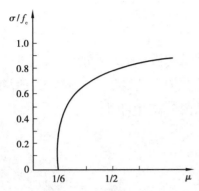

图 2.18　压应力与横向变形系数 μ 的关系　　图 2.19　压应力与平均应变的关系

(3)混凝土的弹性模量和变形模量

在材料力学中,衡量弹性材料应力与应变之间的关系可用弹性模量 E 表示:

$$E = \frac{\sigma}{\varepsilon} \qquad (2.7)$$

弹性模量高,即表示材料在一定应力作用下,所产生的应变相对较小。在钢筋混凝土结构中,无论是进行超静定结构的内力分析,还是计算构件的变形、温度变化和支座沉降对结构构件产生的内力,以及预应力构件的计算等都要用到混凝土的弹性模量。

与弹性材料不同,混凝土是一种弹塑性材料,它的应力-应变关系只是在应力很小时,或者在快速加载进行试验时才近乎直线。一般来说,其应力-应变关系为曲线关系,应力与应变之间的关系不是常数而是变数。例如,在图 2.20 所示的混凝土应力-应变曲线上任意取一点,其应力为 σ_c,相应的应变为 ε_c,则

$$\varepsilon_c = \varepsilon_e + \varepsilon_p \qquad (2.8)$$

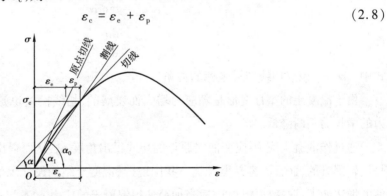

图 2.20　混凝土变形模量的表示方法

式中　ε_e——混凝土应变 ε_c 中的弹性应变部分;

　　　ε_p——混凝土应变 ε_c 中的塑性应变部分。

为此,混凝土的变形模量有以下 3 种表达方式:

①混凝土的弹性模量(原点模量)E_c。过应力-应变曲线的原点作曲线的切线,该切线的斜率即为弹性模量,用 E_c 表示。从图 2.20 中可得:

$$E_c = \tan \alpha_0 \qquad (2.9)$$

即

$$E_c = \frac{\sigma_c}{\varepsilon_e} \qquad (2.10)$$

式中 α_0——混凝土应力-应变曲线在原点处的切线与横坐标的夹角。

②混凝土的变形模量(割线模量)E'_c。连接原点 O 与曲线任一点(σ_c, ε_c)的割线,该割线的正切值即为任一点的变形模量,用 E'_c 表示。从图 2.20 中可得:

$$E'_c = \tan \alpha_1 \qquad (2.11)$$

即

$$E'_c = \frac{\sigma_c}{\varepsilon_c} \qquad (2.12)$$

式中 α_1——割线与横坐标的夹角。

变形模量随混凝土的应力而变化,是一个变数。设 $\nu' = \varepsilon_e / \varepsilon_c$ 为反映混凝土弹塑性性能指标的弹性系数,则曲线上任一点的变形模量可用弹性模量来表示。从图 2.20 中可得:

$$E_c \varepsilon_e = E'_c \varepsilon_c \qquad (2.13)$$

即

$$E'_c = \frac{\varepsilon_e}{\varepsilon_c} E_c \qquad (2.14)$$

变形模量随应力的增大而减小,通常 $\sigma \leq 0.3 f_c$ 时,近似取弹性系数 $\nu' = 1$;$\sigma = 0.5 f_c$ 时,ν' 的平均值为 0.85;当应力达到 $\sigma = 0.8 f_c$ 时,ν' 值为 0.4~0.7。

③混凝土的切线模量 E''_c。过应力-应变曲线上任一点(σ_c, ε_c)作切线,该切线的斜率即为该点的切线模量,以 E''_c 表示。从图 2.20 中可得:

$$E''_c = \tan \alpha \qquad (2.15)$$

即

$$E''_c = \frac{\mathrm{d}\sigma_c}{\mathrm{d}\varepsilon_c} \qquad (2.16)$$

式中 α——该点切线与横坐标的夹角。

由于混凝土的塑性变形是随应力增大而发展的,切线模量也是一个变数,其数值随着应力的增长而不断降低。

通过作混凝土应力-应变曲线原点的切线得出角度 α_0,从而得出混凝土的弹性模量 E_c,这是比较困难的,而且不容易做准确。我国现行《混凝土结构设计规范》确定混凝土弹性模量数值的做法如下:取棱柱体试件,适当加荷使得混凝土的应力 σ 不超过 $0.5 f_c$,可取 $\sigma = 0.4 f_c$,反复进行 5~10 次。虽然混凝土是弹塑性材料,卸荷后会有残余变形,但是每经一次加荷,残余变形都将减少一些。试验结果表明,经 5~10 次反复之后,变形渐趋稳定,应力-应变关系已近于直线,且与第一次加荷时应力-应变曲线原点的切线大致平行。据此,即以加荷应力到 $\sigma = 0.4 f_c$ 为止,重复 5~10 次,所得应力-应变曲线的斜率作为混凝土弹性模量的试验值。

为了确定混凝土的受压弹性模量,中国建筑科学研究院曾按照上述方法进行了大量的测定试验,试验结果示于图 2.21 中,经统计分析得出弹性模量与立方体抗压强度的关系,弹性模量可按下式计算:

$$E_c = \frac{10^5}{2.2 + \frac{34.7}{f_{cu}}}(\text{N}/\text{mm}^2) \tag{2.17}$$

根据弹性理论,弹性模量与剪变模量 G_c 之间的关系为:

$$G_c = \frac{E_c}{2(1 + \nu_c)} \tag{2.18}$$

式中,ν_c 为混凝土泊松比,我国现行《混凝土结构设计规范》取 $\nu_c = 0.2$。现行《混凝土结构设计规范》经取整规定混凝土的剪变模量为 $G_c = 0.4E_c$。

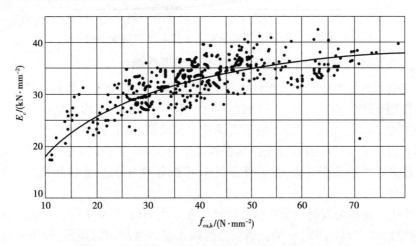

图 2.21　**混凝土的弹性模量与立方体抗压强度的关系**

我国现行《混凝土结构设计规范》所规定的各个强度等级的混凝土弹性模量,就是根据上述公式求得的。当应力较大,混凝土进入弹塑性阶段后,可应用变形模量或切线模量,不过切线模量往往只用于科学研究中。另外,混凝土的弹性模量和变形模量只有在混凝土的应力很低(如 $\sigma_c \leqslant 0.2f_c$)时才近似相等,因此材料力学中弹性材料的公式不能在混凝土材料中随便套用。

(4)混凝土轴心受拉时的应力-应变关系

混凝土轴心受拉时的应力-应变曲线形状与受压时的相似,具有上升段和下降段,如图 2.22 所示。当拉应力较小时,应力-应变关系近乎直线;当拉应力较大以及接近破坏时,由于塑性变形的发展,应力-应变关系呈曲线状。如采用等应变速度加载,也可以测得应力-应变曲线的下降段。

混凝土抗拉性能弱,其峰值应力及应变要比受压时小很多。试件断裂时的极限应变与混凝土的强度等级、级配和养护条件等有关。强度等级越高,则极限拉应变也越大。一般在构件计算中,对于 C20 ~ C40 强度等级的混凝土,其极限拉应变 ε_{tu} 可取 $(1 \sim 1.5) \times 10^{-4}$。

根据我国试验资料,混凝土轴心受拉时应力-应变曲线上切线的斜率与受压时基本一致,即两者的弹性模量相同。当拉应力 $\sigma_t = f_t$ 时,弹性系数 $\nu' = 0.5$,故相应于 f_t 时的变形模量 $E_t' = \nu' E_c = 0.5E_c$。

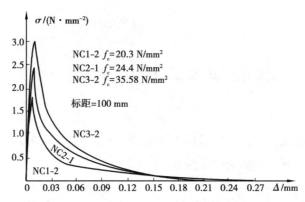

图 2.22　不同强度的混凝土拉伸应力-应变全曲线

2)混凝土在荷载重复作用下的变形性能(疲劳变形性能)

混凝土在荷载重复作用下的变形性能,也就是混凝土的疲劳变形性能。混凝土的疲劳是在荷载重复作用下产生的。混凝土在荷载重复作用下引起的破坏称为疲劳破坏。疲劳现象大量存在于工程结构中,钢筋混凝土吊车梁受到重复荷载作用、钢筋混凝土道路桥梁受到车辆振动的影响以及港口海岸的混凝土结构受到波浪冲击而损伤等都属于疲劳破坏现象。疲劳破坏的特征是裂缝小而变形大,在重复荷载作用下,混凝土的强度特征和变形性能有着显著变化。

如图 2.23(a)所示为混凝土受压棱柱体试件在一次加荷、卸荷下的应力-应变曲线。加荷时的应力-应变曲线为 OA,凸向 σ 轴。当应力达到 A 点后逐级卸荷至零,卸荷时的应力-应变曲线为 AB,凸向 ε 轴,此时 A 点的应变有相当一部分(ε_e')在卸荷过程中瞬时恢复了,当停留一段时间之后,应变还能再恢复一部分,这种现象称为弹性后效,如图 2.23(a)中的 BB'(ε_e'');剩下来的 $B'O$ 是不能恢复的变形,将保留在试件中,称为残余应变(ε_{cr}')。这样,混凝土在一次加荷、卸荷下的应力-应变曲线为 $OABB'$。

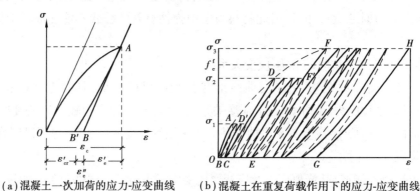

(a)混凝土一次加荷的应力-应变曲线　　(b)混凝土在重复荷载作用下的应力-应变曲线

图 2.23　混凝土在重复荷载作用下的应力-应变曲线

ε_{cr}'—残余应变;ε_e''—卸荷后弹性后效;ε_e'—卸荷时瞬时恢复应变

混凝土受压棱柱体试件在多次重复荷载作用下的应力-应变曲线如图 2.23(b)所示。图中纵坐标中的 f_c^f 表示混凝土的疲劳强度。当加载应力 σ_1 及 σ_2 小于 f_c^f 时,一次加荷、卸荷应力-应变曲线都与图 2.23(a)的情况类似,多次加荷、卸荷作用下,应力-应变曲线越来越闭合,最终成为一条直线(σ_1 时为 CD'，σ_2 时为 EF')，且与曲线在原点处的切线大体平行。应力-应变曲线呈直线状态后，塑性变形不再增长，混凝土试件将按弹性工作，即使重复循环加载数百万次也不致破坏。但是，当用高于疲劳强度 f_c^f 的应力 σ_3 加载，经过几次重复循环之后，应力-应变曲线很快就变成直线，接着反向弯曲，曲线由凸向应力轴而逐渐凸向应变轴，以致加卸荷不能形成封闭环，这标志着混凝土内部裂缝的发展加剧而趋近破坏。随着荷载重复次数的增加，变形不断增加，应力-应变曲线倾角不断变小，至荷载重复到某一定次数时，混凝土试件会因严重开裂或变形过大而导致破坏。

一般来说，混凝土的疲劳破坏是因为混凝土微裂缝、孔隙、弱骨料等内部缺陷，在承受重复荷载作用之后产生应力集中，导致裂缝发展、贯通，最后引起骨料与砂浆间的黏结破坏所致。混凝土发生疲劳破坏时无明显预兆，属脆性破坏，开裂不多，但变形很大。采用级配良好的混凝土，加强振捣以提高混凝土的密实性，并注意养护，都有利于混凝土疲劳强度的提高。

混凝土的疲劳强度用疲劳试验测定。疲劳试验采用 100 mm×100 mm×300 mm 或 150 mm×150 mm×450 mm 的棱柱体，把能使棱柱体试件承受 200 万次或以上的循环荷载而发生破坏的压应力值称为混凝土的疲劳抗压强度，用 f_c^f 表示。

试验表明，混凝土的疲劳强度除与荷载重复次数和混凝土强度有关之外，还与重复作用时应力变化的幅值有关，即与疲劳应力比值 ρ_c^f 有关，按下式计算：

$$\rho_c^f = \frac{\sigma_{c,min}^f}{\sigma_{c,max}^f} \tag{2.19}$$

式中，$\sigma_{c,min}^f$，$\sigma_{c,max}^f$ 表示截面同一纤维上的混凝土最小应力、最大应力。在相同的重复次数下，疲劳强度随着疲劳应力比值的增大而增大。混凝土轴心抗压、轴心抗拉疲劳强度等于轴心抗压、轴心抗拉强度乘以相应的疲劳强度修正系数 γ_p。一般情况下，γ_p 应根据不同的疲劳应力比进行取值，当混凝土受拉压疲劳应力作用时，受拉或受压疲劳强度修正系数均取 0.6。

3)混凝土在荷载长期作用下的变形性能

在荷载的长期作用下，即荷载维持不变，混凝土的变形随时间而增长的现象称为徐变。图 2.24 所示为我国铁道部科学研究院所做某组混凝土棱柱体试件徐变的试验曲线，试件应力加荷至 $0.5f_c'$ 并保持应力不变。图中 ε_{ela} 为加荷后立即出现的瞬时弹性变形，其后随着时间的推移，变形继续增长；ε_{cr} 即为徐变变形，徐变在开始的前 4 个月增长较快，半年后可完成总徐变量的 70%~80%，其后逐渐缓慢，并趋于稳定。经过两年之后，徐变量为加荷时瞬时变形的 2~4 倍，此时若卸去荷载，一部分应变立即恢复，称为卸荷时瞬时恢复变形 ε_{ela}'，其数值略小于加荷时的瞬时变形 ε_{ela}。再过 20 天左右，又有一部分变形 ε_{ela}'' 得以恢复，这就是卸荷后的弹性后效，弹性后效约为总徐变变形的 1/12。其余很大一部分变形是不可恢复的，将残存在试件中，称为残余变形 ε_{cr}'。

混凝土的徐变

混凝土产生徐变的原因，一般归因于混凝土中未晶体化的水泥凝胶体在持续的外荷载作用下产生黏性流动，压应力逐渐转移给骨料，骨料应力增大，试件变形也随之增大。卸荷后，水泥凝胶体又逐渐恢复原状，骨料遂将这部分应力逐渐转回给凝胶体，于是产生弹性后效。另外，当压应力较大时，在荷载的长期作用下，混凝土内部裂缝不断发展，也致使应变增加。

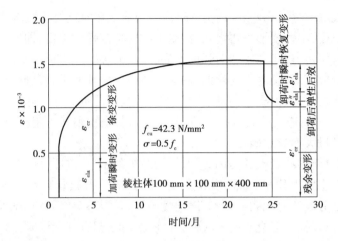

图 2.24 混凝土的徐变(加荷、卸荷应变与时间的关系曲线)

在进行徐变试验时,需要注意徐变变形中往往含有其他变形,如与外荷载无关的收缩变形、膨胀变形和温度变形等,因此需要做对比试验,扣除此类变形,才能得到试件的徐变变形。

混凝土的徐变对钢筋混凝土构件的内力分布及其受力性能有所影响。例如,徐变会使钢筋与混凝土间产生应力重分布,如钢筋混凝土柱的徐变,使混凝土的应力减小,使钢筋的应力增加,不过最后不影响柱的承载量。由于徐变,受弯构件的受压区变形加大,会使它的挠度增加;对于偏压构件,特别是大偏压构件,会使附加偏心距加大,导致承载力降低;对于预应力构件,会产生预应力损失等不利影响。但徐变也会缓和应力集中现象,降低温度应力,减少支座不均匀沉降引起的结构内力,延缓收缩裂缝在受拉构件中的出现,这些又是对结构有利的方面。

影响徐变的因素有很多,与受力大小、外部环境、内在因素等都有关系。试验表明,混凝土的徐变与混凝土的应力大小有着密切的关系。应力越大,徐变也越大,随着混凝土应力的增加,混凝土徐变将发生不同的情况。图 2.25 所示为混凝土应力与徐变的关系,当混凝土应力较小时($\sigma \leqslant 0.5 f_c$),徐变与应力成正比,曲线接近等间距分布,这种情况称为线性徐变。在线性徐变的情况下,加荷初期徐变增长较快,6 个月时一般已完成徐变的大部分,后期徐变增长逐渐减小,1 年以后趋于稳定,一般认为 3 年左右徐变基本终止。

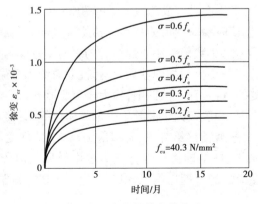

图 2.25 应力与徐变的关系

当混凝土应力较大时($\sigma>0.5f_c$),徐变变形比应力增长要快,称为非线性徐变。在非线性徐变范围内,当加载应力过高时,徐变变形急剧增加,不再收敛,呈非稳定徐变现象,如图2.26所示。当$\sigma=(0.5\sim0.8)f_c$时,由于微裂缝在长期荷载作用下不断发展,塑性变形剧增,徐变与应力不成正比。当应力$\sigma>0.8f_c$时,试件内部裂缝进入非稳态发展,非线性徐变变形骤然增加,变形是不收敛的,将导致混凝土破坏。所以,应用上取$\sigma=0.8f_c$作为混凝土的长期抗压强度。在工程实际中,构件长期处于不变的高应力作用下是不安全的,设计时要给予注意。

综上所述,当应力到达$0.5f_c$左右后,随着混凝土内部微裂缝的发生和发展,对混凝土的变形性能产生了很大影响。例如:当$\sigma\approx0.5f_c$时,横向变形系数突然增大(图2.18)、试件体积由减小而增大(图2.19),$\sigma\approx0.5f_c$成为承受重复荷载的疲劳强度(图2.23),以及规定为线性徐变的界限等(图2.25、图2.26)。

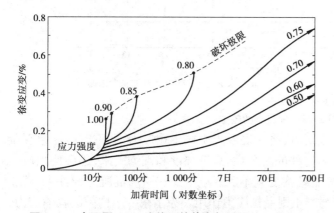

图2.26　在不同f_c/f_{cu}比值下的徐变与时间关系曲线

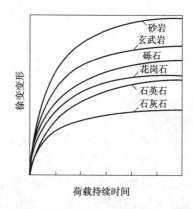

图2.27　骨料对徐变影响的示意图

试验表明,加载时混凝土的龄期越早,徐变越大。此外,混凝土的组成成分对徐变也有很多影响。水灰比越大,徐变越大,在常用的水灰比(0.4~0.6)情况下,徐变与水灰比呈线性关系;水泥用量越多,徐变也越大;水泥品种不同对徐变也有影响,用普通硅酸盐水泥制成的混凝土,其徐变要较火山灰质水泥或矿渣水泥制成的大;骨料的弹性性质也明显地影响徐变变形值,一般骨料越坚硬、弹性模量越大(图2.27)以及骨料所占体积比越大,徐变就越小。此外,混凝土的制作方法、养护条件,特别是养护时的温度和湿度对徐变也有重要影响。养护环境湿度越大、温度越高,水泥水化作用越充分,徐变就越小。而受到荷载作用后所处的环境,湿度越小、温度越高,则徐变就越大。因此,加强混凝土的养护,促使水泥水化作用,尽早尽多地结硬,尽量减少不转化为结晶体的水泥凝胶体的成分,是减少徐变的有效措施,对混凝土加以蒸气养护,可使徐变减少20%~35%。由于混凝土中水分的挥发逸散和构件的体积与其表面积之比有关,故构件的尺寸越大,徐变就越小。钢筋的存在等对徐变也有影响。

4)混凝土的收缩、膨胀和温度变形

收缩和膨胀是混凝土在结硬过程中本身体积的变形,与荷载无关。混凝土在空气中结硬体积会收缩,在水中结硬体积要膨胀。通常收缩值比膨胀值大很多,而且膨胀往往对结构受力有利,因此一般可不予考虑膨胀。

图2.28为我国铁道部科学研究院所做的混凝土自由收缩的试验结果。可以看出,混凝土的收缩变形值随时间而增长。结硬初期收缩变形值发展得很快,半个月大约可完成全部收

缩的25%,1个月可完成约50%,2个月可完成约75%,其后发展趋缓,1年左右逐渐稳定。从图中还可以看出,蒸汽养护混凝土的收缩值要小于常温养护下的收缩值。这是因为混凝土在蒸汽养护过程中,高温、高湿度的条件加速了水泥的水化和凝结硬化,一部分游离水由于水泥水化作用被快速吸收,使脱离试件表面蒸发的游离水减少,因此其收缩变形值减少。混凝土收缩变形的试验值很分散,最终收缩值为$(2 \sim 5) \times 10^{-4}$,对一般混凝土常取为$3 \times 10^{-4}$。

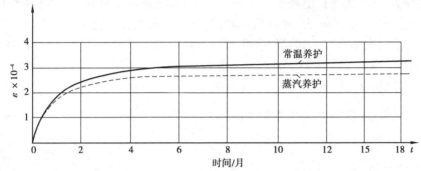

试件尺寸 100 mm×100 mm×400 mm,f_{cu} =40.3 N/mm²,水灰比 =0.45,用500#硅酸盐水泥,恒温(20±1)℃,恒湿(65±5)%,量测标距200 mm。

图 2.28　混凝土的收缩

当混凝土受到各种制约不能自由收缩时,将在混凝土中产生拉应力,严重时会导致混凝土产生收缩裂缝。收缩裂缝不仅会影响构件的耐久性、疲劳强度和观瞻效果,还会使预应力混凝土构件产生预应力损失、一些超静定结构受到不利影响等。在钢筋混凝土构件中,由于混凝土收缩,钢筋受到压应力作用,而混凝土则受拉应力作用。为了减少结构中的收缩应力,可设置伸缩缝,必要时也可使用膨胀水泥。

一般认为,混凝土结硬过程中特别是结硬初期,水泥水化凝结作用引起体积的凝缩,以及混凝土内游离水分蒸发逸散引起的干缩,是产生收缩变形的主要原因。

影响收缩的原因有很多,就环境因素方面而言,凡是影响混凝土中水分保持的因素,都影响混凝土的收缩。注意养护,在湿度大、温度高的环境中结硬则收缩小;蒸汽养护不但有加快水化的作用,而且还减少混凝土中的游离水分,故收缩减少(图2.28);体表比影响混凝土中水分蒸发的速度,体表比值大,水分蒸发慢,收缩小,体表比值小的构件如工字形、箱形构件,收缩量大,收缩变形的发展也较快。

混凝土的制作方法和组成也是影响收缩的重要原因。密实的混凝土收缩小;水泥用量多、水灰比大,收缩就大;用强度高的水泥制成的混凝土收缩较大;骨料的弹性模量高、粒径大、所占体积比大,收缩小。

当温度变化时,混凝土也随之热胀冷缩,混凝土的线温度膨胀系数与钢筋的相近,故温度变化时在混凝土和钢筋间引起的内力很小,不致产生不利的变形。但是钢筋没有收缩性能,当配置过多时,由于对混凝土收缩变形的阻滞作用加大,会使混凝土收缩开裂;对于大体积混凝土,表层混凝土的收缩较内部大,而内部混凝土因水泥水化热蓄积得多,其温度却比表层的高,若内部与外层变形差较大,也会导致表层混凝土开裂。对于烟囱、水池等结构,在设计时也要注意温度应力的影响。

2.3 钢筋与混凝土的黏结

▶ 2.3.1 黏结力的定义

钢筋与混凝土的黏合

钢筋混凝土受力后会沿钢筋和混凝土接触面上产生沿钢筋纵向的剪应力,通常把这种剪应力称为黏结应力。若构件中的钢筋和混凝土之间既不黏结,钢筋端部也不加锚具,在荷载作用下,钢筋和混凝土就不能共同受力。为了保证钢筋不会从混凝土中拔出或压出,与混凝土更好地共同工作,还要求钢筋有良好的锚固。黏结和锚固是钢筋混凝土形成整体、共同工作的基础。

黏结作用可以用图 2.29 所示的钢筋和其周围的混凝土之间产生的黏结应力来说明。钢筋和混凝土界面上的黏结应力与相同荷载作用下钢筋应变的分布有关。根据作用性质的不同,钢筋与混凝土之间的黏结应力分为裂缝间的局部黏结应力和锚固黏结应力。裂缝间的局部黏结应力是在相邻两个开裂截面之间产生的,钢筋应力的变化受到黏结应力的影响,黏结应力使相邻两个裂缝之间的混凝土参与受拉。局部黏结应力的丧失会导致构件刚度的降低和裂缝的开展。锚固黏结应力是在钢筋伸进支座或在连续梁中承担负弯矩的上部钢筋在跨中截断时,需要延伸一段长度(即锚固长度),要使钢筋承受所需的拉力,就要求受拉钢筋有足够的锚固长度以积累足够的黏结应力,否则将发生锚固破坏。

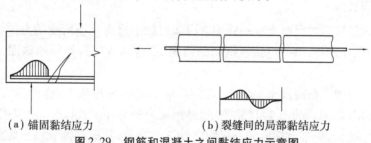

(a)锚固黏结应力　　　　　　(b)裂缝间的局部黏结应力

图 2.29　钢筋和混凝土之间黏结应力示意图

▶ 2.3.2 黏结力的组成

光圆钢筋与变形钢筋具有不同的黏结机理。光圆钢筋与混凝土的黏结作用主要由三部分组成:

①钢筋与混凝土接触面上的化学吸附作用力(胶结力)。这种吸附作用力来自浇筑时水泥浆体对钢筋表面氧化层的渗透以及水化过程中水泥晶体的生长和硬化。这种吸附作用一般很小,仅在受力阶段的局部无滑移区域起作用。当接触面发生相对位移时,该力即消失。

②混凝土收缩握裹钢筋而产生摩阻力。钢筋与混凝土之间挤压力越大,接触面的粗糙程度越大,则摩阻力就越大。

③钢筋表面凹凸不平与混凝土之间产生的机械咬合作用力(咬合力)。对于光圆钢筋,这种咬合力来自其表面的粗糙不平。

变形钢筋与混凝土之间有机械咬合作用,改变了钢筋与混凝土之间相互作用的方式,显

著提高了黏结强度。对于变形钢筋,咬合力是由于变形钢筋肋间嵌入混凝土而产生。虽然也存在胶结力和摩擦力,但变形钢筋的黏结主要来自钢筋表面凸出的肋与混凝土的机械咬合作用。变形钢筋的横肋对混凝土的挤压如同一个楔,会产生很大的机械咬合力,从而提高了变形钢筋的黏结能力。

光圆钢筋和变形钢筋的黏结机理的主要差别是:光圆钢筋黏结力主要来自胶结力和摩阻力,而变形钢筋的黏结力主要来自机械咬合作用。二者的差别可以用钉入木料中的普通钉和螺丝钉的差别来理解。

▶ 2.3.3 保证可靠黏结的构造措施

1)保证可靠黏结的构造措施

由于黏结破坏机理复杂、影响黏结力的因素多以及工程结构中黏结受力的多样性,目前尚无比较完整的黏结力计算理论。现行《混凝土结构设计规范》规定,可以采用构造措施来保证混凝土与钢筋的黏结。保证黏结的构造措施有以下几个方面:

①对不同等级的混凝土和钢筋,要保证最小搭接长度和锚固长度;

②为了保证混凝土与钢筋之间有足够的黏结,必须满足钢筋最小间距和混凝土保护层最小厚度的要求;

③在钢筋的搭接长度范围内应加密箍筋;

④为了保证足够的黏结,在光圆钢筋末端均需设置弯钩。

2)基本锚固长度

钢筋的锚固是指通过混凝土中钢筋埋置段或机械措施将钢筋所受的力传给混凝土,使钢筋锚固于混凝土中而不滑出。包括直钢筋的锚固、带弯钩或弯折钢筋的锚固,以及采用机械措施的锚固等。

将钢筋的一端埋置在混凝土试件中,在伸出的一端施加拉拔力,称为拉拔试验或拔出试验,如图2.30和图2.31所示。经试验测定,黏结应力的分布呈曲线形,从拉拔力一边的混凝土端面开始迅速增长,在靠近端面的一定距离处达到峰值,其后逐渐衰减。此外,钢筋埋入混凝土中的长度 l 越长,则将钢筋拔出混凝土试件所需的拔出力 F 就越大,但是埋入长度 l 过长,则过长部分的黏结力很小甚至为零,说明过长部分的钢筋不起作用。

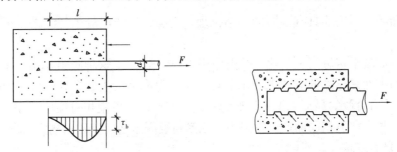

图2.30 拔出试验(光圆钢筋)　　图2.31 拔出试验(变形钢筋,肋纹的咬合作用)

通过以上试验说明,受拉钢筋在支座或节点中应有足够的长度,称为锚固长度,以保证钢筋与混凝土之间有可靠的黏结。经试验发现,钢筋的基本锚固长度取决于钢筋强度及混凝土抗拉强度,并与钢筋的外形有关。为了充分利用钢筋的抗拉强度,现行《混凝土结构设计规范》规定纵向受拉钢筋的锚固长度作为钢筋的基本锚固长度。它与钢筋强度、混凝土抗拉强度、钢筋直径及外形有关,可按下式计算:

钢筋的锚固

普通钢筋

$$l_{ab} = \alpha \frac{f_y}{f_t} d \qquad (2.20)$$

预应力钢筋

$$l_{ab} = \alpha \frac{f_{py}}{f_t} d \qquad (2.21)$$

式中　l_{ab}——受拉钢筋的基本锚固长度;

　　　d——锚固钢筋的直径,或锚固并筋(钢筋束)的等效直径;

　　　f_y、f_{py}——普通钢筋、预应力钢筋的抗拉强度设计值;

　　　f_t——混凝土轴心抗拉强度设计值,当混凝土强度等级高于 C60 时,按 C60 取值;

　　　α——锚固钢筋的外形系数,按表 2.1 取用。

表 2.1　钢筋的外形系数

钢筋类型	光圆钢筋	带肋钢筋	螺旋肋钢丝	三股钢绞线	七股钢绞线
α	0.16	0.14	0.13	0.16	0.17

注:光圆钢筋末端应做 180°弯钩,弯后平直段长度不应小于 $3d$,但作受压钢筋时可不做弯钩。

通常情况下受拉钢筋的锚固长度可取基本锚固长度;当锚固条件不同或采取不同的埋置措施和构造措施时,锚固长度应按下列公式计算,且不应小于 200 mm:

$$l_a = \zeta_a l_{ab} \qquad (2.22)$$

式中　l_a——普通钢筋的锚固长度;

　　　ζ_a——锚固长度系数,详见以下说明,当多于一项时,可按连乘计算,但不应小于 0.6;
　　　　　对于预应力钢筋,可取 1.0。

纵向受拉普通钢筋的锚固长度修正系数 ζ_a 应按下列规定取用:

①当带肋钢筋的公称直径大于 25 mm 时取 1.10;

②环氧树脂涂层带肋钢筋取 1.25;

③施工过程中易受扰动的钢筋取 1.10;

④当纵向受力钢筋的实际配筋面积大于其设计计算面积时,修正系数取设计计算面积与实际配筋面积的比值,但对于有抗震设防要求及直接承受动力荷载的结构构件,不应考虑此项修正;

⑤锚固钢筋的保护层厚度为 $3d$ 时修正系数可取 0.80,保护层厚度为 $5d$ 时修正系数可取 0.70,中间按内插取值,此处 d 为锚固钢筋的直径。

当锚固钢筋的保护层厚度不大于 $5d$ 时,锚固长度范围内应配置横向构造钢筋,其直径不应小于 $d/4$;对于梁、柱、斜撑等构件,间距不应大于 $5d$;对于板、墙等平面构件,间距不应大于 $10d$,且均不应大于 100 mm,此处 d 为锚固钢筋的直径。

当纵向受拉普通钢筋末端采用弯钩或机械锚固措施时,包括弯钩或锚固端头在内的锚固长度(投影长度)可取为基本锚固长度 l_{ab} 的 60%。弯钩和机械锚固的形式和技术要求应符合相关规定,见表 2.2 和图 2.32。

表2.2 钢筋弯钩和机械锚固的形式和技术要求

锚固形式	技术要求
90°弯钩	末端90°弯钩,弯钩内径$4d$,弯后直段长度$12d$
135°弯钩	末端135°弯钩,弯钩内径$4d$,弯后直段长度$5d$
一侧贴焊锚筋	末端一侧贴焊长$5d$同直径钢筋
两侧贴焊锚筋	末端两侧贴焊长$3d$同直径钢筋
焊端锚板	末端与厚度d的锚板穿孔塞焊
螺栓锚头	末端旋入螺栓锚头

注:①焊缝和螺纹长度应满足承载力要求;
　　②螺栓锚头和焊接锚板的承压净面积不应小于锚固钢筋截面积的4倍;
　　③螺栓锚头的规格应符合相关标准的要求;
　　④螺栓锚头和焊接锚板的钢筋净间距不宜小于$4d$,否则应考虑群锚效应的不利影响;
　　⑤截面角部的弯钩和一侧贴焊锚筋的布筋方向宜向截面内侧偏置。

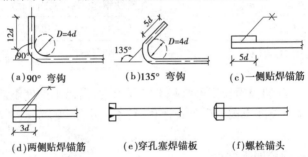

图2.32 钢筋机械锚固的形式及构造要求

混凝土结构中的纵向受压钢筋,当计算中充分利用其抗压强度时,锚固长度不应小于相应受拉长度的70%。

受压钢筋不应采用末端弯钩和一侧贴焊钢筋的锚固措施。

3)钢筋的连接

钢筋的连接分为绑扎搭接、机械连接或焊接。钢筋长度不够或需要采用施工缝或后浇带等构造措施时,钢筋就需要搭接。搭接是指将两根钢筋的端头在一定长度内并放,并采用适当的连接将一根钢筋的力传给另一根钢筋。力的传

钢筋的连接

递可以通过各种连接接头实现。由于钢筋通过连接接头传力总不如整条钢筋,所以钢筋搭接的原则是:接头应设置在受力较小处,同一根钢筋上应尽量少设接头,机械连接接头能产生较牢固的连接力,所以应优先采用机械连接。受拉钢筋绑扎搭接长度按下式计算,且不应小于300 mm。

$$l_l = \xi_l l_a \qquad (2.23)$$

式中　l_l——纵向受拉钢筋的搭接长度;

　　　ξ_l——纵向钢筋的搭接长度修正系数,它与同一连接区段内搭接钢筋的截面面积有关,当纵向搭接钢筋接头面积百分率为表2.3的中间值时,修正系数可按内插取值。

表 2.3 纵向受拉钢筋搭接长度修正系数

纵向搭接钢筋接头面积百分率/%	≤25	50	100
ξ_l	1.2	1.4	1.6

轴心受拉及小偏心受拉杆件的纵向受力钢筋不得采用绑扎搭接;其他构件中的钢筋采用绑扎搭接时,受拉钢筋直径不宜大于 25 mm,受压钢筋直径不宜大于 28 mm。

同一构件中相邻纵向受力钢筋的绑扎搭接接头宜相互错开,如图 2.33 所示。钢筋绑扎搭接接头连接段的长度为 1.3 倍的搭接长度,凡搭接接头中点位于该区段长度内的搭接接头均属于同一连接区段。同一连接区段内纵向受力钢筋搭接接头面积百分率为该区段内有搭接接头的纵向受力钢筋与全部纵向受力钢筋截面面积的比值。当直径不同的钢筋搭接时,按直径较小的钢筋计算。

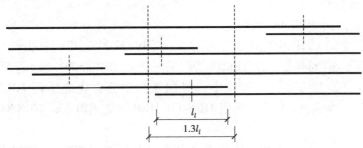

图 2.33 钢筋搭接接头的错开要求

同一连接区段内纵向受拉钢筋的绑扎搭接接头,如图 2.33 所示,同一连接区段内的搭接接头钢筋为两根,当钢筋直径相同时,钢筋搭接接头面积百分率为 50%。

对于受压钢筋的搭接接头及焊接骨架的搭接,因为钢筋将一部分力以端承形式直接传递给混凝土,搭接钢筋之间的混凝土受到的剪力明显小于受拉搭接的情况,所以受压搭接的搭接长度小于受拉搭接长度。现行《混凝土结构设计规范》规定,构件中的纵向受压钢筋当采用搭接连接时,其受压搭接长度不应小于上述纵向受拉钢筋搭接长度的 70%,且不应小于 200 mm。

4)并筋

在钢筋混凝土中,有时为了解决配筋密集引起的设计、施工问题,可采用并筋的配筋方式。直径 28 mm 及以下的钢筋并筋数量不应超过 3 根;直径 32 mm 的钢筋并筋数量宜为 2 根;直径 36 mm 及以上的钢筋不应采用并筋。并筋应按单根等效钢筋进行计算,等效钢筋的等效直径应按截面面积相等的原则换算确定。相同直径的二并筋等效直径可取 1.41 倍单根直径;三并筋等效直径可取 1.73 倍单根直径。二并筋可按纵向或横向的方式布置;三并筋宜按品字形布置,并筋按并筋的重心作为钢筋的重心。并筋等效直径的概念适用于钢筋间距、保护层厚度、钢筋锚固长度、搭接接头面积百分率、搭接长度以及裂缝宽度验算等有关的计算及构造规定。

本章小结

本章主要叙述了钢筋和混凝土的强度、变形和二者共同工作的性能。

(1)钢筋按化学成分,可分为碳素钢和普通低合金钢两大类。根据加工工艺不同,钢筋分为热轧钢筋、消除应力钢丝、螺旋肋钢丝、刻痕钢丝、钢绞线及热处理钢筋6种。用于钢筋混凝土结构和预应力混凝土结构中的普通钢筋,可采用热轧钢筋;用于预应力混凝土结构中的预应力钢筋,可采用预应力钢丝、钢绞线和预应力螺纹钢筋。

(2)根据拉伸试验,钢筋分为有明显流幅的和没有明显流幅的钢筋两大类。有明显流幅的钢筋,一般取屈服强度作为钢筋设计的依据;无明显流幅的钢筋,取残余应变为0.2%时的应力作为条件屈服强度。

(3)热轧钢筋分为 HPB300 级(符号Φ)、HRB400 级(符号Φ)、RRB400 级(符号Φ^R)、HRB400E 级(符号Φ^E)、HRBF400 级(符号Φ^F)、HRBF400E 级(符号Φ^{FE})、HRB500 级(符号Φ)、HRB500E 级(符号Φ^E)、HRBF500 级(符号Φ^F)、HRBF500E 级(符号Φ^{FE})、HRB600级(规范暂未规定)。钢筋混凝土结构中的纵向受力钢筋宜优先采用 HRB400、HRB500、HRBF400、HRBF500 级钢筋,箍筋宜采用 HRB400、HRBF400、HPB300、HRB500、HRBF500 级钢筋。

(4)混凝土的单轴向强度有立方体抗压强度、轴心抗压强度和轴心抗拉强度3种。

(5)混凝土的强度等级是根据其立方体抗压强度标准值划分的。现行《混凝土结构设计规范》规定的混凝土的强度等级共有13个等级。

(6)混凝土的变形可分为两类:一类是在荷载作用下的受力变形,如一次短期加载的变形、荷载重复作用下的变形以及荷载长期作用下的变形;另一类与受力无关,称为体积变形,如混凝土收缩、膨胀以及由于温度变化所产生的变形等。

(7)混凝土的变形模量有弹性模量、割线模量和切线模量3种。在计算混凝土变形时常用到弹性模量。

(8)钢筋混凝土受力后会沿钢筋和混凝土接触面上产生剪应力,通常把这种剪应力称为黏结应力。黏结应力主要由胶结力、摩阻力和机械咬合力三部分组成。

(9)保证钢筋与混凝土之间黏结的构造措施有以下几个方面:

①对不同等级的混凝土和钢筋,要保证最小搭接长度和锚固长度;

②为了保证混凝土与钢筋之间有足够的黏结,必须满足钢筋最小间距和混凝土保护层最小厚度的要求;

③在钢筋的搭接长度范围内应加密箍筋;

④为了保证足够的黏结,在光圆钢筋末端均需设置弯钩。

(10)现行《混凝土结构设计规范》规定纵向受拉钢筋的锚固长度作为钢筋的基本锚固长度。它与钢筋强度、混凝土抗拉强度、钢筋直径及外形有关。

思考题

2.1 我国用于混凝土结构的钢筋品种有哪些？说明各种钢筋的应用范围。

2.2 钢筋的应力-应变曲线分为哪两类？它们各有什么特征？

2.3 钢筋有哪些主要力学性能指标？各性能指标是如何确定的？

2.4 何谓钢筋的伸长率？

2.5 混凝土结构所用钢筋的机械性能主要包括哪些指标？

2.6 钢筋混凝土结构对钢筋的性能有哪些要求？

2.7 混凝土的强度等级是怎样确定的？有什么用途？现行《混凝土结构设计规范》中混凝土的强度等级是如何划分的？

2.8 混凝土立方体抗压强度能不能代表实际受压构件中的混凝土强度？既然用立方体抗压强度作为混凝土的强度等级，为什么还要有轴心抗压强度？

2.9 混凝土的基本强度指标有哪些？各用什么符号表示？它们相互之间有怎样的关系？

2.10 简述混凝土棱柱体试件在一次短期单调受压时的受力过程和应力-应变曲线的特征。

2.11 混凝土受压时的应力-应变曲线中，对应于轴心抗压强度时的应变 ε_0 与极限压应变 ε_{max} 有什么区别？它们各在什么受力情况下采用？其应变数值大致取多少？

2.12 强度等级不同的混凝土，其应力-应变曲线各有什么特点？

2.13 混凝土有哪些变形模量？它们各有什么用途？混凝土的弹性模量是怎样确定的？

2.14 什么是弹性系数？其数值范围是多少？随应力增加的变化情况怎样？

2.15 约束混凝土与非约束混凝土的应力-应变关系有何差别？螺旋箍筋约束与矩形箍筋约束又有何差别？

2.16 混凝土受拉应力-应变曲线有何特点？极限拉应变是多少？

2.17 简述混凝土在双向受力情况下的强度规律。

2.18 混凝土在荷载重复作用下应力-应变曲线有何特征？

2.19 混凝土的徐变和收缩有什么不同？是由什么原因引起的？各自的变形特征是什么？

2.20 什么是混凝土的收缩？收缩对混凝土结构有哪些不利影响？收缩的规律是什么？影响收缩有哪些因素？如何减少混凝土的收缩？

2.21 什么是混凝土的徐变？徐变的规律是什么？影响徐变的因素有哪些？徐变对混凝土结构有哪些影响？如何减少混凝土的徐变？

2.22 什么是线性徐变？什么是非线性徐变？

2.23 什么是钢筋和混凝土之间的黏结力？影响钢筋和混凝土之间黏结强度的主要因素有哪些？

2.24 为什么钢筋和混凝土能够共同工作？它们之间的黏结力是由哪几部分组成的？

2.25 为保证钢筋和混凝土之间有足够的黏结力可采取哪些措施？

3

混凝土结构设计的基本原则

〖**本章学习要点**〗

本章主要介绍钢筋混凝土结构设计计算的基本原则和方法,是学习本课程及其他结构设计类课程的理论基础。通过本章的学习,应初步掌握以近似概率理论为基础的极限状态设计方法的有关基本知识;了解结构的功能要求、极限状态和概率极限状态设计方法的基本概念;理解结构的可靠度、失效概率和可靠指标、作用和作用效应、结构重要性系数;掌握承载能力极限状态和正常使用极限状态设计表达式。

3.1 结构的预定功能及结构的可靠度

▶ 3.1.1 结构的功能要求

结构是由不同受力构件组成的能够承受各种外部作用的骨架,结构设计的主要目的是保证结构安全适用、技术先进、经济合理,在规定的期限内满足各项预定功能的要求。根据《建筑结构可靠性设计统一标准》(GB 50068—2018,以下简称《统一标准》)和《工程结构通用规范》(GB 55001—2021,以下简称《通用规范》)的规定,结构设计基准期为 50 年,且在规定的设计使用年限内应满足下列要求。特别说明,《通用规范》全部条文必须严格执行,现行工程建设标准相关强制性条文同时废止。以下学习过程中,在无特别强调时,默认《统一标准》与《通用规范》的相关规定一致。

结构的功能要求

①安全性。要求在正常施工和正常使用条件下,结构应能承受可能出现的各种荷载作用

（包括直接作用和间接作用）；当发生火灾时，在规定时间内可保持足够的承载力；当发生爆炸、撞击、人为错误等偶然事件时，结构仍能保持必要的整体稳定性，不出现与起因不对称的破坏结果，防止结构的连续倒塌。

②适用性。要求在正常使用条件下，结构应具有良好的使用性能，其变形、裂缝或振动等均不超过规定要求。

③耐久性。要求在正常维护条件下，结构应能在预定的使用期限内满足各项功能要求。如不发生结构材料的严重老化、腐蚀或裂缝宽度开展过大导致钢筋锈蚀等影响结构使用寿命的情况。

结构的安全性、适用性和耐久性概括起来称为结构的可靠性，也就是结构在规定的时间内（如设计使用年限），在规定的条件下（如正常设计、正常施工、正常使用和正常维护）完成预定功能的能力。结构的可靠性是以可靠度来度量的，所谓结构的可靠度，是指结构在规定的时间内、在规定的条件下，完成预定功能要求的概率。因此，结构的可靠度是其可靠性的一种定量描述。结构的可靠性和经济性两者之间存在着矛盾。科学的设计方法就是要求在可靠性和经济性之间选择一种最佳方案，使结构既有必要的可靠性，又有合理的经济指标。

结构可靠度定义中所说的"规定的时间"，是指设计使用年限，它是指设计规定的结构或结构构件不需进行大修即可按其预定目的使用的时期，即结构在规定的条件下所应达到的使用年限。设计使用年限与结构物的寿命虽有一定的联系，但不等同。当结构的实际使用年限超过设计使用年限后，并不意味着结构物立即就要报废，不能再使用了，而只是指它的可靠度降低了。若使结构保持一定的可靠度，则设计使用年限取得越长，结构所需要的截面尺寸或所需要的材料用量就越大。我国《统一标准》规定了各类建筑结构的设计使用年限，见表3.1。其中，《通用规范》中没有表3.1中的类别2。

表3.1 设计使用年限分类

类 别	设计使用年限/年	示 例
1	5	临时性建筑
2	25	易于替换的结构构件
3	50	普通房屋和构筑物
4	100	标志性建筑和特别重要的建筑物

▶ 3.1.2 结构的极限状态

结构能满足某种功能要求，并能良好地工作称为结构"可靠"或"有效"；否则，称结构"不可靠"或"失效"。区分结构工作状态的可靠与失效的界限是"极限状态"。结构的极限状态是指整个结构或结构的一部分超过某一特定的状态就不能满足设计规定的某一功能的要求，此特定状态称为该功能的极限状态。

按照结构功能的要求，极限状态可分为三类，即承载能力极限状态、正常使用极限状态和耐久性极限状态。

1）承载能力极限状态

承载能力极限状态指当结构或构件达到最大承载能力或发生不适于继续承载的变形时的极限状态。当结构或结构构件出现下列状态之一时，即认为超过了承载能力极限状态：

①结构构件或其连接因超过材料强度而破坏，或因过度变形而不适于继续承载；

②整个结构或结构的一部分作为刚体失去平衡（如结构或结构构件发生倾覆和滑移等）；

③结构转变为机动体系而丧失承载能力；

④结构或结构构件因达到临界荷载而丧失稳定（如柱被压屈等）；

⑤结构因局部破坏而发生连续倒塌（如初始的局部破坏，从一个构件扩展到其他构件，最终导致整体结构倒塌）；

⑥地基丧失承载能力而破坏（如失去稳定）；

⑦结构或结构构件的疲劳破坏（如荷载多次重复作用而破坏）。

承载能力极限状态关系到结构整体或局部破坏，会导致生命、财产的重大损失。因此，应当把出现这种状态的概率控制得非常严格。所有的结构和构件都必须按承载能力极限状态进行计算，并保证具有足够的可靠度。

2）正常使用极限状态

正常使用极限状态指结构或结构构件达到影响正常使用的某项规定限值。当结构或结构构件出现下列状态之一时，即认为超过了正常使用极限状态：

①影响正常使用或外观的变形（如吊车梁变形过大致使吊车不能正常行驶、梁的挠度过大影响观瞻）；

②影响正常使用的局部损坏（如水池开裂漏水不能正常使用、梁的裂缝过宽致使钢筋锈蚀）；

③影响正常使用的振动（如由于机器振动过大导致结构的振幅超过正常使用要求所规定的限值）；

④影响正常使用的其他特定状态（如相对沉降量过大）。

结构超过该类状态时将不能正常工作，影响其适用性，但一般不会导致人身伤亡或重大经济损失。设计时，可靠性可以比承载能力极限状态略低一些，但仍应予以足够的重视。因为过大的变形和过宽的裂缝不仅影响结构的正常使用，也会造成人们心理上的不安全感。进行结构设计时，通常是先按承载能力极限状态设计结构构件，然后根据使用要求按正常使用极限状态进行抗裂、裂缝宽度、变形、竖向自振频率等验算。

3）耐久性极限状态

耐久性极限状态是指结构或结构构件达到影响耐久性能的某项规定限值。当结构或结构构件出现下列状态之一时，即认为超过了耐久性极限状态：

①影响承载能力和正常使用的材料性能劣化（如钢结构防腐涂层作用丧失）；

②影响耐久性能的裂缝、变形、缺口、外观、材料削弱等（如碳化或氯盐侵蚀深度达到钢筋表面导致钢筋开始脱钝）；

③影响耐久性能的其他特定状态。

结构耐久性是指在服役环境作用和正常使用维护条件下，结构抵御结构性能劣化（或退化)的能力,因此,在结构全寿命性能变化过程中,原则上结构劣化过程的各个阶段均可以选作耐久性极限状态的基准。理论上讲,足够的耐久性要求已包含在一段时间内的安全性和适用性要求中。然而,为了实用,增加与耐久性相关的极限状态内容或针对一定(非临界)条件的极限状态是必要的。广义上来说,耐久性极限状态可定义以下3个状态:

第1类极限状态:影响结构初始耐久性能的状态(如碳化或氯盐侵蚀深度达到钢筋表面导致钢筋开始脱钝、钢结构防腐涂层作用丧失等)。

第2类极限状态:影响结构正常使用的状态(如钢结构的锈蚀斑点、混凝土表面裂缝宽度超出限值等)。

第3类极限状态:影响结构安全性能的状态(如钢结构的锈蚀孔、混凝土保护层的脱离等)。

考虑到标准的可延续性,同时与国际标准接轨,《统一标准》引入的耐久性极限状态系指第1类极限状态。

4)结构的设计状况

建筑结构设计时,应根据结构在施工和使用中的环境条件和影响,区分下列4种设计状况:

①持久设计状况:在结构使用过程中一定出现,其持续期很长的状况。持续期一般与设计使用年限为同一数量级,如房屋结构承受家具和正常人员荷载的状况。

②短暂设计状况:在结构施工和使用过程中出现概率较大,而与设计使用年限相比,持续时间很短的状况。如结构施工和维修时承受堆料和施工荷载的状况。

③偶然设计状况:在结构使用过程中出现概率很小,且持续期很短的状况。如结构遭受火灾、爆炸、撞击、罕遇地震等作用的状况。

④地震设计状况:适用于结构遭受地震时的情况,在抗震设防地区必须考虑地震设计状况。

对于上述4种设计状况,均应进行承载能力极限状态设计,以确保结构的安全性。对于偶然状况,允许主要承重结构因出现设计规定的偶然事件而局部破坏,但其剩余部分具有在一段时间内不发生连续倒塌的可靠度,可不进行正常使用极限状态设计和耐久性极限状态设计;对于持久状况,尚应进行正常使用极限状态设计,并宜进行耐久性极限状态设计,以保证结构的适用性和耐久性;对于短暂状况和地震设计状况,可根据需要进行正常使用极限状态设计。

▶ 3.1.3 结构上的作用、作用效应和结构抗力

1)结构上的作用

结构上的作用是指施加在结构上的集中荷载或分布荷载,以及引起结构外加变形或约束的原因。前者以力的形式作用于结构上,称为直接作用,习惯上称为荷载;后者以变形的形式作用在结构上,称为间接作用(如地震、地基变形、温度变化、混凝土收缩等引起的作用)。

结构上的作用、作用效应和结构抗力

由于作用具有很大的随机性,它的取值直接影响结构的可靠度和经济效果,因此在结构

设计时必须予以重视。结构上的作用按其随时间的变异性和出现的可能性不同,可分为以下3类:

①永久荷载:在结构使用期间,其值不随时间变化,或其变化与它的平均值相比可以忽略不计的作用。例如,结构自重、土压力、水位不变的水压力、地基变形、混凝土收缩、钢材焊接变形、固定设备、预应力、引起结构外加变形或约束变形的各种施工因素等。这种作用一般为直接作用,通常称为恒荷载。

②可变荷载:在结构使用期间,其值随时间变化,且其变化幅度较大,与它的平均值相比不可忽略不计的作用。例如,使用时人员物件等荷载、施工时结构的某些自重、安装荷载、车辆荷载、吊车荷载、楼面活荷载、屋面活荷载和积灰荷载、风荷载、屋面雪荷载等。这种作用如为直接作用,则通常称为活荷载。

③偶然荷载:在设计基准期内不一定出现,一旦出现,其值很大且持续时间较短的作用。例如,爆炸力、撞击、罕遇地震、龙卷风、火灾、极严重的侵蚀和洪水作用等。

2)作用效应

直接作用或间接作用在结构上,由此在结构内产生内力(如轴力、弯矩、剪力、扭矩等)和变形(如挠度、转角、裂缝等),称为作用效应,用"S"表示。当为直接作用(即荷载)时,其效应也称为荷载效应。荷载 Q 与荷载效应 S 之间,一般近似地按线性关系考虑:

$$S = cQ \qquad (3.1)$$

式中,c 为荷载效应系数,如受均布荷载 q 作用的简支梁,则跨中弯矩值为 $M = \frac{1}{8}ql_0^2$。其中,M 相当于荷载效应 S;q 相当于荷载 Q;$\frac{1}{8}l_0^2$ 则相当于荷载效应系数 c;l_0 为梁的计算跨度。

由于荷载和荷载效应都是随机变量,它的变化规律与结构可靠度的分析关系密切。

3)结构抗力

结构抗力是指整个结构或结构构件承受作用效应的能力,如构件的承载能力、刚度等,用"R"表示。影响抗力的主要因素有:

①材料性能的不定性:主要是指材质因素引起的结构中材料性能(强度、变形模量等)的变异性。例如,尽管钢筋按照规定的原料配合比冶炼,并按一定的轧制工艺生产,混凝土按照强度的需要用同一配合比配制,其强度值并不完全相同,而是在一定范围内变化。这是影响抗力不确定性的主要因素。

②构件几何参数的不定性:主要是指构件制作尺寸偏差和安装误差等引起的构件几何参数的变异性,这种施工制作偏差是在正常施工过程中难以避免的。

③计算模式的精确性:主要是指抗力计算所采用的基本假设和计算公式不够精确等引起的变异性。

上述因素均为随机变量,由这些因素综合而成的结构抗力也是随机变量,一般认为服从对数正态分布。

▶ 3.1.4 结构的失效概率和可靠指标

1)结构的功能函数与极限状态方程

以概率理论为基础的极限状态设计方法,简称为概率极限状态设计法,又称为近似概率法。此法是以结构的失效概率或可靠指标来度量结构的可靠度。结构的可靠度通常受结构上的各种作用、材料性能、几何参数、计算公式精确性等因素的影响。这些因素一般具有随机性,称为基本变量,记为 $X_i(i=1,2,\cdots,n)$。

结构和结构构件的工作状态,可以用该结构构件所承受的作用效应 S 和结构抗力 R 两者的关系式来描述,这种表达式称为结构的功能函数,用 Z 表示。

$$Z = g(X_1, X_2, \cdots, X_n) \tag{3.2}$$

当

$$Z = g(X_1, X_2, \cdots, X_n) = 0 \tag{3.3}$$

时,称为极限状态方程。

若只以结构构件的作用效应 S 和结构抗力 R 作为两个基本的随机变量来表达,则功能函数表示为:

$$Z = g(S, R) = R - S \tag{3.4}$$

因 S 和 R 是随机变量,所以功能函数 Z 也是随机变量,其功能函数表达式可用来判断结构的 3 种工作状态,如图 3.1 所示。

当 $Z>0$(即 $R>S$)时,结构处于可靠状态;

当 $Z=0$(即 $R=S$)时,结构处于极限状态;

当 $Z<0$(即 $R<S$)时,结构处于失效状态。

当基本变量满足极限状态方程

$$Z = g(R, S) = 0 \tag{3.5}$$

时,结构处于极限状态。

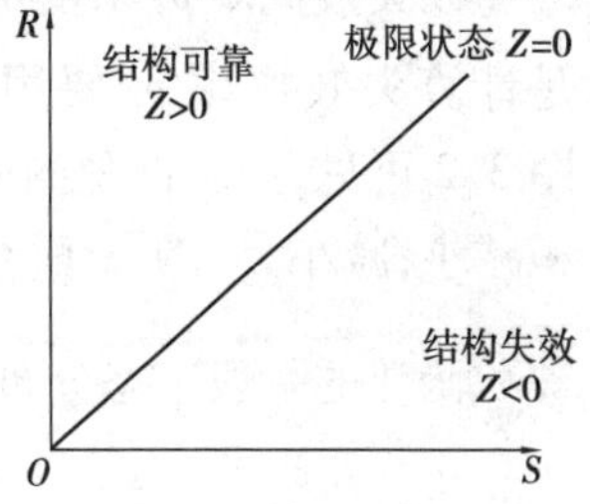

图 3.1 $R\text{-}S$ 关系图

按照极限状态设计的目的,就是要求作用在结构上的荷载或其他作用对结构产生的效应不超过结构达到极限状态时的抗力,即

$$S \leqslant R \tag{3.6}$$

2)结构的失效概率

结构可靠性是用概率来度量的。结构的可靠概率是指结构能够完成预定功能($R>S$)的概率,用 p_s 表示;反之,不能完成预定功能($R>S$)的概率称为失效概率,用 p_f 表示。显然,两者是互补的,即

$$p_s + p_f = 1 \quad \text{或} \quad p_f = 1 - p_s \tag{3.7}$$

因此,结构的可靠性也可以用失效概率来度量。由 $Z = R-S$ 的正态分布图 3.2 可知,失效概率为 $Z<0$ 时分布曲线的尾部面积用阴影标出。

下面建立结构失效概率的表达式。设基本变量 S,R 均为正态分布,故其功能函数

$$Z = g(R, S) = R - S$$

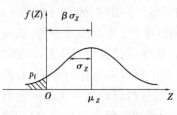

图 3.2 Z 的正态分布图

亦呈正态分布(图3.2)。图中,$Z<0$(失效状态)的一侧 $f(Z)$ 的阴影面积即为失效概率 p_f。

$$p_f = P(Z < 0) = \int_{-\infty}^{0} f(Z)\,dZ \tag{3.8}$$

设 Z 值的平均值

$$\mu_Z = \mu_R - \mu_S \tag{3.9}$$

标准差为

$$\sigma_Z = \sqrt{\sigma_R^2 + \sigma_S^2} \tag{3.10}$$

式中　μ_R, μ_S——结构抗力和荷载效应的平均值;

　　σ_R, σ_S——结构抗力和荷载效应的标准差。

将式(3.8)进一步写成:

$$p_f = \frac{1}{\sqrt{2\pi}}\int_{-\infty}^{0}\frac{1}{\sigma_Z}\exp\left[-\frac{Z-\mu_Z}{2\sigma_Z^2}\right]dZ \tag{3.11}$$

用概率的观点来研究结构的可靠性,荷载效应 S 和结构抗力 R 都是随机变量。因此,在结构设计中,要保证结构的绝对可靠是做不到的,而只能做到大多数情况下结构处于 $R>S$ 的安全状态,只要结构处于 $R<S$ 失效状态的失效概率小到我们足以接受的程度,就可以认为该结构是可靠的。

3)可靠指标

以失效概率 p_f 来度量结构的可靠性具有明确的物理意义,能较好地反映问题的实质,但是计算失效概率 p_f 要用到积分,比较复杂,通常我们采取另外一种比较简便的方法。由图3.2可见,阴影部分的面积即失效概率 p_f 与 μ_Z,σ_Z 的大小有关,增大 μ_Z,曲线右移,阴影面积减小;减小 σ_Z,阴影面积也将减小。同时为了便于计算,将式(3.11)引入"标准化变量",将被积函数的一般正态分布改成标准正态分布,令 $t = \dfrac{Z-\mu_Z}{\sigma_Z}$,则 $dZ = \sigma_Z dt$,积分上限由原来的

$Z=0$ 变成 $t = -\dfrac{\mu_Z}{\sigma_Z}$,令

$$\mu_Z = \beta\sigma_Z \quad \text{或} \quad \beta = \frac{\mu_Z}{\sigma_Z} = \frac{\mu_R - \mu_S}{\sqrt{\sigma_R + \sigma_S}} \tag{3.12}$$

将以上关系代入式(3.11),可得:

$$p_f = \frac{1}{\sqrt{2\pi}}\int_{-\infty}^{0}\exp\left(-\frac{t^2}{2}\right)dt = \Phi\left(-\frac{\mu_Z}{\sigma_Z}\right) = \Phi(-\beta) \tag{3.13}$$

式(3.13)就是所要建立的失效概率表达式,由式中可以看出 β 与失效概率 p_f 之间具有数值上一一对应的关系,已知 β 后即可求出 p_f(见表3.2)。显然 β 越大,则失效概率 p_f 越小,即结构越可靠,因此 β 和失效概率一样可以作为衡量结构可靠性的一个指标,称为可靠指标。根据定义,可靠指标直接用随机变量的统计特征值(即平均值和标准差)来反映可靠性,这在实际应用时是非常有意义的,因为目前在实际工程结构中,无法精确掌握各种设计基本变量的理论分布,而且进行复杂的数学运算也有难度,所以在这种情况下用可靠指标(而不是直接用失效概率)度量结构的可靠性,利用概率分布的统计特征值近似分析可靠性不失为一种有效的途径。这样,既可避免用精确概率分析的困难,又可以反映随机变量的主要特性,且表达式简单。《统一标准》采用可靠指标 β 代替失效概率 p_f 来度量结构的可靠性。

表 3.2 β 与 p_f 的对应关系

β	1.0	1.5	2.0	2.5	2.7	3.0
p_f	1.59×10^{-1}	6.68×10^{-2}	2.28×10^{-2}	6.21×10^{-3}	3.47×10^{-3}	1.35×10^{-3}
β	3.2	3.5	3.7	4.0	4.2	4.5
p_f	6.87×10^{-4}	2.33×10^{-4}	1.08×10^{-4}	3.17×10^{-5}	1.33×10^{-5}	3.40×10^{-6}

4)目标可靠指标及安全等级

设计规范规定的、作为设计结构或结构构件时所应达到的可靠指标,称为目标可靠指标 $[\beta]$,它根据设计所要求达到的结构可靠性来取定。

在进行结构设计时,要保证结构既安全可靠,又经济合理,就是要使所设计的结构的失效概率 p_f 小到可以接受的程度,或可靠指标 β 大到可以接受的程度,即应满足下列条件:

$$\beta \geq [\beta] \tag{3.14}$$

式中　β——构件截面实际具有的可靠指标;

$[\beta]$——构件截面允许的可靠指标(或称目标可靠指标)。

目标可靠指标 $[\beta]$ 在理论上应根据各种结构构件的重要性、破坏性质和失效的后果,以优化的方法加以确定。目标可靠指标的确定原则如下:

①建立在对原规范"校准"的基础上,考虑新旧规范的连续性,避免经济指标的过大波动以及人们在理解上的偏差,采用近似概率法对原规范设计的各种结构构件的可靠性进行反演计算和综合分析,针对不同情况作适当调整,确定出合理且统一的目标可靠指标 $[\beta]$ 。其实质是从总体上基本保持原有规范的可靠性水准,这种方法为世界上大多数国家所采用。

②为使结构设计安全可靠、经济合理,使结构在承载力极限状态设计时,其完成预定功能的概率不低于某一允许的水平,按照不同的破坏性质,确定不同的目标可靠指标 $[\beta]$ 。延性破坏构件的目标可靠指标可稍低于脆性破坏构件的目标可靠指标。

③ $[\beta]$ 与结构的安全级别有关,安全级别越高,目标可靠指标就越大。

④ $[\beta]$ 与不同的极限状态有关,承载能力极限状态的目标可靠指标应高于正常使用极限状态下的目标可靠指标。

根据建筑物的重要性不同,即一旦结构失效对生命财产的危害程度以及对社会的影响不同,《统一标准》将建筑结构分为以下 3 个安全等级:

● 一级——重要的工业与民用建筑物(对人的生命、经济、社会或环境影响很大),破坏后果很严重;

● 二级——一般的工业与民用建筑物(对人的生命、经济、社会或环境影响较大),破坏后果严重;

● 三级——次要的建筑物(对人的生命、经济、社会或环境影响较小),破坏后果不严重。

对于承载能力极限状态,建筑结构中各类结构构件的安全等级宜与结构的安全等级相同,对其中部分结构构件的安全等级可进行调整,但不得低于三级。不同安全等级的结构构件设计时采用的目标可靠指标见表 3.3。结构构件持久设计状况正常使用极限状态设计的可靠指标,宜根据其可逆程度取 0~1.5;结构构件持久设计状态耐久性极限状态设计的可靠指

标,宜根据其可逆程度取 1.0~2.0。

表 3.3　结构承载力极限状态设计时的目标可靠指标 $[\beta]$

破坏类型	安全等级		
	一　级	二　级	三　级
延性破坏	3.7	3.2	2.7
脆性破坏	4.2	3.7	3.2

3.2　荷载和材料强度的取值

结构在使用期内所承受的荷载是在一定范围内变动的,结构设计时所取用材料的实际强度也是在一定范围内波动的。因此,结构设计时所取用的荷载值和材料强度值应采用概率统计方法来确定。

▶　3.2.1　荷载标准值的确定

在进行结构设计时,为了便于荷载的统计和表达,简化计算公式,通常以一些确定的值来表达这些不确定的量,它是根据对荷载统计得到的概率分布模型,按照概率方法确定的。结构设计时,根据荷载不同极限状态的设计要求,采用不同的荷载量值,即荷载的代表值。荷载的代表值有标准值、准永久值、组合值和频遇值,其中标准值为基本代表值。

1)荷载标准值

荷载标准值是指在结构使用期间,在正常情况下可能出现的最大荷载值。《建筑结构荷载规范》(GB 50009—2012,以下简称《荷载规范》)和《通用规范》中规定了各类荷载标准值的取值原则。荷载标准值原则上应根据在设计基准期(一般规定为 50 年)最大荷载概率分布的某一分位值来确定。但是,有些可变荷载并不具备充分的统计资料,难以给出符合实际的概率分布,只能结合工程经验经分析判断确定。由于《通用规范》相比《荷载规范》对一些荷载标准值的取值做了适当提高,因此以《通用规范》为准,对作用在结构上的荷载作如下规定:

①永久荷载标准值 G_k。永久荷载标准值由于变异性不大,一般以其平均值作为荷载标准值,可按结构构件的设计尺寸和材料容重(或单位面积的自重)平均值确定。对于自重变异性较大的材料,在设计中应根据荷载对结构不利或有利的情况,分别取其自重的上限值或下限值。各种材料容重(或单位面积的自重)可由《通用规范》查取。

②可变荷载标准值 Q_k。《通用规范》已给出了各种可变荷载标准值的取值,设计时可直接查取。为了便于学习,摘录民用建筑楼面均布活荷载和屋面活荷载,见表 3.4、表 3.5 和表 3.6。

表 3.4 民用建筑楼面均布活荷载标准值及其组合值、频遇值和准永久值系数

项次	类 别		标准值 /(kN·m⁻²)	组合值 系数 ψ_c	频遇值 系数 ψ_f	准永久值 系数 ψ_q
1	(1)住宅、宿舍、旅馆、医院病房、托儿所、幼儿园		2.0	0.7	0.5	0.4
	(2)办公楼、教室、医院门诊		2.0	0.7	0.6	0.5
2	食堂、餐厅、试验室、阅览室、会议室、一般资料档案室		3.0	0.7	0.6	0.5
3	礼堂、剧场、影院、有固定座位的看台、公共洗衣房		3.5	0.7	0.5	0.3
4	(1)商店、展览厅、车站、港口、机场大厅及其旅客等候室		4.0	0.7	0.6	0.5
	(2)无固定座位的看台		4.0	0.7	0.5	0.3
5	(1)健身房、演出舞台		4.5	0.7	0.6	0.5
	(2)舞厅、运动场		4.5	0.7	0.6	0.3
6	(1)书库、档案库、储藏室(书架高度不超过 2.5 m)		6.0	0.9	0.9	0.8
	(2)密集柜书库(书架高度不超过 2.5 m)		12.0	0.9	0.9	0.8
7	通风机房、电梯机房		8.0	0.9	0.9	0.8
8	厨房	(1)餐厅	4.0	0.7	0.7	0.7
		(2)其他	2.0	0.7	0.6	0.5
9	浴室、卫生间、盥洗室		2.5	0.7	0.6	0.5
10	走廊、门厅	(1)宿舍、旅馆、医院病房、托儿所、幼儿园、住宅	2.0	0.7	0.5	0.4
		(2)办公楼、餐厅、医院门诊部	3.0	0.7	0.6	0.5
		(3)教学楼及其他可能出现人员密集的情况	3.5	0.7	0.5	0.3
11	楼梯	(1)多层住宅	2.0	0.7	0.5	0.4
		(2)其他	3.5	0.7	0.5	0.3
12	阳台	(1)可能出现人员密集的情况	3.5	0.7	0.6	0.5
		(2)其他	2.5	0.7	0.6	0.5

表 3.5 楼面和屋面活荷载考虑设计使用年限的调整系数 γ_L

结构设计使用年限/年	5	50	100
γ_L	0.9	1.0	1.1

注:①当设计使用年限不为表中数值时,调整系数 γ_L 可按线性内插确定;

②对于荷载标准值可控制的活荷载,设计使用年限调整系数取 γ_L。

表 3.6　屋面均布活荷载

项次	类　别	标准值 /(kN·m⁻²)	组合值系数 ψ_c	频遇值系数 ψ_f	准永久值系数 ψ_q
1	不上人的屋面	0.5	0.7	0.5	0
2	上人的屋面	2.0	0.7	0.5	0.4
3	屋顶花园	3.0	0.7	0.6	0.5
4	屋顶运动场地	4.5	0.7	0.6	0.4

2）荷载准永久值

可变荷载的准永久值是按正常使用极限状态荷载效应组合设计时采用的荷载代表值。在正常使用极限状态的计算中,要考虑荷载长期效应的影响。显然,永久荷载是长期作用的,而可变荷载不像永久荷载那样在结构设计基准期内全部以最大值经常作用在结构构件上,它有时作用值大一些,有时作用值小一些,有时作用的持续时间长一些 ,有时短一些。但若达到和超过某一值的可变荷载出现次数较多、持续时间较长,以致其累计的总持续时间与整个设计基准期的比值已达到一定值(一般情况下,这一比值可取为 0.5),它对结构作用的影响类似于永久荷载,则该可变荷载值便称为荷载准永久值。

可变荷载的准永久值可表示为 $\psi_q Q_k$,Q_k 为某种可变荷载的标准值,ψ_q 为准永久值系数,可表示为:

荷载准永久值=ψ_q·可变荷载标准值

可见,荷载的准永久值实际上是考虑荷载长期作用效应而对可变荷载标准值的一种折减。各种可变荷载的准永久值系数可在表 3.4 和表 3.6 中查到。

3）荷载组合值

结构在正常使用过程中,往往会受到两种或两种以上可变荷载的同时作用。考虑到各种可变荷载同时达到预计最大值的概率显然比一种可变荷载达到预计最大值的概率要低得多,为使结构在两种以上可变荷载参与组合的情况下,与仅有一种可变荷载参与组合的情况具有大致相同的可靠指标,除了一个主导可变荷载外,其余可变荷载应在其标准值的基础上引入一个小于 1 的组合系数 ψ_c 对荷载标准值进行折减。

荷载组合系数理论上应依据参与组合的荷载综合效应最大值的概率分布,按照概率理论的方法确定,但实际上要确定它是一个相当复杂的问题,目前无论是在理论上,还是工程实践上都研究得不够充分。因此,在目前的设计理论中,只能采用相对合理的简化方法,综合考虑已有的工程实践来确定,见表 3.4 和表 3.6。

▶ **3.2.2　材料强度标准值的确定**

材料强度的标准值是结构设计时采用的材料强度的基本代表值,它是设计表达式中材料性能的取值依据,也是控制材料质量的主要依据。材料强度的标准值是指在正常情况下,可能出现的最小强度值,它是以材料强度概率分布的某一分位值来确定的。当材料强度服从正

态分布时,其标准值可由下式计算:

$$f_k = \mu_f - \alpha\sigma_f = \mu_f(1 - \alpha\delta_f) \tag{3.15}$$

式中　μ_f——材料强度的统计平均值;

　　　σ_f——材料强度的统计标准差;

　　　δ_f——材料强度的变异系数,$\delta_f = \dfrac{\sigma_f}{\mu_f}$;

　　　α——材料强度的保证率系数。

各种材料强度标准值的取值原则为:材料强度的标准值由材料强度概率分布的 0.05 分位值来确定,即材料的实际强度小于强度标准值的可能性只有 5%,也就是强度标准值具有 95% 的保证率,对应的保证率系数 $\alpha = 1.645$,如图 3.3 所示。

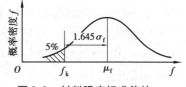

图 3.3　材料强度标准值的
　　　　确定方法

$$f_k = f_{cu,m}(1 - 1.645\delta_{f_{cu}}) \tag{3.16}$$

1)混凝土强度标准值

(1)混凝土立方体抗压强度标准值 $f_{cu,k}$

现行《混凝土结构设计规范》规定,混凝土立方体抗压强度标准值亦称混凝土强度等级,其取值具有 95% 的保证率。其值可由下式计算:

$$f_{cu,k} = f_{cu,m} - 1.645\sigma_{f_{cu}} = f_{cu,m}(1 - 1.645\delta_{f_{cu}}) \tag{3.17}$$

式中　$f_{cu,m}$——混凝土立方体抗压强度的统计平均值;

　　　$\sigma_{f_{cu}}$——混凝土立方体抗压强度的统计标准差;

　　　$\delta_{f_{cu}}$——混凝土立方体抗压强度的变异系数。

根据上述混凝土立方体抗压强度标准值的取值原则,可以推算出混凝土轴心抗压强度标准值和混凝土轴心抗拉强度标准值。

(2)混凝土轴心抗压强度标准值 f_{ck}

根据混凝土强度标准值的取值原则

$$f_{ck} = f_{c,m} - 1.645\sigma_{f_c} = f_{c,m}(1 - 1.645\delta_{f_c}) \tag{3.18}$$

将 $f_{c,m} = 0.88\alpha_{c1}\alpha_{c2}f_{cu,m}$ 代入式(3.18),同时假定 $\delta_{f_c} = \delta_{f_{cu}}$,可得

$$f_{ck} = 0.88\alpha_{c1}\alpha_{c2}f_{cu,k} \tag{3.19}$$

(3)混凝土轴心抗拉强度标准值 f_{tk}

同样,根据混凝土强度标准值取值原则

$$f_{tk} = f_{t,m} - 1.645\sigma_{f_t} = f_{t,m}(1 - 1.645\delta_{f_t}) \tag{3.20}$$

将 $f_{t,m} = 0.88 \times 0.395\alpha_{c2}f_{cu,m}^{0.55}$ 代入式(3.20),同时假定 $\delta_{f_t} = \delta_{f_{cu}}$,可得

$$f_{tk} = 0.88 \times 0.395 \times f_{cu,k}^{0.55}(1 - 1.645\delta_{f_{cu}})^{0.45}\alpha_{c2} \tag{3.21}$$

2)钢筋强度标准值

为了保证钢材的质量,使钢筋强度标准值与国家对钢筋的检验标准相一致,现行《混凝土结构设计规范》规定,受拉热轧钢筋强度采用屈服强度作为标准值 $f_{yk}(f_{pyk})$,屈服强度即钢筋出厂检验的废品限值,其强度标准值的保证率不小于 95%。对于无明显屈服点的钢筋,如热

处理钢筋、冷轧带肋钢筋、钢丝等，为了与国家标准的出厂检验强度一致，采用国家规定的极限抗拉强度作为标准值$f_{stk}(f_{ptk})$，其保证率也不小于95%。但应指出，在构件承载力设计时，规范取用$0.85\sigma_b(\sigma_b$为国家标准规定的极限抗拉强度)作为设计上取用的条件屈服点。

由以上所得的混凝土与钢筋强度的标准值，分别参见附录1附表1.1和附录2附表2.1、附表2.2。

为了充分考虑材料的离散性和施工中不可避免的偏差带来的不利影响，再将材料强度标准值除以一个大于1的系数，即得材料强度设计值，相应的系数称为材料分项系数。混凝土的离散性比钢筋的离散性要大，因而分项系数也取得大一些。在建筑工程中，混凝土的材料分项系数可取$\gamma_c=1.4$；HPB300，HRB400，HRBF400级钢筋的材料分项系数$\gamma_s=1.1$；HRB500，HRBF500级钢筋的材料分项系数$\gamma_s=1.15$；预应力钢筋(包括钢绞线、消除应力钢丝和热处理钢筋)的分项系数$\gamma_s=1.2$。材料强度设计值分别参见附录1附表1.1和附录2附表2.3、附表2.4。

3.3 极限状态设计的基本表达式

如前所述，现行《混凝土结构设计规范》采用以概率为基础的极限状态设计法，从理论上讲，当荷载的概率分布、统计参数以及材料性能、构件尺寸的统计参数一经确定，即可按照结构的可靠度理论方法对结构进行设计。但是，直接按给定的目标可靠指标进行结构的设计计算，需要大量的统计信息，其设计计算工作量很大，过于烦琐，且不易掌握。考虑到长期以来工程设计人员的习惯和实际应用上的方便，现行《混凝土结构设计规范》给出了以各基本变量标准值(如荷载标准值、材料强度标准值等)和分项系数(如荷载分项系数、材料分项系数等)表示的实用设计表达式。其中采用的各种分项系数则是根据基本变量的统计特征，以结构可靠性的概率分析为基础经优选确定的，即分项系数按照目标可靠指标$[\beta]$，经过可靠性分析反算确定，可靠指标β隐含在分项系数中。

▶ 3.3.1 承载能力极限状态的基本表达式

1)基本表达式

对于承载能力极限状态，结构构件应按荷载效应的基本组合或偶然组合进行荷载效应组合，并采用下列设计表达式进行设计：

极限状态设计
的基本表达式

$$\gamma_0 S_d \leq R_d \tag{3.22}$$

$$R_d = R_d(f_c, f_s, a_k, \cdots)/\gamma_{Rd} = R_d\left(\frac{f_{ck}}{\gamma_c}, \frac{f_{sk}}{\gamma_s}, a_k, \cdots\right)/\gamma_{Rd} \tag{3.23}$$

式中 γ_0——结构重要性系数，对结构安全等级为一级或设计使用年限为100年及以上的结构构件，不应小于1.1；对安全等级为二级或设计使用年限为50年的结构构件，不应小于1.0；对安全等级为三级或设计使用年限为50年及以下的结构，不应小于0.9。

S_d——荷载组合效应设计值。

R_d——结构构件抗力（承载力）的设计值。

γ_{Rd}——结构构件的抗力模型不定性系数。

$R(\cdot)$——结构构件的抗力（承载力）函数。

f_c,f_s——混凝土、钢筋的强度设计值，$f_c=\dfrac{f_{ck}}{\gamma_c}$，$f_s=\dfrac{f_{sk}}{\gamma_s}$。

f_{ck},f_{sk}——混凝土、钢筋的强度标准值。

γ_c,γ_s——混凝土、钢筋的材料分项系数。

a_k——结构构件几何参数的标准值。

2）荷载效应组合设计值 S_d

荷载效应组合是指在所有可能同时出现的诸荷载（如永久荷载、楼面屋面活荷载、风荷载等）组合下，确定结构或构件内产生的总效应（内力）。

当作用在结构上的可变荷载有两种或两种以上时，这些荷载不可能同时以其最大值出现，此时的荷载代表值采用组合值，即通过荷载组合值系数进行折减，使按极限状态所得的各类材料结构构件所具有的可靠指标，与仅有一种可变荷载参与组合的简单组合情况下的可靠指标有最佳的一致性。

荷载以标准值为基本变量，但应考虑荷载分项系数（其值大于1.0）。荷载分项系数与荷载标准值的乘积称为荷载设计值；而荷载设计值与荷载效应系数的乘积则称为荷载效应设计值，即内力设计值。

（1）对于基本组合，荷载效应组合的设计值 S_d 的规定（适用于荷载与荷载效应为线性情况）

$$S_d = \sum_{i\geq 1} \gamma_{G_i} S_{G_ik} + \gamma_P S_P + \gamma_{Q_1}\gamma_{L_1} S_{Q_1k} + \sum_{j>1} \gamma_{Q_j}\psi_{c_j}\gamma_{L_j} S_{Q_jk} \tag{3.24}$$

式中　γ_{G_i}——第 i 个永久荷载分项系数，当对结构不利时，不应小于1.3；当对结构有利时，不应大于1.0。

γ_P——预应力荷载的分项系数，当对结构不利时，不应小于1.3；当对结构有利时，不应大于1.0。

γ_{Q_j}——第 j 个可变荷载的分项系数，其中 γ_{Q_1} 为可变荷载 Q_1 的分项系数。一般情况不应小于1.5，对工业建筑楼面结构，当活荷载标准值大于 $4\ kN/m^2$ 时，不应小于1.4；当活荷载对结构有利时，分项系数应取0。

γ_{L_j}——第 j 个可变荷载考虑设计使用年限的调整系数，其中 γ_{L_1} 为第1个可变荷载 Q_1 考虑设计使用年限的调整系数。

S_{G_ik}——按第 i 个永久荷载标准值 G_{ik} 计算的荷载效应值。

S_P——预应力作用有关代表值的效应。

S_{Q_ik}——按第 i 个可变荷载标准值 Q_{ik} 计算的荷载效应值，其中 S_{Q_1k} 为第1个可变作用标准的效应。

ψ_{c_j}——可变荷载 Q_j 的组合值系数，除风荷载取0.6外，其余应按表3.4、表3.6查取。

（2）荷载偶然组合的效应设计值（适用于荷载与荷载效应为线性情况）

①用于承载能力极限状态的效应设计值：

$$S_d = \sum_{j=1}^{m} S_{G_jk} + S_P + S_{A_d} + \psi_{f_1} S_{Q_1k} + \sum_{i=2}^{n} \psi_{q_i} S_{Q_ik} \tag{3.25}$$

式中　S_{A_d}——按偶然荷载标准值 A_d 计算的荷载效应值；

ψ_{f_1}——第1个可变荷载的频遇值系数；

ψ_{q_i}——第 i 个可变荷载的准永久值系数。

②用于偶然事件发生后受损结构整体稳固性验算的效应设计值：

$$S_d = \sum_{j=1}^m S_{G_jk} + \psi_{f_1} S_{Q_1k} + \sum_{i=2}^n \psi_{q_i} S_{Q_ik} \qquad (3.26)$$

【例3.1】　某钢筋混凝土现浇屋盖，计算跨度 $l_0 = 3.0$ m，板宽取 $b = 1.0$ m，板厚 $h = 100$ mm。屋面做法为：卷材防水面层（0.35 kN/m²），20 mm 厚水泥砂浆找平层（容重为 20 kN/m³），60 mm 厚加气混凝土保温层（容重为 6 kN/m³），板底为 20 mm 厚抹灰（容重为 17 kN/m³），屋面活荷载为 0.7 kN/m²，雪荷载为 0.3 kN/m²，钢筋混凝土容重为 25 kN/m³。试确定屋面板的弯矩设计值。

【解】　(1)荷载标准值

①永久荷载标准值。

卷材防水面层　　　　　　　　　　　　　　　　　0.35 kN/m²

20 mm 厚水泥砂浆　　　　　　　　20 kN/m³×0.02 m＝0.40 kN/m²

60 mm 厚加气混凝土　　　　　　　6 kN/m³×0.06 m＝0.36 kN/m²

钢筋混凝土板　　　　　　　　　　25 kN/m³×0.1 m＝2.5 kN/m²

板底抹灰　　　　　　　　　　　　17 kN/m³×0.02 m＝0.34 kN/m²

　　　　　　　　　　　　　　　　　　　　　$\sum$ ＝ 3.95 kN/m²

作用在板上的线荷载标准值　　　　$g_k = 3.95$ kN/m²×1.0 m＝3.95 kN/m

②可变荷载标准值。

因为屋面活荷载大于雪荷载，故取屋面活荷载计算，其线荷载标准值：

$$q_k = 0.7 \text{ kN/m}^2 \times 1.0 \text{ m} = 0.7 \text{ kN/m}$$

(2)荷载设计值效应(即弯矩设计值)组合

由于只有一种可变荷载，可按式(3.24)得：

$$M = \gamma_0(\gamma_G C_G G_k + \gamma_{Q_1} \gamma_{L_1} C_{Q_1} Q_{1k})$$

其中，$\gamma_0 = 1.0$，$\gamma_G = 1.3$，$\gamma_{Q_1} = 1.5$，$C_G = C_{Q_1} = \frac{1}{8} l_0^2$，$G_k = g_k = 3.95$ kN/m，$Q_{1k} = q_k = 0.7$ kN/m，$\gamma_{L_1} = 1.0$，于是弯矩设计值为：

$$M = 1.0 \times \left(1.3 \times \frac{1}{8} \times 3.95 \times 3^2 + 1.5 \times 1.0 \times \frac{1}{8} \times 0.7 \times 3^2\right) \text{kN·m} = 6.96 \text{ kN·m}$$

【例3.2】　一简支梁，跨度 $L = 4$ m，受永久均布线荷载标准值 $g_k = 10$ kN/m，受可变均布线荷载标准值 $q_k = 8$ kN/m，受跨中可变集中荷载标准值 $P_k = 12$ kN，可变荷载组合值系数 $\psi_{c_i} = 0.7$，$\gamma_L = 1.0$，该梁安全等级为一级。试求梁的跨中截面弯矩设计值。

【解】　永久荷载产生的跨中弯矩为：

$$M_G = \gamma_G S_{Gk} = \gamma_G C_G G_k = 1.3 \times \frac{1}{8} \times 10 \times 4^2 \text{ kN·m} = 26 \text{ kN·m}$$

均布可变荷载产生的跨中弯矩为：

$$M_Q = \gamma_{Q_1} \gamma_{L_1} S_{Q_1k} = \gamma_{Q_1} \gamma_{L_1} C_{Q_1} Q_{1k} = 1.5 \times 1.0 \times \frac{1}{8} \times 8 \times 4^2 \text{ kN·m} = 24 \text{ kN·m}$$

集中可变荷载产生的跨中弯矩为：

$$M_P = \gamma_{Q_2} \gamma_{L_2} S_{Q_2k} = \gamma_{Q_2} \gamma_{L_2} C_{Q_2} Q_{2k} = 1.5 \times 1.0 \times \frac{1}{4} \times 12 \times 4 \text{ kN·m} = 18 \text{ kN·m}$$

取 $\gamma_0 = 1.1$，由式(3.24)叠加后的最大跨中弯矩为：

$$M = \gamma_0 \left(\gamma_G S_{Gk} + \gamma_{Q_1} \gamma_{L_1} S_{Q_1k} + \sum_{i=2}^{n} \gamma_{Q_i} \gamma_{L_i} \psi_{c_i} S_{Q_ik} \right)$$

$$= 1.1 \times (26 + 24 + 0.7 \times 18) \text{ kN·m} = 68.86 \text{ kN·m}$$

因此，取梁的跨中截面弯矩设计值为 68.86 kN·m。

荷载作用下的内力计算在结构力学和材料力学中已经学过，而在结构和结构构件设计中只要注意荷载的取值和内力（荷载效应）的合理组合就可以了。关于截面抵抗能力（即结构抗力 R）的计算，则是本书的重点，将在以后各章按内力性质的不同分章详细阐述。

▶ 3.3.2 正常使用极限状态的基本表达式及验算

按正常使用极限状态设计是要保证结构构件在正常使用条件下，其裂缝开展宽度、振幅、加速度、应力、变形等不超过现行《混凝土结构设计规范》所规定的限值。与承载能力极限状态相比，正常使用极限状态的目标可靠指标要低一些，因而在计算中对荷载与材料强度均采用标准值。

荷载作用时间的长短将影响在正常使用条件下对抗裂验算、裂缝宽度和变形的大小，因此，根据不同的设计要求，结构构件应分别按荷载效应的标准组合、频遇组合、准永久组合或标准组合并考虑长期作用影响，采用下列极限状态设计表达式：

$$S_d \leqslant C \tag{3.27}$$

式中　S_d——荷载组合的效应设计值（如变形、裂缝宽度、振幅、加速度、应力等的组合值）；

　　　C——结构或结构构件达到正常使用要求的规定限值（如变形、裂缝宽度、振幅、加速度、应力等的限值），见附录4附表4.1和附表4.2。

1）标准组合荷载效应组合值

对于标准组合，当作用与作用效应按线性关系考虑时，荷载效应组合值 S_d 应按下式采用：

$$S_d = \sum_{j=1}^{m} S_{G_jk} + S_P + S_{Q_1k} + \sum_{i=2}^{n} \psi_{c_i} S_{Q_ik} \tag{3.28}$$

这种组合主要用于当一个极限状态被超越时将产生严重的永久性损害的情况。

2）频遇组合荷载效应组合值

对于频遇组合，当作用与作用效应按线性关系考虑时，荷载效应组合值 S_d 应按下式采用：

$$S_d = \sum_{j=1}^{m} S_{G_jk} + S_P + \psi_{f_1} S_{Q_1k} + \sum_{i=2}^{n} \psi_{q_i} S_{Q_ik} \tag{3.29}$$

式中　ψ_{f_1}, ψ_{q_i}——可变荷载 Q_1 的频遇值系数和第 i 个可变荷载的准永久值系数,按表3.4、表3.6查取。

由此可见,频遇组合是指永久荷载标准值、主导可变荷载的频遇值与伴随可变荷载的准永久值的效应组合。这种组合主要用于当一个极限状态被超越时将产生局部损害、较大变形或短暂振动等情况。

3)准永久组合荷载效应组合值

对于准永久组合,当作用与作用效应按线性关系考虑时,荷载效应组合值 S_d 应按下式采用:

$$S_d = \sum_{j=1}^{m} S_{G_jk} + S_P + \sum_{i=1}^{n} \psi_{q_i} S_{Q_ik} \qquad (3.30)$$

这种组合主要用于当荷载的长期效应是决定性因素时的一些情况。

另外,需要注意的是以上组合均只适用于荷载与荷载效应为线性的情况。

4)正常使用极限状态验算规定

①对结构构件进行抗裂验算时,应按荷载标准组合的效应设计值进行计算,其计算值不应超过规范规定的相应限值。具体验算方法和规定见第9章。

②结构构件的裂缝宽度,对钢筋混凝土构件按荷载准永久组合,对预应力混凝土构件按荷载标准组合,并均应考虑荷载长期作用的影响进行计算。构件的最大裂缝宽度不应超过现行《混凝土结构设计规范》规定的最大裂缝宽度限值。最大裂缝宽度限值应根据结构的环境类别、裂缝控制等级及结构类别,按附表4.1确定,其中结构的环境类别按现行《混凝土结构设计规范》表3.5.2确定。具体验算方法和规定见第9章。

③受弯构件的最大挠度,钢筋混凝土构件应按荷载准永久组合,预应力混凝土构件应按荷载标准组合,并均应考虑荷载长期作用的影响进行计算,其计算值不应超过现行《混凝土结构设计规范》规定的挠度限值,受弯构件的挠度限值按附表4.2确定。具体验算方法和规定见第9章。

④对跨度较大的混凝土楼盖结构及业主有要求时,应进行竖向自振频率验算(满足其对舒适度的要求),其自振频率宜符合下列要求:住宅和公寓不宜低于5 Hz;办公楼和旅馆不宜低于4 Hz;大跨度公共建筑不宜低于3 Hz。大跨度混凝土楼盖结构竖向自振频率的计算方法可参考国家标准或相关设计手册。

【例3.3】　某受弯构件在各种荷载引起的弯矩标准值为:永久荷载标准值 $M_{Gk}=$ 2.0 kN·m,使用活荷载标准值 $M_{Q1k}=1.8$ kN·m,风荷载标准值 $M_{Q2k}=0.5$ kN·m,雪荷载标准值 $M_{Q3k}=0.3$ kN·m。其中风荷载的组合值系数 $\psi_{c_i}=0.6$,雪荷载的组合值系数 $\psi_{c_i}=0.7$,安全等级为二级。

求:(1)按承载能力极限状态设计时的荷载效应 M;

(2)若各种可变荷载的准永久值系数分别为:使用活荷载 $\psi_{q1}=0.4$,风荷载 $\psi_{q2}=0$,雪荷载 $\psi_{q3}=0.2$,求在正常使用极限状态下的荷载标准组合 M_k 和荷载准永久组合 M_q。

【解】　(1)按承载能力极限状态设计的 M

由式(3.24)得:

$$M = \gamma_0 (\gamma_G M_{Gk} + \gamma_{Q_1} \gamma_{L_1} M_{Q1k} + \sum_{i=2}^{3} \gamma_{Q_i} \gamma_{L_i} \psi_{c_i} M_{Q_i k})$$

$$= 1.0 \times [1.3 \times 2.0 + 1.5 \times 1.0 \times 1.8 + 1.5 \times 1.0 \times (0.6 \times 0.5 + 0.7 \times 0.3)] \text{kN} \cdot \text{m}$$

$$= 6.07 \text{ kN} \cdot \text{m}$$

(2)按正常使用极限状态计算

①荷载标准组合(短期效应组合),由式(3.28)得:

$$M_k = M_{Gk} + M_{Q1k} + \sum_{i=2}^{3} \psi_{c_i} M_{Q_i k}$$

$$= (2.0 + 1.8 + 0.6 \times 0.5 + 0.7 \times 0.3) \text{kN} \cdot \text{m}$$

$$= 4.31 \text{ kN} \cdot \text{m}$$

②准永久组合(长期效应组合),由式(3.30)得:

$$M_q = M_{Gk} + \sum_{i=1}^{3} \psi_{q_i} M_{Q_i k}$$

$$= (2.0 + 0.4 \times 1.8 + 0.2 \times 0.3) \text{kN} \cdot \text{m}$$

$$= 2.78 \text{ kN} \cdot \text{m}$$

3.4 工程实例

某厂房采用 1.5 m×6 m 的大型屋面板,卷材防水保温屋面,设计使用年限 50 年,永久荷载标准值为 2.7 kN/m²,不上人的屋面活荷载为 0.7 kN/m²,屋面积灰荷载为 0.5 kN/m²,雪荷载为 0.4 kN/m²,已知纵肋的计算跨度 L=5.87 m。

求:纵肋跨中弯矩的基本组合设计值。

【解】 (1)荷载标准值

①永久荷载为:

$$G_k = \frac{2.7 \times 1.5}{2} \text{kN/m} = 2.025 \text{ kN/m}$$

②可变荷载为:

屋面活荷载(不上人) $Q_{1k} = \dfrac{0.7 \times 1.5}{2} \text{kN/m} = 0.525 \text{ kN/m}$

积灰荷载 $Q_{2k} = \dfrac{0.5 \times 1.5}{2} \text{kN/m} = 0.375 \text{ kN/m}$

雪荷载 $Q_{3k} = \dfrac{0.4 \times 1.5}{2} \text{kN/m} = 0.3 \text{ kN/m}$

(2)荷载效应组合

屋面均布荷载不应与雪荷载同时组合,积灰荷载应与雪荷载或不上人的屋面均布活荷载两者中的较大值同时考虑。故采用以下几种组合方式进行荷载组合,并取其最大值作为设计值。

$$S = \sum_{j=1}^{m} \gamma_{G_j} S_{G_j k} + \gamma_{Q_1} \gamma_{L_1} S_{Q_1 k} + \sum_{i=2}^{m} \gamma_{Q_i} \gamma_{L_i} \psi_{c_i} S_{Q_i k}$$

分别采用屋面活荷载与积灰荷载作为第一可变荷载进行组合,计算弯矩设计值如下:

屋面活荷载作为第一活荷载,《工程结构通用规范》(GB 55001—2021)第 4.4.1 条积灰荷载组合值系数取 0.9,弯矩设计值为:

$$M = \gamma_G M_{Gk} + \gamma_{Q_1} \gamma_{L_1} M_{1k} + \gamma_{Q_2} \gamma_{L_2} \psi_{c_2} M_{2k}$$

$$= 1.3 \times \frac{1}{8} G_{1k} l^2 + 1.5 \times 1.0 \times \frac{1}{8} Q_{1k} l^2 + 1.5 \times 1.0 \times 0.9 \times \frac{1}{8} Q_{2k} l^2$$

$$= \left(1.3 \times \frac{1}{8} \times 2.025 \times 5.87^2 + 1.5 \times 1.0 \times \frac{1}{8} \times 0.525 \times 5.87^2 + \right.$$

$$\left. 1.5 \times 1.0 \times 0.9 \times \frac{1}{8} \times 0.375 \times 5.87^2\right) kN \cdot m$$

$$= 16.91 \ kN \cdot m$$

屋面积灰荷载作为第一可变荷载弯矩设计值为:

$$M = 1.3 \times \frac{1}{8} G_{1k} l^2 + 1.5 \times 1.0 \times \frac{1}{8} Q_{2k} l^2 + 1.5 \times 1.0 \times 0.7 \times \frac{1}{8} Q_{1k} l^2$$

$$= \left(1.3 \times \frac{1}{8} \times 2.025 \times 5.87^2 + 1.5 \times 1.0 \times \frac{1}{8} \times 0.375 \times 5.87^2 + \right.$$

$$\left. 1.5 \times 1.0 \times 0.7 \times \frac{1}{8} \times 0.525 \times 5.87^2\right) kN \cdot m$$

$$= 16.14 \ kN \cdot m$$

对以上计算结果比较可知,最大弯矩设计值为 16.91 kN·m。

本章小结

(1)结构设计的目的是要保证结构设计能够满足安全性、适用性、耐久性等基本功能的要求。其本质是要科学地解决结构物的可靠与经济这对矛盾。为此我国《混凝土结构设计规范》采用了以概率理论为基础的极限状态设计法。

(2)结构的极限状态划分为承载能力极限状态、正常使用极限状态和耐久性极限状态 3 类。设计任何钢筋混凝土结构构件时,都必须进行承载力计算,同时还应按要求进行正常使用极限状态和耐久性极限状态的验算,以确保结构满足各项功能的要求。以相应于结构各种功能要求的极限状态作为结构设计依据的设计方法,称为极限状态设计法。在极限状态设计法中,若以结构的失效概率或可靠指标来度量结构可靠性,并且建立结构可靠性与结构极限状态之间的数学关系,这就是概率极限状态设计法。这种方法能够比较充分地考虑各有关因素的客观变异性,使所设计的结构比较符合预期的可靠性要求,是设计理论的重大发展。

(3)将影响结构荷载效应和结构抗力的主要因素,即荷载和材料强度均作为随机变量。荷载按其随时间的变异性和出现的可能性,分为永久荷载、可变荷载和偶然荷载。并根据荷载在不同极限状态的设计要求,规定了其不同的量级,即荷载的标准值、组合值、频遇值和准永久值 4 种代表值。其中,标准值是荷载的基本代表值。荷载和材料强度的标准值是按照不小于 95% 的保证率确定的,将荷载的标准值乘以荷载分项系数后即为荷载的设计值,将材料强度的标准值除以材料强度分项系数后即为材料强度的设计值。在承载能力极限状态设计表达式中,荷载和材料强度均采用设计值;在正常使用极限状态表达式中,永久荷载和材料强度采用标准值,当按荷载效应的长期组合时,可变荷载采用准永久值。

(4)对承载能力极限状态的荷载效应组合,应采用基本组合(对持久和短暂设计状况)或偶然组合(对偶然设计状况);对正常使用极限状态的荷载效应组合,按荷载的持久性和不同的设计要求采用3种组合:标准组合、频遇组合和准永久组合。对持久状况,应进行正常使用极限状态设计;对短暂状况,可根据需要进行正常使用极限状态设计。

(5)设计任何建筑工程结构时,都必须保证其在规定的时间内、在规定的条件下完成结构预定功能的概率大于某一规定的数值。或者说,要求其在规定的时间内、在规定的条件下失效的概率小于某项规定的数值。结构完成预定功能的概率称为可靠度,为了计算和表述的方便,可靠度通常又用可靠指标予以表达,失效概率与可靠指标 β 有着一一对应的内在联系。现行《混凝土结构设计规范》按照结构的安全等级和破坏类型,规定了结构构件承载能力极限状态设计时的目标可靠指标 β 值,并为了满足设计的实用要求,分别用结构重要性系数、荷载分项系数、材料分项系数来统一表达结构的可靠指标,并给出了实用的近似概率极限状态设计法的设计表达式。

(6)概率极限状态设计表达式与以往的多系数极限状态设计表达式形式上相似,但两者有本质区别。前者的各项系数是根据结构构件基本变量的统计特性,以可靠度分析经优选确定的,它们起着相当于设计可靠指标 $[\beta]$ 的作用;而后者采用的各种安全系数主要是根据工程经验确定的。

思考题

3.1 结构设计的目的是什么? 结构应满足哪些功能要求?

3.2 结构的设计基准期是多少年? 超过这个年限的结构是否不能再使用了?

3.3 "作用""荷载"和"荷载效应"有什么区别?

3.4 何谓结构的极限状态? 结构的极限状态有哪几类? 其主要内容是什么?

3.5 何谓结构的可靠性及可靠度?

3.6 何谓结构上的荷载效应? 何谓结构抗力? 为什么说两者都是随机变量?

3.7 结构的功能函数是如何表达的? 当功能函数 $Z>0,Z<0,Z=0$ 时,各表示什么状态?

3.8 何谓可靠指标 β 与失效概率 p_f? 两者之间的关系如何? 何谓目标可靠指标及结构安全等级?

3.9 试说明材料强度平均值、标准值、设计值之间的关系。

3.10 试说明荷载标准值与设计值之间的关系。荷载分项系数如何取值?

3.11 承载能力极限状态表达式是什么? 试说明表达式中各符号的意义。

3.12 结构的安全等级是如何划分的? 在截面极限状态设计表达式中是如何体现的?

3.13 论述在正常使用极限状态计算时,根据不同的设计要求,应采用哪些荷载组合;为满足结构的耐久性要求,应采取什么措施。

习 题

3.1 某办公楼屋盖采用预应力圆孔板,计算跨度 $l_0 = 3.14$ m,板宽取 $b = 1.20$ m(板重 2.0 kN/m²)。屋面做法为:二毡三油上铺小石子(0.35 kN/m²),20 mm 厚水泥砂浆找平层(容重为 20 kN/m³),60 mm 厚加气混凝土保温层(容重为 6 kN/m³),板底为 20 mm 厚抹灰(容重为 17 kN/m³),屋面活荷载为 0.7 kN/m²,雪荷载为 0.3 kN/m²。

试确定屋面板的弯矩设计值。

3.2 一非地震区的办公楼顶层柱,经计算,已知在永久荷载标准值、屋面活荷载(上人屋面)标准值、风荷载标准值以及雪荷载标准值的分别作用下,其柱的轴向力为 $N_{Gk} = 40$ kN,$N_{Q1k} = 12$ kN,$N_{Q2k} = 4$ kN 和 $N_{Q3k} = 1$ kN。安全等级为二级,$\gamma_0 = 1.0$。试确定该柱按承载能力极限状态基本组合时的轴向压力设计值是多少?

3.3 对一位于非地震区的大楼横梁进行内力分析,已求得在永久荷载标准值、楼面活荷载标准值、风荷载标准值的分别作用下,其弯矩标准值分别为 $M_{Gk} = 10$ kN·m,$M_{Q1k} = 12$ kN·m,$M_{Q2k} = 4$ kN·m。安全等级为二级,$\gamma_0 = 1.0$。试确定该横梁按承载能力极限状态基本组合时的梁端弯矩设计值是多少?

3.4 试求习题 3.1 中的屋面板在正常使用极限状态验算时的截面弯矩值,即求短期弯矩和长期弯矩。不上人屋面活荷载准永久值系数 $\psi_q = 0$。

4

轴心受力构件正截面承载力计算

〖本章学习要点〗

通过本章的学习,应了解轴心受力构件在建筑工程中的应用情况;了解轴心受拉构件和轴心受压构件的受力全过程;掌握轴心受拉构件和轴心受压构件正截面的计算方法;熟悉轴心受力构件的一般构造要求。

4.1 概 述

钢筋混凝土轴心受力构件按受力方向可分为轴心受压和轴心受拉两大类,建筑工程中大多数为轴心受压构件。当轴向压力合力作用线与构件纵向轴线重合时,称为轴心受压构件,否则称为偏心受压构件。图4.1所示为轴心受拉构件。实际工程中,理想的轴心受压构件是不存在的,这是由于构件截面尺寸的施工误差、装配式构件安装定位误差、钢筋位置偏差和混凝土浇筑质量不均匀等因素的影响,导致实际轴线偏离几何轴线,从而使构件处于偏心受压状态,但在设计中这类偶然因素引起的偏心很小,因此计算中可以忽略。例如,以恒载为主的多层房屋的内柱和屋架的受压腹杆(图4.2)等构件在受力时,可近似地简化为轴心受压构件计算。

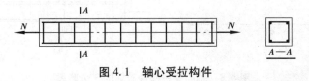

图 4.1 轴心受拉构件

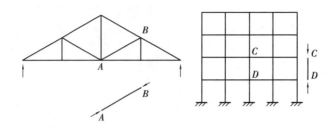

图 4.2　轴心受压构件

4.2　钢筋混凝土轴心受拉构件正截面承载力计算

▶ 4.2.1　受力过程及破坏特征

轴心受拉构件从加载到破坏为止,其受力过程可分为 3 个不同阶段。

1)第Ⅰ阶段

从加载到混凝土开裂前,属于第Ⅰ阶段。此时,钢筋和混凝土共同承受拉力,应力和应变大致成正比,钢筋的拉应变与混凝土的拉应变相等。轴向拉力 N 值和截面平均拉应变 ε_t 值之间基本上呈线性关系,如图 4.3(a)中的 OA 段。当轴向拉力 N 增加到使混凝土达到峰值拉应变 ε_{tp} 时,构件处于裂而未裂的极限状态。OA 段受力状态可以作为构件正常使用阶段不允许开裂的抗裂验算依据。

2)第Ⅱ阶段

从混凝土开裂后至钢筋屈服前,属于第Ⅱ阶段。首先在截面最薄弱处产生第一条裂缝,轴向拉力迅速下降,形成图 4.3(a)中的凹曲线。随着荷载的继续增加,先后在一些截面上出现裂缝,逐渐形成图 4.3(b)中分图(Ⅱ)所示的裂缝分布形式。此时,在裂缝处的混凝土不再承受拉力,所有拉力均由钢筋来承担。在相同的拉力增加作用下,平均拉应变增量加大,反映在图 4.3(a)中的 BC 段斜率比第Ⅰ阶段的 OA 段斜率要小。BC 段受力状态可以作为构件正常使用阶段允许出现裂缝的裂缝宽度验算依据。

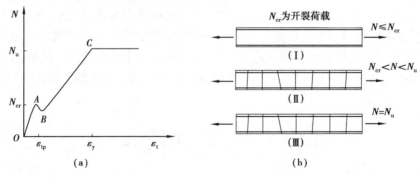

图 4.3　轴心受拉构件破坏的 3 个阶段

3)第Ⅲ阶段

当受拉钢筋应力达到屈服应力 σ_y 时,受拉钢筋开始屈服。对于理想的轴心受拉构件,所有钢筋同时达到屈服。实际上,由于受到钢筋材料的不均匀性、钢筋位置的误差等各种因素的影响,各钢筋的屈服有一个先后出现的过程。在此过程中,新的裂缝不再出现,荷载稍有增加,裂缝宽度迅速增加。当钢筋全部达到屈服时,整个截面全部裂通,可认为构件达到了破坏状态,同时不考虑钢筋的强化阶段。极限荷载 N_u 可以作为截面承载力的计算依据。

▶ 4.2.2 轴心受拉构件正截面承载力计算

正截面是指与构件轴线垂直的截面。

对轴心受拉构件正截面承载力的计算而言,以构件第Ⅲ阶段的受力特征为依据,即裂缝截面的混凝土已退出工作,全部拉力由钢筋承担(图4.4),由平衡条件可得:

$$N \leq f_y A_s \tag{4.1}$$

式中　N——轴向拉力设计值;

　　　f_y——钢筋的抗拉强度设计值,按附表2.3取用;

　　　A_s——抗拉钢筋的全部截面面积。

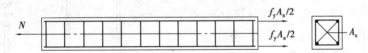

图4.4　轴心受拉构件计算简图

▶ 4.2.3 构造要求

1)纵向受力钢筋

①受力钢筋沿截面周边均匀对称布置,并宜优先选择直径较小的钢筋。

②为避免配筋过少引起的脆性破坏,轴心受拉构件一侧的受拉钢筋的配筋率应不小于0.2%和 $0.45 f_t/f_y$ 的较大值。

③轴心受拉构件的受力钢筋不得采用绑扎搭接接头。

2)箍筋

箍筋直径一般采用6 mm或8 mm,间距100~200 mm。

【例4.1】　某钢筋混凝土屋架下弦拉杆,截面尺寸200 mm×200 mm,按轴心受拉构件设计,轴心拉力设计值 $N=320$ kN,选用HRB400级纵向钢筋,混凝土强度等级C30。试求拉杆所需纵向钢筋面积,并为其选配钢筋。

【解】　由附表1.1、附表2.3查得 $f_t = 1.43$ N/mm², $f_y = 360$ N/mm²。由式(4.1)可得:

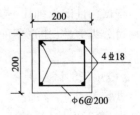

图4.5　例4.1配筋图

$$A_s = \frac{N}{f_y} = \frac{320 \text{ kN}}{360 \text{ N/mm}^2} = 899 \text{ mm}^2$$

验算配筋率,全部受拉钢筋的最小配筋率:

$$\rho_{\min} = \max\left[0.2\%, 0.45\times\frac{1.43}{360}\right] = 0.2\%$$

而实配配筋率:$\rho=\dfrac{889}{200\times200}=2.22\% >\rho_{\min}$,可以配置纵向受拉钢筋 4 Φ 18($A_s=1\,017\ \mathrm{mm}^2$)。配筋如图 4.5 所示。

4.3　钢筋混凝土轴心受压构件正截面承载力计算

轴心受压构件内配有纵向钢筋和箍筋。根据箍筋的配筋方式不同,轴心受压构件可分为配置普通箍筋和配置间距较密的螺旋箍筋(或环式焊接钢筋)两大类,如图 4.6 所示。由于构造简单和施工方便,普通箍筋柱在工程中最常见,其截面形状多为矩形或正方形。当柱承受较大轴压力,且柱的截面尺寸受到限制,按照普通箍筋柱设计不足以承受该轴向压力时,可以考虑采用螺旋箍筋柱(或环式焊接钢筋)来提高受压承载力。

▶ 4.3.1　配有普通箍筋的轴心受压构件

1)钢筋骨架的组成和作用

钢筋骨架一般由纵向受力钢筋和箍筋共同组成。纵向受力钢筋除了与混凝土共同承担轴向压力外,还能承担由于初始偏心和其他偶然因素引起的附加弯矩在构件中产生的拉应力。而箍筋可以固定纵向受力钢筋的位置,防止纵向受力钢筋在混凝土压碎之前压屈,保证纵筋与混凝土共同受力直到构件破坏。

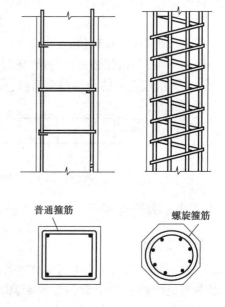

图 4.6　普通箍筋柱和螺旋箍筋柱

2)受力分析及破坏特征

根据构件的长细比(构件的计算长度 l_0 与构件的截面回转半径 i 之比)的不同,钢筋混凝土柱可分为短柱(矩形截面 $l_0/b\leq8$,b 为截面宽度,或圆形截面 $l_0/d\leq7$,或一般截面 $l_0/i\leq28$)和长柱。

(1)短柱的试验研究

试验表明,整个加载过程中无纵向弯曲变形,当荷载较小时,由于钢筋和混凝土之间存在黏结力,两者保持相同的压应变。当荷载较大时,由于混凝土塑性变形的发展,压缩变形的增加速度大于荷载的增加速度,且相同荷载增量下钢筋应力增长大于混凝土应力增长。随着荷载继续增加,柱中开始出现细微裂缝,在临近破坏时,短柱四周出现明显的纵向裂缝,箍筋间的纵向钢筋发生压屈,向外凸出,呈灯笼状(图 4.7),最终柱子因混凝土被压碎而发生破坏。

当达到极限荷载时,对应的极限压应变大致与混凝土棱柱体受压破坏时的压应变(当混凝土强度等级≤C50时,$\varepsilon_0 = 0.002$)相同,即混凝土的应力达到棱柱体抗压强度f_{ck}。如纵向受压钢筋采用一般中等强度的钢筋,纵筋也能达到其抗压屈服强度,钢筋和混凝土都能得到充分利用;若纵向受压钢筋采用高强度钢筋,在混凝土达到极限压应变时可能出现钢筋达不到屈服强度的情况。因为若以压应变$\varepsilon_0 = 0.002$为控制条件,则纵向受压钢筋应力值$\sigma_s = E_s\varepsilon'_s \approx 2\times10^5\times0.002 \ \text{N/mm}^2 = 400 \ \text{N/mm}^2$,故在轴心受压构件中,当采用HRB500级、HRBF500级钢筋时,钢筋的抗压强度设计值f'_y应取400 N/mm^2。总之,在轴心受压短柱中,无论受压钢筋在构件破坏时是否屈服,构件的最终承载力都是由混凝土被压碎来控制。

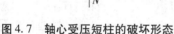

图4.7　轴心受压短柱的破坏形态　　　　图4.8　轴心受压长柱的破坏形态

(2)长柱的试验研究

试验表明,加载时由于种种因素形成的初始偏心距对试验结果影响很大且不可忽略,它将使构件产生附加弯矩和相应的侧向挠度,而侧向挠度又增大了荷载的偏心距,最终使长柱在弯矩和轴力共同作用下发生破坏。破坏时,首先在凹面出现纵向裂缝,接着混凝土压碎,纵筋压曲外鼓,侧向挠度急剧增加,柱子丧失平衡状态,凸边混凝土开裂,柱子破坏。对于长细比很大的构件,则有可能在材料发生破坏之前由于构件丧失稳定而引起破坏(图4.8)。

试验结果表明,长柱的承载力低于相同条件短柱的承载力。目前规范引入稳定系数φ表示承载力的降低程度,即

$$\varphi = \frac{N_u^l}{N_u^s} \tag{4.2}$$

式中　φ——稳定系数,$\varphi \leq 1.0$,且随着长细比的增大而减少,具体可查阅表4.1,也可按式
　　　　(4.3)近似计算稳定系数。

　　　N_u^l——轴心受压长柱承载力;

　　　N_u^s——轴心受压短柱承载力。

$$\varphi = \frac{1}{1 + 0.002\left(\dfrac{l_0}{b} - 8\right)^2} \tag{4.3}$$

用式(4.3)计算时,对圆形截面可取$b = \dfrac{\sqrt{3}}{2}d$,对任意截面取$b = \dfrac{1}{\sqrt{12}}i$。

表 4.1 钢筋混凝土轴心受压构件的稳定系数

l_0/b	≤8	10	12	14	16	18	20	22	24	26	28
l_0/d	≤7	8.5	10.5	12	14	15.5	17	19	21	22.5	24
l_0/i	≤28	35	42	48	55	62	69	76	83	90	97
φ	1.00	0.98	0.95	0.92	0.87	0.81	0.75	0.70	0.65	0.60	0.56
l_0/b	30	32	34	36	38	40	42	44	46	48	50
l_0/d	26	28	29.5	31	33	34.5	36.5	38	40	41.5	43
l_0/i	104	111	118	125	132	139	146	153	160	167	174
φ	0.52	0.48	0.44	0.40	0.36	0.32	0.29	0.26	0.23	0.21	0.19

注:①表中 l_0 为构件的计算长度;b 为矩形截面的短边尺寸;d 为圆形截面的直径;i 为截面的最小回转半径,$i=\sqrt{\dfrac{I}{A}}$。

②一般多层房屋中梁柱为现浇刚接的框架结构,各层柱的计算长度 l_0,底层柱取 1.0H,其余各层柱取 1.25H。表中 H 对底层柱为从基础顶面到一层楼盖顶面的高度;对其余各层柱为上、下两层楼盖顶面之间的高度。

3)普通箍筋的轴心受压构件正截面承载力计算方法

在轴向设计力 N 作用下,轴心受压柱的承载力由混凝土和钢筋两部分组成,如图4.9所示。根据静力平衡条件并考虑长细比等因素的影响,承载力可按下式计算:

$$N \leq 0.9\varphi(f'_y A'_s + f_c A) \tag{4.4}$$

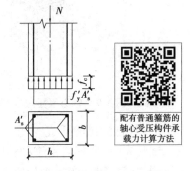

配有普通箍筋的轴心受压构件承载力计算方法

式中 N——轴向压力设计值;

φ——钢筋混凝土构件的稳定系数,按表4.1采用;

f_c——混凝土轴心抗压强度设计值,按附表1.1

图 4.9 轴心受压柱的计算图形

采用;

A——构件截面面积,当纵向钢筋配筋率大于3%时,式(4.4)中的 A 应改用($A-A'_s$)代替;

A'_s——全部纵向钢筋的截面面积;

f'_y——钢筋抗压强度设计值,按附表2.3采用;

0.9——为了保持与偏心受压构件正截面承载力计算具有相近的可靠度而引入的系数。

【例4.2】 某现浇钢筋混凝土框架结构,底层中柱按轴心受压构件计算,承受轴心压力设计值 N = 3 150 kN。若柱的计算长度 l_0 = 5.8 m,选用 C30 混凝土(f_c = 14.3 N/mm^2)和 HRB400 级钢筋(f_y = 360 N/mm^2)。试设计该柱截面并确定截面配筋。

【解】 (1)初估截面尺寸

柱的常用长细比为 8~15,取长细比为 12,则 b = 5 800 mm/12 = 483 mm,取 b = h = 450 mm。

(2)确定稳定系数 φ

由 l_0/b = 5 800 mm/450 mm = 12.89,查表4.1 得 φ = 0.937。

（3）计算 A'_s

由式(4.4)可求得：

$$A'_s = \frac{\frac{N}{0.9\varphi} - f_c A}{f'_y} = \frac{\frac{3\ 150 \times 10^3}{0.9 \times 0.937} - 14.3 \times 450 \times 450}{360}\ \text{mm}^2 = 2\ 332\ \text{mm}^2$$

选 8 Φ 20，$A'_s = 2\ 513\ \text{mm}^2$。

（4）验算配筋率

$$\rho' = \frac{A'_s}{A} = \frac{2\ 513}{450 \times 450} = 1.24\% < 3\%，同时\ \rho' > \rho'_{\min} = 0.55\%，满足$$

要求。

$$每一侧配筋率\ \rho' = \frac{A'_s}{A} = \frac{3 \times \pi \times 10^2}{450 \times 450} = 0.46\% > 0.2\%，满足$$

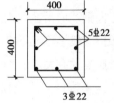

图 4.10　例 4.2 截面配筋图

要求。

截面配筋图如图 4.10 所示。

【**例 4.3**】　已知某 4 层 4 跨现浇框架结构底层内柱，截面尺寸为 400 mm×400 mm。计算高度 $l_0 = 4.2$ m；柱内配有 4 Φ 22 的 HRB400 级钢筋作为纵向钢筋，混凝土强度等级 C40，试判断截面是否安全。轴心压力设计值 $N = 3\ 100$ kN。

【**解**】　由 $l_0/b = 4\ 200\ \text{mm}/400\ \text{mm} = 10.5$，查表 4.1，得 $\varphi = 0.973$。

$$A'_s = 1\ 520\ \text{mm}^2$$

$$\rho' = \frac{A'_s}{A} = \frac{1\ 520}{400 \times 400} = 0.95\% < 3\%，同时\ \rho' > \rho'_{\min} = 0.55\%，满足要求。$$

由式(4.4)可得：

$$0.9\varphi(f_c A + f'_y A'_s) = 0.9 \times 0.973 \times (19.1 \times 400 \times 400 + 360 \times 1\ 520)$$
$$= 3\ 155\ \text{kN} > 3\ 100\ \text{kN}$$

因此该截面安全。

4）构造要求

（1）材料强度要求

混凝土的强度对受压构件的承载力影响较大，故宜采用强度等级较高的混凝土，如 C30，C35，C40 等。在高层建筑和重要结构中，应选用强度更高的混凝土。

纵向钢筋一般采用 HRB400 级、RRB400 级和 HRB500 级钢筋，箍筋一般采用 HRB400 级钢筋。

（2）截面形式

轴心受压构件截面以方形或矩形为主，矩形截面框架柱的边长不应小于 300 mm，圆形截面柱的直径不应小于 350 mm，根据需要也可采用圆形截面或正多边形截面；装配式柱通常采用 I 形截面。截面最小边长不宜小于 250 mm，构件长细比一般为 15 左右，不宜大于 30。对于 I 形截面，翼缘厚度不宜小于 120 mm，腹板厚度不宜小于 100 mm。为保证施工方便，柱截

面尺寸宜取模数,800 mm 以下者取 50 mm 的倍数,800 mm 以上者取 100 mm 的倍数。

(3)纵向钢筋

纵向受压钢筋的直径应采用得较大些,以增大施工时钢筋骨架的刚度和减小钢筋纵向压曲的可能性,一般直径 d 不宜小于 12 mm,通常在 16~32 mm 选用。矩形截面纵筋的根数不应少于 4 根,圆形柱不宜少于 8 根,且不应少于 6 根。

纵向钢筋应沿截面周边均匀布置,钢筋净距不应小于 50 mm,钢筋中距亦不大于 300 mm,混凝土保护层最小厚度不小于 20 mm(一类环境)。对于水平浇筑的预制柱,其纵向钢筋的最小净距可参照梁的有关规定。

为避免构件突然脆性破坏,增强构件的延性,规范规定:当采用强度等级 500 MPa 级钢筋时,全部纵向钢筋的最小配筋率取 0.50%;当采用强度等级 400 MPa 级钢筋时,全部纵向钢筋的最小配筋率取 0.55%;当采用强度等级 300 MPa 级钢筋时,全部纵向钢筋的最小配筋率取 0.60%。考虑强度等级越高的混凝土其脆性越显著,当混凝土强度等级为 C60 及以上时,全部纵向钢筋最小配筋率上调 0.1%,同时一侧钢筋的配筋率不应小于 0.20%,全部纵向钢筋的配筋率 ρ' 不宜超过 5%。

(4)箍筋

应采用封闭式箍筋,以保证钢筋骨架的整体刚度,并保证构件在破坏阶段箍筋对混凝土和纵筋的侧向约束作用。

箍筋直径不应小于 6 mm,且不应小于 $d/4$(d 为纵向钢筋的最大直径),箍筋间距 s 不应大于截面短边尺寸,且不应大于 400 mm,同时不大于 15d(d 为纵向钢筋的最小直径)。当纵向钢筋配筋率超过 3% 时,箍筋直径不应小于 8 mm,间距 s 不应大于 10d(d 为纵向钢筋的最小直径),且不应大于 200 mm。

当柱每边的纵向受力钢筋不多于 3 根,或当柱短边尺寸 $b \le 400$ mm 而纵向受力钢筋不多于 4 根时,可采用单个箍筋,否则应设置复合箍筋,如图 4.11 所示。设置柱内箍筋时,宜使纵筋每隔 1 根位于箍筋的转折点处。对于截面形状复杂的结构,不可采用具有内折角的箍筋,以避免折角处的混凝土破损,内折角处箍筋布置如图 4.12 所示。

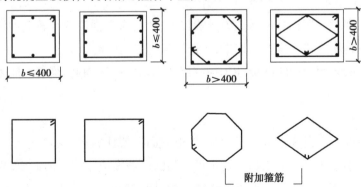

图 4.11　轴心受压柱的箍筋形式

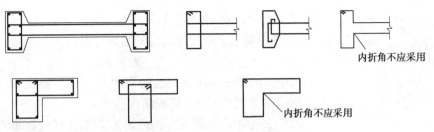

图 4.12　I 形、L 形的箍筋形式

▶ **4.3.2　配有螺旋箍筋的轴心受压构件**

配有螺旋箍筋的轴心受压构件承载力计算方法

1)受力分析及破坏特征

试验表明,在轴向压力作用下配置螺旋式箍筋(或焊接环式箍筋)柱,当其间距较密时,它对混凝土的作用就犹如一个套箍,能有效地限制混凝土核心部分受压产生的横向变形,使核心混凝土处在三向压应力下工作,这种受到约束的混凝土称为"约束混凝土"。加载初期,混凝土压应力较小,螺旋箍筋(或焊接环式箍筋)对核心区混凝土横向变形的约束作用不明显;当混凝土的压应力超过 $0.8f_c$ 时,混凝土横向变形急剧加大,使箍筋产生拉应力,从而约束核心区混凝土的横向变形,提高其抗压强度,当轴心压力继续增大,混凝土压应变达到无约束混凝土的极限压应变时,箍筋外部的混凝土开始剥落,而箍筋以内即核心部分的混凝土仍能继续承载,只有当箍筋达到抗拉屈服强度而失去约束混凝土横向变形的能力时,核心混凝土才被压碎而导致整个构件破坏,其破坏形式如图 4.13 所示。由此可以看出,螺旋式箍筋(或焊接环式箍筋)的作用是使混凝土处于三相受压状态,从而起到提高构件轴心抗压承载力的作用。注意,外侧混凝土保护层在螺旋式箍筋(或焊接环式箍筋)受到较大应力时就开裂或脱落,故在计算时不考虑该部分混凝土。

螺旋箍筋柱的工程应用情况:当轴心受压构件的轴向荷载设计值较大,但其截面尺寸由于建筑及使用上的要求而受到限制,为了提高构件的承载能力,可设计成螺旋箍筋柱。这种柱的用钢量相对较大,构件的延性好、抗震能力强,截面常设计成圆形,如图 4.14 所示。

图 4.13　配有螺旋箍筋的轴心
　　　　　受压构件的破坏情况

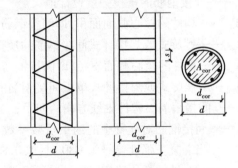

图 4.14　配有螺旋式或焊接环式箍筋柱及截面

2)正截面承载力计算

仿照圆柱体侧向均匀受压试验得到近似计算公式,当有径向压应力 σ_r 从周围作用在混

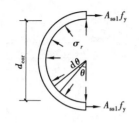

图 4.15　螺旋箍筋的受力状况

凝土上时,核心混凝土的抗压强度将从单向受压的 f_c 提高到 f_{c1},由混凝土三轴受压试验的结果可得:

$$f_{c1} = f_c + 4\alpha\sigma_r \tag{4.5}$$

式中　σ_r——当间接钢筋的应力达到屈服强度时,核心混凝土受到的径向压应力。

取一螺距(间距)s 间的柱体为脱离体,螺旋箍筋的受力状态如图 4.15 所示,并列水平方向上的平衡方程得:

$$\sigma_r s d_{cor} = 2f_y A_{ss1} \Rightarrow \sigma_r = \frac{2f_y A_{ss1}}{s d_{cor}} = \frac{2f_y A_{ss1}\pi d_{cor}}{4\dfrac{\pi d_{cor}^2}{4}s} = \frac{f_y}{2A_{cor}}A_{ss0} \tag{4.6}$$

式中　f_y——钢筋抗拉强度设计值;

　　　A_{cor}, d_{cor}——构件的核心截面面积和直径,$A_{cor} = \pi d_{cor}^2/4$;

　　　A_{ss0}——箍筋的换算截面面积,$A_{ss0} = \pi A_{ss1} d_{cor}/s$;

　　　A_{ss1}——单根箍筋的截面面积;

　　　s——螺旋箍筋的间距。

由轴心受力平衡条件,其正截面受压承载力可推导如下:

$$N \leqslant f_{c1}A_{cor} + f_y'A_s' = (f_c + 4\alpha\sigma_r)A_{cor} + f_y'A_s' \tag{4.7}$$

将式(4.6)代入,得:

$$N \leqslant \left(f_c + 4\alpha\frac{f_y}{2A_{cor}}A_{ss0}\right)A_{cor} + f_y'A_s' \tag{4.8}$$

即

$$N \leqslant f_c A_{cor} + 2\alpha f_y A_{ss0} + f_y'A_s' \tag{4.9}$$

考虑可靠度的调整系数 0.9 及高强度混凝土的特性,按下列公式近似计算:

$$N \leqslant 0.9(f_c A_{cor} + f_y'A_s' + 2\alpha f_y A_{ss0}) \tag{4.10}$$

$$A_{ss0} = \frac{\pi d_{cor} A_{ss1}}{s} \tag{4.11}$$

式中　f_y——间接钢筋的抗拉强度设计值;

　　　A_{cor}——构件的核心截面面积,即间接钢筋内表面范围内的混凝土面积;

　　　A_{ss0}——螺旋式或焊接环式间接钢筋的换算截面面积;

　　　d_{cor}——构件的核心截面直径,即间接钢筋内表面之间的距离;

　　　A_{ss1}——螺旋式或焊接环式单根间接钢筋的截面面积;

　　　s——间接钢筋沿构件轴线方向的间距;

　　　α——间接钢筋对混凝土的约束折减系数:当混凝土强度等级不超过 C50 时,取 1.0;当混凝土强度等级为 C80 时,取 0.85;当混凝土强度等级在 C50 与 C80 之间时,按线性内插法确定。

按式(4.10)算得的构件受压承载力设计值不应大于按式(4.4)算得的构件受压承载力设计值的 1.5 倍。此外,当遇到下列任一种情况时,不应计入间接钢筋影响,而应按式(4.4)规定进行计算:

①当 $l_0/d > 12$ 时,考虑因长细比过大而使螺旋筋不起作用;

②当按式(4.10)算得的受压承载力小于按式(4.4)算得的受压承载力时;

③当间接钢筋的换算截面面积 A_{ss0} 小于纵向钢筋的全部截面面积的25%时,可认为间接钢筋布置过少无法有效约束核心区混凝土。

3)构造要求

在配有螺旋式或焊接环式间接钢筋的柱中,若计算中考虑间接钢筋的作用,则间接钢筋的间距不应大于80 mm及 $d_{cor}/5$(d_{cor} 为按间接钢筋内表面确定的核心截面直径),且不宜小于40 mm;间接钢筋的直径不应小于 $d/4$,且不应小于6 mm,d 为纵向钢筋的最大直径。纵向受力钢筋的最小配筋率见附表3.1。

【例4.4】 某多层框架结构(按无侧移结构考虑),底层门厅柱为圆形截面,直径 $d=400$ mm,柱的计算长度 $l_0=4.5$ m,轴心压力设计值 $N=3\,750$ kN。混凝土强度等级为C30,纵向钢筋和箍筋采用HRB400级。混凝土保护层厚度为30 mm。若该柱采用螺旋箍筋柱,试求柱中所需纵筋及箍筋。

【解】 (1)材料设计参数

由附表查得C30混凝土 $f_c=14.3$ N/mm^2 , $\alpha=1.0$;HRB400级钢筋 $f'_y=360$ N/mm^2 。

(2)判定螺旋箍筋柱是否适用

$\dfrac{l_0}{d}=\dfrac{4\,500}{400}=11.25<12$,适用。查表4.1,得 $\varphi=0.961$ 。

(3)选用 A'_s

圆形混凝土截面面积: $A=\dfrac{\pi d^2}{4}=\dfrac{\pi\times400^2}{4}\,\mathrm{mm}^2=125\,664\ \mathrm{mm}^2$

由式(4.4)得:

$$A'_s=\frac{1}{f'_y}\left(\frac{N}{0.9\varphi}-f_cA\right)=\frac{1}{360}\left(\frac{3\,750\times10^3}{0.9\times0.961}-14.3\times125\,664\right)\mathrm{mm}^2=7\,052\ \mathrm{mm}^2$$

$\rho'=A'_s/A=7\,052/125\,664=5.6\%>5\%$,不满足规范规定的最大配筋率要求,再按螺旋箍筋柱配筋计算。根据工程设计经验,柱的经济配筋率为1%~4%,本题取3.5%,则

$$A'_s=\rho'A=3.5\%\times125\,664\ \mathrm{mm}^2=4\,398\ \mathrm{mm}^2$$

选用 $12\ \Phi 22(A'_s=4\,561\ \mathrm{mm}^2)$ 。

(4)求所需的间接钢筋的换算面积 A_{ss0}

柱的核心直径: $d_{cor}=d-2(c+d_{箍})=400\ \mathrm{mm}-2\times(30+10)\,\mathrm{mm}=320\ \mathrm{mm}$

柱的核心面积: $A_{cor}=\dfrac{\pi d_{cor}^2}{4}=\dfrac{3.14\times320^2}{4}\,\mathrm{mm}^2=80\,384\ \mathrm{mm}^2$

根据式(4.10)得:

$$A_{ss0}=\frac{\dfrac{N}{0.9}-(f_cA_{cor}+f'_yA'_s)}{2\alpha f_y}=\frac{\dfrac{3\,750\,000}{0.9}-(14.3\times80\,384+360\times4\,561)}{2\times1.0\times360}\,\mathrm{mm}^2$$

$$=1\,910\ \mathrm{mm}^2$$

因 $A_{ss0}>0.25A'_s=0.25\times4\,561\ \mathrm{mm}^2=1\,140\ \mathrm{mm}^2$,故可考虑螺旋箍筋的作用。

(5)确定螺旋箍筋的直径和间距

螺旋箍筋的直径取为 10 mm，$A_{ss1} = 78.5$ mm²，则螺旋箍筋的间距由式(4.11)得：

$$s = \frac{\pi d_{cor} A_{ss1}}{A_{ss0}} = \frac{3.14 \times 320 \times 78.5}{1\ 910} \text{mm} = 41\ \text{mm}$$

取 $s = 40$ mm，满足 40 mm $\leqslant s \leqslant 80$ mm，以及 $s \leqslant 0.2 d_{cor} = 0.2 \times 320$ mm $= 64$ mm。

(6)复核承载力及混凝土保护层是否过早脱落

$$A_{ss0} = \frac{\pi A_{ss1} d_{cor}}{s} = \frac{3.14 \times 78.5 \times 320}{40} \text{mm}^2 = 1\ 972\ \text{mm}^2$$

代入式(4.10)有：

$$\begin{aligned}
N_{u1} &= 0.9(f_c A_{cor} + f_y' A_s' + 2\alpha f_y A_{ss0}) \\
&= 0.9 \times (14.3 \times 80\ 384 + 360 \times 4\ 561 + 2 \times 1.0 \times 360 \times 1\ 972)\text{N} \\
&= 3\ 790\ \text{kN} > N = 3\ 750\ \text{kN}
\end{aligned}$$

截面承载力符合要求。

而按普通箍筋柱的承载力计算公式(4.4)得：

$$\begin{aligned}
N_{u2} &= 0.9\varphi[f_y' A_s' + f_c(A - A_s')] \\
&= 0.9 \times 0.961 \times [360 \times 4\ 561 + 14.3 \times (125\ 664 - 4\ 561)]\text{N} \\
&= 2\ 918\ \text{kN}
\end{aligned}$$

而 $1.5 N_{u2} = 1.5 \times 2\ 918$ kN $= 4\ 377$ kN $> N_{u1} = 3\ 790$ kN

该螺旋箍筋柱满足要求，混凝土保护层不会过早脱落。

本章小结

(1)轴心受拉构件的受力过程可以分为 3 个阶段，正截面受拉承载力计算以第三阶段为依据，拉力全部由纵向钢筋承受。

(2)根据构件长细比的不同，轴心受压构件分成短柱和长柱。对于长柱而言，随着长细比的增大，构件承载力不断减少。长柱和短柱采用统一的计算公式，其中稳定系数 φ 表示长细比对受压承载力的影响。

(3)轴心受压构件根据配置箍筋的不同，分为普通箍筋的轴心受压构件和螺旋式或焊接环式箍筋的轴心受压构件两类。螺旋式或焊接环式箍筋可以约束其内混凝土的横向变形，因而可以提高构件的受压承载力。螺旋式或焊接环式箍筋对构件承载力的提升属于间接作用，因此称为间接箍筋。只有当柱的长细比以及螺旋式或焊接环式箍筋的直径、间距等满足一定的要求时，才能起间接钢筋的作用，而且其受压承载力的大小不得超过普通箍筋轴心受压构件承载力的 1.5 倍。

思考题

4.1 轴心受压构件中纵筋和箍筋的作用是什么？有哪些构造要求？

4.2 如何区分轴心受压构件是长柱还是短柱？各有哪些破坏特征？

4.3 在轴心受压构件的承载力计算公式中，系数 φ 的意义是什么？影响 φ 的主要因素有哪些？

4.4 螺旋式箍筋柱承载力提高的原因是什么？其适用条件是什么？

习 题

4.1 已知某构件承受轴心拉力设计值 $N = 450$ kN，截面尺寸 $b \times h = 300$ mm×400 mm，混凝土强度等级为 C35，采用 HRB400 级钢筋，求所需纵向钢筋面积。

4.2 已知某多层 4 跨现浇框架底层中柱，轴心压力设计值 $N = 1\ 100$ kN，楼层高 $H = 6$ m，计算长度 $l_0 = 6.0$ m，混凝土强度等级为 C30，采用 HRB400 级钢筋，柱截面尺寸 $b \times h = 350$ mm×350 mm，环境类别为一类。求所需纵向钢筋面积。

4.3 已知圆形截面现浇钢筋混凝土轴心受压柱，直径不超过 350 mm，承受轴心压力设计值 $N = 2\ 900$ kN，计算长度 $l_0 = 4.0$ m，混凝土强度等级为 C40，柱中纵向钢筋和箍筋均采用 HRB400 级钢筋，环境类别为一类。试设计该柱截面及配筋。

4.4 由于建筑上使用的需要，某框架结构二层中柱的截面尺寸 $b \times h = 350$ mm×350 mm，柱计算长度 $l_0 = 4.0$ m，混凝土强度等级为 C30，配置 8 $\underline{\Phi}$ 22（$A'_s = 3\ 041$ mm²）的 HRB400 级钢筋，箍筋为 $\underline{\Phi}$ 8@200，承受轴向压力设计值 $N = 2\ 100$ kN，环境类别为一类。试问柱截面是否安全？

4.5 某工业厂房屋架，外形尺寸及节点荷载设计值 $P = 250$ kN（包含自重），如图 4.16 所示。环境类别为一类，杆件 DE 和 EF 的截面尺寸分别为 250 mm×250 mm 和 300 mm×300 mm，计算长度分别为 2 m 和 8 m，混凝土强度等级为 C30，钢筋采用 HRB400 级。试按承载力极限状态确定杆件 DE 和 EF 所需要配置的纵向钢筋。

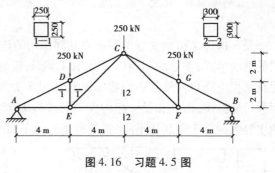

图 4.16 习题 4.5 图

5

受弯构件正截面承载力计算

〖**本章学习要点**〗

通过本章的学习,应重点掌握单筋矩形截面、双筋矩形截面、T 形截面的配筋计算方法及截面强度复核等问题;其次要熟悉受弯构件正截面的构造要求,了解适筋受弯构件在各个工作阶段的受力特点及配筋率对受弯构件破坏特征的影响等。

5.1 概 述

受弯构件是指承受弯矩和剪力共同作用的构件,房屋建筑中的梁、板是典型的受弯构件。梁的截面形式,常见的有矩形、T 形和 I 字形;板的截面形式,常见的有矩形、槽形和空心形等。建筑工程中受弯构件常用的截面形状如图 5.1 所示,当板与梁一起浇筑时,板不但将其上的荷载传递给梁,而且和梁一起构成 T 形或倒 L 形截面共同承受荷载,如图 5.2 所示。梁和板的主要区别在于宽高比不同,板的宽度远大于高度。

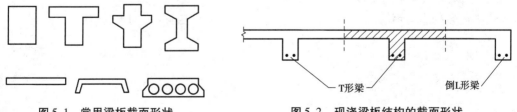

图 5.1 常用梁板截面形状   图 5.2 现浇梁板结构的截面形状

受弯构件在外力作用下,截面中和轴一侧为受压区,另一侧为受拉区。由于混凝土的抗拉强度很低,故在截面受拉区布置钢筋以承受拉力,从而提高构件的承载力。仅在截面受拉区配置受力钢筋的构件称为单筋受弯构件,同时也在截面受压区配置受力钢筋的构件称为双筋受弯构件,如图5.3所示。

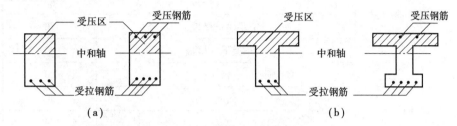

图5.3 矩形和T形截面的受弯构件

在弯矩作用下,受弯构件可能沿正截面(垂直弯矩方向的截面)发生破坏,如图5.4(a)所示;在弯矩和剪力共同作用下,也可能发生沿斜截面的破坏,如图5.4(b)所示。本章仅研究受弯构件正截面受弯承载力计算问题,其斜截面承载力计算详见第6章。

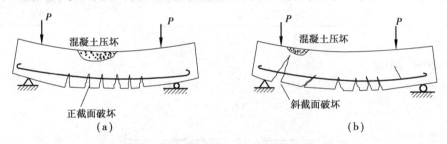

图5.4 受弯构件破坏情况

5.2 受弯构件的构造要求

一个完整的结构设计,应该既有可靠的计算依据,又有合理的构造措施,因为计算和构造是相辅相成的,计算需要以构造措施作为保证,即有了计算结果,还需要构造措施辅助。构造就是考虑施工、受力及使用等方面因素而采取的工程措施,这些措施主要是根据工程经验以及试验研究等对结构计算的必要补充,一般不能或难以直接通过计算来确定。因此,钢筋混凝土结构的设计任务一方面在于正确地计算,另一方面在于有合理的构造。

▶ 5.2.1 板的一般构造要求

1)板的厚度

现浇整体板的宽度较大,设计时可取单位宽度 $b=1\ 000$ mm 进行计算,其板厚度 h 以 10 mm 为模数。对于一般现浇屋面板及楼面板,板厚 h 不小于 60 mm,板厚度 h 与板跨度(用 l_1 表示)及其所受荷载有关。从刚度要求出发,根据设计经验,单跨简支板的最小厚度不小于 $l_1/35$,多跨连续板的最小厚度不小于 $l_1/40$,悬臂板最小厚度不小于 $l_1/12$。现浇钢筋混凝土板的厚度应符合表5.1的规定。

表 5.1　现浇钢筋混凝土板的最小厚度

板的类型		最小厚度/mm
单向板	屋面板	60
	民用建筑楼板	60
	工业建筑楼板	70
	行车道下的楼板	80
双向板		80
密肋楼盖	面板	50
	肋高	250
悬臂板(根部)	悬臂长度不大于 500 mm	60
	悬臂长度 1 200 mm	100
无梁楼板		150
现浇空心楼盖		200

2)板的受力钢筋

现浇整体板中通常布置两种钢筋,即受力钢筋和分布钢筋,如图 5.5 所示。

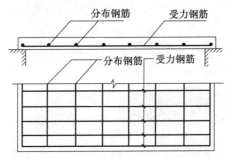

图 5.5　板钢筋布置示意图

受力钢筋沿板的短跨方向在截面受拉一侧布置,其截面面积由计算确定,承担由弯矩作用而产生的拉力。为了使钢筋受力均匀,应尽量采用较小直径钢筋,为施工方便,钢筋直径的种类越少越好。

板内受力钢筋通常采用 HPB300 级、HRB400 级及 HRB500 级钢筋,直径通常采用 6,8,10,12,14 mm 等。当板厚较大时,也可选用 14 ~ 18 mm。

板中受力钢筋的间距,采用绑扎施工时:板厚 $h \leqslant 150$ mm 时,不宜大于 200 mm;$h > 150$ mm 时,不宜大于 1.5 h,且不宜大于 250 mm;板中受力钢筋间距也不宜小于 70 mm。板中下部纵向受力钢筋伸入支座的锚固长度不应小于 $5d$(d 为下部纵向受力钢筋直径)。

混凝土保护层:是最外层钢筋外边缘至混凝土表面的距离,其作用是使混凝土保护钢筋,防止钢筋锈蚀,并使钢筋可靠地锚固在混凝土内,发挥钢筋和混凝土共同工作的作用。钢筋混凝土板的保护层最小厚度不应小于钢筋的直径,并应符合表 5.2 的规定。

表 5.2　混凝土保护层最小厚度　　　　　　　单位:mm

环境类别	板、墙、壳	梁、柱
一	15	20
二 a	20	25
二 b	25	35
三 a	30	40
三 b	40	50

注:钢筋混凝土基础宜设置混凝土垫层,基础中钢筋的混凝土保护层厚度应从垫层顶面算起,且不应小于 40 mm。

板截面有效高度:系指板截面受压区外边缘至受拉钢筋合力重心的距离。对于一类环境,当板中受拉钢筋直径为 6 ~ 12 mm(平均按 10 mm 计算)、混凝土强度等级大于 C25、混凝土保护层厚度为 15 mm 时,可得板截面的有效高度为:

$$h_0 = h - 15 \text{ mm} - \frac{d}{2} \approx h - 20 \text{ mm}$$

对于一类环境,当混凝土强度等级不大于 C25 时,其有效高度应减少 5 mm。

3)板的分布钢筋

分布钢筋布置在受力钢筋的同侧,与受力钢筋相互垂直,绑扎成钢筋网(图 5.5),其作用是:

①将荷载均匀地传给受力钢筋;

②抵抗因混凝土收缩及温度变化而在垂直受力钢筋方向产生的拉力;

③浇筑混凝土时,保证受力钢筋的设计位置。

分布钢筋按构造要求配置,其直径不宜小于 6 mm,宜采用 HPB300 级和 HRB400 级钢筋。分布钢筋的截面面积应不小于单位长度上受力钢筋截面面积的 15%,且不应小于该方向板截面面积的 0.15%,分布钢筋的间距不宜大于 250 mm。当集中荷载较大时,分布钢筋的截面面积应适当增加,其间距不宜大于 200 mm。

► **5.2.2　梁的一般构造要求**

1)梁的截面尺寸

梁的截面尺寸除了满足强度条件外,还应满足刚度要求和施工上的方便。从刚度条件看,构件截面高度可根据高跨比(h/l)估计,一般取 $h = (1/16 ~ 1/10)l_0$,其中 l_0 为梁的计算跨度。为了方便施工,便于模板周转,梁高一般取 50 mm 的模数递增,对于较大的梁(如h>800 mm 的梁),取 100 mm 的模数递增。常用的梁高有 250,300,350,…,750,800,900,1 000 mm 等。

梁截面高度确定后,其截面宽度可用高宽比估计,例如:

矩形截面梁:

$$b = \left(\frac{1}{3} ~ \frac{1}{2}\right)h$$

T 形截面梁:

$$b = \left(\frac{1}{4} ~ \frac{1}{2.5}\right)h$$

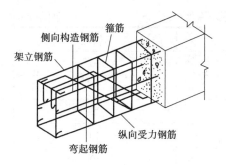

图 5.6 梁内钢筋布置示意图

矩形截面框架梁的截面宽度不应小于 200 mm；当截面宽度大于 250 mm 时，梁宽以 50 mm 的模数递增。

2）钢筋的布置和用途

梁中一般配置纵向受力钢筋、箍筋、架立钢筋、弯起钢筋、侧向构造钢筋等，如图 5.6 所示。

①纵向受力钢筋：用以承受弯矩作用，布置在梁的受拉区以承担拉力；有时在梁的受压区也配置纵向受力钢筋，协助混凝土共同承受压力。

②箍筋：用以承受梁的剪力，保证斜截面的强度；联系梁内的受拉及受压纵向钢筋使其共同工作；还用来固定纵向钢筋的位置，便于浇筑混凝土。

③架立钢筋：设置在梁的受压区，与纵向受力钢筋平行，用以固定箍筋的正确位置，并能承受梁内因收缩和温度变化所产生的拉力。如在受压区配有纵向受压钢筋，受压钢筋可兼作架立钢筋。

④弯起钢筋：一般可将纵向受力钢筋弯起形成，有时也专门设置弯起钢筋，用以承受弯起区段截面的剪力。弯起后钢筋顶部的水平段可以承受支座处的负弯矩。

⑤侧向构造钢筋：用以增加梁内钢筋骨架的刚性，增强梁的抗扭能力，并承受侧向产生的温度及收缩变形。当梁的腹板高度 $h_w \geqslant 450$ mm（腹板高度的概念见第 6 章）时，在梁的两个侧面应沿高度方向配置纵向构造钢筋，每侧纵向构造钢筋的截面面积不应小于腹板截面面积的 0.1%，且其间距不宜大于 200 mm。

3）纵向受力钢筋

①钢筋直径：梁中钢筋的常用直径为 12~25 mm，纵向钢筋的直径太粗不易加工，钢筋与混凝土之间黏结力也差；直径太细，则所需钢筋的根数增加，在截面内不好布置。对于普通钢筋混凝土梁，受力钢筋直径的选取：当梁高 $h \geqslant 300$ mm 时，$d \geqslant 10$ mm；当梁高 $h < 300$ mm 时，$d \geqslant 8$ mm。

②钢筋间距：为了便于浇筑混凝土，保证混凝土良好的密实性，对采用绑扎骨架的钢筋混凝土梁，其纵向受力钢筋的净间距应满足图 5.7 所示的要求。

当截面下部的纵向受力钢筋多于 2 排时，因浇筑混凝土的需要，钢筋水平方向的中距应比下面两排钢筋的中距增大 1 倍。

③混凝土保护层：梁中纵向受力钢筋的混凝土保护层最小厚度的概念和要求与钢筋混凝土板相同，应不小于钢筋的直径，并应符合表 5.2 的规定。

④梁截面有效高度：是指梁截面受压区的外边缘至受拉钢筋合力重心的距离（图 5.7 及图 5.8 中的 h_0）。

对梁、板，其截面有效高度可统一写为：

$$h_0 = h - a_s \qquad (5.1)$$

式中 a_s——受拉钢筋重心至受拉混凝土边缘的垂直距离。

根据最外层钢筋混凝土保护层最小厚度的规定，考虑箍筋直径以及纵向受拉钢筋直径，当环境类别为一类时，一般采

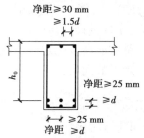

图 5.7 纵向受力钢筋的间距

用以下数值：

　　梁内受拉钢筋为 1 排时　　　　　　　$a_s = 40$ mm

　　梁内受拉钢筋为 2 排时　　　　　　　$a_s = 65$ mm

　　板　　　　　　　　　　　　　　　　　$a_s = 20$ mm

　　当混凝土强度等级不大于 C25 时,应将 a_s 的值再增加 5 mm。

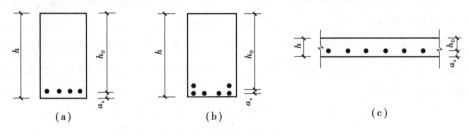

图 5.8　梁、板的有效高度

5.3　受弯构件正截面受弯性能的试验研究分析

　　因为钢筋混凝土材料本身的弹塑性特点,所以按材料力学公式对其进行强度计算时,不符合钢筋混凝土受弯构件的实际情况。为了研究钢筋混凝土受弯构件的破坏过程,应研究其截面应力及应变的发展规律。

▶ 5.3.1　试验方案设计

　　图 5.9 所示为配置钢筋适量的钢筋混凝土梁,截面尺寸为 $b \times h \times L = 120$ mm×200 mm×1 800 mm,混凝土强度等级为 C25,梁底部配置 3 ⌀10 的纵向受力钢筋,顶部配置 2 ⌀8 架立钢筋(中间 1/3 跨不配置),混凝土保护层厚度为 20 mm。试验加载方案采用三分点加载,即两个集中荷载分别作用在梁的 1/3 跨位置处,这样加载可以实现两个加载点中间为纯弯曲

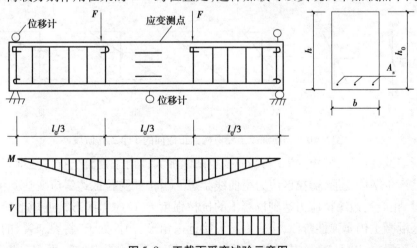

图 5.9　正截面受弯试验示意图

段,避免了剪力对正截面受弯的影响,同时两端又形成弯矩剪力共同作用的弯剪段。在纯弯段内,由于上部架立筋断开,形成了只有底部纵向受力钢筋的单筋矩形截面梁,为后面承载力分析计算提供了参考。

试验加载采用分级加载,分为 3 个阶段。混凝土开裂前,每级按照理论计算极限承载力 5% 加载;混凝土开裂后到钢筋屈服时,每级按照理论计算极限承载力 10% 加载;钢筋屈服后到混凝土压碎时,每级按照理论计算极限承载力 5% 加载。

试验量测主要通过粘贴钢筋应变片、混凝土应变片和安装位移计,分别量测每级加载后钢筋、混凝土的应变大小和梁的挠度变形大小。试验过程中,需要描绘和记录混凝土梁的裂缝的出现、开裂发展情况。

▶ 5.3.2 适筋受弯构件正截面的几个重要受力阶段

钢筋混凝土受弯构件当具有足够的抗剪能力满足构造要求时,构件受力后,将在弯矩较大的部位发生弯曲破坏。受弯构件自加载至破坏的过程中,随着荷载的增加及混凝土塑性变形的发展,对于正常配筋的梁(即适筋受弯构件),其正截面上的应力及分布和应变发展过程可分为以下 3 个阶段:

(1)第 I 阶段

构件开始加载时,由于弯矩小,正截面上各点的应力和应变均很小,二者成正比关系,其应变的变化规律符合平截面假定(图 5.10 I),混凝土基本处于弹性工作阶段,受压区和受拉区混凝土应力分布图形为三角形。受拉区由于钢筋的存在,其中和轴较均质弹性体中和轴稍低。

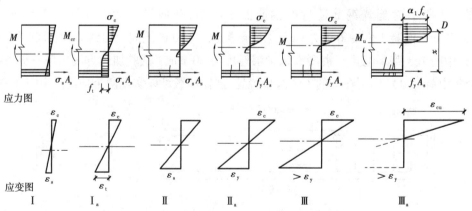

图 5.10 钢筋混凝土受弯构件正截面的 3 个工作阶段

随着荷载继续增加,弯矩逐渐增大,应变也随之加大。由于混凝土抗拉强度很低,受拉边缘混凝土已产生塑性变形,受拉区应力呈曲线状态。当构件受拉区边缘应变达到混凝土的极限拉应变时,相应的边缘拉应力达到混凝土的抗拉强度 f_t,拉应力图形接近矩形的曲线变化。此时受压区混凝土仍属弹性阶段,压应力图形接近三角形,构件处于"将裂未裂"的极限状态,此时为第 I 阶段末,以 I_a 表示,构件相应所能承受的弯矩称为抗裂弯矩,用 M_{cr} 表示。由于受拉区混凝土塑性变形的出现与发展，I_a阶段中和轴的位置较第 I 阶段初期略有上升。I_a 的应力图将作为计算构件抗裂弯矩 M_{cr} 的依据，在第 I 阶段，因为构件未开裂，所以称为弹性工作阶段。

（2）第 II 阶段

构件受力达到 I_a 阶段后，随着荷载增加，当混凝土拉应力超过其抗拉极限强度 f_t 时，构件开裂，在裂缝截面处的混凝土退出工作，由受拉区混凝土所承担的拉力转交给钢筋承担，钢筋应力比混凝土开裂前突然加大，故裂缝一经出现就具有一定的宽度，并沿梁高延伸到一定的高度，中和轴位置也随之上升，受压区混凝土压应力继续增加，混凝土塑性变形有了明显发展，压应力图形呈曲线变化，但截面上各点平均应变的变化规律仍符合平截面假定（图 5.10 II）。

在第 II 阶段，随着弯矩的增加，当弯矩增加到使钢筋的应力达到其屈服强度 f_y 时，纵向受拉钢筋开始屈服，此时为第 II 阶段末，以 II_a 表示。

正常工作的梁一般都处于第 II 阶段，即构件带裂缝工作阶段。第 II 阶段的应力状态将作为构件正常使用极限状态中变形及裂缝宽度验算的依据。

（3）第 III 阶段

钢筋屈服后，其屈服强度 f_y 保持不变，但钢筋应变骤增且继续发展，裂缝不断扩展并向上延伸，中和轴上移，受压区高度进一步减小，混凝土压应力不断增大。但受压区混凝土的总压力始终保持不变，与钢筋总拉力保持平衡。此时，受压区混凝土边缘应变迅速增长，混凝土塑性变形更加明显（图 5.10 III）。

当弯矩增加到正截面所能承受的最大弯矩时，混凝土压应变达到弯曲受压极限应变 ε_{cu}，此时受压区混凝土已丧失承载能力，这说明梁已经破坏，称为第 III 阶段末，以 III_a 表示（一般情况下，此时梁的变形还能继续增加，但承担的弯矩随梁变形的增加而降低，最后受压区混凝土被压碎甚至崩落，梁正截面完全破坏）。此时，构件所能承受的弯矩称为破坏弯矩，以 M_u 表示，M_u 作为承载能力极限状态计算的依据。

▶ 5.3.3 配筋率对正截面破坏特征的影响

根据试验研究，受弯构件正截面的破坏形式与其配筋率、钢筋和混凝土强度等级有关。在常用的钢筋级别和混凝土强度等级情况下，随着纵向受拉钢筋配筋率的不同，受弯构件正截面可能产生 3 种不同的破坏形式，如图 5.11 所示。

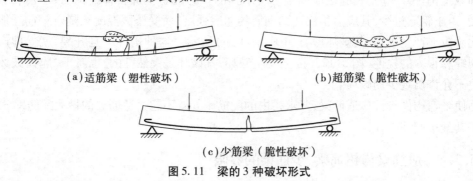

（a）适筋梁（塑性破坏）　　　　　　（b）超筋梁（脆性破坏）

（c）少筋梁（脆性破坏）

图 5.11　梁的 3 种破坏形式

纵向受拉钢筋配筋率用 ρ 表示，是纵向受拉钢筋的截面面积与构件有效截面面积之比。

$$\rho = \frac{A_s}{bh_0} \tag{5.2}$$

式中　A_s——纵向受拉钢筋截面面积；

b——梁截面宽度；

h_0——梁截面的有效高度（当验算最小配筋率时，取 $h_0 = h$）。

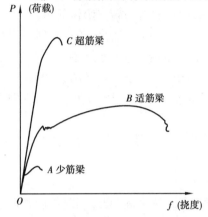

图 5.12　不同破坏形式梁的 P-f 图

1）适筋梁

适筋梁是指在其受拉区配置适量钢筋的梁。其破坏是受拉钢筋首先达到屈服强度，再继续加载，混凝土产生受压破坏，其破坏形态如图 5.11（a）所示。这种梁在破坏前，因为钢筋要经历较大的塑性伸长，随之引起裂缝急剧开展和挠度激增（图 5.12），破坏有明显的预兆，所以称这种破坏形态为"塑性破坏"。适筋梁在破坏时因钢筋的拉应力达到屈服强度，混凝土的压应力亦随之达到其抗压极限强度，此时钢筋和混凝土两种材料的性能基本上都能得到充分利用，且破坏前有明显的征兆，故正截面承载力计算是建立在适筋梁基础上的。

2）超筋梁

当在梁的受拉区配置的纵向受拉钢筋过多时，其破坏是以受压区混凝土首先被压碎而引起的，即受压混凝土边缘已达到弯曲受压的极限变形，而受拉钢筋的应力远小于屈服强度。此时，由于混凝土已被压碎，不能再承担压力，虽然受拉钢筋尚未屈服，但梁因不能继续承担弯矩而破坏，所以称此种破坏形态为"超筋破坏"。又因为破坏前没有明显的预兆，破坏时受拉区裂缝开展不宽，挠度不大（图 5.12），而是受压混凝土突然被压碎，其破坏形态如图 5.11（b）所示，所以这种破坏形式又称为"脆性破坏"。设计时不允许出现超筋破坏。

3）少筋梁

如果在梁受拉区配置的钢筋过少，开始加载时拉力由受拉的钢筋和混凝土共同承担。当继续加载至构件开裂时，裂缝截面混凝土所承担的拉力几乎全部转移给钢筋，使钢筋应力突然剧增，由于钢筋过少，其应力很快达到钢筋的屈服强度，而受压区混凝土随着钢筋屈服而进入强化阶段亦产生破坏，其破坏形态如图 5.11（c）所示。这种构件一旦开裂，就立即产生很宽的裂缝和很大的挠度（图 5.12），随之发生破坏，其破坏是突然性的，也属于"脆性破坏"，设计时也不允许出现少筋破坏。

为使受弯构件设计成适筋梁，要求梁内的配筋率 ρ 既不超过适筋梁的最大配筋率 ρ_{max}，亦不小于其最小配筋率 ρ_{min}。

▶ **5.3.4　适筋梁与超筋梁、少筋梁的界限**

综上所述，配筋率的改变将会引起钢筋混凝土破坏性质的改变。根据平截面的应变关系，可以得出适筋梁的最大配筋率和最小配筋率。

1)受压区混凝土的等效应力图

适筋梁在第Ⅲ阶段末时,受压区混凝土已经达到极限压应变,此时剩余受压区混凝土的应力图形为曲线,计算这部分混凝土承担的压力时需要进行积分,给计算带来了诸多不便。为简化计算,考虑将复杂的应力曲线简化为一种简单规则图形。目前国内外规范多采用以等效矩形应力图代替受压区混凝土应力图形,如图5.13所示,其换算条件为:

①等效矩形应力图形的面积与理论图形(二次抛物线加矩形图)的面积相等,即压应力的合力D的大小不变;

②等效矩形应力图的形心位置与理论应力图的总形心位置相同,即压应力的合力D的作用位置不变。

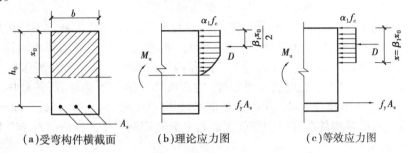

(a)受弯构件横截面　　(b)理论应力图　　(c)等效应力图

图5.13　等效应力图的换算

h_0—截面有效高度;b—截面宽度;x_0—混凝土实际受压区高度;x—换算受压区高度,《混凝土结构设计规范》规定$x=\beta_1 x_0$;α_1,β_1—受压区混凝土简化应力图形系数(见表5.3)

表5.3　受压区混凝土的简化应力图形系数β_1,α_1的值

混凝土强度等级	≤C50	C55	C60	C65	C70	C75	C80
β_1 值	0.8	0.79	0.78	0.77	0.76	0.75	0.74
α_1 值	1.0	0.99	0.98	0.97	0.96	0.95	0.94

2)界限相对受压区高度

适筋梁和超筋梁的界限破坏形式是:纵向受拉钢筋应力达到屈服强度(应变达到屈服应变ε_y)的同时,受压区混凝土应力也达到抗压极限强度(应变达到极限压应变ε_{cu}),此时受弯构件达到正截面承载能力极限状态而破坏,这种破坏状态称为界限状态破坏,对应的配筋率刚好是适筋梁的配筋率上限。当配筋率超过此界限时,纵向受拉钢筋的平均拉应变将无法达到屈服应变,意味着构件将发生超筋破坏。

根据5.4.1小节中的平截面基本假定可知,混凝土和钢筋在各受力阶段的平均应变符合线性规律,将不同配筋率的正截面破坏时的截面应力分布绘制成图,如图5.14所示。在确定混凝土和钢筋强度等级情况下,ε_{cu},ε_y均为已知量,对应的截面应力状态即为图中斜实线。斜线与截面交会处代表的是中和轴的位置,上部代表受压区高度用x表示,将x与截面有效高度h_0的比值定义为相对受压区高度ξ,即

$$\xi = \frac{x}{h_0} \tag{5.3}$$

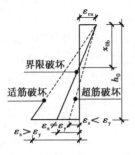

图 5.14　构件正截面应变图

对于界限破坏状态,换算的受压区高度 x_{0b} 与截面有效高度 h_0 的比值 ξ_b,称为受弯构件界限相对受压区高度。由图 5.14 中的三角形几何关系可求出 ξ_b:

$$\xi_b = \frac{x_0 b}{h_0} = \frac{\beta_1 x_0}{h_0} = \beta_1 \frac{\varepsilon_{cu}}{\varepsilon_{cu} + \varepsilon_s} = \frac{\beta_1}{1 + \dfrac{f_y}{\varepsilon_{cu} E_s}} \qquad (5.4)$$

式中　ε_{cu}——混凝土弯曲极限压应变;

ε_s——受拉钢筋极限拉应变;

f_y——钢筋抗拉强度设计值;

E_s——钢筋弹性模量。

由式(5.4)可知,ξ_b 值主要与钢筋的级别和混凝土的强度等级有关,当钢筋的 f_y/E_s 值越大,ξ_b 就越小;当混凝土的 ε_{cu} 值越大,ξ_b 值也越大。ξ_b 值也同样应用于偏压构件中。当构件的实际相对受压区高度 $\xi(\xi = x/h_0)$ 大于 ξ_b 时,即构件的实际配筋量大于界限状态时的配筋量,则钢筋的应力 σ_s 要小于相应的屈服强度,构件破坏时钢筋不能屈服,其破坏属于超筋破坏;反之,当实际的 ξ 不超过 ξ_b 时,构件所配钢筋破坏时能够达到屈服,其破坏属于适筋破坏。因此,ξ_b 值是用来衡量构件破坏时钢筋强度能否充分利用的一个特征值。对于常用的钢筋级别,其 ξ_b 值见表 5.4。

表 5.4　有屈服点钢筋相对界限受压区高度 ξ_b 值

钢筋级别	混凝土强度等级						
	≤C50	C55	C60	C65	C70	C75	C80
HPB300	0.576	0.566	0.556	0.547	0.537	0.528	0.518
HRB400,HRBF400,RRB400	0.518	0.508	0.499	0.490	0.481	0.472	0.463
HRB500,HRBF500	0.482	0.473	0.464	0.455	0.447	0.438	0.429

对于无明显屈服点的普通钢筋,一般取对应于参与应变 0.2% 时的应力,此时对应的应变为 $\xi_y = 0.002 + f_y/E_s$,代入式(5.4)中可得:

$$\xi_b = \frac{\beta_1}{1 + \dfrac{0.002}{\varepsilon_{cu}} + \dfrac{f_y}{\varepsilon_{cu} E_s}} \qquad (5.5)$$

3)最大配筋率

当 $\xi = \xi_b$ 时,相应可求出界限破坏时的特定配筋率,即适筋梁的最大配筋率 ρ_{max}。

对于单筋矩形截面受弯构件,若其受压区混凝土应力分布图以等效应力分布图代替,[图 5.13(c)],则根据力的平衡,可得:

$$\alpha_1 f_c b x = f_y A_s$$

$$\xi = \frac{x}{h_0} = \frac{f_y A_s}{\alpha_1 f_c b h_0}$$

因配筋率 $\rho = \dfrac{A_s}{b h_0}$,则

$$\xi = \rho \frac{f_y}{\alpha_1 f_c} \tag{5.6}$$

当 $\xi = \xi_b$，可得最大配筋率：

$$\rho_{max} = \xi_b \frac{\alpha_1 f_c}{f_y} \tag{5.7}$$

当受弯构件的实际配筋率 ρ 不超过 ρ_{max} 时，构件破坏时受拉钢筋能够屈服，属于适筋破坏构件；当实际配筋率 ρ 超过 ρ_{max} 时，属于超筋破坏构件。

4）最小配筋率

当配筋率很小的钢筋混凝土梁即将出现裂缝时，拉力主要由受拉区混凝土承担，可忽略受拉钢筋的作用，按素混凝土梁考虑。

最小配筋率 ρ_{min} 为少筋梁与适筋梁的界限，可按下列原则确定：配有最小配筋率的构件在破坏时，其正截面受弯承载力设计值 M_u 等于同截面同等级的素混凝土梁的正截面所能承担的开裂弯矩 M_{cr}（M_{cr} 见 5.3.1 节内容）。由前所述，少筋梁属于脆性破坏，既不经济也不安全，故在建筑中不允许采用。现行《混凝土结构设计规范》对最小配筋率作了具体规定，构件一侧受拉钢筋的最小配筋率取 0.2% 和 $0.45f_t/f_y$ 中的较大值，具体要求见附表 3.1。

板类受弯构件（不包括悬臂板）的受拉钢筋，当采用强度等级 400 MPa，500 MPa 的钢筋时，最小配筋率应允许采用 0.15% 和 $0.45f_t/f_y$ 中的较大值。

5）经济配筋率

实际工程应用过程中，根据设计经验，受弯构件在截面宽高比适当的情况下，应尽可能使其配筋率处于以下范围内：钢筋混凝土板，$\rho = 0.4\% \sim 0.8\%$；矩形截面梁，$\rho = 0.6\% \sim 1.5\%$；T形截面梁，$\rho = 0.9\% \sim 1.8\%$。

也就是说，处于该配筋率范围内的受弯构件，将会达到较好的经济效果，因此称为经济配筋率。

5.4　单筋矩形截面受弯构件承载力计算

▶ 5.4.1　基本假定

我国现行《混凝土结构设计规范》对钢筋混凝土构件正截面受弯承载力的计算方法，采取下列基本假定：

1）截面的平均应变符合平截面假定

即正截面应变按线性规律分布，如图 5.15 所示。试验研究表明，配置各种钢筋的矩形、T形、I形及环形截面的受弯构件，在受拉区混凝土开裂前的第 I 受力阶段中，其截面应变符合平截面假定；在开裂后的第 II、III 受力阶段直至 III$_a$ 极限状态，大应变量测标距（不小于裂缝间距）量测的混凝土和钢筋平均应变仍能符合平截面假定，即平均应变符合平截面假定。这样，若不考虑受拉区混凝土开裂后的相对滑移，则采用平截面假定后，截面内任一点纤维的应变

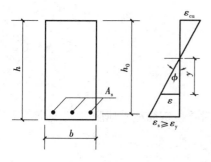

图 5.15　截面应变图

或平均应变与该点到中和轴的距离成正比,即截面曲率与应变之间存在着下列几何关系:

$$\phi = \frac{\varepsilon}{y} \qquad (5.8)$$

式中　ϕ——截面变形后的曲率;

ε——距中和轴的距离为 y 处的纤维应变;

y——截面任意纤维到中和轴的距离。

2)材料的应力-应变关系

对于受压混凝土的应力-应变关系,我国现行《混凝土结构设计规范》采用图 5.16 所示曲线。当该曲线用于轴心受压构件时,$\sigma\text{-}\varepsilon$ 曲线为抛物线,极限压应变取 ε_0,相应的最大压应力取 $\sigma_c = f_c$。当该曲线用于弯曲和偏心受压构件,压应变 $\varepsilon_c \leqslant \varepsilon_0$ 时,应力-应变关系取为与轴心受压构件相同的曲线;压应变 $\varepsilon_0 < \varepsilon_c \leqslant \varepsilon_{cu}$ 时,应力-应变关系取为一水平线。当混凝土强度等级为 C50 及以下时,$\varepsilon_0 = 0.002$,$\varepsilon_{cu} = 0.003\,3$,混凝土受压的应力-应变曲线的数学表达式为:

当 $0 \leqslant \varepsilon_c \leqslant \varepsilon_0$ 时 $\qquad \sigma_c = f_c \left[1 - \left(1 - \dfrac{\varepsilon_c}{\varepsilon_0} \right)^n \right]$

当 $\varepsilon_0 < \varepsilon_c \leqslant \varepsilon_{cu}$ 时 $\qquad \sigma_c = f_c$

$$n = 2 - \frac{1}{60}(f_{cu,k} - 50)$$

$$\varepsilon_0 = 0.002 + 0.5(f_{cu,k} - 50) \times 10^{-5}$$

$$\varepsilon_{cu} = 0.003\,3 + (f_{cu,k} - 50) \times 10^{-5}$$

式中　σ_c——对应于混凝土压应变的压应力;

f_c——混凝土的轴心抗压强度;

ε_0——对应于混凝土压应力达到 f_c 时的压应变,当计算值小于 0.002 时,取 0.002;

ε_{cu}——正截面处于非均匀受压的混凝土极限压应变,当计算值大于 0.003 3 时取 0.003 3,对正截面处于轴心受压时的混凝土极限压应变取 0.002;

$f_{cu,k}$——混凝土立方体抗压强度标准值;

n——系数,当计算的 n 值大于 2.0 时,应取 2.0。

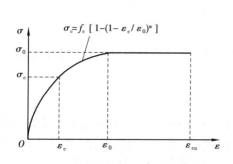

图 5.16　混凝土应力-应变曲线

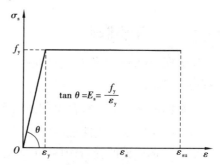

图 5.17　钢筋应力-应变曲线

对有明显屈服点的钢筋,可采用理想的弹塑性应力-应变关系,如图 5.17 所示,表达式为:

当 $\varepsilon_s \leq \varepsilon_y$ 时 $\qquad\qquad\qquad \sigma_s = E_s \varepsilon_s$

当 $\varepsilon_y < \varepsilon_s \leq \varepsilon_{su}$ 时 $\qquad\qquad \sigma_s = f_y$

式中 f_y——钢筋抗拉强度设计值;

$\qquad\varepsilon_y$——钢筋的屈服应变,即 $\varepsilon_y = f_y / E_s$;

$\qquad\varepsilon_{su}$——钢筋的极限拉应变,取 0.01;

$\qquad E_s$——钢筋弹性模量。

3)不考虑截面受拉区混凝土的抗拉强度

即认为截面受拉区的拉力全部由纵向受拉钢筋承担,这是因为混凝土所承受的拉力很小,同时作用点又靠近中和轴,对截面总的抗弯力矩贡献很小。

▶ 5.4.2 基本公式及适用条件

根据前述适筋梁在破坏瞬间的应力状态,用等效受压应力图代替混凝土实际压力图。根据基本假定,单筋矩形截面在承载能力极限状态下的计算应力图形如图 5.18 所示。这时,受拉区混凝土不承担拉力,全部拉力由钢筋承担,钢筋的拉应力达到其抗拉强度设计值 f_y。

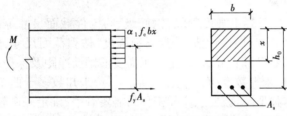

图 5.18 单筋矩形截面正截面计算应力图形

1)基本公式

如图 5.18 所示,根据平衡条件:

$$\sum F_N = 0, A_s f_y = \alpha_1 f_c b x \tag{5.9}$$

$$\sum M = 0, M \leq \alpha_1 f_c b x \left(h_0 - \frac{x}{2} \right) \tag{5.10a}$$

或

$$M \leq A_s f_y \left(h_0 - \frac{x}{2} \right) \tag{5.10b}$$

式中 f_c——混凝土轴心抗压强度设计值;

$\qquad\alpha_1$——受压区混凝土的简化应力图形系数,取值见表 5.3;

$\qquad x$——混凝土受压区高度;

$\qquad f_y$——钢筋抗拉强度设计值;

$\qquad h_0$——截面有效高度;

$\qquad A_s$——纵向受拉钢筋截面面积;

$\qquad M$——作用在截面上的弯矩设计值。

2)适用条件

①为了防止构件发生超筋破坏,应满足:

$$\xi \leq \xi_b \quad 或 \quad x \leq \xi_b h_0 \tag{5.11}$$

②为了防止构件发生少筋破坏,受弯构件的配筋率 ρ 应不小于最小配筋率 $\rho_{\min}$,即

$$A_s \geq A_{s,\min} = \rho_{\min} bh \tag{5.12}$$

3)单筋梁的最大承载力

适筋梁配筋率 $\rho = \rho_{\max}$ 时,即为适筋梁所能抵抗的最大弯矩 $M_{u,\max}$,其值可将界限受压区高度 x_b 或 ξ_b 代入基本公式(5.10a)求得,即

$$M_{u,\max} = \alpha_1 f_c b x_b \left(h_0 - \frac{x_b}{2}\right) \quad \text{或} \quad M_{u,\max} = \alpha_1 f_c b h_0^2 \xi_b (1 - 0.5\xi_b) \tag{5.13}$$

由以上分析可以看出,ξ_b、$\rho_{\max}$ 和 $M_{u,\max}$ 三者实质是相同的,分别从不同方面规定了适筋梁的上限值。在进行矩形截面梁配筋计算中,当满足式(5.14)时,可设计为单筋矩形截面梁。

$$M \leq M_{u,\max} = \alpha_1 f_c b x_b \left(h_0 - \frac{x_b}{2}\right) = \alpha_1 f_c b h_0^2 \xi_b \left(1 - \frac{\xi_b}{2}\right) \tag{5.14}$$

▶ 5.4.3 解题方法及例题

在工程中,设计钢筋混凝土受弯构件时,经常遇到的问题有两类:一类是截面设计配筋计算问题;另一类是承载力校核问题。

1)截面设计配筋计算

在遇到新建项目时,混凝土强度等级、钢筋级别、构件截面尺寸等设计信息一般均未确定,设计计算需要首先确定弯矩设计值、选择材料强度、估算截面尺寸,然后计算纵向受拉钢筋面积并合理选用钢筋数量和直径,以满足施工需要的钢筋净距及保护层厚度要求。

在基本计算公式中,未知数有 M_u、f_c、f_y、b、h_0、A_s、x,未知数多于两个,从数学角度解题是没有唯一解的。对于这种情况,就要从实际工程的需要着手,确定一个较为经济合理的设计。一般取 $M_u = M$,f_c、f_y 根据规范推荐强度选用,b、h_0 根据截面跨度估算,这样就剩下 A_s、x 两个未知量,可以利用基本计算公式直接求解,也可以利用系数计算法求解。

（1）利用基本公式的直接计算法

在基本公式(5.9)、式(5.10)中,当梁的截面尺寸已定时(一般在结构初步设计阶段假定的),则可由式(5.10a)求得 x 值:

$$x = h_0 \pm \sqrt{h_0^2 - \frac{2M}{\alpha_1 f_c b}}$$

上式中等号右边第二项只能取负号,否则 $x > h_0$,不符合实际。所以,求得 x 后,可直接由式(5.10b)求得受拉钢筋的截面面积 A_s:

$$A_s = \frac{M}{f_y \left(h_0 - \frac{x}{2}\right)}$$

（2）利用系数计算法

利用基本公式进行计算比较烦琐,在实际工程设计时经常采用计算系数进行计算。所用的有关计算系数推导如下:

由式(5.10a)可得:

$$M = \alpha_1 f_c b x \left(h_0 - \frac{x}{2}\right) = \alpha_1 f_c b h_0^2 \frac{x}{h_0}\left(1 - 0.5\frac{x}{h_0}\right)$$

$$= \alpha_1 f_c b h_0^2 \xi (1 - 0.5\xi) = \alpha_s \alpha_1 f_c b h_0^2$$

单筋矩形截面
受弯构件承载力
计算方法

若令 $\alpha_s = \xi(1-0.5\xi)$，代入式(5.10a)可得：

$$\alpha_s = \frac{M}{\alpha_1 f_c b h_0^2} \tag{5.15}$$

$$\xi = 1 - \sqrt{1 - 2\alpha_s} \tag{5.16}$$

若令 $\gamma_s = 1-0.5\xi$，代入式(5.10b)可得：

$$A_s = \frac{M}{\gamma_s h_0 f_y} \tag{5.17}$$

$$\gamma_s = \frac{1 + \sqrt{1 - 2\alpha_s}}{2} \tag{5.18}$$

式中，α_s 称为截面抵抗矩系数，是对比材料力学中矩形截面弹性均质梁的弯矩理论计算公式 $M = \sigma W = \sigma b h^2/6$ 而来；γ_s 称为截面内力臂系数，是对比式(5.17)，$\gamma_s h_0$ 为计算梁截面受弯承载力时对纵向受拉钢筋合力点的力臂。在混凝土梁承载力计算中，这两个系数都是与 ξ 有关的函数，随着 ξ 值的变化而非线性变化。

利用系数计算法的具体计算步骤如下：

已知弯矩设计值 M、混凝土强度等级、钢筋级别及构件截面尺寸 $b \times h_0$，求所需的受拉钢筋截面面积 A_s。

①根据材料信息查出 f_c、f_y 及系数 α_1、ξ_b；

②计算截面有效高度 $h_0 = h - a_s$；

③按式(5.15)和式(5.16)分别计算出 α_s 和 ξ 和即

$$\alpha_s = \frac{M}{\alpha_1 f_c b h_0^2} \qquad \xi = 1 - \sqrt{1 - 2\alpha_s}$$

④如果 $\xi > \xi_b$，则不满足基本条件，可以加大截面尺寸或提高混凝土强度等级后重新计算；

⑤如果 $\xi \leq \xi_b$，则满足基本条件，可以将 $x = \xi h_0$ 代入基本计算公式(5.9)，即

$$A_s = \frac{\alpha_1 f_c b x}{f_y} = \frac{\alpha_1 f_c b h_0^2 \xi}{f_y} \tag{5.19}$$

或按式(5.18)和式(5.17)分别计算出 γ_s 和 A_s，即

$$\gamma_s = \frac{1 + \sqrt{1 - 2\alpha_s}}{2}$$

$$A_s = \frac{M}{\gamma_s h_0 f_y}$$

⑥根据 A_s 值，按照构造要求由附表8.1或附表8.4和附表8.5选用钢筋直径和根数；

⑦验算最小配筋率，如果不满足则按最小配筋率计算钢筋面积并重新选用。

2)承载力校核

在遇到已建项目时，弯矩设计值 M、混凝土强度设计值 f_c、钢筋抗拉强度设计值 f_y、构件截面尺寸 $b \times h$、受拉钢筋 A_s、保护层厚度等设计信息通常均已确定，需要计算出该截面所能承担的弯矩设计值 M_u，判断其安全性。

在基本计算公式中，未知数有 M_u 和 x，此时未知数只有两个，通常利用系数计算法进行求解。具体计算步骤如下：

①验算最小配筋率，如果 $A_s \leq \rho_{min} bh$，则按 A_s 未知重新设计计算钢筋面积。

②根据材料信息查出 f_c、f_y 及系数 α_1、ξ_b；

③计算截面有效高度 $h_0 = h - a_s$;

④按式(5.9)和式(5.3)分别计算出 x 和 ξ,即

$$x = \frac{f_y A_s}{\alpha_1 f_c b} , \quad \xi = \frac{x}{h_0} = \frac{f_y A_s}{\alpha_1 f_c b h_0}$$

⑤如果 $\xi > \xi_b$,说明配筋较多,钢筋没有达到屈服,此时可以取 $\xi = \xi_b$,按单筋矩形截面梁最大承载力公式(5.14)计算截面承担的极限弯矩;

⑥如果 $\xi \leqslant \xi_b$,则满足基本条件,可用 ξ 值直接计算出 α_s 或 γ_s,即

$$\alpha_s = \xi(1 - 0.5\xi) \qquad \gamma_s = 1 - 0.5\xi$$

⑦按式(5.15)或式(5.17)计算出截面能承担的极限弯矩 M_u,即

$$M = \alpha_s \alpha_1 f_c b h_0^2 \qquad M = f_y A_s \gamma_s h_0$$

⑧比较计算出的截面弯矩极限值 M_u 与弯矩设计值 M,判断截面安全性。

【例5.1】 一矩形截面梁,其截面 $b = 250$ mm, $h = 500$ mm,弯矩设计值 $M = 200$ kN·m,试按下列条件计算此梁所需受拉钢筋的截面面积 A_s:

(1)混凝土强度等级为 C25,纵向钢筋采用 HRB400 级;

(2)混凝土强度等级为 C30,纵向钢筋采用 HRB400 级;

(3)混凝土强度等级为 C30,纵向钢筋采用 HRB500 级。

【解】 由钢筋和混凝土材料信息,查附录1和附录2得相关计算数据:C25 混凝土,$f_c = 11.9$ N/mm^2,$f_t = 1.27$ N/mm^2;C30 混凝土,$f_c = 14.3$ N/mm^2,$f_t = 1.43$ N/mm^2;HRB400 级钢筋,$f_y = 360$ N/mm^2,$\xi_b = 0.518$;HRB500 级钢筋,$f_y = 435$ N/mm^2,$\xi_b = 0.482$;$\alpha_1 = 1.0$。

设纵向受拉钢筋一排布置,$a_s = 40$ mm,则截面有效高度 $h_0 = h - 40$ mm $= 460$ mm 。

(1)由式(5.15)和式(5.16)可得:

$$\alpha_s = \frac{M}{\alpha_1 f_c b h_0^2} = \frac{200 \times 10^6}{1.0 \times 11.9 \times 250 \times 460^2} = 0.318$$

$$\xi = 1 - \sqrt{1 - 2\alpha_s} = 1 - \sqrt{1 - 2 \times 0.318} = 0.397$$

因 $\xi = 0.397 < \xi_b = 0.550$,满足要求。

由式(5.19)可计算出纵向受拉钢筋面积为:

$$A_s = \frac{\alpha_1 f_c b \xi h_0}{f_y} = \frac{1.0 \times 11.9 \times 250 \times 0.397 \times 460}{360} \text{mm}^2 = 1\,411 \text{ mm}^2$$

查附表8.1,可选用 3⚈25,实配钢筋面积 $A_s = 1\,473$ mm^2。

$$\rho_{min} = \max\left\{0.2\%, 0.45\frac{f_t}{f_y}\right\} = \max\left\{0.2\%, 0.45 \times \frac{1.27}{360}\right\} = 0.2\%$$

$$\rho = \frac{A_s}{b h_0} = \frac{1\,473}{250 \times 460} = 1.281\% > \rho_{min} = 0.2\%,满足要求。$$

(2)由式(5.15)和式(5.16)可得:

$$\alpha_s = \frac{M}{\alpha_1 f_c b h_0^2} = \frac{200 \times 10^6}{1.0 \times 14.3 \times 250 \times 460^2} = 0.264$$

$$\xi = 1 - \sqrt{1 - 2\alpha_s} = 1 - \sqrt{1 - 2 \times 0.264} = 0.313$$

因 $\xi = 0.313 < \xi_b = 0.518$,满足要求。

由式(5.19)可计算出纵向受拉钢筋面积为:

$$A_s = \frac{\alpha_1 f_c b \xi h_0}{f_y} = \frac{1.0 \times 14.3 \times 250 \times 0.313 \times 460}{360} \text{mm}^2 = 1\,430 \text{ mm}^2$$

查附表 8.1,可选用 3 Φ 25,实配钢筋面积 $A_s = 1\,473\ \text{mm}^2$。

$$\rho_{\min} = \max\left\{0.2\%, 0.45\frac{f_t}{f_y}\right\} = \max\left\{0.2\%, 0.45\times\frac{1.43}{360}\right\} = 0.2\%$$

$$\rho = \frac{A_s}{bh_0} = \frac{1\,473}{250\times460} = 1.281\% > \rho_{\min} = 0.2\%,满足要求。$$

(3)由式(5.15)和式(5.16)可得:

$$\alpha_s = \frac{M}{\alpha_1 f_c bh_0^2} = \frac{200\times10^6}{1.0\times14.3\times250\times460^2} = 0.264$$

$$\xi = 1 - \sqrt{1 - 2\alpha_s} = 1 - \sqrt{1 - 2\times0.264} = 0.313$$

因 $\xi = 0.313 < \xi_b = 0.482$,满足要求。

由式(5.19)可计算出纵向受拉钢筋面积为:

$$A_s = \frac{\alpha_1 f_c b\xi h_0}{f_y} = \frac{1.0\times14.3\times250\times0.313\times460}{435}\text{mm}^2 = 1\,183\ \text{mm}^2$$

查附表 8.1,可选用 4 Φ 20,实配钢筋面积 $A_s = 1\,256\ \text{mm}^2$。

$$\rho_{\min} = \max\left\{0.2\%, 0.45\frac{f_t}{f_y}\right\} = \max\left\{0.2\%, 0.45\times\frac{1.43}{435}\right\} = 0.2\%$$

$$\rho = \frac{A_s}{bh_0} = \frac{1\,256}{250\times460} = 1.092\% > \rho_{\min} = 0.2\%,满足要求。$$

比较(1)、(2)、(3)三种情况,在钢筋强度等级相同情况下,混凝土强度等级改变,对钢筋用量影响不明显;在混凝土强度等级相同情况下,钢筋强度等级改变,对钢筋用量影响明显,假定采用 HRB400 级钢筋理论所需面积为 100%,则采用 HRB500 级钢筋理论面积仅需 82.7%。由此可见,使用高强度等级钢筋,可以较少钢筋用量,节省材料。

【例5.2】 图 5.19 为一雨篷板,板厚 $h=60$ mm,板面有 20 mm 厚水泥砂浆防水层(重力密度 20 kN/m³),板底有 20 mm 厚混合砂浆抹灰(重力密度 17 kN/m³),板上作用的均布活荷载标准值为 $q_k=0.5$ kN/m²,混凝土强度等级 C30,HRB400 级钢筋。试求受拉钢筋截面面积 A_s。

【解】 查表得相关计算数据:$\alpha_1 = 1.0$,$f_c = 14.3$ N/mm²,$f_y = 360$ N/mm²,$\xi_b = 0.518$。

(1)确定雨篷板的有效高度

取板宽 1 m 进行计算,即 $b = 1\,000$ mm,$c = 15$ mm,取 $a_s = 20$ mm,则截面有效高度为:$h_0 = h - 20$ mm $= 40$ mm。

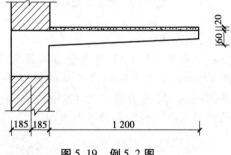

图 5.19 例 5.2 图

(2)求荷载设计值

取恒荷载的荷载分项系数为 1.3,活荷载的荷载分项系数为 1.5。

恒荷载标准值:

20 mm 厚水泥砂浆防水层	0.02 m × 1 m × 20 kN/m³ = 0.4 kN/m
钢筋混凝土雨篷板自重(按矩形截面计算)	0.06 m × 1 m × 25 kN/m³ = 1.5 kN/m
20 mm 厚混合砂浆板底抹灰	0.02 m × 1 m × 17 kN/m³ = 0.34 kN/m

$$g_k = 2.24\ \text{kN/m}$$

活荷载标准值：

$$q_k = 1 \text{ m} \times 0.5 \text{ kN/m}^2 = 0.5 \text{ kN/m}$$

荷载设计值：

$$g + q = 1.3 \times 2.24 \text{ kN/m} + 1.5 \times 0.5 \text{ kN/m} = 3.662 \text{ kN/m}$$

（3）计算板在荷载作用下的设计弯矩

$$M = \frac{1}{2}(g + q)l^2 = \frac{3.662 \times 1.2^2}{2} \text{kN} \cdot \text{m} = 2.637 \text{ kN} \cdot \text{m}$$

（4）计算雨篷板所需受拉钢筋的截面面积 A_s

$$\alpha_s = \frac{M}{\alpha_1 f_c b h_0^2} = \frac{2.637 \times 10^6}{1.0 \times 14.3 \times 1\,000 \times 40^2} = 0.115$$

$$\xi = 1 - \sqrt{1 - 2\alpha_s} = 1 - \sqrt{1 - 2 \times 0.115} = 0.123 < \xi_b = 0.518(满足要求)$$

$$\gamma_s = 1 - 0.5\xi = 0.939$$

$$A_s = \frac{M}{f_y \gamma_s h_0} = \frac{2.637 \times 10^6}{360 \times 0.939 \times 40} \text{mm}^2 = 195 \text{ mm}^2$$

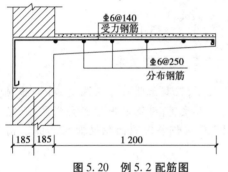

图 5.20　例 5.2 配筋图

查附表 8.4，每米板宽配置 $\Phi 6@140$ 受力筋，$A_s = 202 \text{ mm}^2$，如图 5.20 所示。

（5）验算适用条件

$$\rho_{\min} = \max\left\{0.2\%, 0.45\frac{f_t}{f_y}\right\}$$

$$= \max\left\{0.2\%, 0.45 \times \frac{1.43}{360}\right\} = 0.2\%$$

$$\rho = \frac{A_s}{bh_0} = \frac{202}{1\,000 \times 40} = 0.51\% > \rho_{\min} = 0.2\%$$

故符合要求。

【例 5.3】　一现浇钢筋混凝土简支平板（图 5.21），板厚 $h = 80$ mm，计算跨度 $l = 2.20$ m，混凝土强度等级 C30，纵向受力钢筋采用 HRB400 级，并按 $\Phi 8@150$ 配置，混凝土保护层厚度 $c = 15$ mm，板上作用的均布活荷载标准值为 $q_k = 2 \text{ kN/m}^2$。水磨石地面及细石混凝土垫层共 30 mm 厚（重力密度 22 kN/m³），板底粉刷白灰砂浆 12 mm 厚（重力密度 17 kN/m³）。试对该混凝土平板的安全性进行复核。

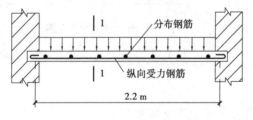
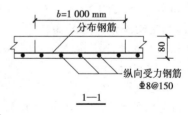

图 5.21　例 5.3 图

【解】　查表得相关计算数据：$\alpha_1 = 1.0$，$f_c = 14.3 \text{ N/mm}^2$，$f_y = 360 \text{ N/mm}^2$，$\xi_b = 0.518$。

（1）确定现浇平板的有效高度

取板宽 1 m 进行计算，即 $b = 1\,000$ mm，因 $c = 15$ mm，则截面有效高度为：

$$h_0 = h - \left(c + \frac{d}{2}\right) = 80 \text{ mm} - \left(15 + \frac{8}{2}\right)\text{mm} = 61 \text{ mm}，取 h_0 = 60 \text{ mm}$$

（2）计算所配置钢筋能抵抗的极限弯矩

当每米板宽配置Φ8@150时，其钢筋截面面积$A_s = 335 \ mm^2$，根据式（5.9）和式（5.3）分别计算出x,ξ。

$$x = \frac{A_s f_y}{\alpha_1 f_c b} = \frac{335 \times 360}{1.0 \times 14.3 \times 1\ 000} mm = 8.434 \ mm$$

$$\xi = \frac{x}{h_0} = \frac{8.434}{60} = 0.141 \leqslant \xi_b$$

满足基本条件，可求出α_s：

$$\alpha_s = \xi(1 - 0.5\xi) = 0.141 \times (1 - 0.5 \times 0.141) = 0.131$$

根据式（5.15）计算出截面能承担的极限弯矩M_u：

$$M_u = \alpha_s \alpha_1 f_c b h_0^2 = 0.131 \times 1.0 \times 14.3 \times 1\ 000 \times 60^2 \ N \cdot mm = 6.744 \ kN \cdot m$$

（3）计算板在荷载作用下的弯矩设计值

取恒荷载的荷载分项系数为1.3，活荷载的荷载分项系数为1.5，则板所承受的荷载为：

$$q = (1.3 \times 0.08 \times 25 + 1.3 \times 0.03 \times 22 + 1.3 \times 0.012 \times 17 + 1.5 \times 2) \times 1.0 \ kN/m$$
$$= 6.723 \ kN/m$$

则得该现浇平板跨中截面的设计弯矩：

$$M = \frac{1}{8}ql^2 = \frac{6.723 \times 2.2^2}{8} kN \cdot m = 4.067 \ kN \cdot m$$

（4）判别平板的安全性

因$M_u = 6.744 \ kN \cdot m > M = 4.067 \ kN \cdot m$，故在已知荷载作用下配筋平板是安全的。

（5）验算最小配筋率

$$\rho_{min} = \max\{0.2\%, 0.45\frac{f_t}{f_y}\} = \max\{0.2\%, 0.45 \times \frac{1.43}{360}\} = 0.2\%$$

$$\rho = \frac{A_s}{bh_0} = \frac{335}{1\ 000 \times 60} = 0.558\% > \rho_{min} = 0.2\%$$

说明上述平板的安全性验算是有效的。

【例5.4】 已知钢筋混凝土梁$b = 250 \ mm$，$h = 500 \ mm$，混凝土强度等级为C25，受拉钢筋采用3Φ18的HRB400级钢筋，混凝土保护层厚度为25 mm，求此梁截面所能承担的极限弯矩M_u。

【解】 查表得相关计算数据：$\alpha_1 = 1.0$，$f_c = 11.9 \ N/mm^2$，$f_t = 1.27 N/mm^2$；HRB400级钢筋，$f_y = 360 \ N/mm^2$，$\xi_b = 0.518$；3Φ18的钢筋截面面积$A_s = 763 \ mm^2$。

（1）计算梁截面的有效高度

梁截面实际的有效高度$h_0 = h - a_s = 500 \ mm - \left(25 + 10 + \frac{18}{2}\right) mm = 456 \ mm$，近似取$h_0 = 455 \ mm$。

（2）计算所配置钢筋能抵抗的极限弯矩

受拉钢筋配置3Φ18时，其钢筋截面面积$A_s = 763 \ mm^2$，根据式（5.9）式（5.3）分别计算出x,ξ。

$$x = \frac{A_s f_y}{\alpha_1 f_c b} = \frac{763 \times 360}{1.0 \times 11.9 \times 250} mm = 92.33 \ mm$$

$$\xi = \frac{x}{h_0} = \frac{92.33}{455} = 0.203 < \xi_b$$

满足基本条件,可求出 α_s:

$$\alpha_s = \xi(1 - 0.5\xi) = 0.203 \times (1 - 0.5 \times 0.203) = 0.182$$

根据式(5.15)计算出截面能承担的极限弯矩 M_u:

$$M_u = \alpha_s \alpha_1 f_c b h_0^2 = 0.182 \times 1.0 \times 11.9 \times 250 \times 455^2 \ \text{N·mm} = 112.09 \ \text{kN·m}$$

(3)验算最小配筋率

$$\rho_{min} = \max\left\{0.2\%, 0.45\frac{f_t}{f_y}\right\} = \max\left\{0.2\%, 0.45 \times \frac{1.27}{360}\right\} = 0.2\%$$

$$\rho = \frac{A_s}{bh_0} = \frac{763}{250 \times 455} = 0.67\% > \rho_{min} = 0.2\% \text{,满足最小配筋率的要求。}$$

5.5 双筋矩形截面受弯构件承载力计算

▶ 5.5.1 概述

实际工程中,会遇到在矩形截面受拉区和受压区同时配置纵向受力钢筋的梁,称为双筋矩形截面梁,如图5.22(a)所示。在工程设计中,从理论受力分析来看,在受压区配置一定数量的钢筋是不经济的,双筋矩形截面梁一般用于下列情况:

①当构件承受的弯矩较大,而截面尺寸又受到限制,使 $x > \xi_b h_0$,用单筋截面梁已无法满足承载力设计要求时,可采用双筋截面梁;

②构件的同一截面内承受变号弯矩作用时,在截面上下均应配置受力钢筋;

③因构造需要,在截面受压区已配置有受力钢筋,把其作为受压钢筋,按双筋截面计算,可以节约钢筋用量。

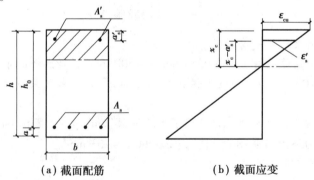

(a)截面配筋   (b)截面应变

图5.22 双筋矩形截面梁

双筋截面梁可以提高截面的延性,纵向受压钢筋越多,截面延性越好。此外,在使用荷载作用下,由于受压钢筋的存在,可以减小构件在长期荷载作用下的变形。

▶ 5.5.2 双筋截面梁受力分析

双筋截面梁与单筋截面梁在受力特点和破坏特征上基本一致,也存在适筋梁破坏和超筋梁破坏,但是一般不会出现少筋破坏。当 $\xi \leqslant \xi_b$ 时,属于适筋梁,双筋截面梁的破坏特点是受拉区钢筋先屈服,然后受压区混凝土压碎;当 $\xi > \xi_b$ 时,属于超筋梁,双筋截面梁的破坏特点是受拉区钢筋未屈服,然而受压区混凝土先压碎。位于受压区的钢筋受力是比较复杂的,但从经济合理性角度考虑,受压钢筋达到屈服是比较理想的,下面分析其达到屈服的条件。

由图 5.22(b)可知,当混凝土受压区上边缘达到屈服压应变 ε_{cu} 时,对应受压区钢筋合力点的压应变 ε_s' 可以按照平截面界定,利用三角几何关系求出,即

$$\varepsilon_s' = \frac{x_c - a_s'}{x_c}\varepsilon_{cu} = \left(1 - \frac{\beta_1 a_s'}{x}\right)\varepsilon_{cu}$$

式中 a_s'——受压钢筋合力点至截面受压区边缘的距离,计算方法同 a_s。

当混凝土强度等级 ≤ C50 时,根据基本假定,$\varepsilon_{cu} = 0.003\ 3$,$\beta_1 = 0.8$,若取 $x = 2a_s'$,则受压钢筋应变为:

$$\varepsilon_s' = 0.003\ 3 \times \left(1 - \frac{0.8a_s'}{2a_s'}\right) \approx 0.002$$

由胡克定律可知,当受压区钢筋达到屈服压应变时

$$\sigma_s' = E_s'\varepsilon_s' = (2.00 \sim 2.10) \times 10^5 \times 0.002\ \text{MPa} = 400 \sim 420\ \text{MPa}$$

由于双筋截面梁中箍筋对混凝土变形的约束,实际的极限压应变更大,受压钢筋的实际压应力会大于上面的分析值,对于常用的 HRB400 级、HRB500 级钢筋,其应力都能达到强度设计值。通过上述分析可知,受压钢筋达到屈服的充分条件是 $x \geq 2a_s'$。

▶ 5.5.3 基本计算公式及适用条件

1)基本计算公式

双筋矩形截面承载力计算的基本假定与单筋矩形截面相同。图 5.23 为双筋矩形截面受弯构件在极限承载力时的截面应力状态。根据平衡条件,可得双筋矩形截面承载力的基本计算公式为:

$$A_s f_y = A_s' f_y' + \alpha_1 f_c b x \tag{5.20}$$

$$M \leq M_u = A_s' f_y'(h_0 - a_s') + \alpha_1 f_c b x\left(h_0 - \frac{x}{2}\right) \tag{5.21}$$

为方便理解和计算,把双筋矩形截面计算应力图形 5.23(a)分为 5.23(b)和 5.23(c)两部分,则基本计算公式可以分解成:

钢筋截面部分

$$M_1 = A_s' f_y'(h_0 - a_s')$$

$$A_{s1} f_y = A_s' f_y'$$

单筋截面部分

$$M_2 = \alpha_1 f_c b x\left(h_0 - \frac{x}{2}\right)$$

$$A_{s2} f_y = \alpha_1 f_c b x$$

其中,$M_u = M_1 + M_2$;$A_s = A_{s1} + A_{s2}$。

式中 M_1——由受压钢筋的压力 $A_s' f_y'$ 和相应的部分受拉钢筋 $A_{s1} f_y$ 所能抵抗的弯矩;

M_2——由受压区混凝土的压力和相应的剩余部分受拉钢筋 $A_{s2} f_y$ 所能抵抗的弯矩。

A_s——受拉钢筋截面面积；

A_s'——受压钢筋截面面积；

a_s'——受压钢筋合力作用点至截面受压区外边缘的距离；

f_y'——钢筋抗压强度设计值。

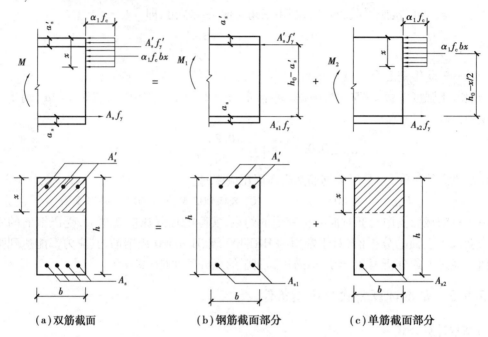

（a）双筋截面　　　　　（b）钢筋截面部分　　　　　（c）单筋截面部分

图 5.23　双筋矩形截面梁计算简图

2）适用条件

为了使受拉钢筋在截面破坏时能够屈服，并使受压钢筋能够得到充分利用，双筋矩形截面承载力基本计算公式应满足下列条件：

①为了防止构件发生超筋破坏，应满足：

$$\xi \leqslant \xi_b \tag{5.22}$$

②为了保证受压钢筋在构件破坏时能够达到屈服，应满足：

$$x \geqslant 2a_s' \quad \text{或} \quad \xi \geqslant \frac{2a_s'}{h_0} \tag{5.23}$$

在双筋截面中，因受拉钢筋配筋量均较大，所以不必验算其最小配筋率。在实际设计中，若不能满足式（5.23），则说明受压钢筋的位置距中和轴太近，梁破坏时受压钢筋的压应变 ε' 太小，其应力达不到抗压强度设计值 f_y'，所以对双筋梁的受压区高度 x 值要加以限制。

由式（5.21）可以看出，只要增加受压钢筋截面面积 A_s' 和与之对应的受拉钢筋截面面积 A_{s1}，就可以把截面的抗弯承载力提高到任意所需要的数值；但若配置的钢筋过多，将造成钢筋排列过分拥挤，既不经济，也无法保证施工质量。因此，在截面设计时，截面尺寸不能过小，应加以控制，一般双筋梁所能承受的弯矩不超过该梁单筋截面极限弯矩的 1.25 倍为宜。

▶ 5.5.4 解题方法及例题

1)钢筋截面面积的计算

在进行双筋梁设计时,其截面尺寸一般均为已知,需要计算受压和受拉钢筋;有时因构造需要,受压钢筋为已知,仅需计算受拉钢筋。

（1）情况 1

已知弯矩设计值 M、截面尺寸 $b×h$、混凝土强度等级和钢筋级别,求受压钢筋截面面积 A'_s 和受拉钢筋截面面积 A_s。

解法:

在应用基本公式(5.20)、式(5.21)计算受压钢筋截面面积 A'_s 和受拉钢筋截面面积 A_s 时,两式中共含有 3 个未知量 x、A'_s 和 A_s。考虑到受压钢筋仅是用来协助混凝土承受压力,计算 A'_s 时,应充分利用混凝土强度,这样将会使钢筋用量最少,取得较好的经济效果。当取 $x=x_b(x_b=\xi_b h_0)$ 时,受压区混凝土面积最大,代入式(5.21)计算受压钢筋,即

$$A'_s = \frac{M - \alpha_1 f_c b x_b\left(h_0 - \dfrac{x_b}{2}\right)}{f'_y(h_0 - a'_s)} = \frac{M - \alpha_1 f_c b h_0^2 \xi_b(1 - 0.5\xi_b)}{f'_y(h_0 - a'_s)}$$

双筋矩形截面
受弯构件承载力
计算方法

由式(5.20)得受拉钢筋:

$$A_s = \frac{A'_s f'_y + \alpha_1 f_c b x_b}{f_y} = \frac{A'_s f'_y + \alpha_1 f_c b h_0 \xi_b}{f_y}$$

注意:一般情况下,双筋截面的钢筋用量较多,在计算截面有效高度 h_0 时可按纵向受拉钢筋两排放置考虑,即 $h_0 = h - 65$ mm。

（2）情况 2

已知弯矩设计值 M、截面尺寸 $b×h$、混凝土强度等级、钢筋级别及受压钢筋截面面积 A'_s,求受拉钢筋截面面积 A_s。

解法:

①求 M_2 和 M_1:因 A'_s 已知,应充分利用 A'_s 所能承担的受弯承载力,可由式 $M_1 = A'_s f'_y(h_0 - a'_s)$ 求得 M_1;由式 $M = M_1 + M_2$,求得 M_2。

②计算在弯矩 M_2 作用下所需受拉钢筋截面面积 A_{s2}（计算步骤同单筋矩形截面计算配筋）

由 $\alpha_{s2} = \dfrac{M_2}{\alpha_1 f_c b h_0^2}$ 计算得出 $\xi = 1 - \sqrt{1 - 2\alpha_{s2}}$,则 A_{s2} 为:

$$A_{s2} = \frac{\alpha_1 f_c b x}{f_y} = \frac{\alpha_1 f_c b h_0 \xi}{f_y}$$

③求受拉钢筋截面面积 A_s:

$$A_s = A_{s1} + A_{s2} = \frac{f'_y A'_s}{f_y} + \frac{\alpha_1 f_c h_0 \xi}{f_y}$$

注意:

①在计算 A_{s2} 过程中,若 $\xi > \xi_b$,则表明受压钢筋 A'_s 不足,此时应按 A'_s 未知,即按情况 1 进行计算。

②若求得的 $x \leqslant 2a'_s$ 时，则表明 A'_s 不能达到其抗压强度设计值，此时可认为混凝土压应力合力作用点通过受压钢筋的合力作用点，即 $x = 2a'_s$，按图 5.24 对受压钢筋合力作用点取矩，其平衡方程为：

$$M_u = A_s f_y (h_0 - a'_s) \tag{5.24}$$

则

$$A_s = \frac{M}{f_y (h_0 - a'_s)}$$

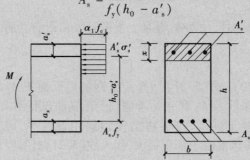

图 5.24 $x \leqslant 2a'_s$ 的双筋矩形截面应力图形

若上式计算的受拉钢筋面积 A_s 比在 M 作用下按单筋矩形截面计算的钢筋截面面积还要大，则应按单筋矩形截面计算出的钢筋作为受拉钢筋，此时不再考虑受压钢筋的作用。

2）承载力校核

已知构件截面尺寸 $b \times h$、混凝土强度等级、钢筋级别、受压钢筋和受拉钢筋截面面积 A'_s 及 A_s，求梁所能承受的弯矩设计值 M。

解法：

①根据已知条件，先计算钢筋截面部分能承担的弯矩值 M_1：

$$M_1 = A'_s f'_y (h_0 - a'_s)$$

②计算相应的受拉钢筋截面面积 A_{s1} 和 A_{s2}：

$$A_{s1} = \frac{A'_s f'_y}{f_y} \qquad A_{s2} = A_s - A_{s1}$$

③判断适用条件，当 $\xi = \dfrac{A_{s2} f_y}{\alpha_1 f_c b h_0} \leqslant \xi_b$，且 $\xi \geqslant \dfrac{2a'_s}{h_0}$ 时，由 ξ 计算出 α_{s2}，得到单筋截面部分能承担的弯矩值 M_2：

$$M_2 = \alpha_{s2} b h_0^2 \alpha_1 f_c$$

④如果 $\xi < \dfrac{2a'_s}{h_0}$，则说明 A'_s 未能充分发挥强度，此时按照式（5.24）计算截面极限承载力 M_u。

⑤如果 $\xi > \xi_b$，说明设计为超筋梁，此时按 $\xi = \xi_b$ 计算出 α_{sb2}，得到单筋截面部分能承担的弯矩值 M_2：

$$M_2 = \alpha_{sb2} b h_0^2 \alpha_1 f_c$$

⑥判断构件是否安全，当 $M_u = M_1 + M_2 > M$ 时安全，否则为不安全。

【例 5.5】 已知钢筋混凝土梁 $b = 200$ mm，$h = 450$ mm，混凝土强度等级为 C30，钢筋采用 HRB400 级。如果梁所承受的弯矩设计值 $M = 220$ kN·m，试计算该梁截面的配筋。

【解】 查表得相关计算数据：$\alpha_1 = 1.0$，$f_c = 14.3$ N/mm²；HRB400 级钢筋 $f_y = 360$ N/mm²，$\xi_b = 0.518$，$a'_s = 40$ mm。

(1)验算是否采用双筋截面

假定为单筋梁，按受拉钢筋一排布置，则梁截面有效高度 $h_0 = 450$ mm $- 40$ mm $= 410$ mm，单筋矩形截面所承担的最大弯矩为：

$$M_{u,max} = \alpha_1 f_c b h_0^2 \xi_b (1 - 0.5\xi_b) = 1.0 \times 14.3 \times 200 \times 410^2 \times 0.518 \times (1 - 0.5 \times 0.518) \text{N·mm}$$
$$= 184.54 \times 10^6 \text{ N·mm} = 184.54 \text{ kN·m}$$

$M_{u,max} < M$，说明应采用双筋截面。

(2)计算受压钢筋

双筋截面梁受拉钢筋按两排布置，$a_s = 65$ mm，$h_0 = 450$ mm $- 65$ mm $= 385$ mm，为使钢筋总量最少，取 $x = x_b (x_b = \xi_b h_0)$，代入式(5.21)计算受压钢筋，即

$$A'_s = \frac{M - \alpha_1 f_c b x_b (h_0 - \frac{x_b}{2})}{f'_y (h_0 - a'_s)} = \frac{M - \alpha_1 f_c b h_0^2 \xi_b (1 - 0.5\xi_b)}{f'_y (h_0 - a'_s)}$$
$$= \frac{220 \times 10^6 - 162.72 \times 10^6}{360 \times (385 - 40)} \text{mm}^2 = 461 \text{ mm}^2$$

(3)计算受拉钢筋

由式(5.20)得受拉钢筋：

$$A_s = \frac{A'_s f'_y + \alpha_1 f_c b h_0 \xi_b}{f_y} = \frac{461 \times 360 + 1.0 \times 14.3 \times 200 \times 385 \times 0.518}{360} \text{mm}^2 = 2\ 045 \text{ mm}^2$$

(4)选用钢筋

根据计算的受压钢筋及受拉钢筋的截面面积，选用受压钢筋 2$\underline{\Phi}$18($A'_s = 509$ mm²)；受拉钢筋 6$\underline{\Phi}$22($A_s = 2\ 281$ mm²)，截面配筋如图 5.25 所示。

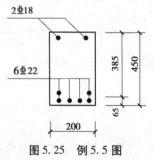

图 5.25 例 5.5 图

【例 5.6】 若上例中梁的截面受压区已经配置了 3$\underline{\Phi}$20 的受压钢筋，求此种情况下受拉钢筋的截面面积 A_s。

【解】 受拉区钢筋仍按 2 排考虑；受压钢筋 3$\underline{\Phi}$20 的 $A'_s = 942$ mm²。

(1)计算受压钢筋所承担的设计弯矩

为充分发挥受压钢筋的作用，则受压钢筋承担的设计弯矩：

$$M_1 = A'_s f'_y (h_0 - a'_s) = 942 \times 360 \times (385 - 40) \text{N·mm}$$
$$= 117 \times 10^6 \text{ N·mm} = 117 \text{ kN·m}$$

(2)计算与受压区混凝土作用力平衡的受拉钢筋

该部分受拉钢筋承担的设计弯矩：

$$M_2 = 220 \text{ kN·m} - 117 \text{ kN·m} = 103 \text{ kN·m}$$

$$\alpha_{s2} = \frac{M_2}{\alpha_1 f_c b h_0^2} = \frac{103 \times 10^6}{1.0 \times 14.3 \times 200 \times 385^2} = 0.243$$

$$\xi = 1 - \sqrt{1 - 2 \times 0.243} = 0.283 < \xi_b = 0.518(满足要求)$$

$$A_{s2} = \frac{\alpha_1 f_c b x}{f_y} = \frac{\alpha_1 f_c b h_0 \xi}{f_y} = \frac{1.0 \times 14.3 \times 200 \times 385 \times 0.283}{360} \text{mm}^2 = 866 \text{ mm}^2$$

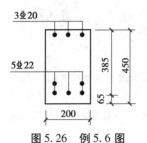

图5.26 例5.6图

（3）计算总的受拉钢筋

$$A_s = A_{s1} + A_{s2} = 942 \text{ mm}^2 + 866 \text{ mm}^2 = 1\ 808 \text{ mm}^2$$

实际选用 5 $\underline{\Phi}$ 22（$A_s = 1\ 901 \text{ mm}^2$），如图 5.26 所示。

比较上述两个实例可以看出：例 5.5 因考虑受压区混凝土充分发挥作用，其截面受压钢筋与受拉钢筋的总面积 $A_s = 461 \text{ mm}^2 + 2\ 045 \text{ mm}^2 = 2\ 506 \text{ mm}^2$，较例 5.6 中的总钢筋面积 $A_s = 942 \text{ mm}^2 + 1\ 808 \text{ mm}^2 = 2\ 750 \text{ mm}^2$ 较为节省。

【例 5.7】 已知钢筋混凝土梁 $b = 200 \text{ mm}$，$h = 500 \text{ mm}$，混凝土强度等级为 C30，受压钢筋为 2 $\underline{\Phi}$ 16，受拉钢筋为 4 $\underline{\Phi}$ 20。试求该梁截面所承担的最大弯矩设计值 M。

【解】 查表得相关计算数据：$\alpha_1 = 1.0$，$f_c = 14.3 \text{ N/mm}^2$；HRB400 级钢筋 $f_y = f_y' = 360 \text{ N/mm}^2$，$\xi_b = 0.518$；2 $\underline{\Phi}$ 16，$A_s' = 402 \text{ mm}^2$；4 $\underline{\Phi}$ 20，$A_s = 1\ 256 \text{ mm}^2$；梁截面因单排配筋，则有效高度 $h_0 = 500 \text{ mm} - 40 \text{ mm} = 460 \text{ mm}$。

（1）计算受压钢筋所承担的设计弯矩

$$M_1 = A_s' f_y'(h_0 - a_s') = 402 \times 360 \times (460 - 40) \text{ N·mm} = 60.8 \times 10^6 \text{ N·mm} = 60.8 \text{ kN·m}$$

（2）计算与受压钢筋作用力平衡部分的受拉钢筋

$$A_{s1} = \frac{f_y' A_s'}{f_y} = \frac{360 \times 402}{360} \text{ mm}^2 = 402 \text{ mm}^2$$

（3）计算与受压区混凝土作用力平衡的受拉钢筋所承担的设计弯矩

$$A_{s2} = A_s - A_{s1} = 1\ 256 \text{ mm}^2 - 402 \text{ mm}^2 = 854 \text{ mm}^2$$

根据 $\xi = \dfrac{A_{s2} f_y}{\alpha_1 f_c b h_0} = \dfrac{854 \times 360}{1.0 \times 14.3 \times 200 \times 460} = 0.234 \leqslant \xi_b = 0.518$，可判定此梁为适筋梁；

根据 $\xi h_0 = 0.234 \times 460 \text{ mm} = 107.6 \text{ mm} \geqslant 2a_s' = 2 \times 40 \text{ mm} = 80 \text{ mm}$，说明受压钢筋能够屈服，则

$$\begin{aligned}
M_2 &= \alpha_1 f_c b h_0^2 \xi (1 - 0.5\xi) \\
&= 1.0 \times 14.3 \times 200 \times 460^2 \times 0.234 \times (1 - 0.5 \times 0.234) \text{ N·mm} \\
&= 125.0 \text{ kN·m}
\end{aligned}$$

（4）计算梁截面承担的总设计弯矩

$$M = M_1 + M_2 = 60.8 \text{ kN·m} + 125.0 \text{ kN·m} = 185.8 \text{ kN·m}$$

5.6 T形截面受弯构件承载力计算

▶ 5.6.1 T形截面受弯构件在混凝土结构中的应用

正截面承载力计算是不考虑混凝土抗拉作用的，所以将矩形截面受拉区的混凝土挖去一部分，并将受拉区钢筋集中放置，形成如图 5.27 所示的 T 形截面。T 形截面和原来的矩形截面相比，其受弯承载力不仅不会降低，还节省了混凝土用量，减轻了构件自重。工程中肋形楼盖的梁、槽形板、空心板、薄壁梁、吊车梁等构件，在承载力计算时，均按 T 形截面计算，如图 5.28 所示。

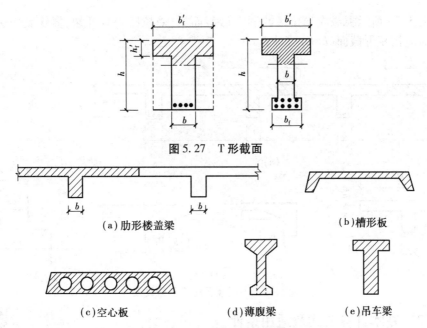

图 5.27 T 形截面

（a）肋形楼盖梁　　　　　**（b）槽形板**

（c）空心板　　　**（d）薄腹梁**　　　**（e）吊车梁**

图 5.28 T 形截面构件形式

T 形受压翼缘宽度为 b'_f，厚度为 h'_f，中间部分为肋，或称为腹板，肋部宽度为 b，截面全高为 h。显然，T 形截面的受压区翼缘宽度增大，将使受压区高度减小，则内力臂增大（受拉钢筋合力作用点至受压区合力作用点的距离），从而使截面的受弯承载力提高。但试验和理论分析表明，T 形截面受弯构件翼缘的纵向压应力沿宽度方向的分布是不均匀的，距肋越远，压应力越小，有时远离肋的部分翼缘还会因发生压屈失稳而退出工作。因此，T 形截面的翼缘宽度在计算中是受到限制的。在设计时取其一定范围内的翼缘宽度作为翼缘的计算宽度，即认为截面翼缘在这一宽度范围内的压应力是均匀分布的，其合力大小大致与实际不均匀分布的压应力图形等效。对 T 形截面翼缘计算宽度 b'_f 的取值，现行《混凝土结构设计规范》规定应取表 5.5 中 3 种情况的最小值。

表 5.5 T 形、I 形及倒 L 形截面受弯构件翼缘计算宽度 b'_f 的取值

考虑情况		T 形、I 形截面		倒 L 形截面
		肋形梁（板）	独立梁	肋形梁（板）
按计算跨度 l_0 考虑		$\frac{1}{3}l_0$	$\frac{1}{3}l_0$	$\frac{1}{6}l_0$
按梁（肋）净距 s_n 考虑		$b+s_n$	—	$b+\frac{s_n}{2}$
按翼缘高度 h'_f 考虑	当 $h'_f/h_0 \geq 0.1$	—	$b+12h'_f$	—
	当 $0.1 > h'_f/h_0 \geq 0.05$	$b+12h'_f$	$b+6h'_f$	$b+5h'_f$
	当 $h'_f < 0.05$	$b+12h'_f$	b	$b+5h'_f$

注：①表中 b 为梁的腹板宽度；
　②如肋形梁在梁跨内设有间距小于纵肋间距的横肋时，则可不遵守表中项次 3 的规定；
　③对于加腋的 T 形、I 形截面和倒 L 形截面，当受压区加腋的高度 $h_h \geq h'_f$，且加腋的宽度 $b_h \leq 3h_h$ 时，则其翼缘计算宽度可按表中项次 3 的规定分别增加 $2b_h$（T 形截面、I 形截面）和 b_h（倒 L 形截面）；
　④独立梁受压区的翼缘板在荷载作用下经验算沿纵肋方向可能产生裂缝时，其计算宽度取用腹板宽度 b。

对于图 5.29 所示翼缘在受拉区的倒 T 形截面梁,受拉区一旦开裂,翼缘就失去作用,因此在计算时应按矩形截面($b \times h$)梁计算。

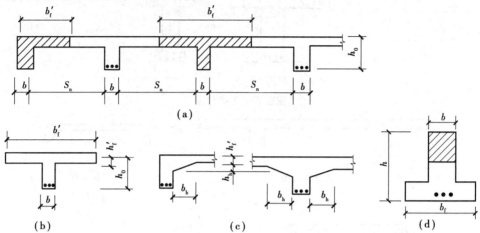

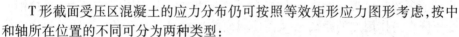

图 5.29　不同情况的 T 形截面梁

▶ 5.6.2　基本计算公式及适用条件

T 形截面受弯构件
承载力计算方法

1)T 形截面的计算类型

T 形截面受压区混凝土的应力分布仍可按照等效矩形应力图形考虑,按中和轴所在位置的不同可分为两种类型:

第一种:中和轴在翼缘内,$x \leq h'_f$,受压面积为矩形;

第二种:中和轴在梁肋内,$x > h'_f$,受压面积为 T 形。

为了判别 T 形截面受弯构件的两种不同类型,首先分析当截面中和轴刚好位于翼缘和梁肋的交界处时,即 $x = h'_f$(图 5.30)时的临界情况。

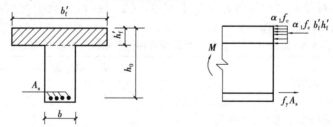

图 5.30　T 形截面受压区高度 $x = h'_f$

由平衡条件知:

$$\sum F_N = 0 \qquad\qquad \alpha_1 f_c b'_f h'_f = f_y A_s \qquad\qquad (5.25)$$

$$\sum M = 0 \qquad\qquad M = \alpha_1 f_c b'_f h'_f \left(h_0 - \frac{h'_f}{2} \right) \qquad\qquad (5.26)$$

式中　b'_f, h'_f——T 形截面受弯构件受压区翼缘的宽度和高度。

由此可见,判定 T 形截面类型的方法是:

①在设计时,弯矩计算值 M 为已知,判别式为:

当 $M \le \alpha_1 f_c b'_f h'_f \left(h_0 - \dfrac{h'_f}{2} \right)$，即 $x \le h'_f$，为第一类；

当 $M > \alpha_1 f_c b'_f h'_f \left(h_0 - \dfrac{h'_f}{2} \right)$，即 $x > h'_f$，为第二类。

②在承载力校核时，$\alpha_1 \sqrt{f_c}、f_y、A_s$ 均为已知，其判别式为：

当 $f_y A_s \le \alpha_1 f_c b'_f h'_f$，即 $x \le h'_f$，为第一类；

当 $f_y A_s > \alpha_1 f_c b'_f h'_f$，即 $x > h'_f$，为第二类。

2)第一类 T 形截面的计算公式

如图 5.31 所示，第一类 T 形截面的中和轴在受压翼缘内，受压区混凝土形状为 $b'_f \times x$ 的矩形。此时正截面受弯承载力可按宽度为 b'_f 的矩形截面进行计算。根据平衡条件，可得第一类 T 形截面的基本公式为：

$$\sum F_N = 0 \qquad\qquad \alpha_1 f_c b'_f x = f_y A_s \qquad\qquad (5.27)$$

$$\sum M = 0 \qquad\qquad M = \alpha_1 f_c b'_f x \left(h_0 - \dfrac{x}{2} \right) \qquad\qquad (5.28)$$

基本公式的适用条件：

① $\xi = \dfrac{x}{h_0} = \dfrac{A_s}{b'_f h_0} \cdot \dfrac{f_y}{\alpha_1 f_c} \le \xi_b$ 或 $\rho \le \rho_{max}$；

② $A_s \ge \rho_{min} bh$ 或 $\rho \ge \rho_{min} \dfrac{b}{h_0}$。

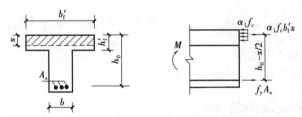

图 5.31　第一类 T 形截面

注意：由于第一类 T 形截面 $x \le h'_f$，受压区高度较小，通常都能满足 $\xi \le \xi_b$，故条件①可不必进行验算。ρ_{min} 理论上是根据素混凝土梁的开裂弯矩与同样截面钢筋混凝土梁的极限弯矩（Ⅲₐ）相等推得。因此，在计算 ρ_{min} 时，应按梁的实际宽度 b 来计算，即 $\rho = A_s / bh_0$。

3)第二类 T 形截面的计算公式

第二类 T 形截面的中和轴在梁肋以内，受压区混凝土形状为 T 形，其计算简图如图 5.32 所示。根据平衡条件，可得第二类 T 形截面的基本公式为：

$$\sum F_N = 0 \qquad\qquad \alpha_1 f_c h'_f (b'_f - b) + \alpha_1 f_c b x = f_y A_s \qquad\qquad (5.29)$$

$$\sum M = 0 \qquad\qquad M \le M_1 + M_2 \qquad\qquad (5.30)$$

$$M_1 = \alpha_1 f_c h'_f (b'_f - b) \left(h_0 - \dfrac{h'_f}{2} \right) = f_y A_{s1} \left(h_0 - \dfrac{h'_f}{2} \right) \qquad (5.31)$$

$$M_2 = \alpha_1 f_c b x \left(h_0 - \dfrac{x}{2} \right) \qquad\qquad (5.32)$$

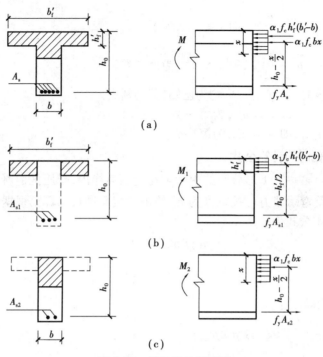

（a）

（b）

（c）

图 5.32　第二类 T 形截面

基本公式的适用条件：

① $\xi = \dfrac{x}{h_0} = \dfrac{A_s}{b_f' h_0} \cdot \dfrac{f_y}{\alpha_1 f_c} \leqslant \xi_b$ 或 $\rho \leqslant \rho_{\max}$ ，该适用条件与单筋矩形截面受弯构件相同，是为了保证破坏时受拉钢筋首先屈服。

② $A_s \geqslant \rho_{\min} bh$ ，此条件一般均能满足，不必验算。

▶ 5.6.3　解题方法及例题

1）截面设计

已知弯矩设计值 M、混凝土强度等级、钢筋级别及构件截面尺寸，求所需的受拉钢筋截面面积 A_s。

①判别 T 形截面类型：

如果 $M \leqslant \alpha_1 f_c b_f' h_f' \left(h_0 - \dfrac{h_f'}{2} \right)$ ，则属于第一类 T 形截面；

如果 $M > \alpha_1 f_c b_f' h_f' \left(h_0 - \dfrac{h_f'}{2} \right)$ ，则属于第二类 T 形截面。

②如判别为第一类 T 形截面，则可按 $b_f' \times h$ 的单筋矩形截面受弯构件计算。

第一步，计算截面抵抗矩系数 α_s：

$$\alpha_s = \frac{M}{\alpha_1 f_c b_f' h_0^2}$$

第二步，根据 α_s 值计算 ξ：

$$\xi = 1 - \sqrt{1 - 2\alpha_s}$$

将 ξ 值代入基本公式(5.27)可得：

$$A_s = \frac{\alpha_1 f_c b'_f \xi h_0}{f_y}$$

第三步,选配钢筋,验算适用条件 $A_s \geq \rho_{min} bh$ 或 $\rho \geq \rho_{min} \dfrac{b}{h_0}$。

③如判别为第二类 T 形截面,取 $M = M_1 + M_2$。

第一步,计算悬挑翼缘部分承担的弯矩 M_1：

$$M_1 = \alpha_1 f_c h'_f (b'_f - b)\left(h_0 - \frac{h'_f}{2}\right) = f_y A_{s1}\left(h_0 - \frac{h'_f}{2}\right)$$

第二步,计算 A_{s1}：

$$A_{s1} = \frac{\alpha_1 f_c h'_f (b'_f - b)}{f_y}$$

第三步,计算 A_{s2}：

由 $M_2 = M - M_1$ 得：

$$\alpha_{s2} = \frac{M_2}{\alpha_1 f_c b h_0^2}$$

由 α_{s2} 计算 ξ：

$$\xi = 1 - \sqrt{1 - 2\alpha_s}$$

若 $\xi \leq \xi_b$,将 ξ 值代入基本公式(5.29)可得：

$$A_{s2} = \frac{\alpha_1 f_c h'_f (b'_f - b) + \alpha_1 f_c b \xi h_0}{f_y}$$

若 $\xi > \xi_b$,则说明为超筋梁,可采取增加截面高度、提高混凝土强度等级或设计成双筋 T 形截面等办法。

第四步,选配钢筋,验算适用条件：

$$A_s = A_{s1} + A_{s2}$$

2)承载力校核

(1)第一类 T 形截面

满足判别条件：$f_y A_s \leq \alpha_1 f_c b'_f h'_f$,按 $b'_f \times h$ 的单筋矩形截面受弯构件计算。

(2)第二类 T 形截面

满足判别条件：

$$f_y A_s > \alpha_1 f_c b'_f h'_f$$

第一步,求 A_{s1} 及 M_1：

$$A_{s1} = \frac{\alpha_1 f_c h'_f (b'_f - b)}{f_y}$$

$$M_1 = \alpha_1 f_c h'_f (b'_f - b)\left(h_0 - \frac{h'_f}{2}\right)$$

第二步,求 A_{s2} 及 M_2：

$$A_{s2} = A_s - A_{s1}$$

$$\xi = \frac{A_{s2}}{bh_0}\frac{f_y}{\alpha_1 f_c} \le \xi_b$$

同时由 ξ 查得 α_{s2}，得 M_2：

$$M_2 = \alpha_{s2}bh_0^2\alpha_1 f_c$$

第三步，校核承载力：由 M_1 和 M_2，求得 M_u。当 $M_u = M_1 + M_2 \ge M$ 时，构件安全。

【例5.8】 一现浇肋梁楼盖的次梁如图5.33所示，次梁的计算跨度为 6 m，间距为 1.8 m，现浇梁板混凝土强度等级均为 C30，钢筋 HRB400 级，已知次梁跨中截面的弯矩设计值为 100 kN·m，请计算次梁所需配置纵向受拉钢筋的面积 A_s。

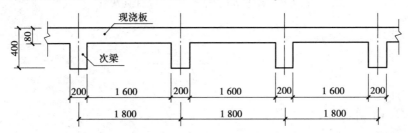

图 5.33 例 5.8 图

【解】 次梁跨中截面因现浇板参与工作，其配筋应按 T 形截面进行计算。设次梁纵向受拉钢筋一排布置，则截面有效高度 $h_0 = h - 40$ mm $= 360$ mm。

查附表得相关设计计算数据：$\alpha_1 = 1.0$，$f_c = 14.3$ N/mm^2，$f_t = 14.3$ N/mm^2，$f_y = 360$ N/mm^2，$\xi_b = 0.518$。

(1)确定翼缘计算宽度 b_f'（查表5.5）

按梁的计算跨度考虑时，$b_f' = \frac{1}{3} \times 6\,000$ mm $= 2\,000$ mm；

按次梁的净距 s_n 考虑时，$b_f' = b + s_n = 1\,800$ mm；

按梁的翼缘厚度 h_f' 考虑时，$\frac{h_f'}{h_0} = \frac{80}{360} > 0.1$，此条件不受限制。

取以上各项的最小值，$b_f' = 1\,800$ mm。

(2)判别 T 形截面的类型

$$\alpha_1 f_c b_f' h_f'\left(h_0 - \frac{h_f'}{2}\right) = 1.0 \times 14.3 \times 1\,800 \times 80 \times \left(360 - \frac{80}{2}\right) \text{N·mm}$$

$$= 658.94 \times 10^6 \text{ N·mm} = 658.94 \text{ kN·m}$$

因弯矩设计值 $M < 658.94$ kN·m，故属于第一类 T 形截面。

(3)计算受拉钢筋面积 A_s

因属第一类 T 形截面，所以受拉钢筋按 $b_f' \times h$ 的单筋矩形截面计算。

$$\alpha_s = \frac{M}{\alpha_1 f_c b_f' h_0^2} = \frac{100 \times 10^6}{1.0 \times 14.3 \times 1\,800 \times 360^2} = 0.030$$

$$\xi = 1 - \sqrt{1 - 2\alpha_s} = 1 - \sqrt{1 - 2 \times 0.030} = 0.030\,5$$

$$A_s = \xi b_f' h_0 \frac{\alpha_1 f_c}{f_y} = 0.030\,5 \times 1\,800 \times 360 \times \frac{1.0 \times 14.3}{360} \text{mm}^2 = 772 \text{ mm}^2$$

选用 3 ⌀ 20($A_s = 942 \text{ mm}^2$)。

(4)验算适用条件

$$\rho_{\min} = \max\left\{0.2\%, 0.45\frac{f_t}{f_y}\right\} = 0.2\%$$

$$A_{s,\min} = \rho_{\min}bh = 0.002 \times 200 \times 400 \text{ mm}^2 = 160 \text{ mm}^2 < A_s = 942 \text{ mm}^2$$

因此,配置 3 ⌀ 20($A_s = 942 \text{ mm}^2$)的纵向受拉钢筋满足使用条件的要求。

【例 5.9】 某 T 形梁的截面尺寸如图 5.34 所示,混凝土强度等级为 C30,钢筋为 HRB400 级,截面所承担的弯矩设计值为 266.6 kN·m,试计算所需的受拉钢筋面积 A_s。

【解】 设次梁纵向受拉钢筋按两排布置,则截面有效高度 $h_0 = h - 65 \text{ mm} = 435 \text{ mm}$。查附表得相关设计计算数据:$\alpha_1 = 1.0$,$f_c = 14.3 \text{ N/mm}^2$,$f_y = 360 \text{ N/mm}^2$,$\xi_b = 0.518$。

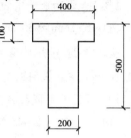

图 5.34 例 5.9 图

(1)判别 T 形截面类型

$$\alpha_1 f_c b'_f h'_f\left(h_0 - \frac{h'_f}{2}\right) = 1.0 \times 14.3 \times 400 \times 100 \times \left(435 - \frac{100}{2}\right) \text{N·mm}$$

$$= 220.2 \times 10^6 \text{ N·mm} = 220.2 \text{ kN·m}$$

因弯矩设计值 $M = 266.6 \text{ kN·m} > 220.2 \text{ kN·m}$,故属于第二类 T 形截面。

(2)计算与挑出翼缘部分相对应的弯矩 M_1 及相对应的受拉钢筋面积 A_{s1}

$$M_1 = \alpha_1 f_c h'_f(b'_f - b)\left(h_0 - \frac{h'_f}{2}\right) = 1.0 \times 14.3 \times 100 \times (400 - 200) \times \left(435 - \frac{100}{2}\right) \text{N·mm}$$

$$= 110.11 \times 10^6 \text{ N·mm} = 110.11 \text{ kN·m}$$

由此可得 A_{s1}:

$$A_{s1} = \frac{\alpha_1 f_c h'_f(b'_f - b)}{f_y} = \frac{1.0 \times 14.3 \times 100 \times (400 - 200)}{360}\text{mm}^2 = 794 \text{ mm}^2$$

(3)计算梁肋所承担的弯矩 M_2 及与之相对应的受拉钢筋面积 A_{s2}

$$M_2 = M - M_1 = (266.6 - 110.11)\text{kN·m} = 156.49 \text{ kN·m}$$

$$\alpha_{s2} = \frac{M_2}{\alpha_1 f_c b h_0^2} = \frac{156.49 \times 10^6}{1.0 \times 14.3 \times 200 \times 435^2} = 0.289$$

$$\xi = 1 - \sqrt{1 - 2\alpha_{s2}} = 1 - \sqrt{1 - 2 \times 0.289} = 0.350 < \xi_b = 0.518$$

由此可得:

$$A_{s2} = \frac{\alpha_1 f_c h'_f(b'_f - b) + \alpha_1 f_c b \xi h_0}{f_y}$$

$$= \frac{1.0 \times 14.3 \times 100 \times (400 - 200) + 1.0 \times 14.3 \times 200 \times 0.350 \times 435}{360}\text{mm}^2 = 1\,211 \text{ mm}^2$$

(4)计算总的受拉钢筋面积 A_s

$$A_s = A_{s1} + A_{s2} = (794 + 1\,211)\text{mm}^2 = 2\,055 \text{ mm}^2$$

选 3 $\mathbf{\Phi}$25 + 2 $\mathbf{\Phi}$22($A_s = A_{s1} + A_{s2} = 1\,473 \text{ mm}^2 + 760 \text{ mm}^2 = 2\,233 \text{ mm}^2$)

【例 5.10】 T 形截面梁的截面尺寸及配筋如图 5.35 所示,混凝土强度等级为 C30,钢筋为 HRB400 级,截面承担的弯矩设计值为 500 kN·m,若不考虑翼缘内构造钢筋的受压作用,试验算此梁的截面是否安全。

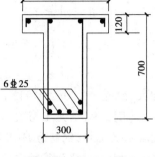

图 5.35 例 5.10 图

【解】 已知条件中的受拉钢筋按两排布置,则截面有效高度 $h_0 = (700 - 65) \text{ mm} = 635 \text{ mm}$。

查附表得有关计算数据:$\alpha_1 = 1.0$,$f_c = 14.3 \text{ N/mm}^2$,$f_y = 360 \text{ N/mm}^2$,$\xi_b = 0.518$,$A_s = 2\,945 \text{ mm}^2$。

(1)判别 T 形截面类型

$$f_y A_s = 360 \times 2\,945 \text{ N} = 1.06 \times 10^6 \text{ N}$$

$$> \alpha_1 f_c b'_f h'_f = 1.0 \times 14.3 \times 600 \times 120 \text{ N} = 1.030 \times 10^6 \text{ N}$$

故属于第二类 T 形截面。

(2)计算 A_{s1} 及 M_1

$$A_{s1} = \frac{\alpha_1 f_c h'_f (b'_f - b)}{f_y} = \frac{1.0 \times 14.3 \times 120 \times (600 - 300)}{360} \text{mm}^2 = 1\,430 \text{ mm}^2$$

$$M_1 = \alpha_1 f_c h'_f (b'_f - b)\left(h_0 - \frac{h'_f}{2}\right)$$

$$= 1.0 \times 14.3 \times 120 \times (600 - 300) \times \left(635 - \frac{120}{2}\right) \text{N·mm}$$

$$= 296.01 \times 10^6 \text{ N·mm} = 296.01 \text{ kN·m}$$

(3)计算 A_{s2} 及 M_2

$$A_{s2} = A_s - A_{s1} = (2\,945 - 1\,430)\text{mm}^2 = 1\,515 \text{ mm}^2$$

$$\xi = \frac{A_{s2}}{bh_0} \cdot \frac{f_y}{\alpha_1 f_c} = \frac{1\,515 \times 360}{300 \times 635 \times 1.0 \times 14.3} = 0.200 \leqslant \xi_b = 0.518$$

由 ξ 计算得:

$$\alpha_{s2} = \alpha_s = \xi(1 - 0.5\xi) = 0.200 \times (1 - 0.5 \times 0.200) = 0.18$$

由此得 M_2:

$$M_2 = \alpha_{s2} b h_0^2 \alpha_1 f_c = 0.18 \times 300 \times 635^2 \times 1.0 \times 14.3 \text{ N·mm}$$

$$= 311.37 \times 10^6 \text{ N·mm} = 311.37 \text{ kN·m}$$

(4)计算受弯承载力 M_u 并验算该 T 形截面梁是否安全

$$M_u = M_1 + M_2 = (296.01 + 311.37)\text{kN·m} = 607.38 \text{ kN·m} \geqslant M = 500 \text{ kN·m}$$

计算结果表明,该梁截面是安全的。

5.7 受弯构件的延性

▶ 5.7.1 延性的概念

在设计钢筋混凝土结构构件时,不仅要满足承载力、刚度及稳定性的要求,而且应具有一定的延性。

延性是指材料、截面或结构超越弹性变形后,在承载力没有显著下降的情况下,所能承受变形的能力("承载力没有显著下降"一般指其承载力不低于极限承载力的85%;"所能承受变形"一般包括材料塑性、应变硬化和软化阶段,如图5.36所示)。

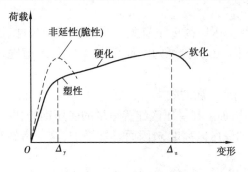

图5.36　荷载-变形曲线

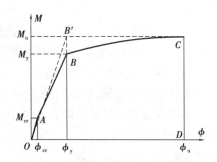

图5.37　受弯构件截面弯矩-曲率曲线

图5.36所示的荷载可以是力或弯矩,变形可以是曲率、转角或挠度等。若以Δ_y表示钢筋屈服或构件变形曲线发生明显转折时的变形,以Δ_u表示破坏时的变形,通常以Δ_u/Δ_y表示延性比。

以受弯构件截面的弯矩和曲率为例来说明延性比。图5.37所示为受弯构件截面的M-ϕ曲线,受弯构件经历了弹性、带裂缝工作和破坏3个阶段,屈服状态和极限状态时的弯矩分别为M_y和M_u,对应的曲率分别为ϕ_y和ϕ_u,则该受弯构件的截面延性比即为ϕ_u/ϕ_y。

延性比大,说明延性好。当材料、截面或结构达到最大承载力后,发生较大的后期变形才破坏,这样的破坏有一定的预兆;反之,延性差,达到承载力后,容易产生突然的脆性破坏,破坏时缺乏明显的预兆。

在设计时,要求结构构件具有较好的延性(延性好的结构可以称为延性结构),其作用在于:

①防止脆性破坏。钢筋混凝土结构或构件的脆性破坏是突发性的,没有预兆,为了保障人们生命财产安全,除对构件发生脆性破坏时的可靠指标有较高要求外,还要保证结构或构件在破坏前有足够的变形能力。

②承受某些偶然因素的作用。结构在使用过程中可能会承受设计中未考虑到的偶然因素作用,如偶然的超载、基础的不均匀沉降、温度变化和收缩作用引起的体积变化等。这些偶然因素会在结构中产生内力和变形,而延性结构的变形能力则可作为发生意外情况时内力和变形的安全储备。

③有利于实现塑性内力重分布。延性结构容许构件的某些临界截面有一定的转动能力,形成塑性铰区域,产生内力重分布。内力重分布使结构构件配筋合理,节约材料,而且便于施工。

④有利于结构抗震。在地震作用下,延性结构通过塑性铰区域的变形,能够有效地吸收和耗散地震能量;同时,这种变形降低了结构的刚度,致使结构在地震作用下的反应减小,也就是使地震对结构的作用力减小。因此,延性结构具有较强的抗震能力。

▶ 5.7.2　影响受弯构件截面延性的因素

试验研究表明,影响受弯构件截面延性的因素有以下几个方面:

①配置箍筋能增加构件的延性。当两根单筋矩形截面梁的截面尺寸、混凝土强度等级、钢筋强度等级、纵向受拉钢筋数量均相同时,其中一根不配箍筋,而另一根配有一定间距的箍筋。由试验比较可知,对配置箍筋的梁,其正截面抗弯承载力虽然没有增加,但延性得到了显著改善。

②对单筋截面梁,其延性与纵筋配筋率 ρ 及受压区高度 x 有关。当梁的截面尺寸、混凝土强度等级、钢筋强度等级均相同,但配筋率不同,由试验可知配筋率 ρ 值越小,x 值随之减小,延性越好;ρ 值越大,延性越差。

③对双筋截面梁,箍筋间距越密,防止受压钢筋压屈的效果就越好,截面延性也就越好。

④双筋梁截面的延性随 ρ'/ρ 的比值增加而增加。在受压区配置适量的受压钢筋,既可增大混凝土的极限压应变 $\varepsilon_{c,max}$,又可减少混凝土的受压区高度 x,因而延性增加,这一措施有时比增加箍筋用量更为有效。

在实际工程结构设计中,增加结构的延性在一定程度上意味着增加了结构的使用年限。在结构的抗震设计中,延性显得尤为重要。

工程实例1　　　　工程实例2　　　　工程实例3

本章小结

（1）混凝土受弯构件的破坏有两种可能:一是沿正截面破坏,二是沿斜截面破坏。前者是沿法向裂缝(正裂缝)截面的弯曲破坏,即本章讲解的内容;后者是沿斜裂缝截面的剪切破坏或弯曲破坏,是第 6 章要阐述的部分。

（2）一个完整的设计,应该既有可靠的计算依据,又有合理的构造措施。对正截面而言,应注意受弯构件的截面及纵向钢筋的构造问题,设计中应保证钢筋的混凝土保护层厚度、钢筋之间的净距离等。钢筋必须绑扎或焊接成钢筋骨架,以保证浇筑混凝土时钢筋的正确位置。

（3）纵向受拉钢筋配筋率对混凝土受弯构件正截面弯曲破坏的特征影响很大。根据配筋率的不同,可将混凝土受弯构件正截面弯曲破坏形态分为 3 种,即适筋截面的延性破坏、少筋截面和超筋截面的脆性破坏。应掌握适筋、少筋、超筋 3 种梁的破坏特征,从其破坏过程、性质和充分利用材料强度等方面,理解设计成适筋受弯构件的必要性及适筋梁的配筋率范围。

(4)适筋梁的整个受力过程按其特点及应力状态等可分为 3 个阶段。阶段 I 为未出现裂缝的阶段,其最后状态 I_a 可作为构件抗裂要求的控制阶段。阶段 II 为带裂缝工作阶段,一般混凝土受弯构件的正常使用就处于这个阶段的范围以内,据以计算构件的裂缝宽度及挠度,相应的荷载为荷载标准值。阶段 III 为破坏阶段,其最后状态 III_a 为受弯承载力极限状态,据以计算正截面受弯承载力,相应的荷载为荷载设计值。

(5)当弯矩较大且截面尺寸受到限制,仅靠混凝土承受不了由弯矩产生的压力,此时可采用受压钢筋协助混凝土承受压力,形成在受压区配置受压钢筋的双筋截面。受压钢筋应有恰当的位置和数量,使其得到充分利用。

(6)混凝土受弯构件不仅应具有足够的承载力,还应使结构构件具有一定的延性,以更好地适应一些在设计中难以考虑的问题。在具体设计时可通过控制混凝土受压区高度的方法得以保证。

思考题

5.1 什么叫配筋率?配筋率对梁的正截面承载力有何影响?

5.2 相对受压区高度 ξ 的含义是什么?相对界限受压区高度 ξ_b 的含义是什么?ξ_b 主要与哪些因素有关?ξ_b 有何实用意义?

5.3 少筋梁为何会突然破坏?从梁的受弯而言,最小配筋率应根据什么原则确定?

5.4 适筋梁从加载到破坏经历了哪几个阶段?各阶段的主要特点是什么?各阶段分别是哪种极限状态设计计算的依据?

5.5 为什么超筋梁的纵向受拉钢筋应力较小且不会屈服?试用截面上力的平衡原理及平截面假定予以说明。

5.6 图 5.38 为钢筋混凝土梁的弯矩-挠度曲线,试说明这个梁是少筋梁、适筋梁还是超筋梁?图中 Oa,ab,bc 各代表梁处于哪个受力阶段?其受力特点是什么?

5.7 什么是受压区混凝土的等效矩形应力图形?它是怎样从受压区混凝土的实际应力图形得来的?特征值 α_1,β_1 的物理意义是什么?

5.8 单筋矩形截面受弯构件受弯承载力计算公式是如何建立的?为什么要考虑其适用条件?

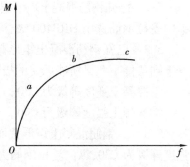

图 5.38 思考题 5.6 图

5.9 在什么情况下采用双筋梁?双筋梁中的纵向受压钢筋与单筋梁中的架立钢筋有何区别?双筋梁中还需要架立钢筋吗?

5.10 双筋矩形截面正截面承载力设计时,为什么要引入 $x \geq 2a'_s$ 的条件?

5.11 T 形截面受压区翼缘计算宽度 b'_f 为什么是有限的?b'_f 的确定考虑了哪些因素?

5.12 第二类 T 形截面梁受弯承载力计算公式的思路与双筋矩形截面梁有何异同?

5.13 单筋矩形截面、双筋矩形截面、T 形截面各自所能负担的最大弯矩如何确定?各

自的最大配筋率如何确定？

5.14 什么是延性？一个结构构件延性的好坏说明了什么？

5.15 判别下列论点正确与否：

（1）少筋梁发生正截面受弯破坏时，截面的破坏弯矩一般小于正常情况下的开裂弯矩。

（2）相对受压区高度 ξ 与配筋率 ρ 的大小有关，一般 ρ 越高，ξ 越小。

（3）截面的平均应变符合平截面假定是指开裂区段中的某一截面的应变符合平截面假定。

（4）当梁的截面尺寸、混凝土强度等级及配筋面积给定时，钢筋的屈服强度 f_y 越高，M_u 也越大。

（5）对于 $x \leqslant h'_f$ 的 T 形截面梁，因为其正截面受弯承载力相当于宽度为 b'_f 的矩形截面梁，所以其配筋率应按 $\rho = A_s / (b'_f h_0)$ 计算。

（6）若 $\xi > \xi_b$，则梁发生破坏时的受压区边缘混凝土纤维应变 $\varepsilon_c = \varepsilon_{cu}$，同时受拉钢筋的拉应变 $\varepsilon_s > \varepsilon_y$，即梁发生破坏时受拉钢筋已经屈服，梁发生的破坏为超筋破坏情况。

（7）若 $\xi = \xi_b$，则梁发生破坏时的受压区边缘混凝土纤维应变 $\varepsilon_c = \varepsilon_{cu}$，同时受拉钢筋的拉应变 $\varepsilon_s = \varepsilon_y$，表明梁发生的破坏为界限破坏情况，与此相应的纵向受拉钢筋配筋率称为界限配筋率。

（8）若 $\xi < \xi_b$，并且梁发生破坏时的受压区边缘混凝土纤维应变 $\varepsilon_c = \varepsilon_{cu}$，同时受拉钢筋的拉应变 $\varepsilon_s > \varepsilon_y$，则表明梁是在受拉钢筋屈服后才发生受压区混凝土的压碎，即梁发生的破坏为适筋破坏情况。

习 题

5.1 已知钢筋混凝土矩形截面梁，$b = 250$ mm，$h = 500$ mm，承受弯矩设计值 $M = 160$ kN·m，纵向受拉钢筋选用 HRB400 级，混凝土强度等级为 C35，试求纵向受拉钢筋截面面积 A_s。

5.2 已知钢筋混凝土矩形截面梁，$b = 250$ mm，$h = 500$ mm，纵向受拉钢筋为 4 ⊈ 20，试计算下列条件下此梁所能承受的极限弯矩 M_u：

①混凝土强度等级为 C30；

②混凝土强度等级为 C40。

5.3 一钢筋混凝土矩形截面简支梁，$b = 250$ mm，$h = 500$ mm，计算跨度 $l_0 = 6.0$ m，混凝土强度等级为 C30，纵向受拉钢筋为 3 ⊈ 20，试计算该梁所能承受的均布荷载设计值（包括梁自重）。

5.4 某大楼中间走廊为单跨简支板（图 5.39），计算跨度 $l = 2.18$ m，承受均布荷载设计值 $g + q = 6$ kN/m²（包括自重），混凝土强度等级为 C35，HRB400 级钢筋。试确定现浇板的厚度 h 及所需受拉钢筋截面面积 A_s，并绘制钢筋配筋图。计算时取 $b = 1.0$ m，$a_s = 20$ mm。

5.5 某楼面大梁，计算跨度 $l = 6.2$ m，承受均布荷载设计值 26.5 kN/m（包括自重），弯矩设计值 $M = 127$ kN·m，HRB400 级钢筋。试计算下列 4 种情况下的 A_s（见表 5.6），并根据计算结果分析以下问题：

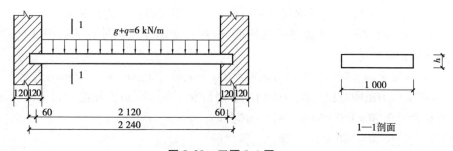

图 5.39 习题 5.4 图

表 5.6 习题 5.6 表

情　况	梁高/mm	梁宽/mm	混凝土强度等级	钢筋截面面积 A_s/mm^2
1	550	200	C30	
2	550	200	C40	
3	600	200	C30	
4	600	250	C30	

①提高混凝土强度等级对构件配筋量的影响；

②加大截面高度对配筋量的影响；

③加大截面宽度对配筋量的影响。

由以上分析,可得出什么结论?

5.6　一钢筋混凝土矩形截面简支梁(图 5.40),承受均布活荷载标准值 $q_k = 20$ kN/m,恒荷载标准值 $g_k = 2.25$ kN/m,HRB400 级钢筋,混凝土强度等级为 C30,梁内配置 3 Φ 18 纵向受拉钢筋,试验算此梁正截面是否安全。(恒荷载分项系数 $\gamma_G = 1.3$,活荷载分项系数 $\gamma_Q = 1.5$,计算跨度 $l_0 = 5.2$ m)

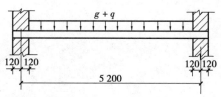

图 5.40 习题 5.6 图

5.7　钢筋混凝土矩形截面梁,$b = 200$ mm,$h = 400$ mm,$a_s = a_s' = 40$ mm,混凝土强度等级为 C40,采用 HRB400 级钢筋,求下列情况下截面所能抵抗的极限弯矩 M_u:

①单筋截面,$A_s = 942$ mm^2(3 Φ 20);

②双筋截面,$A_s = 942$ mm^2(3 Φ 20),$A_s' = 226$ mm^2(2 Φ 12);

③双筋截面,$A_s = 942$ mm^2(3 Φ 20),$A_s' = 628$ mm^2(2 Φ 20)。

5.8　已知一矩形截面梁 $b \times h = 200$ mm×500 mm,弯矩设计值 $M = 236$ kN·m,混凝土强度等级为 C30:

①在梁受拉区配置 5 Φ 20 受拉钢筋,试复核该梁是否安全?

②若①不安全,在不改变截面尺寸和混凝土强度等级条件下进行重新设计。

③若在梁受压区配置 3Φ20 的受压钢筋,试计算所需受拉钢筋截面面积 A_s(受拉钢筋采用 HRB400 级钢筋)。

5.9　T 形截面简支梁,$b'_f = 500$ mm,$h'_f = 100$ mm,$b = 200$ mm,$h = 500$ mm,混凝土强度等级为 C30,钢筋采用 HRB400 级。试分别确定下列情况下所需受拉钢筋截面面积 A_s:

①弯矩设计值 $M = 100$ kN·m,预计一排钢筋;

②弯矩设计值 $M = 360$ kN·m,预计二排钢筋。

5.10　某连续梁中间支座截面 $b \times h = 250$ mm×650 mm,承受支座负弯矩设计值 $M = 240$ kN·m,混凝土强度等级为 C30,HRB400 级钢筋。现有跨中正弯矩计算的钢筋弯起其中的 2Φ18 伸入支座承受负弯矩,试计算支座负弯矩所需钢筋截面面积 A_s,如果不考虑弯起钢筋的作用,支座钢筋截面面积 A_s 需要多少?

5.11　某整体式肋形楼盖的次梁,计算跨度 $l_0 = 6$ m,间距为 2.4 m,截面尺寸如图 5.41 所示,混凝土强度等级为 C40,HRB400 级钢筋,跨中截面承受最大弯矩设计值 $M = 120$ kN·m,试计算该次梁所需纵向受力钢筋截面面积 A_s。

图 5.41　习题 5.11 图

6

受弯构件斜截面承载力计算

〖**本章学习要点**〗

受弯构件除了可能沿正截面发生破坏外,在弯矩和剪力共同作用下也可能沿斜截面发生破坏,所以要研究受弯构件斜截面承载力问题。斜截面承载力包括斜截面受剪承载力和斜截面受弯承载力两个方面。本章主要讲述了影响受弯构件斜截面受剪承载力的主要因素、受弯构件斜截面破坏的主要形态、受弯构件斜截面受剪承载力的计算方法和公式等,应重点掌握;其次要熟悉受弯构件抵抗弯矩图的作法、纵向受力钢筋的弯起和截断位置,以及纵向受力钢筋伸入支座的锚固要求和箍筋构造要求等内容。

6.1 概　述

工程结构中的梁、柱、剪力墙等构件,除了承受弯矩、轴力外,有时还要承受剪力。受弯构件在弯矩和剪力共同作用下,梁还有可能发生斜截面破坏。为了保证斜截面的受剪承载力,应使梁具有足够的截面尺寸和适宜的混凝土强度等级,并配置必要的箍筋。箍筋除增强斜截面受剪承载力外,还与梁中纵向受力钢筋和架立钢筋绑扎在一起,形成刚劲的钢筋骨架,使各种钢筋在施工时保持正确的位置。但梁承受的剪力较大时,也可增设弯起钢筋(也称为斜钢筋),弯起钢筋一般由梁内部分纵向受力钢筋弯起形成。箍筋和弯起钢筋统称为腹筋或横向钢筋,如图 6.1 所示。

在产生斜裂缝的斜截面上有弯矩、剪力的作用,应分别对弯矩、剪力进行受弯承载力和受剪承载力设计。在工程实践中,为了保证梁斜截面的受弯承载力,应使梁内纵向受力钢筋沿梁长的布置及伸入支座的锚固长度满足相应的构造要求,一般不必进行计算;对于钢筋混凝

土梁斜截面受剪承载力设计,需要运用受弯构件斜截面受剪承载力计算方法进行计算设计,其计算方法见 6.3 节内容。

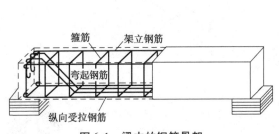

图 6.1　梁中的钢筋骨架

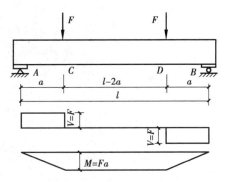

图 6.2　对称集中荷载作用下的简支梁

6.2　受弯构件受剪性能的试验研究

如图 6.2 所示为一作用有对称集中荷载的钢筋混凝土简支梁,集中荷载之间的 *CD* 段只有弯矩作用,称为纯弯段。*AC* 段和 *DB* 段有弯矩和剪力共同作用,称为剪弯段。构件在跨中正弯矩抗弯承载力有保证的情况下,有可能在弯矩和剪力的共同作用下,在支座附近区域发生斜截面破坏。

▶ 6.2.1　无腹筋梁的受力及破坏分析

无腹筋梁是指不配置箍筋和弯起钢筋的梁。在实际工程中,钢筋混凝土梁内一般均须配置腹筋,但为了了解梁内斜裂缝的形成,须先研究无腹筋梁的受剪性能。

试验表明,当荷载较小、裂缝尚未出现前,可将钢筋混凝土梁视为匀质弹性材料的梁,其受力特征可用材料力学方法去分析。

为了初步探讨斜裂缝破坏的原因,按材料力学的方法绘出在荷载作用下梁的主应力迹线[图 6.3(a)],实线为主拉应力迹线,虚线为主压应力迹线。截面 1—1 上的微元体 1,2,3 分别处于不同的应力状态[图 6.3(b)],位于中和轴处的微元体 1,其正应力为零,剪应力最大,主拉应力 σ_{tp} 和主压应力 σ_{cp} 与梁轴线成 45°角;位于受压区的微元体 2,由于压应力的存在,主拉应力 σ_{tp} 减小,主压应力 σ_{cp} 增大,主拉应力与梁轴线夹角大于 45°;位于受拉区的微元体 3,由于拉应力的存在,主拉应力 σ_{tp} 增大,主压应力 σ_{cp} 减小,主拉应力与梁轴线夹角小于 45°。对匀质弹性体的梁而言,当主拉应力或主压应力达到材料的复合抗拉或抗压强度时,将会引起构件截面的破坏。

由主应力迹线可见,在纯弯段(图 6.2 的 *CD* 区段)剪应力为零,主拉应力 σ_{tp} 的作用方向与梁纵轴平行,最大主拉应力发生在截面的下边缘,当其超过混凝土的抗拉强度时,将出现垂直裂缝,如图 6.4(a)所示。在剪弯段(图 6.2 中的 *AC* 段、*DB* 段),主拉应力的方向是倾斜的,当荷载增大到一定程度时,主拉应力 σ_{tp} 超过混凝土的抗拉强度 f_t,就出现垂直于主拉应力

σ_{tp} 而平行于主压应力 σ_{cp} 的斜裂缝。但在剪弯段中,截面下边缘的主拉应力仍为水平,故在该区段一般先出现垂直裂缝,随着荷载的增大,这些垂直裂缝将斜向发展,形成弯剪斜裂缝,如图 6.4(a)所示。在 I 形截面梁中,由于腹板很薄,且该处剪应力较大,故裂缝首先在梁腹部中和轴附近出现,随后向梁底和梁顶斜向发展,这种斜裂缝称为腹剪斜裂缝,如图 6.4(b)所示。斜裂缝的出现和发展使梁内应力的分布和数值发生很大变化,最终导致在剪力较大的近支座区段内不同部位的混凝土被压碎或混凝土被拉坏而丧失承载能力,即发生斜截面破坏。这种斜截面破坏与正截面破坏比较,更具突然性,属于脆性破坏范畴,在设计中应当避免。

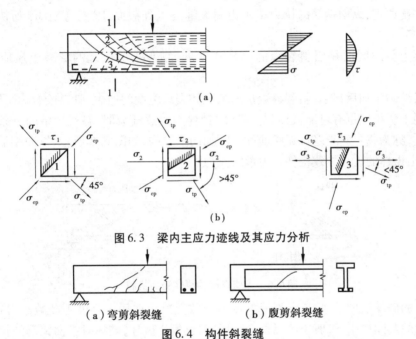

图 6.3 梁内主应力迹线及其应力分析

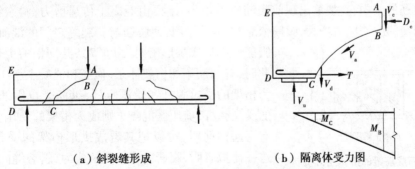

（a）弯剪斜裂缝　　　　　（b）腹剪斜裂缝

图 6.4 构件斜裂缝

梁上出现斜裂缝后,梁的应力状态发生了很大变化,图 6.5(a)为一无腹筋简支梁在荷载作用下出现斜裂缝的情况,将该梁沿斜裂缝 ABC 切开,取左侧为脱离体,其中 C 为裂缝起点,B 为裂缝终点,斜裂缝上端截面 AB 为剪压区。

（a）斜裂缝形成　　　　　（b）隔离体受力图

图 6.5 斜裂缝形成后的受力状态

从图 6.5(b)可以看出,与剪力 V 平衡的力有:AB 面上的混凝土切应力合力 V_c;由于开裂面两侧凹凸不平产生的骨料咬合力 V_a 的竖向分力;穿越斜裂缝的纵向钢筋在斜裂缝相交处

的销栓力 V_d。与弯矩 M 平衡的力矩主要是由纵向钢筋拉力 T 和 AB 面上混凝土压应力合力 D_c 组成的内力矩。

由于斜裂缝的出现,梁在剪弯段内应力状态所发生的主要变化表现在:

①开裂前的剪力由全截面承担,开裂后则主要由剪压区承担,混凝土切应力大大增加,随荷载增大,斜裂缝宽度也随之增加,骨料咬合力迅速减小,其应力分布规律不同于斜裂缝出现前的情形。

②与斜裂缝相交处的纵向钢筋应力,由于斜裂缝的出现而突然增大。因为该处纵向钢筋的拉力 T 在斜裂缝出现前是由截面 C 处的弯矩 M_C 决定的[图 6.5(b)],而在斜裂缝出现后,根据力矩平衡原理,纵向钢筋的拉力 T 则由斜裂缝终点处截面 AB 的弯矩 M_B 所决定,M_B 比 M_C 要大很多。

③混凝土剪压区面积因斜裂缝的出现和发展而减小,剪压区的混凝土压应力将大大增加。

当荷载继续增加后,随着斜裂缝数量的增多和裂缝宽度的增大,骨料咬合力下降;沿纵向钢筋的混凝土保护层也有可能被撕裂,钢筋的销栓力也逐渐减弱;斜裂缝中的一条发展成为主要斜裂缝,称为临界斜裂缝。无腹筋梁此时如同拱结构,如图 6.6 所示,纵向钢筋成为拱的拉杆,混凝土拱体的破坏导致构件丧失承载能力。

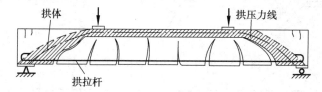

图 6.6　无腹筋梁的拱体受力机制

较常见的破坏情形是:临界斜裂缝的发展导致混凝土剪压区高度不断减小,最后在剪应力和压应力的共同作用下,剪压区混凝土被压碎,梁发生破坏,破坏时纵向钢筋的拉应力往往低于其屈服强度。

▶ 6.2.2　有腹筋梁的受力及破坏分析

在有腹筋的梁中,斜裂缝出现前腹筋应力很小,主要由混凝土传递剪力;斜裂缝出现后,与斜裂缝相交的腹筋应力增大,腹筋依靠"悬吊"作用,使腹筋与斜裂缝之间的混凝土块体与

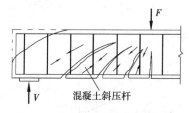

图 6.7　有腹筋梁的拱体受力机制

腹筋一起形成拱形桁架(图 6.7),共同把剪力传至支座。此时,有腹筋梁如桁架体系,箍筋和混凝土斜压杆分别成为桁架的受拉腹杆和受压腹杆,纵向受拉钢筋成为桁架的受拉弦杆,剪压区混凝土则成为桁架的受压弦杆,但配有弯起钢筋时,可以把其看成拱形桁架的受拉斜腹杆。这一比拟表明,腹筋主要承受拉应力,斜裂缝间的混凝土主要承受压应力。

由此可见,腹筋的存在使梁的受剪性能发生了根本变化,其传力体系有别于无腹筋梁,腹筋限制了斜裂缝的开展,从而加大了斜裂缝顶部的混凝土剩余面,并提高了混凝土骨料的咬合力;

腹筋还阻止了纵筋的竖向位移,消除了混凝土沿纵筋的撕裂破坏,也增强了纵筋的销栓作用。

▶ 6.2.3 影响斜截面受剪承载力的主要因素

影响斜截面受剪承载力的因素有很多。试验表明,其中的主要因素有剪跨比、混凝土强度、配箍率和纵向钢筋的配筋率。

1)剪跨比

对于钢筋混凝土受弯构件,为反映截面上弯矩和剪力的相对比值,引入剪跨比概念,即

$$\lambda = \frac{M}{Vh_0} \tag{6.1}$$

广义上讲,该无量纲参数实质上反映了 M 引起的正应力 σ 和 V 引起的剪应力 τ 之间的相对比值,它决定着主拉应力 σ_{tp} 的大小和方向,从而剪跨比 λ 也就影响着梁斜截面的破坏形态和受剪承载力。剪跨比 λ 是一个能反映斜截面受剪承载力变化规律和区分发生各种剪切破坏形态的重要参数。

对于图 6.2 所示承受两个对称集中荷载的梁,截面 C 和截面 D 的剪跨比可表示为:

$$\lambda = \frac{M}{Vh_0} = \frac{Fa}{Fh_0} = \frac{a}{h_0}$$

试验表明,对于承受集中荷载的梁,随着剪跨比的增大,受剪承载力下降。图 6.8 反映了集中荷载作用下无腹筋梁(箍筋、弯起钢筋均无配置)受剪承载力与剪跨比之间的关系。对于均布荷载作用下的梁,构件跨度与截面高度之比 l_0/h(跨高比)是影响受剪承载力的主要因素。图 6.9 反映了均布荷载作用下无腹筋梁受剪承载力与跨高比之间的关系,即随着跨高比的增大,受剪承载力降低。

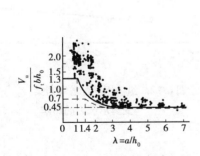

图 6.8　集中荷载作用下剪跨比对
受剪承载力的影响

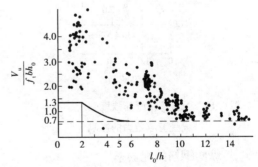

图 6.9　均布荷载作用下剪跨比对
受剪承载力的影响

2)混凝土强度

试验表明,在剪跨比和其他条件相同、构件截面尺寸一定时,斜截面受剪承载力随着混凝土抗拉强度 f_t 的提高而增大,二者大致呈线性关系。

3)配箍率

与纵向钢筋的配筋率相似,为了反映配箍量的大小,引入配箍率的概念,即

$$\rho_{sv} = \frac{A_{sv}}{bs} = \frac{nA_{sv1}}{bs} \tag{6.2}$$

式中 A_{sv}——配置在同一截面内箍筋各肢的全部截面面积，$A_{sv} = nA_{sv1}$（图 6.10）；

      n——配置在同一截面内的箍筋肢数；

      A_{sv1}——单肢箍筋的截面面积；

      b——梁截面（或肋部）宽度；

      s——沿构件长度方向箍筋的间距。

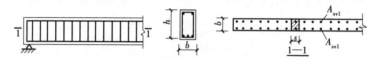

图 6.10   梁截面箍筋示意图

    配箍率 ρ_{sv} 是有腹筋梁受力的一个重要特征参数。在有腹筋梁中（配置箍筋或弯起钢筋的梁）出现斜裂缝后，箍筋不仅直接承担相当部分的剪力，还能有效抑制斜裂缝的开展和延伸。试验研究表明，在纵向钢筋配筋量适当的范围内，箍筋配置越多，箍筋强度越高，梁的受剪承载力也越大，图 6.11 表示 $\rho_{sv}f_{yv}$ 对梁受剪承载力的影响。可见，在其他条件相同时，两者大致呈线性关系。

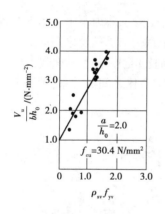

图 6.11   配箍率及配筋强度（$\rho_{sv}f_{yv}$）对梁受剪承载力的影响

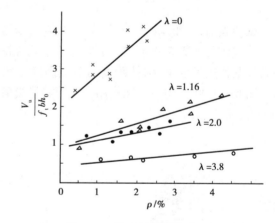

图 6.12   纵向钢筋配筋率对梁受剪承载力的影响

4）纵向钢筋的配筋率

    如图 6.12 所示为纵向钢筋配筋率与梁受剪承载力之间的关系，图中散点表示不同剪跨比时的试验结果。由图可见，在其他条件相同的情况下，增加纵向钢筋的配筋率可提高梁的受剪承载力，二者也大致呈线性关系。这是因为纵筋能抑制斜裂缝的开展和延伸，使剪压区混凝土的面积增大，从而提高了剪压区混凝土承受的剪力。

5）其他影响因素

    ①截面形状。试验表明，受压区翼缘的存在对提高斜截面承载力有一定作用，T 形截面梁与矩形截面梁相比，T 形截面梁的斜截面承载力一般要高 10% ~ 30%。

②预应力。预应力能阻止斜裂缝的出现和开展,增加混凝土剪压区的高度,从而提高混凝土所承担的抗剪能力;预应力混凝土梁的斜裂缝长度比钢筋混凝土梁有所增长,也提高了斜裂缝内箍筋的抗剪能力。

③轴向力。试验表明,对承受轴向压力的受剪构件,其受剪承载力会随之增大;对承受轴向拉力的受剪构件,其受剪承载力则随之减小。

④梁的连续性。试验表明,连续梁的受剪承载力与相同条件下的简支梁相比,仅在受集中荷载时低于简支梁,而在受均布荷载时则是相当的。即使是在承受集中荷载作用的情况下,也只有中间支座附近的梁段因受异号弯矩的影响,抗剪承载力有所降低,边支座附近梁段的抗剪承载力与简支梁相同。

▶ 6.2.4 斜截面的破坏形态

大量试验结果表明,梁在斜裂缝出现后,由于剪跨比和腹筋数量的不同,其斜截面的破坏主要有以下 3 种形态:

斜截面的
破坏形态

1)斜压破坏

当梁的剪跨比较小($\lambda<1$)或剪跨比适当($1<\lambda<3$),但截面尺寸过小而腹筋数量过多时,常发生斜压破坏。这种破坏是斜裂缝首先在梁腹部出现,有若干条,并且大致相互平行。随着荷载的增加,斜裂缝一端向支座发展,另一端向荷载作用点发展,梁腹部被这些斜裂缝分割成若干倾斜的受压柱体,梁最后因斜压柱体被压碎而破坏,故称为斜压破坏[图 6.13(a)],破坏时与斜裂缝相交的箍筋应力达不到屈服强度,梁的受剪承载力主要取决于混凝土斜压柱体的受压承载力。

这种受弯构件的承载力取决于混凝土的抗压强度,由于破坏时腹筋未达到屈服强度,与第 5 章所讲受弯构件正截面的超筋破坏类似,属脆性破坏,但当截面尺寸一定时,此类破坏形态抗剪强度最高,这是因为它充分发挥了混凝土的抗压性能。

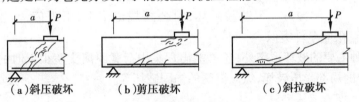

(a)斜压破坏　　　(b)剪压破坏　　　(c)斜拉破坏

图 6.13　斜截面破坏形态

2)剪压破坏

当梁的剪跨比适当($1<\lambda<3$),且梁中腹筋数量不多时,或梁的剪跨比较大($\lambda>3$),但腹筋数量不过少时,常发生剪压破坏。这种破坏是梁剪弯段下边缘先出现初始垂直裂缝,随着荷载的增加,这些初始垂直裂缝大体上沿主压应力迹线向集中荷载作用点延伸,当荷载增大到某一数值时,在几条斜裂缝中会形成一条主要的斜裂缝,这一斜裂缝称为临界斜裂缝,如图 6.13(b)所示。临界斜裂缝形成后,梁还能继续承受荷载,而后与临界斜裂缝相交的箍筋应力达到屈服强度,最后剪压区的混凝土在正应力 σ 和剪应力 τ 的复合受力下达到极限强度而失去承载能力。

这种破坏形态的腹筋先达到屈服强度,其后混凝土也达到极限抗压强度,与梁正截面的适筋破坏类似,但与适筋梁正截面破坏相比,仍属脆性破坏。这种破坏形态的受弯构件其斜截面承载力取决于腹筋用量和混凝土强度等级,当截面尺寸一定时,其斜截面受剪承载力小于斜压破坏时的受剪承载力,但大于以下将讲述的斜拉破坏的受剪承载力。

3)斜拉破坏

当梁的剪跨比较大($\lambda>3$),同时梁内配置的腹筋数量又过少时,将发生斜拉破坏。这种情况下,斜裂缝一出现就很快形成临界斜裂缝,并迅速延伸到集中荷载作用点。因腹筋数量过少,所以腹筋应力很快达到屈服强度,变形剧增,不能抑制斜裂缝的开展,梁斜向被拉裂成两部分而突然破坏,如图6.13(c)所示。因这种破坏是混凝土在正应力 σ 和剪应力 τ 共同作用下发生的主拉应力破坏,故称为斜拉破坏。发生斜拉破坏的梁,其斜截面受剪承载力主要取决于混凝土的抗拉强度。

这种破坏与受弯构件正截面少筋梁破坏类似,破坏荷载与抗裂荷载很接近,破坏时变形小且有很明显的脆性性质。

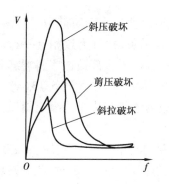

图6.14 梁的剪力-跨中挠度曲线

根据上述3种剪切破坏得到梁剪力-跨中挠度曲线,如图6.14所示。从图中可知,梁斜压破坏时受剪承载力大而变形很小,破坏突然,曲线形状陡峭;剪压破坏时,梁的受剪承载力较小,变形稍大,曲线形状较平缓;斜拉破坏时,受剪承载力最小,破坏很突然。因此,这3种破坏均为脆性破坏,其中斜拉破坏最为突出,斜压破坏次之,剪压破坏稍好。剪压破坏与斜拉破坏、斜压破坏相比具有较好的延性,且能充分发挥腹筋和混凝土强度,现行《混凝土结构设计规范》即6.3节受弯构件斜截面承载力计算方法是以剪压破坏模型建立的,为避免发生斜压、斜拉破坏,对公式规定了上、下限值,与正截面受弯构件中 $x\leq x_b,\rho\geq\rho_{min}$ 限制条件类似。

除上述3种主要的破坏形态外,还可能出现集中荷载距离支座很近时的纯剪破坏,荷载作用点、支座处的局部受压破坏,纵向钢筋的锚固破坏等。

6.3 受弯构件斜截面受剪承载力计算

在建筑工程中,对于钢筋混凝土结构一般受弯构件,其斜截面受剪承载力是通过计算进行设计的,斜截面受弯承载力是通过构造措施来满足设计要求的。

▶ 6.3.1 无腹筋板类构件的斜截面受剪承载力计算

板类构件通常承受的荷载不大,剪力较小,一般不必进行斜截面承载力计算,也不配置箍筋和弯起钢筋。但是,当板上承受的荷载较大时,需要对其斜截面受剪承载力进行计算,如高层建筑结构中的基础底板和转换层的厚板,有时厚度达 1～3 m,水工、港口中的某些底板厚达 7 ~ 8 m,此类板称为厚板。对于厚板,既需要计算正截面受弯承载力,也需要计算斜截面受剪承载力。因为板类构件难以配置箍筋,所以属于不配置箍筋和弯起钢筋的无腹筋板类构件的斜截面受剪承载力问题。

对于不配置腹筋的厚板,截面的尺寸效应是影响其受剪承载力的主要因素,因为随着板厚度的增加,斜裂缝的宽度也相应增大,如果骨料的粒径没有随板厚而增加,则会使裂缝两侧的骨料咬合力减弱,传递剪力的能力相对降低。因此,在计算厚板的受剪承载力时,应考虑尺寸效应的影响。

对于不配置箍筋和弯起钢筋的一般板类受弯构件,其斜截面受剪承载力计算根据现行《混凝土结构设计规范》,应按下式计算:

$$V \leqslant 0.7\beta_h f_t b h_0 \tag{6.3}$$

$$\beta_h = \left(\frac{800}{h_0}\right)^{1/4}$$

式中 β_h——截面高度影响系数,当 $h_0 < 800$ mm 时,取 $h_0 = 800$ mm;当 $h_0 > 2\,000$ mm 时,取 $h_0 = 2\,000$ mm。

▶ 6.3.2 有腹筋梁的斜截面受剪承载力计算

1)计算原则

实际工程中,受弯构件通常都配置腹筋,对有腹筋梁斜截面的斜压、剪压、斜拉 3 种破坏形态,斜压破坏是因梁截面尺寸过小而引起的,可以用控制梁截面尺寸不致过小加以防止;斜拉破坏是因梁内配置的箍筋数量过少而引起的,可以通过满足最小配箍率加以防止;对于常见的剪压破坏,则是通过受剪承载力计算给予保证。因此,现行《混凝土结构设计规范》中的受剪承载力计算公式是根据剪压破坏受力状态建立的。

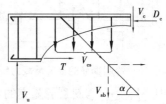

对于配置有箍筋和弯起钢筋的简支梁,现行《混凝土结构设计规范》为了简化计算,假定梁的斜截面受剪能力由混凝土、箍筋、弯起钢筋 3 个主要因素决定(图 6.15),则斜截面的受剪承载力由下列各项组成:

图 6.15 斜截面受剪承载力示意图

$$V \leqslant V_u = V_{cs} + V_{sb} \tag{6.4}$$

$$V_{cs} = V_c + V_{sv}$$

式中 V——构件斜截面上的最大剪力设计值;

V_u——斜截面受剪承载力;

V_c——剪压区混凝土的受剪承载力;

V_{sv}——与斜裂缝相交的箍筋的受剪承载力;

V_{cs}——斜截面上混凝土和箍筋共同的受剪承载力;

V_{sb}——与斜裂缝相交的弯起钢筋的受剪承载力。

2)计算公式

(1)仅配置箍筋时

矩形、T 形和 I 形截面的受弯构件,当仅配置箍筋时,其受剪承载力为:

$$V \leqslant V_u = V_{cs} \tag{6.5}$$

$$V_{cs} = \alpha_{cv} f_t b h_0 + f_{yv} \frac{A_{sv}}{s} h_0 \tag{6.6}$$

式中　b——矩形截面的宽度、T形和I形截面的腹板宽度。

h_0——截面的有效高度。

f_t——混凝土轴心抗拉强度设计值。

f_{yv}——箍筋抗拉强度设计值。

A_{sv}——同一截面内箍筋的截面面积，$A_{sv} = nA_{sv1}$，n 为同一截面内箍筋的肢数，A_{sv1} 为单肢箍筋的截面面积。

s——沿构件长度方向的箍筋间距。

α_{cv}——截面混凝土受剪承载力系数，对于一般构件取 0.7；对在集中荷载作用下（指全部承受集中荷载，或者当受不同形式荷载作用时，其中集中荷载对支座截面或节点边缘所产生的剪力值占总剪力值的 75% 以上的情况）的独立梁，取 $\alpha_{cv} = \frac{1.75}{\lambda + 1}$。$\lambda$ 为计算截面的剪跨比，可取 $\lambda = a/h_0$，a 为集中荷载作用点至支座截面或节点边缘的距离；当 $\lambda < 1.5$ 时取 $\lambda = 1.5$，当 $\lambda > 3$ 时取 $\lambda = 3$。

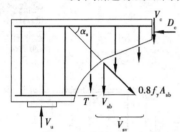

图 6.16　弯起钢筋的受剪承载力示意图

（2）配有箍筋和弯起钢筋时

对同时配有箍筋和弯起钢筋的梁，在发生剪压破坏时，其受剪承载力除 V_{cs} 外，还有弯起钢筋的受剪承载力 V_{sb}（图 6.16）。当与斜裂缝相交的弯起钢筋靠近剪压区时，弯起钢筋可能达不到受拉屈服强度，此时弯起钢筋的受剪承载力可用下式计算：

$$V_{sb} = 0.8 f_y A_{sb} \sin \alpha_s \tag{6.7}$$

式中　V_{sb}——与斜裂缝相交的弯起钢筋的受剪承载力；

f_y——弯起钢筋的抗拉强度设计值；

A_{sb}——弯起钢筋的截面面积；

α_s——弯起钢筋与梁轴线的夹角，一般取 $\alpha_s = 45°$，当梁截面高 $h > 800$ mm 时，取 $\alpha_s = 60°$；

0.8——应力不均匀折减系数（考虑靠近剪压区的弯起钢筋在斜截面破坏时，可能达不到钢筋抗拉强度设计值）。

对同时配置箍筋和弯起钢筋的梁，由式(6.4)可知，其斜截面受剪承载力等于仅配置箍筋的梁的受剪承载力与弯起钢筋的受剪承载力之和。

把式(6.6)和式(6.7)代入式(6.4)，得：

$$V \leqslant V_u = 0.7 f_t b h_0 + f_{yv} \frac{A_{sv}}{s} h_0 + 0.8 f_y A_{sb} \sin \alpha_s \tag{6.8}$$

$$V \leqslant V_u = \frac{1.75}{\lambda + 1} f_t b h_0 + f_{yv} \frac{A_{sv}}{s} h_0 + 0.8 f_y A_{sb} \sin \alpha_s \tag{6.9}$$

3）公式的适用范围

梁的斜截面受剪承载力计算式(6.5)至式(6.9)仅适用于剪压破坏情况，为防止斜压破坏和斜拉破坏,还应规定其上、下限值。

(1)公式的上限(截面尺寸的限制条件,防止斜压破坏)

当梁承受的剪力较大而截面尺寸较小且箍筋数量又较多时,梁可能发生斜压破坏,此时箍筋应力达不到屈服强度,梁的受剪承载力取决于混凝土的抗压强度 f_c 和梁的截面尺寸。因此,设计时为防止发生斜压破坏,也为了限制梁在使用阶段的裂缝宽度,现行《混凝土结构设计规范》规定矩形、T 形和 I 形截面的受弯构件,其受剪承载力应符合下列条件:

当 $h_w/b \leqslant 4$ 时,属于一般的梁,应满足

$$V \leqslant 0.25\beta_c f_c b h_0 \tag{6.10}$$

当 $h_w/b \geqslant 6$ 时,属于薄腹梁,应满足

$$V \leqslant 0.20\beta_c f_c b h_0 \tag{6.11}$$

当 $4 < h_w/b < 6$ 时,按直线内插法确定,即

$$V \leqslant 0.025\left(14 - \frac{h_w}{b}\right)\beta_c f_c b h_0 \tag{6.12}$$

式中　V——构件斜截面上的最大剪力设计值;

　　　β_c——混凝土强度影响系数,当混凝土强度等级不超过 C50 时取 $\beta_c = 1.0$,当混凝土强度等级为 C80 时取 $\beta_c = 0.8$,其间按线性内插法取用;

　　　f_c——混凝土轴心抗压强度设计值;

　　　h_w——截面腹板高度,矩形截面取有效高度,T 形截面取有效高度减去翼缘高度,I 形截面取腹板净高。

设计时,若不满足截面尺寸限制条件的要求,应加大截面尺寸或提高混凝土强度等级,直到满足要求为止,避免箍筋超筋。对 T 形和 I 形截面的简支受弯构件,由于受压翼缘对抗剪的有利影响,有实践经验时式(6.10)中的系数可改为 0.3。

(2)公式的下限(满足最小配箍率,防止斜拉破坏)

试验表明,在混凝土出现裂缝前,斜裂缝的应力主要由混凝土承担,出现裂缝后,斜裂缝处的拉应力全部转移给箍筋,箍筋拉应力突然增大,如果箍筋配置过少,斜裂缝一出现,箍筋应力会立即达到屈服强度甚至被拉断,导致突然发生斜拉破坏。为了避免这种破坏,现行《混凝土结构设计规范》规定了箍筋的最小配箍率,即

$$\rho_{sv,min} = 0.24\frac{f_t}{f_{yv}} \tag{6.13}$$

将式(6.13)代入式(6.6),可得按最小配箍率配置时梁斜截面受剪承载力计算公式:

一般情况

$$V_u = V_{cs} = 0.7f_t b h_0 + 0.24f_t b h_0 = 0.94f_t b h_0 \tag{6.14}$$

集中荷载作用下的独立梁

$$V_u = V_{cs} = \frac{1.75}{\lambda + 1}f_t b h_0 + 0.24f_t b h_0 \tag{6.15}$$

故对矩形、T 形和 I 形截面的一般受弯构件,当满足式(6.14)、式(6.15)要求时,则可按构造要求配置箍筋。同时,为了防止出现斜拉破坏,梁内配置的箍筋间距不能太大,以保证可能出现的斜裂缝与之相交。根据设计经验和试验结果,梁内的箍筋数量应满足下列要求:

对矩形、T形和I形截面的一般受弯构件,满足

$$V \leqslant 0.7 f_t b h_0 \tag{6.16}$$

对集中荷载作用下的独立梁,满足

$$V \leqslant \frac{1.75}{\lambda + 1} f_t b h_0 \tag{6.17}$$

时,虽按计算不需配置箍筋,但应按构造要求配置箍筋,即箍筋的最大间距和最小直径应满足表6.1的要求。当式(6.16)、式(6.17)不满足时,应按式(6.5)、式(6.6)计算腹筋数量,但箍筋的间距和直径仍应符合表6.1的要求。

表6.1 梁中箍筋的最大间距和最小直径 单位:mm

梁截面高度 h	最大间距		最小直径
	$V > 0.7 f_t b h_0$	$V \leqslant 0.7 f_t b h_0$	
$150 < h \leqslant 300$	150	200	6
$300 < h \leqslant 500$	200	300	6
$500 < h \leqslant 800$	250	350	6
$h > 800$	300	400	8

4)斜截面受剪承载力的计算位置

计算斜截面受剪承载力时,其计算位置应按下列规定采用(图6.17):

①支座边缘处的截面[图6.17(a),(b)截面1—1];

②受拉区弯起钢筋弯起点处的截面[图6.17(a)截面2—2,3—3];

③箍筋截面面积或间距改变处的截面[图6.17(b)截面4—4];

④腹板宽度改变处的截面。

在设计时,弯起钢筋距支座边缘距离 s_1 及弯起钢筋之间的距离 s_2 [图6.17(a)],均不应大于表6.1中的箍筋最大间距,以保证可能出现的斜裂缝与弯起钢筋相交。

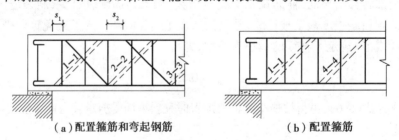

(a)配置箍筋和弯起钢筋　　　　　　　(b)配置箍筋

图6.17 斜截面受剪承载力的计算位置

计算截面处的剪力设计值按下述方法采用:计算支座边缘处的截面时,取该处的剪力设计值;计算箍筋数量改变处的截面时,取箍筋数量开始改变处的剪力设计值;计算第一排弯起钢筋(从支座算起)时,取支座边缘处的剪力设计值;计算以后每一排弯起钢筋时,取前一排弯起钢筋弯起点处的剪力设计值。

5）设计计算方法和步骤

受弯构件斜截面承载力计算,包括截面设计和承载力复核两类问题。

截面设计是在正截面承载力计算完成后,即在截面尺寸、材料强度、纵向受力钢筋已知的条件下,计算梁内腹筋。

承载力复核是在已知截面尺寸和梁内腹筋的情况下,验算梁的抗剪承载力是否满足要求。进行承载力复核时,只需将相关数据直接代入式(6.8)或式(6.9),即可得到解答。

对截面设计问题,可按下述步骤进行计算:

①计算斜截面的剪力设计值,需要时作出剪力图。

②验算截面尺寸。根据构件斜截面上的最大剪力设计值 V,按式(6.10)至式(6.12)验算由正截面受弯承载力计算所选定的截面尺寸是否满足要求。如不满足要求,则应加大截面尺寸或提高混凝土强度等级。

③验算是否按计算配置腹筋。当其斜截面的剪力设计值满足式(6.16)或式(6.17)时,则不需按计算配置腹筋,此时应按表6.1的构造要求配置箍筋,否则应按计算要求配置腹筋。

④当要求按计算配置腹筋时,计算所需腹筋。在工程设计中,梁内腹筋通常有两种配置方法:

a. 只配置箍筋,不设弯起钢筋。

对一般的受弯构件,根据式(6.5)、式(6.6)可得:

$$\frac{A_{sv}}{s} \geqslant \frac{V - 0.7f_t bh_0}{f_{yv}h_0} \tag{6.18}$$

对集中荷载作用下的独立梁,根据式(6.5)、式(6.6)可得:

$$\frac{A_{sv}}{s} \geqslant \frac{V - \dfrac{1.75}{\lambda + 1}f_t bh_0}{f_{yv}h_0} \tag{6.19}$$

计算出 $\dfrac{A_{sv}}{s}$ 值后,根据具体情况,选用箍筋直径 d 及箍筋肢数 n,求出箍筋间距 s。注意选用的箍筋直径和间距应符合表6.1的要求,同时箍筋的配箍率应满足式(6.13)的要求。

b. 既配置箍筋,也配置弯起钢筋。当计算截面的剪力设计值较大,箍筋配置数量较多但仍不满足截面的抗剪要求时,可配置弯起钢筋与箍筋共同抗剪,此时一般先按经验选定箍筋直径、肢数和间距,然后按式(6.20)确定弯起钢筋截面面积 A_{sb}:

$$A_{sb} \geqslant \frac{V - V_{cs}}{0.8f_y \sin \alpha_s} \tag{6.20}$$

6）计算例题

【例6.1】 一承受均布荷载作用的钢筋混凝土矩形截面简支梁(图6.18),梁截面尺寸为 $b \times h = 200 \text{ mm} \times 450 \text{ mm}$,净跨 $l_n = 3\ 360 \text{ mm}$,两端支承在砖墙上,所承受的恒荷载标准值 $g_k = 25 \text{ kN/m}$(包括自重),荷载分项系数 $\gamma_G = 1.3$,活荷载标准值 $q_k = 42 \text{ kN/m}$,荷载分项系数 $\gamma_Q = 1.5$,混凝土强度等级 C30,环境类别为一类,箍筋为 HPB300 级钢筋,根据正截面受弯承载力计算已选配 3⚊25 为纵向受力钢筋。试根据斜截面受剪承载力要求配置腹筋

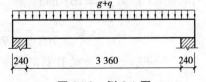

图 6.18 例 6.1 图

并绘制腹筋配筋图。

【解】 查附表得相关设计计算数据:$\beta_c = 1.0$,$f_t = 1.43$ N/mm^2,$f_c = 14.3$ N/mm^2,$f_{yv} = 270$ N/mm^2,$f_y = 360$ N/mm^2。

(1)计算剪力设计值

因支座边缘处剪力最大,故应选该截面进行抗剪配筋计算,该截面的剪力设计值为:

$$V_1 = \frac{1}{2}(\gamma_G g_k + \gamma_Q q_k)l_n = \frac{1}{2} \times (1.3 \times 25 + 1.5 \times 42) \times 3.36 \text{ kN} = 160.44 \text{ kN}$$

剪力设计值如图 6.19 所示。

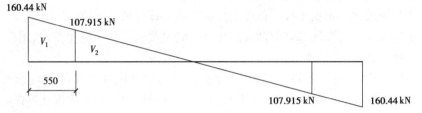

图 6.19 例 6.1 剪力图

(2)验算梁截面尺寸

取 $a_s = 40$ mm,$h_0 = (450-40)$ mm $= 410$ mm,则

$$h_w = h_0 = 410 \text{ mm}$$

$$\frac{h_w}{b} = \frac{410}{200} = 2.05 < 4$$

应按式(6.10)验算:

$0.25\beta_c f_c b h_0 = 0.25 \times 1.0 \times 14.3 \times 200 \times 410 \text{ N} = 293\ 150 \text{ N} = 293.150 \text{ kN} > V_1 = 160.44$ kN

故梁截面尺寸满足要求。

(3)验算是否需要按计算配置腹筋

$0.7 f_t b h_0 = 0.7 \times 1.43 \times 200 \times 410 \text{ N} = 82\ 082 \text{ N} = 82.082 \text{ kN} < V_1 = 160.44$ kN

因此应按计算配置腹筋,且应验算 $\rho_{sv} \geqslant \rho_{sv,min}$。

(4)计算腹筋数量

配置腹筋有两种方法:一种是仅配置箍筋,另一种是既配置箍筋又配置弯起钢筋,工程设计中一般优先选择配置箍筋。

①若仅配置箍筋,根据式(6.18)得:

$$\frac{A_{sv}}{s} \geqslant \frac{V - 0.7 f_t b h_0}{f_{yv} h_0} = \frac{160\ 440 - 82\ 082}{270 \times 410} = 0.708$$

根据表 6.1,该梁截面高度 $h = 450$ mm,箍筋直径不宜小于 6 mm,最大间距 $s_{max} = 200$ mm,选用双肢Φ8 箍筋,$A_{sv} = 101$ mm^2,则

$$s \leqslant \frac{A_{sv}}{0.708} = \frac{101}{0.708} \text{mm} = 143 \text{ mm} < s_{max} = 200 \text{ mm}$$

取 $s = 140$ mm,相应的箍筋配筋率为:

$$\rho_{sv} = \frac{A_{sv}}{bs} = \frac{101}{200 \times 140} = 0.361\% > \rho_{sv} = 0.24\frac{f_t}{f_{yv}} = 0.24 \times \frac{1.43}{270} = 0.127\%$$

故所配双肢Φ8@140箍筋满足要求。

②既配置箍筋又配置弯起钢筋时，根据表6.1的要求，先选用双肢Φ8@200箍筋，则

$$\rho = \frac{A_{sv}}{bs} = \frac{101}{200 \times 200} = 0.253\% > \rho_{sv,min} = 0.24 \frac{f_t}{f_{yv}} = 0.24 \times \frac{1.43}{270} = 0.127\%$$

满足要求。根据式(6.6)，得：

$$V_{cs} = 0.7f_t bh_0 + f_{yv}\frac{A_{sv}}{s}h_0 = \left(82\,082 + 270 \times \frac{101}{200} \times 410\right)N = 137\,986\ N = 137.986\ kN$$

再根据式(6.20)，梁截面尺寸$h = 450\ mm < 800\ mm$，取弯起钢筋与梁轴线夹角$\alpha_s = 45°$，则

$$A_{sb} \geq \frac{V_1 - V_{cs}}{0.8f_y \sin \alpha_s} = \frac{160\,440 - 137\,986}{0.8 \times 360 \times \sin 45°}mm^2 = 110\ mm^2$$

选用受力钢筋1$\underline{\Phi}$25作为弯起钢筋，$A_{sb} = 491\ mm^2$，满足要求，把此1$\underline{\Phi}$25作为第一排弯起钢筋，其弯终点距支座边缘的距离s_1应不超过箍筋的最大间距，这里取$s_1 = 150\ mm < s_{max} = 200\ mm$。

按图6.17的规定，复核是否需要第二排弯起钢筋。

梁外边缘与纵筋外表面的距离为混凝土保护层厚度与箍筋直径之和，即$(20+8)mm = 28\ mm$，由于弯起钢筋与梁轴线夹角$\alpha_s = 45°$，则第一排弯起钢筋的水平投影长度$s_b = (h - 2 \times 28)mm = (450-56)mm = 394\ mm$，近似取$400\ mm$。弯起点斜截面2—2的剪力设计值可根据相似三角形关系求得：

$$V_2 = \frac{0.5 \times 3\,360 - (400 + 150)}{0.5 \times 3\,360}V_1 = 116.057\ kN < V_{cs} = 137.986\ kN$$

说明弯起钢筋已经完全覆盖该区域，故不需要第二排弯起钢筋，腹筋配置图如图6.20所示。

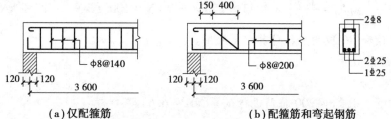

（a）仅配箍筋 （b）配箍筋和弯起钢筋

图6.20 例6.1腹筋配置图

本题为说明配置钢筋时有两种方式，才分别以两种配筋方式进行计算，当仅配置箍筋满足要求时，不需要弯起钢筋。

【例6.2】 一T形截面钢筋混凝土简支梁，跨度$l = 4.0\ m$，截面尺寸如图6.21所示，混凝土强度等级C30，承受一设计值为500 kN(包括自重)的集中荷载，箍筋为HRB400级钢筋，纵筋为5$\underline{\Phi}$25，梁截面有效高度$h_0 = 640\ mm$，试确定腹筋用量。

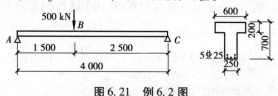

图6.21 例6.2图

【解】 查附表得相关设计计算数据:$\beta_c = 1.0$,$f_t = 1.43$ N/mm²,$f_c = 14.3$ N/mm²,$f_{yv} = 360$ N/mm²,$f_y = 360$ N/mm²。

（1）计算剪力设计值

$$V_{AB} = 500 \text{ kN} \times \frac{5}{8} = 312.5 \text{ kN} \quad V_{BC} = 500 \text{ kN} \times \frac{3}{8} = 187.5 \text{ kN}$$

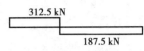

图6.22 例6.2剪力图

绘制剪力图,如图6.22所示。

（2）验算截面尺寸

$$h_w = h_0 - h'_f = (640 - 200)\text{mm} = 440 \text{ mm}$$

$$\frac{h_w}{b} = \frac{440}{250} = 1.76 < 4$$

因 $0.25\beta_c f_c bh_0 = 0.25 \times 1.0 \times 14.3 \times 250 \times 640 \text{ N} = 572\ 000 \text{ N} = 572 \text{ kN} > V = 312.5 \text{ kN}$,可见梁截面尺寸满足要求。

（3）验算是否需要按计算配置腹筋

AB段:
$$\lambda = \frac{a}{h_0} = \frac{1\ 500}{640} = 2.34 < 3$$

取 $\lambda = 2.34$,则

$$\frac{1.75}{\lambda + 1}f_t bh_0 = \frac{1.75}{2.34 + 1} \times 1.43 \times 250 \times 640 \text{ kN} = 119.880 \text{ kN} < 312.5 \text{ kN}$$

BC段:
$$\lambda = \frac{a}{h_0} = \frac{2\ 500}{640} = 3.91 > 3$$

取 $\lambda = 3$,则

$$\frac{1.75}{\lambda + 1}f_t bh_0 = \frac{1.75}{3 + 1} \times 1.43 \times 250 \times 640 \text{ kN} = 100.1 \text{ kN} < 187.5 \text{ kN}$$

因此,AB段和BC段均应按计算配置腹筋。

（4）计算腹筋数量

BC段:

先选用配置双肢Φ8@200箍筋进行试算,由式(6.6)得:

$$V_{cs} = \frac{1.75}{\lambda + 1}f_t bh_0 + f_{yv}\frac{A_{sv}}{s}h_0$$

$$= 100\ 100 \text{ kN} + 360 \times \frac{2 \times 50.3}{200} \times 640 \text{ kN} = 215.99 \text{ kN} > 187.5 \text{ kN}$$

则BC段所配箍筋满足要求,不需要计算配置弯起钢筋。

AB段:

应优先考虑与BC段相同,即仅配置箍筋的方案(AB段和BC段同属一梁构件中,虽然剪力设计值不同,但施工方便)。若箍筋选用双肢Φ8@100箍筋(AB段剪力较大,因此减小箍筋间距),则由式(6.6)得:

$$V_{cs} = \frac{1.75}{\lambda + 1}f_t bh_0 + f_{yv}\frac{A_{sv}}{s}h_0 = \left(119\ 880 + 360 \times \frac{2 \times 50.3}{100} \times 640\right)\text{kN} = 351.66 \text{ kN} > 312.5 \text{ kN}$$

说明在AB段配置双肢Φ8@100箍筋也能满足要求。

注意,若 *AB* 段选用Φ8@200 箍筋则无法满足要求,需要弯起钢筋,计算较为烦琐,实际工程中也不方便,因此合理配置钢筋十分重要。

【**例 6.3**】 一承受均布荷载作用的矩形截面简支梁,梁截面尺寸为 $b \times h = 250$ mm × 500 mm,净跨 $l_n = 5.0$ m,混凝土强度等级 C30,混凝土保护层厚度为 35 mm,箍筋为 HPB300 级钢筋,沿梁长配置双肢Φ8@150 箍筋。试计算梁的斜截面受剪承载力及梁所能承担的均布荷载设计值(假定其正截面承载力已满足设计要求)。

【**解**】 查附表得相关设计计算数据:$\beta_c = 1.0$,$f_t = 1.43$ N/mm²,$f_c = 14.3$ N/mm²,$f_{yv} = 270$ N/mm²。

(1)验算最小配箍率条件

$$\rho_{sv,min} = 0.24 \frac{f_t}{f_{yv}} = 0.24 \times \frac{1.43}{270} = 0.127\%$$

$$\rho_{sv} = \frac{A_{sv}}{bs} = \frac{101}{250 \times 150} = 0.27\% > 0.127\%$$

满足要求。

(2)计算斜截面受剪承载力

$$V_{cs} = 0.7f_t bh_0 + f_{yv} \frac{A_{sv}}{s} h_0$$

$$= \left[0.7 \times 1.43 \times 250 \times (500 - 40) + 270 \times \frac{101}{150} \times (500 - 40) \right] N$$

$$= 198\ 743\ N = 198.743\ kN$$

$\frac{h_w}{b} = \frac{h_0}{b} = \frac{500 - 40}{250} = 1.84 < 4$ 时,属于一般的梁,应满足

$V \leq 0.25\beta_c f_c bh_0 = 0.25 \times 1.0 \times 14.3 \times 250 \times 460\ N = 411\ 125\ N = 411.125\ kN$
因为 $V_{cs} = 198.743$ kN<411.125 kN,所以满足要求。

(3)计算梁承担的均布荷载设计值
设梁能承受的均布荷载(线荷载)设计值为 q,梁单位长度上的自重标准值为 g,则

$$V_u = \frac{1}{2}(q + 1.2g)l_n$$

$$q = \frac{2V_u}{l_n} - 1.2\ g = \frac{2 \times 198.743}{5.0}kN/m - 1.2 \times 0.25 \times 0.5 \times 25\ kN/m = 75.75\ kN/m$$

此值即为根据梁斜截面受剪承载力 V_u 求得的梁所能承受的均布荷载设计值。

6.4 斜截面构造要求

在建筑工程中,对于钢筋混凝土结构的一般受弯构件,其斜截面受剪承载力是通过计算进行设计的,斜截面受弯承载力是通过构造措施来满足设计要求的。

抵抗弯矩图

▶ 6.4.1　抵抗弯矩图

在实际工程设计中,对受弯构件进行正截面承载力设计时,一般是按其控制截面的弯矩进行配筋。其余截面如果也按控制截面的计算结果配筋,显然比较浪费。因此,可对非控制截面上不需要的钢筋进行切断、弯起,以达到节约钢筋的目的,抵抗弯矩图就是指导如何进行钢筋切断、弯起的依据。

抵抗弯矩图又称为材料图,是指按受弯构件实际配置的纵向钢筋,绘制的受弯构件各正截面所能抵抗的弯矩图。下面以单筋矩形截面梁为例,说明抵抗弯矩图的概念。

一承受均布荷载作用的矩形截面简支梁,因跨中弯矩最大,所以梁跨中截面为控制截面,根据跨中最大弯矩计算出实际配置的钢筋截面面积为 A_s,由受弯构件承载力计算公式:

$$M_u = f_y A_s h_0 (1 - 0.5\xi)$$

$$\xi = \frac{x}{h_0} = \frac{f_y A_s}{\alpha_1 f_c b h_0}$$

可得:

$$M_u = f_y A_s \left(h_0 - \frac{f_y A_s}{2\alpha_1 f_c b} \right) \tag{6.21}$$

式中,M_u 是按构件实际配筋反算的弯矩,称为抵抗弯矩。如果每根钢筋所抵抗的弯矩用 M_{ui} 表示,M_{ui} 可近似按该根钢筋的面积 A_{si} 与钢筋总面积 A_s 的比值乘以总抵抗弯矩 M_u 求得:

$$M_{ui} = \frac{A_{si}}{A_s} M_u \tag{6.22}$$

根据上述概念,下面具体说明抵抗弯矩图的作法。

1)纵向受拉钢筋全部伸入支座的抵抗弯矩图

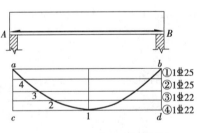

图6.23　纵向受拉钢筋全部
伸入支座的抵抗弯矩图

如图6.23所示,均布荷载作用下简支梁根据跨中最大设计弯矩所配置的实际钢筋为 2⊈25+2⊈22,所有纵筋及每根纵筋所抵抗的弯矩分别由式(6.21)、式(6.22)计算求得,如果全部纵筋沿梁长直通深入支座,并在支座处有足够的锚固长度,则沿梁全长各个正截面抵抗弯矩的能力相同,因而梁的抵抗弯矩图为矩形 acdb。

在图6.23中,跨中1位置处4根钢筋的强度被充分利用,2位置处①、②、③号钢筋的强度被充分利用,而④号钢筋不再需要。通常把1位置称为④号钢筋的充分利用点,2位置称为④号钢筋的不需要点或理论切断点,其余类推。由图6.23可见,纵筋沿梁跨通长布置,构造上虽然简单,但有些截面上的钢筋强度未能充分利用,因此是不经济的。合理的设计应该是把一部分纵向受力钢筋在不需要的地方弯起或切断,使抵抗弯矩图尽量接近设计弯矩图,以便节约钢筋。

2)部分纵向受拉钢筋弯起时的抵抗弯矩图

在简支梁设计中,一般不宜在跨中截面将纵筋切断,而是在支座附近将纵筋弯起。在图6.24中,如果将④号筋在 E,F 截面处弯起,在弯起过程中,弯筋对受压区合力点的力臂是逐渐减小的,因此其抗弯承载力并不立即消失,而是逐渐减小,一直到截面 G,H 处弯筋穿过梁轴线基本上进入受压区后,才认为它的正截面抗弯作用完全消失。现从 E,F 两点作垂线与 M_u 图的基线 cd 相交于 e,f,再从 G,H 两点作垂线与 M_u 图的基线 ij 相交于 g,h,则连线 $igefhj$ 为④号筋弯起后的抵抗弯矩图。

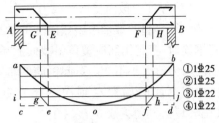

图 6.24　部分纵向受拉钢筋弯起时的抵抗弯矩图

3)部分纵向受拉钢筋被切断时的抵抗弯矩图

图 6.25 所示为一钢筋混凝土连续梁中间支座的设计弯矩图、抵抗弯矩图及配筋图。根据支座的负弯矩计算所需钢筋为 2 Φ 16+2 Φ 18,相应的抵抗弯矩用 GH 表示,根据设计弯矩图和抵抗弯矩图的关系,可知①号钢筋的理论切断点为 J,L 点,从 J,L 两点分别向上作垂线交于 I,K 点,则 $JIKL$ 为①号钢筋被切断后的抵抗弯矩图,同理也可知道②号钢筋和③号钢筋被切断后的抵抗弯矩图。

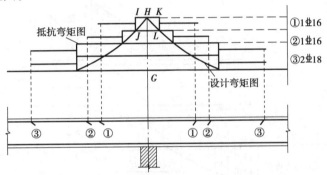

图 6.25　部分纵向受拉钢筋被切断时的抵抗弯矩图

从上述分析可见,对正截面的受弯承载力而言,把纵向钢筋在不需要的地方弯起或切断是合理的,而且从设计弯矩图和抵抗弯矩图的关系来看,两者越靠近,其经济效果越好。但是纵筋的弯起或切断多数是在剪弯段进行的,因此在处理过程中不仅应满足正截面受弯承载力的要求,还要保证斜截面受剪承载力的要求。

▶ 6.4.2　纵向钢筋的弯起和切断

1)纵向钢筋的弯起

设计中,将跨中部分纵向钢筋弯起的目的有两个:一是用于斜截面抗剪,其数量和位置由受剪承载力计算确定;二是承担支座负弯矩。只有当材料图全部覆盖设计弯矩图,各正截面受弯承载力才有保证;而要满足斜截面受弯承载力的要求,也必须通过作材料图才能确定钢筋的数量和位置。因此,确定纵向钢筋的弯起,必须考虑以下 3 个方面的要求:

（1）保证正截面受弯承载力

纵筋弯起后剩下的纵筋数量减少,正截面受弯承载力降低。为了保证正截面受弯承载力满足要求,纵筋在弯起时的弯起点必须位于按正截面受弯承载力计算,该纵筋被充分利用截面(即充分利用点)以外,使抵抗弯矩图包在设计弯矩图的外面,而不得切入设计弯矩图以内。

（2）保证斜截面受剪承载力

纵筋弯起的数量由斜截面受剪承载力计算确定。当有集中荷载作用并按计算需配置弯起钢筋时，弯起钢筋应覆盖斜截面起始点至相邻集中荷载作用点之间的范围，因为在这个范围内剪力值大小不变。弯起钢筋的布置包括支座边缘到第一排弯起钢筋的弯终点，以及从前排弯起钢筋的始弯点到次一排弯起钢筋的弯终点的距离，均应小于箍筋的最大间距（图6.17），其值见表6.1。

（3）保证斜截面受弯承载力

为了保证梁斜截面受弯承载力，梁弯起钢筋在受拉区的弯点应设在该钢筋的充分利用点以外，该弯点至充分利用点的距离 s_1 应大于或等于 $h_0/2$；同时，弯起钢筋与梁纵轴的交点应位于按计算不需要该钢筋的截面（不需要点）以外，如图6.26所示。设计时若满足这些要求，则梁斜截面受弯承载力就可以得到保证。

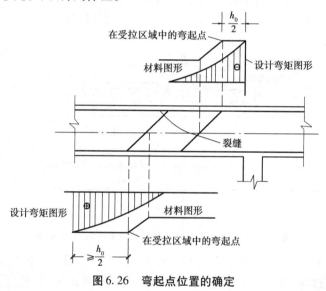

图 6.26 弯起点位置的确定

2）纵向钢筋的切断

在混凝土梁中，根据内力分析所得的弯矩图沿梁纵向是变化的，因此，梁中所配置的纵向钢筋截面面积也应沿梁纵向有所变化，有时这种变化采取弯起钢筋的形式，但在工程中应用更多的是将纵向受力钢筋根据弯矩图的变化在适当位置切断。任何一根纵向受力钢筋在结构中要发挥其承载受力的作用，应从其强度充分利用截面（充分利用点）外伸一定的长度 l_{d1}，依靠这段长度与混凝土的黏结锚固作用维持钢筋有足够的抗力。同时，当一根钢筋由于弯矩图的变化，不需要其抗力而切断时，应从按正截面承载力计算不需要钢筋的截面（不需要点）外伸一定长度 l_{d2}，作为受力钢筋应有的构造措施。

钢筋混凝土连续梁、框架梁支座截面的负弯矩纵向钢筋不宜在受拉区切断。如必须切断时，如图6.27所示，其延伸长度 l_d 可按表6.2从 l_{d1} 和 l_{d2} 中取外伸长度较长者确定，l_{d1} 是从充分利用该钢筋强度的截面延伸出的长度，l_{d2} 是从按正截面承载力计算不需要该钢筋的截面延伸出的长度。

表 6.2　负弯矩钢筋的延伸长度 l_d　　　　单位：mm

截面条件	充分利用截面伸出 l_{d1}	计算不需要截面伸出 l_{d2}
$V \leqslant 0.7bh_0f_t$	$1.2l_a$	$20d$
$V > 0.7bh_0f_t$	$1.2l_a + h_0$	$20d$ 且 h_0
$V > 0.7bh_0f_t$ 且断点仍在负弯距受拉区内	$1.2l_a + 1.7h_0$	$20d$ 且 $1.3h_0$

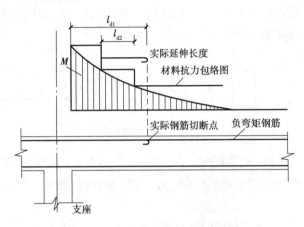

图 6.27　钢筋的延伸长度和切断点

　　综上所述,钢筋弯起和切断均需绘制构件的抵抗弯矩图,这实际上是一种图解设计过程,可以帮助设计者看出钢筋的布置是否合理。因为对同一根梁、同一个设计弯矩图,可以画出不同的抵抗弯矩图,得到不同的钢筋布置方案和相应的纵筋弯起及切断位置,它们都可能满足正截面和斜截面承载力计算和有关构造要求,但经济合理程度有所不同,所以设计者应综合考虑各方面的因素,妥善确定纵筋弯起和切断位置,确保安全且用料经济、施工方便。

6.5　钢筋的构造要求

▶ 6.5.1　纵向受力钢筋在支座处的锚固

　　支座附近的剪力较大,在出现斜裂缝后,与斜裂缝相交的纵向钢筋的应力会突然增大,若纵筋伸入支座的锚固长度不够,纵筋将产生滑移,甚至会从混凝土中被拔出而产生锚固破坏。为了防止这种破坏,纵向钢筋伸入支座的长度和数量应满足下列要求。

1)伸入梁支座的纵向受力钢筋的根数

当梁宽 $b \geqslant 100$ mm 时,不宜少于 2 根;当梁宽 $b < 100$ mm 时,可为 1 根。

2)简支梁和连续梁的简支端

梁下部纵筋伸入支座的锚固长度 l_{as}(图 6.28),应满足表 6.3 的规定。

表 6.3　纵筋伸入梁简支支座的锚固长度

钢筋类型	$V \leqslant 0.7f_\mathrm{t}bh_0$	$V > 0.7f_\mathrm{t}bh_0$
光面钢筋	$\geqslant 5d$	$\geqslant 15d$
带肋钢筋	$\geqslant 5d$	$\geqslant 12d$

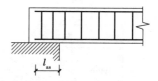

图 6.28　纵向钢筋锚固长度

当纵筋伸入支座的锚固长度不符合表 6.3 的规定时,应采取下述锚固措施,但伸入支座的水平长度不应小于 $5d$。

①在梁端将纵向受力钢筋上弯,并将弯折后长度计入 l_as 内,如图 6.29 所示;

②将钢筋端部焊接在梁端的预埋件上,如图 6.30 所示;

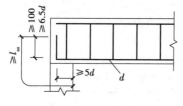

图 6.29　纵筋上弯

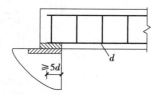

图 6.30　纵筋与预埋件焊接

③在纵筋端部加焊横向锚固钢筋(图 6.31)或锚固钢板(图 6.32),此时可将正常锚固长度减少 $5d$。

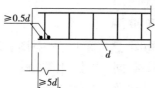

图 6.31　纵筋端部加焊横向锚固钢筋

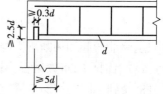

图 6.32　纵筋端部加焊锚固钢板

对混凝土强度等级为 C25 或以下的简支梁和连续梁的简支端,当距支座 $1.5h$ 范围内作用有集中荷载且 $V > 0.7f_\mathrm{t}bh_0$ 时,对带肋钢筋应取锚固长度 $l_\mathrm{as} \geqslant 15d$ 或采取附加锚固措施。

对支承在砌体结构上的钢筋混凝土独立梁,在纵向受力钢筋的锚固长度 l_as 范围内应配置数量不少于 2 个、直径不小于纵向受力钢筋最大直径的 0.25 倍、间距不大于纵向受力钢筋最小直径 10 倍的箍筋;当采用机械锚固措施时,箍筋间距不宜大于纵向受力钢筋最小直径的 5 倍。

3)连续梁和框架梁

在连续梁或框架梁的中间支座或中间节点处,上部纵筋受拉而下部纵筋受压,因而其上部纵筋应贯穿中间支座或中间节点(图 6.33)。下部纵筋在中间支座或中间节点处应满足下列锚固要求:

①当计算中不利用该钢筋强度时,无论剪力设计值或大或小,其伸入支座或节点的锚固长度应符合简支支座 $V > 0.7f_\mathrm{t}bh_0$ 时对锚固长度的规定。

②当计算中充分利用钢筋的抗拉强度时,下部纵向钢筋应锚固在支座或节点内。可根据具体情况采取直线锚固形式,锚固长度不小于受拉钢筋的锚固长度 l_a,如图 6.33(a)所示;或当柱截面较小而直线锚固长度不足时,可将下部纵筋伸至柱截面后向上弯折锚固,弯折前水平投影长度不小于 $0.4l_\mathrm{a}$,弯折后竖向投影长度不小于 $15d$,如图 6.33(b)所示;如果采用上述

两种方法都有难度,可将下部纵筋伸过支座或节点范围,并在梁中弯矩较小处设置搭接接头,如图6.33(c)所示。

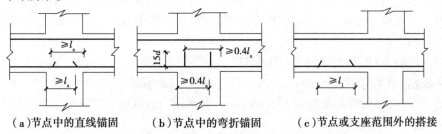

（a）节点中的直线锚固　　　（b）节点中的弯折锚固　　　（c）节点或支座范围外的搭接

图6.33　梁下部纵向钢筋在中间节点或中间支座范围的锚固
（当计算中充分利用钢筋的抗拉强度时）

③当计算中充分利用钢筋的抗压强度时,下部纵筋应按受压钢筋锚固在中间支座或中间节点内,其直线锚固长度不应小于$0.7l_a$;下部纵筋也可伸过支座或节点范围,并在梁中弯矩较小处设置搭接接头。

► 6.5.2　弯起钢筋的构造要求

弯起钢筋的作用和箍筋相似,用以承受斜裂缝之间的主拉应力,加强斜裂缝两侧混凝土块体之间的共同工作,提高受剪承载力。但因不便于施工,同时箍筋传力比弯起钢筋传力均匀,所以宜优先采用箍筋承受剪力。

抗剪弯筋的弯折终点外应留有直线段的锚固长度,其长度在受拉区不应小于$20d$,在受压区不应小于$10d$;光面钢筋在末端尚应设置弯钩[图6.34(b)],位于梁底两侧的钢筋不应弯起。

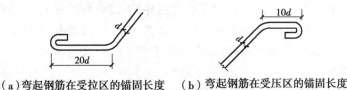

（a）弯起钢筋在受拉区的锚固长度　　（b）弯起钢筋在受压区的锚固长度

图6.34　弯起钢筋端部构造

当不能弯起纵向受力钢筋抗剪时,亦可设置单独的抗剪弯筋,此时应将弯筋布置成鸭筋[图6.35(a)],不能采用浮筋[图6.35(b)],因浮筋在受拉区只有一小段水平长度,锚固性能不如两端均锚固在受压区的鸭筋可靠。

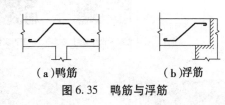

（a）鸭筋　　　　（b）浮筋

图6.35　鸭筋与浮筋

► 6.5.3　箍筋的构造要求

箍筋在梁内除承受剪力外,还起固定纵筋位置,使梁内钢筋形成钢筋骨架,以及联系受拉区和受压区,增加受压区混凝土的延性等作用,因此应重视箍筋的构造要求。

1)箍筋的形式和肢数

箍筋的形式有封闭式和开口式(图 6.36),一般采用封闭式,既方便固定纵筋,又对梁的抗扭有利。对现浇 T 形梁,当不承受扭矩和动荷载时,在跨中截面上部受压区的区段内,可采用开口式。

箍筋有单肢、双肢和复合箍等(图 6.37),一般按以下情况选用:当梁宽小于 100 mm 时,可采用单肢箍;当梁宽不大于 400 mm 时,可采用双肢箍;当梁宽大于 400 mm 且一层内的纵向受压钢筋多于 3 根时,或当梁宽不大于 400 mm,但一层内的纵向受压钢筋多于 4 根时,应设置复合箍筋[图 6.37(c)]。

图 6.36　箍筋形式　　　　　　　　　　图 6.37　箍筋肢数

（a）封闭式　　　　（b）开口式　　　　（a）单肢箍　（b）双肢箍　（c）四肢箍

2)箍筋的直径和间距

为了使钢筋骨架具有一定的刚性,便于制作安装,箍筋直径不应太小,应符合表 6.1 的规定。当梁中配有计算的受压纵筋时,箍筋直径尚不应小于受压钢筋最大直径的 1/4。

箍筋间距除应满足计算要求外,其最大间距应符合表 6.1 的规定。当梁中配有按计算需要的纵向受压钢筋时,箍筋间距不应大于 15d,同时不应大于 400 mm;当一层内的纵向受压钢筋多于 5 根且直径大于 18 mm 时,箍筋间距不应大于 10d,d 为纵向受压钢筋的最小直径。

3)箍筋的布置

当梁截面高度在 150 mm 以下时,可不设置箍筋;当截面高度在 150 ~ 300 mm 时,可仅在构件端部各 1/4 跨度范围内设置箍筋;当按计算不需要箍筋抗剪的梁,其截面高度大于 300 mm 时,仍应沿梁全长设置箍筋;当在构件中部 1/2 跨度范围内有集中荷载作用时,则应沿梁全长设置箍筋。

连续梁设计实例　　　工程实例1　　　工程实例2　　　工程实例3

本章小结

(1)在斜裂缝出现前,钢筋混凝土梁可视为匀质弹性体,剪弯段的应力可用材料力学方法分析;斜裂缝出现后,因斜裂缝的出现将引起截面应力重分布,材料力学的方法不再适用。

(2)影响斜截面受剪承载力的因素主要有剪跨比、混凝土强度等级、配箍率及箍筋强度、纵筋配筋率等。

(3)随着梁剪跨比和配箍率的变化,梁沿斜截面可能发生斜拉破坏、剪压破坏和斜压破坏等主要破坏形态。设计时采用配置一定数量的箍筋和保证必要的箍筋间距来避免斜拉破坏;用限制截面尺寸不得过小来防止斜压破坏;剪压破坏时,箍筋应力首先达到屈服强度,然后剪压区混凝土被压坏,破坏时钢筋和混凝土的强度均被充分利用,因此斜截面承载力计算公式是以剪压破坏特征为基础建立的。

(4)受弯构件斜截面承载力有两类问题:一类是斜截面受剪承载力,是通过计算配置箍筋或同时配置箍筋和弯起钢筋来解决;另一类是斜截面受弯承载力,一般不需计算,只需采用相应的构造措施来保证,构造措施包括弯起钢筋的弯起位置、纵筋的切断位置以及有关纵筋的锚固要求、箍筋的构造要求等。

(5)本章通过连续梁的设计实例,较全面总结了正截面及斜截面的承载力计算,并绘制了梁的抵抗弯矩图和分离钢筋图,以求对纵筋弯起和切断位置等构造要求有一个具体了解。

思考题

6.1　无腹筋梁在裂缝出现后,其应力状态发生了哪些变化?

6.2　影响梁斜截面受剪承载力的主要因素有哪些? 其影响规律如何?

6.3　有腹筋梁斜截面受剪承载力计算公式是根据哪种破坏形式建立的? 为何要对公式施加限制条件?

6.4　梁斜截面破坏的主要形态有哪几种? 它们分别在什么情况下发生? 破坏性质如何?

6.5　什么是广义剪跨比? 它对梁的斜截面抗剪有什么影响? 什么是计算剪跨比?

6.6　在进行梁斜截面受剪承载力设计时,计算截面如何选取?

6.7　箍筋有哪些作用? 为何箍筋对提高斜压破坏的受剪承载力不起作用?

6.8　对多种荷载作用下的钢筋混凝土受弯构件进行斜截面承载力计算时,什么情况下应采用集中荷载作用下的受剪承载力计算公式?

6.9　对一般的钢筋混凝土板,为何不对斜截面承载力进行计算?

6.10　什么是抵抗弯矩图? 它与设计弯矩图有什么关系?

6.11　梁中间支座受弯弯起钢筋对弯起点、弯终点有何规定?

6.12　连续梁与简支梁的受剪承载力有何不同? 当为集中荷载时,为何采用计算剪跨比?

习　题

6.1　一承受均布荷载作用的矩形截面简支梁,梁截面尺寸为 $b \times h = 200 \text{ mm} \times 600 \text{ mm}$ ($h_0 = 540 \text{ mm}$),已知支座边缘的最大剪力设计值 $V = 220 \text{ kN}$,混凝土强度等级为 C30,箍筋采用 HRB400 级钢筋,计算此梁所需配置的箍筋。

6.2　一承受均布荷载作用的钢筋混凝土简支梁(图 6.38),混凝土强度等级采用 C30,箍筋与纵向钢筋均采用 HRB400 级钢筋。

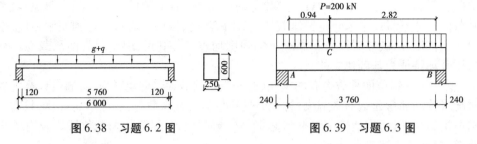

图 6.38 习题 6.2 图　　　　　图 6.39 习题 6.3 图

①当承受均布荷载设计值 $g+q=80$ kN/m 时,计算梁所需配置的箍筋;

②当承受均布荷载设计值 $g+q=80$ kN/m 时,若已配置了双肢 $\Phi6@200$ 的箍筋,计算梁所需配置的弯起钢筋。

③当梁仅采用双肢箍 $\Phi6@200$ 时,根据斜截面受剪,计算梁的容许荷载设计值;

④当梁仅采用双肢箍 $\Phi8@200$ 时,根据斜截面受剪,计算梁的容许荷载设计值;

⑤按单筋矩形截面,根据正截面受弯,计算梁的容许荷载设计值。

6.3　图 6.39 所示矩形截面独立梁,梁截面尺寸为 $b\times h=200$ mm×500 mm,承受的荷载设计值如图所示,集中荷载为 200 kN,均布荷载为 60 kN/m,混凝土强度等级采用 C30,箍筋采用 HRB400 级钢筋,试计算梁所需箍筋的数量。

6.4　T 形截面简支梁,梁的支承、荷载设计值(包括自重)及截面尺寸如图 6.40 所示,混凝土强度等级 C30,箍筋和纵向钢筋采用 HRB400 级钢筋,梁截面受拉区配置了 8 Φ20 纵向受力钢筋,$h_0=630$ mm。

①仅配置箍筋,求箍筋的数量;

②若已配置了双肢 $\Phi8@200$ 箍筋,计算所需配置的弯起钢筋的数量。

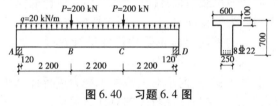

图 6.40 习题 6.4 图

6.5　支承在砖墙上的外伸梁,其截面尺寸如图 6.41 所示,作用在梁上的均布荷载设计值(包括梁自重)为:$q_1=100$ kN/m,$q_2=135$ kN/m。混凝土强度等级采用 C30,箍筋及纵向钢筋均采用 HRB400 级钢筋。

①进行正截面及斜截面承载力计算,并确定所需要的纵向受力钢筋、弯起钢筋和箍筋的数量;

②绘制抵抗弯矩图和分离钢筋图,并确定各根弯起钢筋的弯起位置。

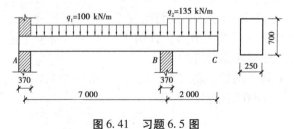

图 6.41 习题 6.5 图

7

受扭构件承载力计算

〖**本章学习要点**〗

本章主要介绍矩形截面纯扭构件、剪扭构件及弯剪扭组合构件的承载力计算方法。通过本章的学习,要求理解钢筋混凝土纯扭构件的受力特点及破坏形态;了解变角度空间桁架模型对建立纯扭构件承载力计算理论的意义;掌握矩形截面弯剪扭构件的承载力计算方法;掌握受扭构件配筋的主要构造要求。

7.1 概　述

▶ 7.1.1 受扭构件在混凝土结构中的应用

受扭构件为钢筋混凝土结构基本构件之一,在结构设计过程中经常遇到。但在工程结构中,处于纯扭矩作用的情况是很少的,绝大多数都是处于弯矩、剪力、扭矩(有时还有轴向力作用)共同作用下的复合受扭状态。例如,图 7.1 所示的吊车梁、现浇框架的边梁,以及雨篷梁、曲梁、槽形墙板等都属于弯、剪、扭复合受扭构件,扭转和弯曲同时发生。

▶ 7.1.2 受扭构件分类

受扭构件根据所受扭矩的计算方法可分为两类:平衡扭转和约束扭转。

一类是静定的受扭构件,由荷载产生的扭矩是由构件的静力平衡条件确定,而与受扭构件的扭转刚度无关,称为平衡扭转。例如,图 7.1(c)所示的吊车梁,吊车横向水平制动力和

轮压偏心对吊车梁截面产生的扭矩 T 就属于平衡扭转。对于平衡扭转,受扭构件必须提供足够的抗扭承载力,否则将无法抵抗扭矩作用而引起破坏。

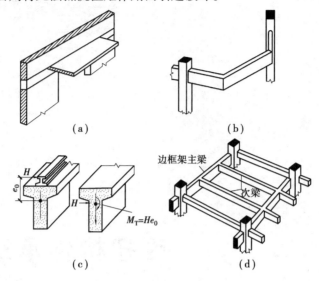

图 7.1　工程结构中的受扭构件

另一类是超静定结构,作用在构件上的扭矩须由静力平衡条件和相邻构件的变形协调条件才能确定,此扭矩称为变形协调扭矩。扭矩大小与受扭构件的抗扭刚度有关,称为约束扭转(或称协调扭转)。

约束扭转问题是一个比较复杂的问题。由于钢筋混凝土受扭构件在受力过程中的非线性性质,扭矩大小与构件受力阶段的刚度比有关,如图 7.2(b)中 CD 梁所受的扭矩 T 等于 AB 梁 A 端的嵌固弯矩 M_A(支座负弯矩),而嵌固弯矩 M_A 的大小又与 CD 梁的抗扭刚度有关。当边梁和楼面梁开裂后,楼面梁和边梁将产生内力重分布,楼面梁的弯曲刚度特别是边梁的扭转刚度发生显著变化,此时边梁的扭转角急剧增大,作用于边梁的扭矩迅速减小(内力重分布的概念将在第 11 章讲述)。

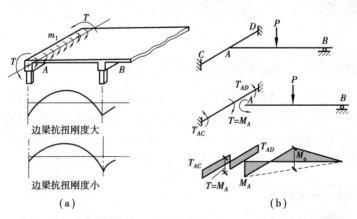

图 7.2　约束扭转构件

另外,根据受扭构件所受内力(内力组)的不同,也可以将受扭构件分为纯扭构件、剪扭构件、弯剪扭构件以及压弯剪扭构件。

▶ 7.1.3 现行《混凝土结构设计规范》对扭矩取值的规定

对平衡扭转的钢筋混凝土构件,构件上扭矩可以直接由荷载静力平衡求出,与构件的刚度无关。

对约束扭转的钢筋混凝土构件,在弯矩、剪力和扭矩作用下,当构件开裂以后,由于内力重分布将导致作用于构件上的扭矩降低。一般情况下,为简化计算,可取扭转刚度为零,即忽略扭矩的作用,但应按受扭构件最小配筋率和构造要求配置受扭纵向钢筋和箍筋,以保证构件具有足够的延性并满足正常使用时裂缝宽度的要求,此即零刚度设计法。我国现行《混凝土结构设计规范》没有采用上述简化计算法,而是考虑了内力重分布的影响,将扭矩设计值 T 降低,按弯剪扭构件进行承载力计算,即在内力计算时,考虑因构件开裂、抗扭刚度降低而产生的内力重分布。约束扭转构件通常均为弯剪扭构件。

对独立的支承梁,可将弹性分析得出的扭矩乘以适当的调幅系数,调幅后的扭矩按照受扭承载力公式进行计算,确定所需的抗扭钢筋(周边纵筋和箍筋)。试验表明,当取扭矩调幅不超过 40% 时,其因扭转而发生的裂缝宽度仍可满足规定要求。

协调扭转的问题比较复杂,至今仍未有完善的设计方法。因此,当有充分根据或工程经验时,规范也允许采用其他设计方法。

7.2 纯扭构件的试验研究

▶ 7.2.1 素混凝土纯扭构件的破坏形态

矩形截面素混凝土构件在扭矩作用下,首先在构件一个长边侧面的中点 m 附近出现斜裂缝,如图 7.3(a)所示。此裂缝沿着与构件轴线约成 45°角的方向迅速延伸,到达该侧面的上、下边缘 a,b 两点后,在顶面和底面上大致沿 45°方向继续延伸到 c,d 两点,构件形成三面开裂、一面受压的受力状态。最后,受压面 cd 两点连线上的混凝土被压碎,构件断裂破坏。破坏面为一个空间扭曲面,如图 7.4(b)所示。构件从开裂到破坏经历时间很短,即素混凝土纯扭构件的破坏是突然性的脆性破坏。

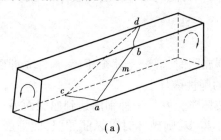
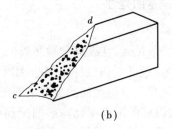

（a） （b）

图 7.3 素混凝土纯扭构件的破坏面

▶ 7.2.2　受扭钢筋骨架的形式

试验表明,抗扭钢筋的配置对抑制裂缝出现的作用不大,但当裂缝出现后,抗扭钢筋将抑制裂缝延伸和扩展,并影响受扭构件的破坏类型及抗扭承载力。为此,设计过程中应正确地选配抗扭钢筋。

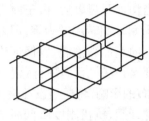

图 7.4　抗扭钢筋骨架

由于扭矩在构件中产生的主拉应力与构件轴线呈 45°角,从受力合理的观点考虑,抗扭钢筋应采用与轴线呈 45°角的螺旋形钢筋。但螺旋形钢筋施工比较复杂,且在受力上不能适应扭矩方向的改变。而在实际工程中,扭矩沿构件全长不改变方向的情况很少。因此,在实际工程中,一般采用由靠近构件表面设置的横向箍筋和沿构件周边均匀对称布置的纵向钢筋共同组成钢筋骨架来抵抗扭矩作用,如图 7.4 所示。这种配筋方式正好与构件中的抗弯钢筋和抗剪箍筋的配置形式相协调,施工方便。受扭箍筋的形状必须做成封闭式,并在两端留有足够的锚固长度。

▶ 7.2.3　钢筋混凝土纯扭构件的破坏形态

扭矩引起的主拉应力轨迹线为一组与构件纵轴大致成 45°角并绕四周面连续的螺旋线。试验表明,对于钢筋混凝土矩形截面受扭构件,其破坏形态与配置钢筋的数量有关,可分为以下 3 类:

1) 少筋破坏

当配筋过少或配筋间距太大时,在扭矩作用下,先在构件截面的长边最薄弱处产生一条与纵轴大致成 45°角的斜裂缝。构件一旦开裂,钢筋不足以承担混凝土开裂后转移给钢筋的拉力,裂缝迅速向相邻两侧面呈螺旋形延伸,形成三面开裂、一面受压的空间扭曲裂面,构件随即破坏,与素混凝土构件类似。其破坏过程急速而突然,没有预兆,属于脆性破坏。这种破坏形态称为"少筋受扭破坏"。

2) 适筋破坏

配筋适当时,在扭矩作用下,首条裂缝出现后构件并未立即破坏。随着扭矩的增加,陆续出现多条大体平行的连续螺旋形裂缝,与斜裂缝相交的箍筋和纵筋先后达到屈服,而后斜裂缝进一步开展,最终受压面上的混凝土被压碎,构件随之破坏。这种破坏形态称为"适筋受扭破坏",具有一定的延性。

3) 超筋破坏

如果配筋量过大,在纵筋和箍筋尚未达到屈服时,混凝土就被压碎,构件立即破坏。这种破坏形态称为"超筋受扭破坏",属于无预兆的脆性破坏。

当抗扭纵筋和抗扭箍筋的配置不匹配,破坏时会发生一种钢筋达到屈服而另一种钢筋没达到屈服,如纵筋的配筋率比箍筋的配筋率小得多,则破坏时仅纵筋屈服,而箍筋不屈服;反之,则箍筋屈服,纵筋不屈服,此类构件称为"部分超筋受扭构件"。部分超筋受扭构件破坏时也具有一定的延性,但较适筋受扭构件破坏时的延性小。

7.3 纯扭构件承载力计算

▶ **7.3.1 影响纯扭构件受扭承载力的主要因素**

1)混凝土强度等级

纯扭构件的裂缝是在扭矩作用下引起的主拉应力达到混凝土的抗拉强度而出现的与纵轴大致成45°角的斜裂缝,破坏面是一空间扭曲裂面,最终混凝土被压碎而导致构件破坏。混凝土强度等级决定着裂缝的出现以及构件的破坏。

2)构件的截面形状和尺寸

试验表明,不同形状和截面尺寸的构件,其承受扭矩的能力也有所不同。同时,构件的截面形状和尺寸也决定着抗扭钢筋的骨架及其配置方式。

3)抗扭纵筋和箍筋的用量、强度和配比

试验表明,抗扭纵筋的数量、屈服强度、配筋形式和箍筋的用量、箍筋间距以及抗扭纵筋与抗扭箍筋的配置比例,直接影响受扭构件的破坏形态,决定构件承受扭矩的能力。

▶ **7.3.2 纯扭构件受扭承载力计算公式**

1)纯扭构件的开裂扭矩 T_{cr}

钢筋混凝土构件受扭开裂前,钢筋应力很小,且钢筋对开裂扭矩的影响也不大,扭矩主要由混凝土承担。

图 7.5(a)所示为一矩形截面构件。根据材料力学可知,在扭矩 T 作用下截面上产生剪应力 τ,在截面长边中点有最大剪应力 τ_{max},相应的有主拉应力 σ_{tp} 和主压应力 σ_{cp},与构件纵轴线成45°角和135°角,并有 $\sigma_{tp} = \sigma_{cp} = \tau_{max}$。

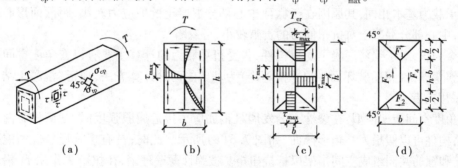

(a)	(b)	(c)	(d)

图 7.5 矩形截面受扭构件

如果混凝土是理想的弹塑性材料,那么在弹性阶段,构件截面上的剪应力分布如图7.5(b)所示,最大剪应力 τ_{max} 及最大主拉应力均发生在长边中点。当最大主拉应力值达到混凝土抗拉强度值时,截面并未发生破坏,荷载还可少量增加,直到截面边缘的拉应变达到混凝土的极限拉应变值。待截面上各点的应力全部达到混凝土的抗拉强度后,截面开裂。此时,截

面承受的扭矩称为开裂扭矩 T_{cr}，如图7.5(c)所示。

根据塑性力学理论，可把截面上的剪应力划分成4个部分，如图7.5(d)所示。计算各部分剪应力的合力，其总和则为 T_{cr}，即

$$T_{cr} = \tau_{max} \frac{b^2}{6}(3h - b) = f_t \frac{b^2}{6}(3h - b) \tag{7.1}$$

式中 h, b——矩形截面的长边和短边尺寸。

则开裂扭矩为：

$$T_{cr} = f_t W_t \tag{7.2}$$

式中 W_t——受扭构件的截面受扭塑性抵抗矩。对于矩形截面：

$$W_t = \frac{b^2}{6}(3h - b) \tag{7.3}$$

事实上，混凝土并非理想的塑性材料，不可能在整个截面上完全实现塑性应力分布。另一方面，纯扭构件中除主拉应力外，在与主拉应力垂直方向还存在有主压应力作用。在复合应力状态下，混凝土的抗拉强度要低于单向受拉强度。试验表明，当按式(7.2)计算开裂扭矩时，计算值总高于试验值。为便于计算，开裂扭矩可近似采用理想弹塑性材料的应力分布图形进行计算，但混凝土抗拉强度要适当降低。试验表明，对高强度混凝土，其降低系数约为0.7；对低强度混凝土，其降低系数接近0.8。现行《混凝土结构设计规范》取混凝土抗拉强度降低系数为0.7，故开裂扭矩的计算公式为：

$$T_{cr} = 0.7 f_t W_t \tag{7.4}$$

2）扭曲截面受扭承载力的计算

(1)极限扭矩分析——变角度空间桁架模型

试验表明，受扭的素混凝土构件一旦出现斜裂缝就立即发生破坏。若配置适量的受扭纵筋和箍筋，不但其承载力有较显著的提高，而且构件破坏时具有较好的延性。

对比试验表明，在其他参数都相同的情况下，钢筋混凝土空心截面和实心截面构件的极限受扭承载力基本相同，其原因在于截面中心部分混凝土的剪应力较小，距截面形心的距离也很小，中心部分混凝土对抗扭能力的贡献较小，可忽略。

迄今为止，对于钢筋混凝土受扭构件，其受扭承载力的计算主要有以变角度空间桁架模型和以斜弯理论（扭曲破坏面极限平衡理论）为基础的两种计算方法，现行《混凝土结构设计规范》采用前者。

变角度空间桁架模型：在裂缝充分发展且钢筋应力接近屈服强度时，截面核心混凝土退出工作，构件可以假想为一箱形截面，如图7.6(a)所示。此时，具有螺旋形裂缝的混凝土外壳、纵筋和箍筋共同组成空间桁架以抵抗扭矩。按弹性薄壁理论，在扭矩 T 作用下，沿箱形截面侧壁将产生大小相等的环向剪力流 q[图7.6(b)]，且

$$q = \tau t_d = \frac{T}{2A_{cor}} \tag{7.5}$$

式中 A_{cor}——剪力流路线所围成的面积，取箍筋内表面范围内核心部分所围成的面积，即 $A_{cor} = b_{cor} h_{cor}$，$b_{cor}$ 和 h_{cor} 分别为从箍筋内表面计算的截面核心部分的短边和长边尺寸；

τ——扭剪应力;

t_{d}——箱形截面侧壁厚度,可取 $0.4b$。

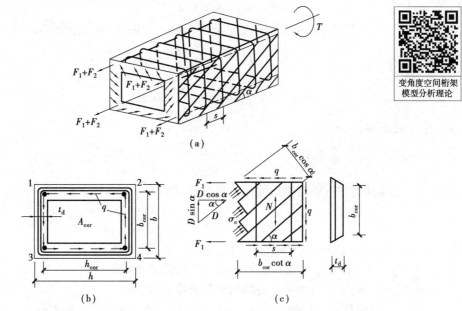

图 7.6　变角度空间桁架模型

变角度空间桁架模型的基本假定有:

①混凝土只承受压力,具有螺旋形裂缝的混凝土外壳组成桁架的斜压杆,其倾角为 α;

②纵筋和箍筋只承受拉力,分别为桁架的弦杆和腹杆;

③忽略核心混凝土的受扭作用及钢筋的销栓作用。

对图 7.6(b)所示截面的短边板壁,作用于侧壁的剪力流 q 引起的桁架内力如图 7.6(c)所示。图中,斜压杆倾角为 α,其平均压应力为 σ_{c},斜压杆的总压力为 D。由静力平衡条件得:

斜压力
$$D = \frac{qb_{\mathrm{cor}}}{\sin \alpha} = \frac{\tau \, t_{\mathrm{d}} b_{\mathrm{cor}}}{\sin \alpha} \tag{7.6}$$

混凝土平均压应力
$$\sigma_{\mathrm{c}} = \frac{D}{t_{\mathrm{d}} b_{\mathrm{cor}} \cos \alpha} = \frac{q}{t_{\mathrm{d}} \sin \alpha \cos \alpha} = \frac{T}{2A_{\mathrm{cor}} t_{\mathrm{d}} \sin \alpha \cos \alpha} \tag{7.7}$$

纵筋拉力
$$F_1 = \frac{1}{2} D \cos \alpha = \frac{1}{2} q b_{\mathrm{cor}} \cot \alpha = \frac{T b_{\mathrm{cor}}}{4A_{\mathrm{cor}}} \cot \alpha \tag{7.8}$$

箍筋拉力
$$N = \frac{q b_{\mathrm{cor}} s}{b_{\mathrm{cor}} \cot \alpha} = qs \tan \alpha = \frac{T}{2A_{\mathrm{cor}}} s \tan \alpha \tag{7.9}$$

对长边方向,设斜压杆倾角也是 α,用相同方法可得纵向钢筋的拉力为:

$$F_2 = \frac{T h_{\mathrm{cor}}}{4A_{\mathrm{cor}}} \cot \alpha \tag{7.10}$$

故全部纵筋的合拉力为:

$$R = 4(F_1 + F_2) = q \cot \alpha u_{\mathrm{cor}} = \frac{T u_{\mathrm{cor}}}{2A_{\mathrm{cor}}} \cot \alpha \tag{7.11}$$

式中　u_{cor}——剪力流路线所围成面积 A_{cor} 的周长, $u_{\mathrm{cor}} = 2(b_{\mathrm{cor}} + h_{\mathrm{cor}})$。

对适筋受扭构件,混凝土压坏前纵筋和箍筋应力先达到屈服强度 f_y 和 f_{yv},则 R 和 N 分别为:

$$R = f_y A_{stl} \qquad (7.12)$$

$$N = f_{yv} A_{st1} \qquad (7.13)$$

由式(7.9)和式(7.11)可分别得出适筋受扭构件扭曲截面受扭承载力计算公式为:

$$T_u = 2f_{yv} A_{st1} \frac{A_{cor}}{s} \cot \alpha \qquad (7.14)$$

$$T_u = 2f_y A_{stl} \frac{A_{cor}}{u_{cor}} \tan \alpha \qquad (7.15)$$

消去 α,得到:

$$T_u = 2A_{cor} \sqrt{\frac{f_y A_{stl} f_{yv} A_{st1}}{u_{cor} s}} = 2\sqrt{\zeta} \frac{f_{yv} A_{st1} A_{cor}}{s} \qquad (7.16)$$

式中　ζ——受扭构件纵筋与箍筋的配筋强度比,即

$$\zeta = \frac{f_y A_{stl} s}{f_{yv} A_{st1} u_{cor}} \qquad (7.17)$$

A_{stl}——受扭计算中取对称布置的全部纵向钢筋截面面积;

A_{st1}——受扭计算中取沿截面周边配置的箍筋单肢截面面积;

f_y,f_{yv}——受扭纵筋和受扭箍筋的抗拉强度设计值;

u_{cor}——截面核心部分的周长,$u_{cor} = 2(b_{cor} + h_{cor})$,$b_{cor}$ 和 h_{cor} 分别为从箍筋内表面计算的截面核心部分的短边和长边尺寸;

s——箍筋间距。

当为不对称截面时,按较少一侧配筋的对称配筋截面计算。当 $\zeta = 1$ 时,斜压杆倾角为45°;当 ζ 不等于 1 时,在纵筋(或箍筋)屈服后产生内力重分布,斜压杆倾角也会改变。试验表明,斜压杆倾角 α 介于 30° ~ 60°。

由式(7.16)可以看出,构件扭曲截面的受扭承载力主要取决于钢筋骨架尺寸、纵筋和箍筋用量及其屈服强度。为避免发生超配筋构件的脆性破坏,必须限制钢筋的最大用量或者限制斜压杆平均压应力 σ_c 的大小。

(2)现行《混凝土结构设计规范》的受扭承载力计算公式

根据国内对矩形截面受扭构件试验结果分析,构件的受扭承载力与变角度空间桁架模型的结果之间存在偏差,究其原因有:一是变角度空间桁架模型忽略核心混凝土的作用,实际上核心混凝土还有一定的抗扭贡献,同时斜裂缝间混凝土的骨料咬合作用对抗扭也有一定的贡献;二是与斜裂缝相交的钢筋不可能全部达到屈服,这和变角度空间桁架模型中认为钢筋均达到屈服的假定存在差别。

现行《混凝土结构设计规范》基于变角度空间桁架模型分析,结合试验统计结果,并考虑可靠性要求,给出了纯扭构件的受扭承载力计算公式,对 $h_w/b \leqslant 6$ 的矩形、T 形、I 形截面和 $h_w/t_w \leqslant 6$ 的箱形截面的受扭构件受扭承载力采用不同的计算方法。

①矩形截面钢筋混凝土纯扭构件受扭承载力计算公式为:

$$T \leqslant 0.35f_t W_t + 1.2\sqrt{\zeta} \frac{f_{yv} A_{st1} A_{cor}}{s} \qquad (7.18)$$

纯扭构件受扭
承载力计算方法

式中　ζ——受扭纵向钢筋与箍筋的配筋强度比值,按式(7.17)计算;

A_{st1}——受扭计算中取沿截面周边配置的箍筋单肢截面面积;

f_{yv}——受扭箍筋的抗拉强度设计值,按附表2.3采用,但取值不应大于360 N/mm²;

A_{cor}——截面核心部分的面积,$A_{cor}=b_{cor}h_{cor}$,b_{cor}和h_{cor}分别为从箍筋内表面计算的截面核心部分的短边和长边尺寸;

u_{cor}——截面核心部分的周长,$u_{cor}=2(b_{cor}+h_{cor})$;

s——箍筋间距。

公式右边的第一项为混凝土的受扭作用,第二项为钢筋的受扭作用。

试验表明,若 ζ 在 0.5 ~ 2.0,钢筋混凝土受扭构件破坏时,其受扭纵筋和箍筋应力基本能达到屈服强度。为了稳妥起见,现行《混凝土结构设计规范》取 ζ 的限制条件为 $0.6\leqslant\zeta\leqslant1.7$,当 $\zeta>1.7$ 时,取 $\zeta=1.7$;当 $\zeta=1.2$ 左右时,为钢筋达到屈服强度的最佳值。

比较式(7.18)第二项与式(7.16),除系数小于2外,其表达式完全相同,主要原因是现行《混凝土结构设计规范》中的公式考虑了混凝土的抗扭作用,而且在规范公式建立时,包括了少量部分超配筋构件的试验点;此外,式(7.18)中系数 1.2 及 0.35 是在统计试验资料的基础上,考虑可靠性指标值的要求由试验点偏下限得出的。

关于混凝土受扭作用的机理,是正在致力研究的内容。试验表明,截面尺寸及配筋完全相同的受扭构件,其极限扭矩受混凝土强度等级的影响,混凝土强度等级高的,受扭承载力亦较大。对于带有裂缝的钢筋混凝土纯扭构件,现行《混凝土结构设计规范》取混凝土提供的受扭承载力为开裂扭矩的1/2。

对在轴向压力和扭矩共同作用下的矩形截面钢筋混凝土纯扭构件,其受扭承载力应按下式计算:

$$T \leqslant 0.35f_tW_t + 1.2\sqrt{\zeta}\frac{f_{yv}A_{st1}A_{cor}}{s} + 0.07\frac{N}{A}W_t \qquad (7.19)$$

此处,ζ 应按式(7.17)计算,且应符合 $0.6\leqslant\zeta\leqslant1.7$ 的要求,当 $\zeta>1.7$ 时,取 $\zeta=1.7$。式中 N 为与扭矩设计值 T 相应的轴向压力设计值,当 $N>0.3f_cA$ 时,取 $N=0.3f_cA$,A 为构件截面面积。

②对于 T 形和 I 形截面纯扭构件,可将其截面划分为几个矩形截面进行配筋计算。矩形截面划分的原则是首先满足腹板截面的完整性,然后再划分受压翼缘和受拉翼缘的面积,如图7.7所示。

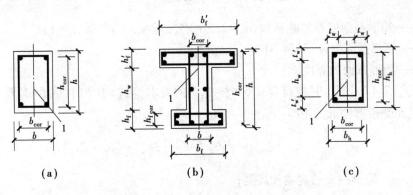

(a)　　　　　　(b)　　　　　　(c)

图 7.7　T 形和 I 形截面的划分

每个矩形截面所承担的扭矩值,按各矩形截面的受扭塑性抵抗矩与截面总的受扭塑性抵抗矩的比值进行分配的原则确定,并分别按式(7.18)计算受扭钢筋。每个矩形截面的扭矩设计值可按下列规定计算:

腹板

$$T_w = \frac{W_{tw}}{W_t} T \tag{7.20}$$

受压翼缘

$$T'_f = \frac{W'_{tf}}{W_t} T \tag{7.21}$$

受拉翼缘

$$T_f = \frac{W_{tf}}{W_t} T \tag{7.22}$$

式中　T——整个截面所承受的扭矩设计值;

　　　T_w——腹板截面所承受的扭矩设计值;

　　　T'_f, T_f——受压翼缘、受拉翼缘所承受的扭矩设计值;

　　　$W_{tw}, W'_{tf}, W_{tf}, W_t$——腹板、受压翼缘、受拉翼缘受扭塑性抵抗矩和截面总的受扭塑性抵抗矩,可分别按下列公式计算:

$$W_{tw} = \frac{b^2}{6}(3h - b) \tag{7.23}$$

$$W'_{tf} = \frac{h'^2_f}{2}(b'_f - b) \tag{7.24}$$

$$W_{tf} = \frac{h^2_f}{2}(b'_f - b) \tag{7.25}$$

$$W_t = W_{tw} + W'_{tf} + W_{tf} \tag{7.26}$$

计算时取用的翼缘宽度尚应符合 $b'_f \leqslant b+6h'_f$ 及 $b_f \leqslant b+6h_f$ 的要求。

③$h_w/t_w \leqslant 6$ 的箱形截面钢筋混凝土纯扭构件的受扭承载力计算。试验和理论研究表明,一定壁厚箱形截面的受扭承载力与实心截面的相同。对于箱形截面纯扭构件,现行《混凝土结构设计规范》是将式(7.18)混凝土项乘以与截面相对壁厚有关的折减系数,得出下列计算公式:

$$T \leqslant 0.35 \alpha_h f_t W_t + 1.2\sqrt{\zeta} \frac{f_{yv} A_{st1} A_{cor}}{s} \tag{7.27}$$

式中　α_h——箱形截面壁厚影响系数,$\alpha_h = 2.5 \, t_w/b_h$,当 $\alpha_h > 1$ 时,取 $\alpha_h = 1$;

　　　t_w——箱形截面壁厚,其值不应小于 $b_h/7$;

　　　b_h——箱形截面的宽度。

ζ 值按式(7.17)计算,且应符合 $0.6 \leqslant \zeta \leqslant 1.7$ 的要求,当 $\zeta > 1.7$ 时,取 $\zeta = 1.7$。

箱形截面受扭塑性抵抗矩为:

$$W_t = \frac{b^2_h}{6}(3h_h - b_h) - \frac{(b_h - 2t_w)^2}{6}[3h_w - (b_h - 2t_w)] \tag{7.28}$$

式中　b_h, h_h——箱形截面的宽度和高度;

　　　h_w——箱形截面的腹板净高;

　　　t_w——箱形截面壁厚。

为了避免少筋脆性破坏,保证构件具有一定的延性,受扭构件的配筋应有最小配筋量的要求。受扭构件的最小纵筋和箍筋配筋量,可根据钢筋混凝土构件所能承受的扭矩 T 不低于相同截面素混凝土构件的开裂扭矩 T_{cr} 的原则确定。

$$\rho_{st} = \frac{2A_{st1}}{bs} \geq \rho_{st,min} = 0.28 \frac{f_t}{f_{yv}} \tag{7.29}$$

$$\rho_{stl} = \frac{A_{stl}}{bh} \geq \rho_{stl,min} = 0.85 \frac{f_t}{f_y} \tag{7.30}$$

当扭矩小于开裂扭矩时,即满足条件

$$T \leq 0.7 f_t W_t \tag{7.31}$$

时,按上述受扭钢筋的最小配筋率配置抗扭钢筋,箍筋应满足最大间距和最小直径的构造规定。

为避免钢筋配置过多,或截面尺寸太小或混凝土强度等级过低而发生超筋脆性破坏,现行《混凝土结构设计规范》规定受扭截面应满足以下限制条件:

$$T \leq 0.2\beta_c f_c W_t \tag{7.32}$$

【例7.1】 矩形截面受扭构件,承受扭矩设计值 $T=41.5$ kN·m,采用 C30 混凝土,箍筋采用 HPB300 级钢筋,纵向钢筋采用 HRB400 级钢筋,初选截面 $b \times h = 300$ mm×500 mm(图7.8),纵向受力钢筋的混凝土保护层厚度为 20 mm,$a_s = 40$ mm。试计算抗扭钢筋。

【解】首先查得材料的设计指标:

C30 混凝土　　　　$f_t = 1.43$ N/mm², $f_c = 14.3$ N/mm²

HPB300 级钢筋　　$f_{yv} = 270$ N/mm²

HRB400 级钢筋　　$f_y = 360$ N/mm²

箍筋直径选取 10 mm。

(1)验算截面尺寸

$$W_t = \frac{b^2(3h-b)}{6} = \frac{1}{6} \times 300^2 \times (3 \times 500 - 300) \text{ mm}^2 = 18 \times 10^6 \text{ mm}^2$$

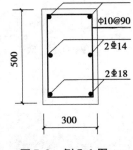

图7.8　例7.1图

因为 $\dfrac{h_w}{b} = \dfrac{h_0}{b} = \dfrac{460}{300} = 1.53 < 4$,所以应按式(7.50)计算,$V = 0$,则

$$\frac{T}{0.8W_t} = \frac{41.5 \times 10^6}{0.8 \times 18 \times 10^6} \text{N/mm}^2 = 2.88 \text{ N/mm}^2 < 0.25\beta_c f_c = 0.25 \times 1.0 \times 14.3 \text{ N/mm}^2 = 3.58 \text{ N/mm}^2$$

截面尺寸满足要求。

(2)验算是否需要计算配置抗扭钢筋

$$\frac{T}{W_t} = \frac{41.5 \times 10^6}{18 \times 10^6} \text{N/mm}^2 = 2.31 \text{ N/mm}^2 > 0.7f_t = 0.7 \times 1.43 \text{ N/mm}^2 = 1.00 \text{ N/mm}^2$$

需按计算配置抗扭钢筋。

(3)计算受扭箍筋数量

取配筋强度比 $\zeta = 1.2$。截面外边缘至箍筋内表面的距离为 20 mm+10 mm=30 mm,则截

面核心尺寸 $b_{cor} = (300-2\times30)$ mm $= 240$ mm, $h_{cor} = (500-2\times30)$ mm $= 440$ mm, $A_{cor} = b_{cor}\times h_{cor} = 1.056\times10^5$ mm^2, $u_{cor} = 2(b_{cor}+h_{cor}) = 1\ 360$ mm。

由式(7.18)可得：

$$\frac{A_{st1}}{s} = \frac{T-0.35f_tW_t}{1.2\sqrt{\zeta}A_{cor}f_{yv}} = \frac{41.5\times10^6-0.35\times1.43\times18\times10^6}{1.2\times\sqrt{1.2}\times1.056\times10^5\times270}\ \text{mm}^2/\text{mm} = 0.867\ \text{mm}^2/\text{mm}$$

选用ϕ10的双肢箍筋（$A_{st1} = 78.5$ mm^2），间距 $s\leqslant\dfrac{78.5}{0.687}$mm $= 91$ mm，取 $s = 90$ mm（图7.8）。

验算箍筋配箍率：

$$\rho_{st} = 2\frac{A_{st1}}{bs} = \frac{157}{300\times90} = 0.581\% < \rho_{sv,min} = 0.28\frac{f_t}{f_{yv}} = 0.28\times\frac{1.43}{270} = 0.148\%$$

满足要求。

（4）计算受扭纵筋量

纵筋总面积：$A_{stl} = \zeta\dfrac{A_{st1}u_{cor}f_{yv}}{sf_y} = 1.2\times\dfrac{78.5\times1\ 360\times270}{90\times360}mm^2 = 1\ 068$ mm^2

选用$4\ \underline{\Phi}18+2\ \underline{\Phi}14$（$A_{stl} = 1\ 018$ mm$^2+308$ mm$^2 = 1\ 326$ mm^2），在截面的四角放置4根直径为18 mm的HRB400级钢筋，在长边中间放置2根直径为14 mm的HRB400级钢筋（图7.8）。

验算纵向钢筋配筋率：

$$\rho_{stl} = \frac{A_{stl}}{bh} = \frac{1\ 326}{300\times500} = 0.884\%$$

当 $V = 0$ 时，取$\dfrac{T}{Vb} = 2.0$，则

$$\rho_{stl,min} = 0.6\sqrt{\frac{T}{Vb}}\frac{f_t}{f_y} = 0.6\times\sqrt{2}\times\frac{1.43}{360} = 0.337\%$$

$$\rho_{stl} = 0.884\% > \rho_{stl,min} = 0.337\%$$

满足要求。

7.4 弯剪扭构件承载力计算

▶ 7.4.1 弯剪扭构件的破坏形态

弯矩、剪力和扭矩共同作用下的钢筋混凝土构件，其受力状态十分复杂。扭矩所产生的纵筋拉应力与受弯时纵筋拉应力叠加，使钢筋拉应力增大，受弯承载力降低；扭矩和剪力产生的剪应力在构件的一个侧面上叠加，导致抗剪承载力总是小于剪力和扭矩单独作用时的抗剪承载能力。

弯剪扭构件主要有以下3种破坏形态：

1）弯型破坏

试验表明,在配筋量适当的条件下,当弯矩较大而剪力较小时,弯矩起控制作用。裂缝首先在弯曲受拉底面出现,然后发展到两侧面,受扭矩作用产生的剪应力的影响,裂缝在两个侧面分别向斜上方发展,3 个面上的螺旋形裂缝最终形成一个扭曲破坏面。底部纵筋同时受弯矩和扭矩作用产生拉应力叠加,如纵筋配筋量不多时,破坏始于底部受拉纵筋屈服,顶部(弯曲受压顶面无裂缝)混凝土压碎而破坏,如图 7.9(a)所示。

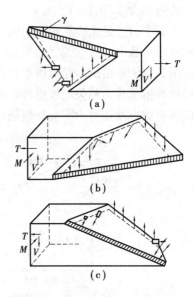

图 7.9　弯剪扭构件的破坏形态

2）扭型破坏

当扭矩较大,弯矩和剪力较小,且构件顶部纵筋少于底部纵筋时,可能形成受压区在构件底部的扭型破坏,如图 7.9(b)所示。此时扭矩所引起的顶部纵筋拉应力较大,而弯矩引起的顶部纵筋压应力较小,且顶部纵筋少于底部纵筋,扭矩所产生的拉应力可能抵消弯矩产生的压应力,并使顶部纵筋先达到屈服强度,最后因构件底部混凝土被压碎而破坏。因为弯矩对顶部产生压应力能够抵消一部分扭矩产生的拉应力,所以弯矩对抗扭承载力有一定程度的提高。对于底部和顶部纵筋对称配置的情况,在弯矩和扭矩共同作用下总是底部纵筋先达到屈服强度,最终发生弯型破坏而不是扭型破坏。

3）剪扭型破坏

当弯矩较小,剪力和扭矩起控制作用,构件主要在剪力和扭矩的共同作用下产生剪扭型或扭剪型破坏。

首先,裂缝从侧面的中点开始出现(在此侧面上,剪力和扭矩产生的主应力方向是相同的,二者相互叠加);然后,裂缝向顶面和底面扩展;最后,另一个侧面的混凝土被压碎(在这个侧面上,剪力和扭矩产生的主应力方向是相反的,二者相互抵消),如图 7.9(c)所示。如配筋量合适,与螺旋形斜裂缝相交的纵筋和箍筋在构件破坏时受拉并到达屈服强度。

如第 6 章所述,没有扭矩作用的受弯构件斜截面会发生剪压破坏。试验表明,对于弯剪扭共同作用的构件,除上述 3 种破坏形态外,若剪力作用十分显著而扭矩较小时,还会发生与剪压破坏十分相近的剪切破坏形态。

▶ 7.4.2　剪扭相关性

对于无腹筋剪扭构件,剪力和扭矩共同作用下构件的承载力比剪力和扭矩分别单独作用时要低,即剪扭构件的抗剪和抗扭承载力会随剪力和扭矩比值(称为剪扭比)的变化而变化。试验结果表明,构件的抗扭承载力随着剪力的增加而降低;反之,构件的抗剪承载力也随着扭矩的增加而降低。这说明,剪扭构件的抗剪与抗扭承载力之间存在着受同时作用的扭矩和剪力影响的性质,即剪扭相关性。

图 7.10(a)中各点为无腹筋构件受剪扭作用时,在不同剪扭比作用下的承载力试验结果。通过拟合发现,T_c/T_{co} 与 V_c/V_{co} 的关系曲线可近似为一个 1/4 圆,如图 7.10(a)中所示的曲线。其中,T_{co} 是无腹筋构件受纯扭时混凝土的受扭承载力;V_{co} 是无腹筋构件受剪时混凝土的受扭承载力;T_c,V_c 是无腹筋构件在扭矩和剪力同时作用时混凝土的抗扭和抗剪承载力。

图 7.10(b)给出的是有腹筋构件在不同剪扭比作用下的试验数据点。试验表明,矩形截面构件剪扭承载力相关曲线也可以用近似 1/4 圆表示。图中 T_0,V_0 分别代表有腹筋纯扭构件的抗扭承载力及扭矩为零时有腹筋构件的抗剪承载力。

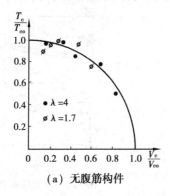
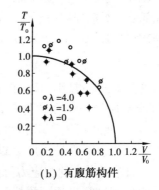

（a）无腹筋构件　　　　　　（b）有腹筋构件

图 7.10　剪扭承载力相关关系

弯剪扭构件
承载力计算方法

▶ 7.4.3　现行《混凝土结构设计规范》简化设计计算方法

1)混凝土剪扭相关性简化

对于弯剪扭及剪扭矩形截面有腹筋构件,现行《混凝土结构设计规范》假定混凝土的剪扭承载力相关性符合 1/4 圆曲线规律,并以此曲线作为校准线,采用混凝土部分相关、钢筋部分不相关的近似拟合公式,将其简化为如图 7.11 所示的三折线(图中 *ABCD* 线)。此时,可推导出剪扭构件混凝土受扭承载力降低系数 β_t,其值略大于无腹筋构件的试验结果,采用此 β_t 值后与有腹筋构件的 1/4 圆相关曲线较为接近。

对图 7.11 所示的三折线(图中 *ABCD* 线)有:

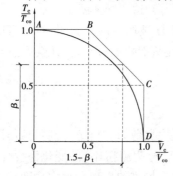

图 7.11　有腹筋构件混凝土
剪扭承载力计算曲线

$$\frac{V_c}{V_{co}} \leqslant 0.5 \text{ 时} \qquad \frac{T_c}{T_{co}} = 1.0 \qquad (7.33)$$

$$\frac{T_c}{T_{co}} \leqslant 0.5 \text{ 时} \qquad \frac{V_c}{V_{co}} = 1.0 \qquad (7.34)$$

$$\frac{T_c}{T_{co}} \text{ 或 } \frac{V_c}{V_{co}} > 0.5 \text{ 时} \qquad \frac{T_c}{T_{co}} + \frac{V_c}{V_{co}} = 1.5 \qquad (7.35)$$

令 $\frac{T_c}{T_{co}} = \beta_t$,则有 $\frac{V_c}{V_{co}} = 1.5 - \beta_t$,从而得到:

$$\beta_t = \frac{1.5}{1 + \dfrac{V_c}{T_c}\dfrac{T_{co}}{V_{co}}} \qquad (7.36)$$

式中　T_c，V_c——有腹筋剪扭构件混凝土的受扭承载力和受剪承载力；

　　　T_{co}，V_{co}——有腹筋纯扭及扭矩为零时混凝土的受扭承载力和受剪承载力。

剪扭构件混凝土受扭承载力降低系数 β_t 可按下列规定计算：

（1）一般剪扭构件

取混凝土承担的扭矩 T_{co} 和剪力 V_{co} 为：

$$T_{co} = 0.35 f_t W_t$$

$$V_{co} = 0.7 f_t b h_0$$

代入式（7.36），并近似取 $V_c/T_c = V/T$，可得：

$$\beta_t = \frac{1.5}{1 + 0.5 \dfrac{V}{T} \dfrac{W_t}{b h_0}} \tag{7.37}$$

当 $\beta_t < 0.5$ 时，取 $\beta_t = 0.5$，即不考虑扭矩对混凝土受剪承载力的影响；当 $\beta_t > 1.0$，取 $\beta_t = 1.0$，即不考虑剪力对混凝土受扭承载力的影响。

（2）集中荷载作用下的独立剪扭构件

对集中荷载作用下的独立钢筋混凝土剪扭构件（包括作用有多种荷载，且集中荷载对支座截面或节点边缘产生的剪力值占总剪力值75%以上的情况），取

$$V_{co} = \frac{1.75}{\lambda + 1} f_t b h_0$$

$$T_{co} = 0.35 f_t W_t$$

可得：

$$\beta_t = \frac{1.5}{1 + 0.2(\lambda + 1) \dfrac{V}{T} \dfrac{W_t}{b h_0}} \tag{7.38}$$

当 $\beta_t < 0.5$ 时，取 $\beta_t = 0.5$；当 $\beta_t > 1.0$ 时，取 $\beta_t = 1.0$。

2）剪扭构件的承载力

对于有腹筋的剪扭构件，其受剪承载力及受扭承载力均是由混凝土承载和钢筋承载两部分组成。试验中很难将这两部分区分开，现行《混凝土结构设计规范》假定在有腹筋的剪扭构件中，混凝土承载的那部分剪、扭承载力是相关的，其相关关系用 β_t 表示；而钢筋承载的那部分剪、扭承载力是不相关的，即各自的配筋承担各自的那部分剪力和扭矩。计算方法分述如下。

（1）矩形截面

①一般剪扭构件：

受剪承载力 $\qquad V \leqslant 0.7(1.5 - \beta_t) f_t b h_0 + f_{yv} \dfrac{A_{sv}}{s} h_0 \tag{7.39}$

受扭承载力 $\qquad T \leqslant 0.35 \beta_t f_t W_t + 1.2 \sqrt{\zeta} f_{yv} \dfrac{A_{st1} A_{cor}}{s} \tag{7.40}$

此处 β_t 按式（7.37）计算。

②集中荷载作用下的独立剪扭构件：

受剪承载力 $\qquad V \leqslant \dfrac{1.75}{\lambda + 1}(1.5 - \beta_t) f_t b h_0 + f_{yv} \dfrac{A_{sv}}{s} h_0 \tag{7.41}$

受扭承载力 $$T \leq 0.35\beta_t f_t W_t + 1.2\sqrt{\zeta} f_{yv} \frac{A_{st1}A_{cor}}{s} \tag{7.42}$$

此处 β_t 按式(7.38)计算。

(2)T 形和 I 形截面

①T 形和 I 形截面剪扭构件的受剪承载力,可按式(7.39)或式(7.41)计算,但计算 β_t 时应将 T 及 W_t 分别以 T_w 及 W_{tw} 替代,即认为 T 形和 I 形截面的剪力将全部由腹板承担。

②T 形和 I 形截面剪扭构件的受扭承载力,可按纯扭构件的计算方法,将截面划分为几个矩形截面分别进行计算:

a. 腹板为剪扭构件,可按式(7.40)进行计算,但计算 β_t 时应将 T 及 W_t 分别以 T_w 及 W_{tw} 替代。

b. 受压翼缘及受拉翼缘可按矩形截面纯扭构件进行计算,但计算时应将 T 及 W_t 分别以 T'_f 及 W'_{tf} 和 T_f 及 W_{tf} 替代。

(3)箱形截面

①一般剪扭构件:

受剪承载力 $$V \leq 0.7(1.5 - \beta_t)f_t b h_0 + f_{yv} \frac{A_{sv}}{s} h_0 \tag{7.43}$$

受扭承载力 $$T \leq 0.35\alpha_h \beta_t f_t W_t + 1.2\sqrt{\zeta} f_{yv} \frac{A_{st1}A_{cor}}{s} \tag{7.44}$$

式中,ζ 按式(7.17)计算;α_h 应按箱形截面钢筋混凝土纯扭构件的受扭承载力计算规定取值;β_t 按式(7.37)计算,但式中的 W_t 应以 $\alpha_h W_t$ 代替。

②集中荷载作用下的独立剪扭构件:

受剪承载力 $$V \leq \frac{1.75}{\lambda + 1}(1.5 - \beta_t)f_t b h_0 + f_{yv} \frac{A_{sv}}{s} h_0 \tag{7.45}$$

受扭承载力 $$T \leq 0.35\alpha_h \beta_t f_t W_t + 1.2\sqrt{\zeta} f_{yv} \frac{A_{st1}A_{cor}}{s} \tag{7.46}$$

式中,β_t 按式(7.38)计算,但式中的 W_t 应以 $\alpha_h W_t$ 代替。

对于剪扭构件,试验表明其抗裂条件基本符合剪力与扭矩叠加的线性分布规律。因此,当剪扭构件满足条件

$$\frac{V}{bh_0} + \frac{T}{W_t} \leq 0.7f_t \tag{7.47}$$

时,可不进行受剪扭的承载力计算,而仅需按构造要求(箍筋最小配筋率、箍筋最大间距、受扭纵筋的最小配筋率、受扭纵筋的最大间距等)配置抗扭钢筋。

3)弯剪扭构件的承载力

弯矩、剪力、扭矩共同作用下的弯剪扭构件,其受力情况相当复杂。现行《混凝土结构设计规范》允许采用叠加配筋方法和近似计算方法。

(1)叠加配筋方法

矩形、T 形、I 形和箱形截面钢筋混凝土弯剪扭构件配筋计算一般原则为:

①按受弯构件单独计算在弯矩作用下所需的受弯纵向钢筋截面面积 A_s 及 A'_s。

②按剪扭构件计算受剪所需的箍筋截面面积 A_{sv}/s、受扭所需的箍筋截面面积 A_{stl}/s 和受扭纵向钢筋总面积 A_{stl}。

③叠加上述二者所需的纵向钢筋和箍筋截面面积,即得弯剪扭构件的配筋面积。

值得注意的是,受弯纵筋 A_s 是配置在截面受拉区底边,A'_s 是配置在截面受压区顶边,而受扭纵筋 A_{stl} 则应在截面周边对称均匀布置。假如受扭纵筋准备分 3 层配置,则每一层的受扭纵筋面积为 $A_{stl}/3$。因此,叠加时截面底层所需的纵筋面积为 $A_s+A_{stl}/3$,顶层纵筋面积为 $A'_s+A_{stl}/3$,中间层纵筋面积为 $A_{stl}/3$。钢筋面积叠加后,底层和顶层可采用同一种配置方式。

还需注意,抗剪所需的受剪箍筋 A_{sv} 是指同一截面内各肢箍筋的全部截面面积,即 nA_{sv1},而抗扭所需的受扭箍筋 A_{stl} 则是沿截面周边配置的单肢箍筋截面面积。因此,由计算求出的 A_{sv}/s 与 A_{stl}/s 是不能直接相加的,只能以 A_{sv1}/s 与 A_{stl}/s 相加,然后统一配置在截面周边。当采用复合箍筋时,位于截面内部的箍筋则只能抗剪而不能抗扭。

(2)近似计算方法

现行《混凝土结构设计规范》规定,弯矩、剪力和扭矩共同作用下的矩形、T 形、I 形和箱形截面弯剪扭构件,当符合一定条件时,如剪力或扭矩较小时,可按近似方法计算。

①当剪力小于混凝土承受剪力能力的 1/2,即 $V \leqslant 0.35f_tbh_0$ 或 $V \leqslant 0.875f_tbh_0/(\lambda+1)$ 时,可忽略剪力不计,按弯扭构件计算。按受弯构件正截面受弯承载力计算纵向钢筋 A_s(或 A_s,A'_s);按纯扭构件扭曲截面受扭承载力计算抗扭纵筋 A_{stl} 及抗扭箍筋 A_{stl}/s。

②当扭矩小于混凝土承受扭矩能力的 1/2,即 $T \leqslant 0.175f_tW_t$ 或 $T \leqslant 0.175\alpha_h f_tW_t$ 时,可忽略扭矩不计,按弯剪构件计算。按受弯构件正截面受弯承载力计算纵向钢筋 A_s(或 A_s,A'_s);按斜截面受剪承载力计算抗剪箍筋 A_{sv}/s。

4)轴向压力、弯矩、剪力和扭矩共同作用下钢筋混凝土矩形截面框架柱

在轴向压力、弯矩、剪力和扭矩共同作用下的钢筋混凝土矩形截面框架柱,其剪扭承载力应按下列公式计算:

受剪承载力

$$V \leqslant \left(1.5 - \beta_t\right)\left(\frac{1.75}{\lambda+1}f_tbh_0 + 0.07N\right) + f_{yv}\frac{A_{sv}}{s}h_0 \tag{7.48}$$

受扭承载力

$$T \leqslant \beta_t\left(0.35f_tW_t + 0.07\frac{N}{A}W_t\right) + 1.2\sqrt{\zeta}\,f_{yv}\frac{A_{stl}A_{cor}}{s} \tag{7.49}$$

式中,β_t 近似按式(7.38)计算;式(7.48)、式(7.45)和式(7.38)中 λ 值为计算截面的剪跨比,按第 8 章有关规定取用。

在轴向压力、弯矩、剪力和扭矩共同作用下的钢筋混凝土矩形截面框架柱,纵向钢筋面积应按偏心受压构件正截面承载力和剪扭构件抗扭承载力分别计算,并按相应位置进行配置;箍筋面积应按剪扭构件的抗剪承载力和抗扭承载力分别计算,并按相应位置进行配置。

在轴向压力、弯矩、剪力和扭矩共同作用下的钢筋混凝土矩形截面框架柱,当 $T \leqslant (0.175f_t + 0.035N/A)W_t$ 时,可仅按偏心受压构件的正截面承载力和框架柱斜截面受剪承载力分别进行计算。

▶ 7.4.4 构造规定

1)构件截面尺寸控制条件

为防止弯剪扭构件受扭时发生混凝土首先被压坏的超筋破坏,必须控制受扭钢筋的数量不能超过其上限,也就是必须控制构件的截面尺寸不能过小。

现行《混凝土结构设计规范》规定,在弯矩、剪力、扭矩共同作用下,对 $h_w/b \leqslant 6$ 的矩形、T形、I形截面和 $h_w/t_w \leqslant 6$ 的箱形截面钢筋混凝土构件,其截面尺寸应符合下列要求:

①当 h_w/b(或 h_w/t_w)≤4 时:

$$\frac{V}{bh_0} + \frac{T}{0.8W_t} \leqslant 0.25\beta_c f_c \tag{7.50}$$

②当 h_w/b(或 h_w/t_w)= 6 时:

$$\frac{V}{bh_0} + \frac{T}{0.8W_t} \leqslant 0.2\beta_c f_c \tag{7.51}$$

式中　T——扭矩设计值;

　　　b——矩形截面的宽度,T形或I形截面的腹板宽度,箱形截面的侧壁总厚度 $2t_w$;

　　　W_t——受扭构件的截面受扭塑性抵抗矩;

　　　h_w——截面的腹板高度,矩形截面取有效高度 h_0,T形截面取有效高度减去翼缘高度,I形截面和箱形截面取腹板净高;

　　　t_w——箱形截面壁厚,其值不应小于 $b_h/7$,此处 b_h 为箱形截面宽度。

③当 $4<h_w/b$(或 h_w/t_w)<6 时,按线性内插法确定。

④当 h_w/b(或 h_w/t_w)>6 时,受扭构件的截面尺寸及扭曲截面承载力计算应符合专门规定。

当截面尺寸符合下列要求时:

$$\frac{V}{bh_0} + \frac{T}{W_t} \leqslant 0.7f_t \tag{7.52}$$

或

$$\frac{V}{bh_0} + \frac{T}{W_t} \leqslant 0.7f_t + 0.07\frac{N}{bh_0} \tag{7.53}$$

均可不进行构件受剪扭承载力计算。但为了防止构件脆断,保证构件破坏时具有一定的延性,现行《混凝土结构设计规范》规定应按构造要求配置纵向钢筋和箍筋。

2)受扭钢筋的最小配筋率

为防止受扭构件发生少筋破坏,受扭钢筋的配置必须大于其最小配筋率。

(1)受扭纵筋最小配筋率

规范规定,受扭纵向钢筋应满足式(7.54)的要求:

$$\rho_{stl} = \frac{A_{stl}}{bh} \geqslant \rho_{stl,min} = 0.6\sqrt{\frac{T}{Vb}}\frac{f_t}{f_y} \tag{7.54}$$

式中,当 $\frac{T}{Vb}>2$ 时,取 $\frac{T}{Vb}=2$。

（2）受扭箍筋最小配筋率

规范规定,在弯剪扭构件中,剪扭箍筋的配筋率应满足式(7.55)的要求:

$$\rho_{sv} = \frac{A_{sv}}{bs} = \frac{nA_{sv1}}{bs} \geqslant 0.28\frac{f_t}{f_{yv}} \tag{7.55}$$

对箱形截面,此处的 b 为箱形截面的总宽度 b_h。

3)钢筋的构造规定

（1）纵向钢筋

对钢筋混凝土弯剪扭构件,纵向钢筋同时具有抗弯和抗扭的双重作用,因此其纵向钢筋的配置应同时满足各自配筋要求。

受扭纵向钢筋的间距不应大于 200 mm 和梁的截面短边尺寸;在截面四角必须设置受扭纵向受力钢筋,其余受扭纵向钢筋宜沿截面周边均匀对称布置。受扭纵向钢筋应按受拉钢筋锚固在支座内。

在弯剪扭构件中,弯曲受拉边纵向受拉钢筋的最小配筋量,不应小于按弯曲受拉钢筋最小配筋率计算出的钢筋截面面积与按受扭纵向受力钢筋最小配筋率计算并分配到弯曲受拉边钢筋截面面积之和。

（2）箍筋

受扭箍筋应做成封闭式,且应沿截面周边布置;当采用复合箍筋时,位于截面内部的箍筋不应计入受扭所需的箍筋面积;受扭所需箍筋的末端应做成 135° 弯钩,弯钩端头平直段长度不应小于 $10d$（d 为箍筋直径）,且箍筋间距应符合第 6 章的规定。

在超静定结构中,考虑协调扭转而配置的箍筋,其间距不宜大于 $0.75b$,此处 b 应按式(7.50)、式(7.51)规定取值。

工程实例1　　工程实例2　　工程实例3

本章小结

（1）在实际工程中,把有扭矩作用的钢筋混凝土构件称为受扭构件。绝大多数受扭构件通常都是处于弯矩、剪力和扭矩共同作用下的复合受扭状态。

（2）钢筋混凝土受扭构件,由混凝土、抗扭箍筋和抗扭纵筋来抵抗由外荷载在构件截面产生的扭矩。

（3）钢筋混凝土纯扭构件的开裂扭矩与素混凝土构件基本相同。钢筋混凝土矩形截面纯扭构件的破坏形态分为少筋破坏、适筋破坏、完全和部分超筋破坏。其中,适筋破坏是计算构件承载力的依据,少筋破坏和超筋破坏在工程中禁止采用。可通过最小箍筋配筋率和最小纵筋配筋率防止少筋破坏;通过限制截面尺寸防止完全超筋破坏;通过控制受扭纵向钢筋与受

扭箍筋的配筋强度比 ζ 防止部分超筋破坏。

(4)在弯剪扭构件中,混凝土的抗剪承载力随扭矩的增大而降低,而混凝土的抗扭承载力随剪力的增大而降低,现行《混凝土结构设计规范》通过强度降低系数 β_t 来考虑剪扭相关性。

(5)弯剪扭构件的配筋可按"叠加法"进行计算,即纵向钢筋截面面积由抗弯和抗扭承载力所需的钢筋面积相叠加,其箍筋截面面积由抗剪承载力和抗扭承载力所需的箍筋面积相叠加。在一定条件下,也可采用近似计算方法。

(6)受扭构件还须满足相关的构造要求。

思考题

7.1 请举出工程中受扭构件的实例。

7.2 素混凝土矩形截面纯扭构件的破坏有何特点?

7.3 钢筋混凝土矩形截面纯扭构件有几种主要的破坏形态?其破坏特征是什么?

7.4 什么是配筋强度比?为什么要对配筋强度比的范围加以限制?

7.5 什么是混凝土剪扭承载力的相关性?现行《混凝土结构设计规范》是如何考虑剪扭相关性的?

7.6 钢筋混凝土弯剪扭构件承载力计算的原则是什么?

7.7 在弯剪扭构件的配筋计算中,如何确定钢筋的用量?

7.8 对受扭构件,如何避免少筋和超筋破坏的发生?

7.9 纵向钢筋和箍筋在构件截面上应如何布置?

7.10 对钢筋混凝土矩形、T形、I形和箱形截面弯剪扭构件,在承载力计算、截面尺寸限制和配筋率规定中,对截面宽度 b 的取值有何异同?

7.11 对受扭构件的构造有何规定?

习 题

7.1 已知矩形截面受扭构件,$b \times h = 300\ mm \times 600\ mm$,承受的扭矩设计值 $T = 35\ kN \cdot m$,如采用 C30 混凝土,箍筋采用 HPB300 级钢筋,纵筋采用 HRB400 级钢筋。试计算抗扭箍筋和纵筋,并绘制配筋图。

7.2 某矩形截面梁,截面尺寸为 $b \times h = 250\ mm \times 550\ mm$,采用 C30 混凝土,纵向钢筋为 HRB400 级钢筋,截面四角各有 1 ⊈ 16,梁两侧面各有 1 ⊈ 16 的纵向钢筋,共计 6 ⊈ 16,箍筋为 φ10@100 双肢箍。请确定该梁能承担的扭矩设计值 T。

7.3 已知一均布荷载作用下的矩形截面构件,$b \times h = 250\ mm \times 600\ mm$,承受弯矩设计值 $M = 60\ kN \cdot m$,剪力设计值 $V = 35\ kN$,扭矩设计值 $T = 15\ kN \cdot m$,采用 C30 混凝土,HPB300 级箍筋,HRB400 级纵筋。试计算钢筋,并绘制截面配筋图。

8

偏心受力构件承载力计算

〚**本章学习要点**〛

本章主要介绍钢筋混凝土偏心受压构件、偏心受拉构件的承载力计算方法和构造要求。通过本章的学习,要求能够深入理解偏心受压构件正截面的两种破坏形态及其判定方法;能熟练掌握矩形截面偏心受压构件受压承载力的计算方法;能理解 N_u-M_u 曲线的意义及其特点;了解偏心受压构件斜截面受剪承载力的计算方法及偏心受拉构件承载力的计算方法。

8.1 概　述

钢筋混凝土构件由两种材料组成,混凝土是非匀质材料,钢筋也可采用不对称布置形式。为简化起见,减小混凝土的非匀质性、钢筋不对称布置及施工制作时截面尺寸偏差等因素的影响,对以承受轴向力为主的构件,近似地用轴向力作用点与构件正截面形心的相对位置来划分构件受力类型。

根据前述,当轴向力作用点与构件截面形心轴线重合时,为轴心受力构件;当轴向力作用点与构件截面形心轴线不重合时,或者当构件受到轴向作用力和弯矩共同作用(亦或轴向力 N、弯矩 M、剪力 V 共同作用)时,此类构件称为偏心受力构件。由于轴向作用力的性质可分为轴向压力和轴向拉力,所以偏心受力构件又分成偏心受压构件和偏心受拉构件。轴向力作用点与构件截面形心轴线之间的距离,称为偏心距(用 e_0 表示)。

根据轴向压力作用点与构件截面形心轴线之间的相对位置,把偏心受压构件分成单向偏心受压构件和双向偏心受压构件。当轴向压力作用点只对构件正截面的一个主轴有偏心距

时,为单向偏心受压构件,如图 8.1(b)所示;当轴向压力作用点对构件正截面的两个主轴都有偏心距时,为双向偏心受压构件,如图 8.1(c)所示。通常将单向偏心受压构件简称为偏心受压构件。

实际工程中,单层工业厂房柱、多层和高层建筑中的框架柱、拱、屋架上弦杆、剪力墙、筒体、烟囱的筒壁、桥梁结构中的桥墩、桩、双肢柱中的压肢等都属于受压构件。而单层工业厂房柱、框架柱、屋架上弦杆、拱等属于偏心受压构件,框架结构的角柱则属于双向偏心受压构件。

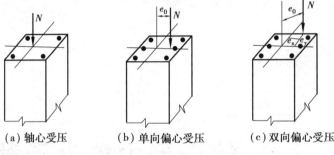

(a) 轴心受压   (b) 单向偏心受压   (c) 双向偏心受压

图 8.1　偏心受压构件

承受轴向拉力为主的构件为受拉构件,如钢筋混凝土屋架的下弦杆和腹杆、拱的拉杆、圆形水池的池壁、圆形管道的管壁、矩形水池的池壁、矩形剖面料仓或煤斗的壁板、双肢柱的拉肢等均属于受拉构件。当轴向拉力作用点与构件截面形心轴线有偏心距时,或同时受到轴向拉力和弯矩共同作用时,即为偏心受拉构件,如矩形水池的池壁、双肢柱的拉肢等。

8.2　偏心受压构件正截面承载力计算

▶ 8.2.1　偏心受压构件正截面的破坏形态

偏心受压构件同时受到轴向压力和弯矩 $M = Ne_0$(或偏心压力 N)的作用,随着偏心距 e_0 的大小及纵向钢筋配筋率的不同,偏心受压构件将产生不同的破坏形态,且随着长细比 l_0/i(矩形截面弯矩作用平面内为 l_0/b)大小的改变,构件的破坏形态及承载能力也将随之发生变化。

1)偏心受压短柱的破坏形态

试验表明,偏心受压短柱的破坏形态可分为大偏心受压破坏和小偏心受压破坏两种。

偏心受压短柱
的破坏形态

(1)大偏心受压破坏

大偏心受压破坏又称为受拉破坏。这种破坏形式发生于轴向压力 N 的相对偏心距 e_0 较大,且受拉钢筋配置不太多的情况,破坏过程类似受弯构件双筋适筋梁。在偏心距较大的轴向压力作用下,截面在靠近轴向压力 N 一侧受压,而远离轴向压力一侧受拉,随着荷载的增加,当受拉边缘混凝土达到极限拉应变时,首先在受拉区产生横向裂缝;荷载继续增加,受拉区裂缝随之不断开展,临近破坏时,受拉区钢筋 A_s 的应力首先达到抗拉屈服强度,进入流幅阶段。在此过程中,受拉区横向裂缝将迅速开展并向受压区延伸,主裂缝逐渐明显,中和轴上升,使混凝土受压区高度迅速减小,最后受压区边缘混凝土达到极限压应变 ε_{cu} 值,混凝土被压碎而破坏,破坏时受压一侧的纵向钢筋也能达到抗压屈服强度,这种破坏属于延性破坏。破坏前受拉钢筋屈服,构件变形较大,有明显的破坏预兆,具有延性破坏的性质。由于破坏始于远离轴向压力一侧钢筋的受拉屈服,所以这种破坏类型也形象地称为"受拉破坏"。

大偏心受压破坏即受拉破坏的破坏特征为:远离轴向压力一侧(受拉侧)钢筋 A_s 的应力首先达到抗拉屈服强度,然后受压侧钢筋 A_s' 的应力达到抗压屈服强度,最终由于受压区混凝土被压碎而导致构件破坏。

构件破坏时,正截面上的应力状态如图 8.2(a)所示,破坏形态如图 8.2(b)所示(立面展开图)。

(2)小偏心受压破坏

小偏心受压破坏又称为受压破坏,截面破坏从受压区开始,有以下几种情况:

①当轴向压力 N 的相对偏心距 e_0 较小时,构件截面全部受压或大部分受压、小部分受拉,如图 8.3(a),(b)所示。在破坏时,靠近轴向压力作用一侧

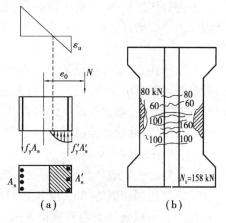

图 8.2 大偏心受压破坏时的截面应力和破坏形态

的受压钢筋 A_s' 应力达到抗压屈服强度,受压侧混凝土因压应力较大,其压应变达到极限压应变 ε_{cu},混凝土先行被压碎而导致破坏,而远离轴向压力一侧钢筋 A_s 的应力可能受压,也可能受拉,但都达不到屈服强度。破坏时无明显预兆,属脆性破坏。

②当轴向压力 N 的相对偏心距 e_0 虽然较大,但截面在远离轴向压力一侧却配置了特别多的受拉钢筋时,受拉钢筋始终达不到屈服强度。破坏时受压区边缘混凝土达到极限压应变,受压钢筋 A_s' 也达到抗压屈服强度,而远离轴向压力一侧钢筋 A_s 受拉但不屈服,其截面上的应力状态如图 8.3(a)所示。破坏时无明显预兆,压碎区段较长,且混凝土强度越高,破坏越突然。

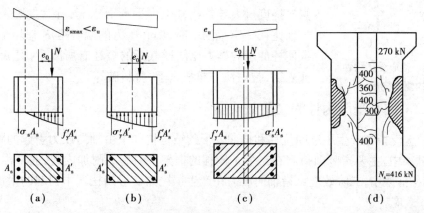

图 8.3 小偏心受压破坏时的截面应力和破坏形态

③当轴向压力 N 的相对偏心距 e_0 很小,而远离轴向压力一侧的钢筋配置过少,靠近轴向压力一侧的钢筋配置较多时,实际重心和构件的几何形心不重合而向轴向压力方向偏移,且越过压力作用线[(图8.3(c)],离轴向压力较远一侧的混凝土压应力反而较大,此时出现远离轴向压力一侧钢筋的应力达到抗压屈服强度,混凝土达到极限压应变 ε_{cu} 被压碎而破坏。而靠近轴向压力一侧由于压应力较小,钢筋的应力通常达不到屈服强度。破坏时无明显预兆,属脆性破坏。

上述破坏过程中,其破坏特征是:受压钢筋应力首先达到抗压屈服强度,受压区混凝土因达到极限压应变而被压碎,称为"受压破坏"。此时,另一侧钢筋无论受拉还是受压,都不会屈服。

综上所述,大偏心受压破坏与小偏心受压破坏都属于材料破坏,它们的相同之处是截面的最终破坏都是由于受压区边缘混凝土达到极限压应变而被压碎;不同之处在于截面破坏的起因,即截面受拉部分和受压部分谁先发生破坏:前者是受拉钢筋先屈服而后受压混凝土被压碎,后者是截面的受压区混凝土先发生破坏。

(3)界限破坏

在大偏心受压破坏和小偏心受压破坏之间存在一种界限破坏形态,称为"界限破坏",即当受拉钢筋达到屈服的同时,受压区混凝土也刚好达到极限压应变 ε_{cu},混凝土出现纵向裂缝并被压碎。界限破坏不但有横向主裂缝,而且比较明显,截面具有延性破坏的性质,属于"受拉破坏"的范畴。

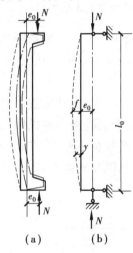

图8.4 偏心受压构件的侧向挠度

试验表明,从加载开始到临近破坏为止,截面各处沿偏心受压构件截面高度测得的平均应变值较好地符合平截面假定。

2)长柱的正截面受压破坏

通过试验发现,钢筋混凝土柱在承受偏心压力荷载后会产生纵向弯曲,即产生侧向挠度 f。当长细比小时,即所谓"短柱",由于纵向弯曲小,设计时可忽略不计;对于长细比较大的柱,则会产生较大的纵向弯曲(图8.4),设计时必须予以考虑。

偏心受压长柱在纵向弯曲影响下,可能发生两种破坏形式:当长细比很大时,构件的破坏并非由于材料破坏引起,而是由于侧向挠度过大导致构件失去平衡而引起,称为"失稳破坏";当长细比在一定范围内时,偏心压力的偏心距从 e_0 增加到 $e_0 + f$,致使柱的承载能力比同样截面的短柱有所减小,但就其破坏特征来讲,与短柱一样都属于"材料破坏"。

▶ 8.2.2 偏心受压构件的二阶效应

二阶效应泛指在产生了层间位移和挠曲变形的结构构件中由轴向压力引起的附加内力。在有侧移框架中,主要指竖向荷载在产生了侧移的框架中引起的附加内力,通常称为 P-Δ 效应;在无侧移框架中,二阶效应是指轴向压力在产生了挠曲变形的柱端中引起的附加内力,通常称为 P-δ 效应。

由于结构的二阶效应不仅与结构形式、构件的几何尺寸有关,还与构件的受力特点(变形曲率、轴压比)有关。现行《混凝土结构设计规范》根据不同结构的特点,采用不同方式来考虑二阶效应。

1)P-Δ 效应

P-Δ 效应即为重力二阶效应,其计算属于结构整体层面问题,一般在结构分析中考虑。现行《混凝土结构设计规范》给出了两种计算方法:有限元法和增大系数法。目前计算机已广泛应用于结构设计,在受力全过程中可以综合考虑结构材料、几何尺寸、刚度的变化对结构内力分析的影响,在进行结构分析时也可一并考虑结构侧移引起的二阶效应。当需要利用简化方法计算侧移二阶效应时,也可用《混凝土结构设计规范》附录推荐的增大系数法。根据结构二阶效应的基本规律,增大系数 η_s 只会增大引起结构侧移的荷载或作用所产生的构件内力。对框架结构,可采用层增大系数法计算;而对剪力墙结构、框架-剪力墙结构和筒体结构中,采用整体增大法计算;对排架结构,采用 $\eta-l_0$ 法来考虑排架的 P-Δ 效应。

2)P-δ 效应

P-δ 效应是钢筋混凝土构件中由轴向压力在产生了挠曲变形的杆件中引起的曲率和弯矩增量。受压构件的挠曲效应计算属于构件层面的问题,一般在构件设计时应考虑。现行《混凝土结构设计规范》给出不考虑 P-δ 效应的条件及在偏压构件中考虑 P-δ 效应的具体方法。本节是针对偏心受压构件的计算进行论述,故在此重点介绍偏压构件考虑 P-δ 效应的方法。

偏压构件的 P-δ 效应的主要影响因素除构件的长细比以外,还与构件两端弯矩的大小和方向有关,与构件的轴压比有关。

构件长细比的大小直接影响偏心受压柱在偏心力作用下的侧向挠度 a_f,因而侧向挠度引起的附加弯矩 Na_f 会对构件的承载力产生影响。长细比较小时,其侧向挠曲引起的附加弯矩也小;长细比越大,Na_f 也会越大,这是显而易见的。但其影响是否会对截面设计起控制作用,还取决于柱两端作用弯矩的大小和方向。例如,在结构中常见的反弯点位于柱高中部的偏压构件,这种二阶效应虽将增加除两端区域外各截面的曲率和弯矩,但增大后的弯矩通常不可能超过柱两端控制截面的弯矩。因此,这种情况下,P-δ 效应不会对杆件截面的偏心受压承载力产生不利影响。现行《混凝土结构设计规范》根据构件的长细比、构件两端弯矩的大小和方向及柱轴压比,给出了可以不考虑 P-δ 效应的条件,即:对于弯矩作用平面内截面对称的偏心受压构件,当同一主轴方向的杆端弯矩比 M_1/M_2 不大于 0.9,轴压比不大于 0.9,且构件的长细比满足式(8.1)要求,则可以不考虑轴向压力在该方向挠曲杆中产生的附加弯矩的影响。

$$\frac{l_c}{i} < 34 - 12\frac{M_1}{M_2} \tag{8.1}$$

式中 M_1,M_2——已考虑侧移影响的偏心受压构件两端截面按弹性分析确定的对同一主轴的组合弯矩设计值;绝对值较大端为 M_2,绝对值较小端为 M_1;当构件按单曲率弯曲时,M_1/M_2 取正值,否则取负值。

       l_c——构件的计算长度,可近似取偏心受压构件相应主轴方向上下支撑点之间的距离。

       i——偏心方向的截面回转半径。

对于构件较细长且轴压比偏大的偏压构件,当反弯点不在杆件高度范围内(即沿杆件长度均为同号），经 $P\text{-}\delta$ 效应增大后，杆件中部的弯矩有可能超过端部控制截面的弯矩。因此，就必须在截面设计中考虑 $P\text{-}\delta$ 效应的附加影响。现行《混凝土结构设计规范》给出了 $C_m\text{-}\eta_{ns}$ 法将柱端弯矩增大作为考虑 $P\text{-}\delta$ 效应后的截面设计弯矩。除排架结构柱外，其他偏心受压构件考虑轴向压力在挠曲杆件中产生的二阶效应后控制截面的弯矩设计值 M 为：

$$M = C_m\eta_{ns}M_2 \qquad (8.2)$$

式中，当 $C_m\eta_{ns}$ 小于 1.0 时，取 1.0；对剪力墙及核心筒墙，可取 1.0。

截面偏心距调节系数 C_m：

$$C_m = 0.7 + 0.3\frac{M_1}{M_2} \geqslant 0.7 \qquad (8.3)$$

该系数主要是考虑柱两端弯矩作用大小和方向的影响。柱在两端相同方向且几乎相同大小弯矩作用下将产生最大的偏心距，使该柱处于最不利受力状态。当 M_1,M_2 异号（双曲率弯曲）且数值相等时，偏心距调节系数取最小值为 0.7；当 M_1,M_2 同号（单曲率弯曲）且数值相等时，偏心距调节系数取最大值 1.0。

弯矩增大系数 η_{ns}：

$$\eta_{ns} = 1 + \frac{1}{1\,300(M_2/N + e_a)/h_0}\left(\frac{l_0}{h}\right)^2\zeta_c \qquad (8.4)$$

$$\zeta_c = \frac{0.5f_c A}{N} \qquad (8.5)$$

式中　ζ_c——截面曲率修正系数，当计算值大于 1.0 时取 1.0；

　　　　M_2——偏心受压构件两端截面按结构分析确定的弯矩设计值中绝对值较大的弯矩设计值；

　　　　N——与弯矩设计值 M_2 相应的轴力设计值；

　　　　e_a——附加偏心距；

　　　　l_0/h——偏压构件的长细比。

3)附加偏心距

在实际工程中，施工误差、计算偏差、材料的不均匀性及轴向压力作用位置的不确定性等原因，都将引起偏心距的改变。现行《混凝土结构设计规范》规定，在偏心受压构件正截面承载力计算中，应计入轴向压力在偏心方向的附加偏心距 e_a，即偏心距取计算偏心距 $e_0 = M/N$ 与附加偏心距 e_a 之和，称为初始偏心距 e_i：

$$e_i = e_0 + e_a \qquad (8.6)$$

参考以往工程经验和国外规范，《混凝土结构设计规范》规定附加偏心距 e_a 应取 20 mm 和偏心方向截面最大尺寸的 1/30 两者中的较大值：

$$e_a = \max\begin{cases} h/30 \\ 20 \text{ mm} \end{cases} \qquad (8.7)$$

4)柱的计算长度 l_0

实际工程中，柱并不都是标准柱，但可根据实际柱的受力条件和变形情况将其等效成标准柱，其等效长度称为柱的计算长度 l_0。现行《混凝土结构设计规范》根据不同结构的受力变

形特点,规定了受压柱计算长度 l_0 的确定原则:

①刚性屋盖单层房屋排架柱、露天吊车柱和栈桥柱,按表8.1确定计算长度。

表 8.1　刚性屋盖单层房屋排架柱、露天吊车柱和栈桥柱的计算长度

柱的类型		排架方向	垂直排架方向	
			有柱间支撑	无柱间支撑
无吊车厂房柱	单跨	1.5H	1.0H	1.2H
	两跨或多跨	1.25H	1.0H	1.2H
有吊车厂房柱	上柱	2.0H_u	1.25H_u	1.5H_u
	下柱	1.0H_l	0.8H_l	1.0H_l
露天吊车柱或栈桥柱		2.0H_l	1.0H_l	

注:①表中 H 为从基础顶面算起的柱子全高;H_l 为从基础顶面至装配式吊车梁底面或现浇式吊车梁顶面的柱子下部高度;H_u 为从装配式吊车梁底面或现浇式吊车梁顶面算起的柱子上部高度。

②表中有吊车房屋排架柱的计算长度,当计算中不考虑吊车荷载时,可按无吊车房屋柱的计算长度采用,但上柱的计算长度仍可按有吊车房屋采用。

③表中有吊车房屋排架柱的上柱在排架方向的计算长度,仅适用于 $H_u/H_l \geq 0.3$ 的情况;当 $H_u/H_l < 0.3$ 时,计算长度宜采用2.5H_u。

②对于一般多层房屋中梁柱为刚接的框架结构,各层柱的计算长度按表8.2确定。

表 8.2　框架结构各层柱的计算长度

楼盖类型	柱的类型	l_0
现浇楼盖	底层柱	1.0H
	其余各层住	1.25H
装配式楼盖	底层柱	1.25H
	其余各层住	1.5H

注:表中 H 对底层柱为从基础顶面到一层楼盖顶面的高度;对其余各层柱为上、下两层楼盖顶面之间的高度。

▶ 8.2.3　矩形截面非对称配筋偏心受压构件正截面受压承载力计算方法

1)大、小偏心受压破坏的区分界限

第5章讲述的正截面承载力计算基本假定同样适用于偏心受压构件正截面承载力计算。与受弯构件类似,确定了构件受压区混凝土边缘极限压应变的数值后,利用平截面假定,可以求出偏心受压构件在各种破坏情况下沿截面高度的平均应变分布规律,如图8.5所示。

图 8.5 中显示了各种破坏形态。界限破坏时截面受压区实际高度为 x_{cb},此时受压区边缘混凝土的极限压应变为 ε_{cu},受压钢筋屈服的应变值为 ε_y',$\varepsilon_y' = f_y'/E_s$,同时屈服的受拉钢筋的应变为 ε_y,界限破坏形态的相对受压区高度 ξ_b 与第5章求法相同。

从图 8.5 中还可看出,当受压区太大、混凝土达到极限压应变时,受拉钢筋的应变很小,

钢筋达不到屈服强度。

根据相对受压区高度 ξ 与界限相对受压区高度 ξ_b 的大小可以判断偏心受压构件的破坏类型,即当 $\xi \leqslant \xi_b$ 时属于大偏心受压破坏形态,$\xi > \xi_b$ 时属于小偏心受压破坏形态。

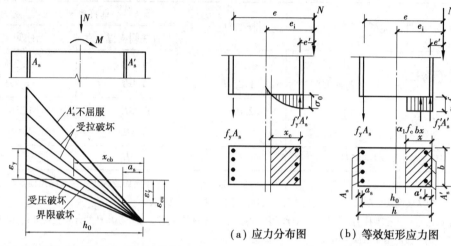

图 8.5　偏心受压构件正截面沿截面
高度的平均应变分布规律

（a）应力分布图　　　（b）等效矩形应力图
图 8.6　大偏心受压破坏的应力图形

2）矩形截面偏心受压构件正截面受压承载力计算公式

（1）大偏心受压构件正截面受压承载力计算公式

为简化计算,按受弯构件的处理方法,把受压区混凝土压应力的曲线图形等效成矩形分布的压应力图形,其应力值为 $\alpha_1 f_c$,受压区高度为 x,如图 8.6 所示。

矩形截面偏心受压
构件正截面受压
承载力计算方法

①基本计算公式。根据力的平衡条件和各力对受拉钢筋合力作用点取矩的力矩平衡条件,可得到两个基本公式:

$$N = \alpha_1 f_c b x + f'_y A'_s - f_y A_s \tag{8.8}$$

$$Ne = \alpha_1 f_c b x \left(h_0 - \frac{x}{2} \right) + f'_y A'_s (h_0 - a'_s) \tag{8.9}$$

式中　N——轴向力设计值;

　　　A_s, A'_s——离 N 较远及较近一侧钢筋截面面积;

　　　α_1——系数取值同受弯构件;

　　　x——混凝土受压区高度;

　　　e——轴向力作用点距离 N 较远一侧受拉钢筋合力作用点之间的距离:

$$e = e_i + \frac{h}{2} - a_s \tag{8.10}$$

②适用条件。

a.为了保证构件破坏时,受拉钢筋应力先达到屈服强度,必须满足:

$$\xi \leqslant \xi_b \text{（或 } x \leqslant \xi_b h_0） \tag{8.11}$$

b.为了保证构件破坏时,受压钢筋应力也能达到屈服强度,还必须满足:

$$x \geqslant 2a'_s \tag{8.12}$$

式中 a'_s——纵向受压钢筋合力作用点到受压区边缘的距离。

（2）小偏心受压构件正截面受压承载力计算公式

小偏心受压破坏时，靠近偏心荷载一侧的混凝土被压碎，受压钢筋 A'_s 的应力达到屈服强度，而远离偏心荷载一侧的钢筋 A_s 可能受压［图8.7(a)］，也可能受拉［图8.7(b)］，但均达不到屈服强度，其钢筋应力用 σ_s 表示。计算时，受压区混凝土压应力曲线图形仍等效成矩形应力图形。

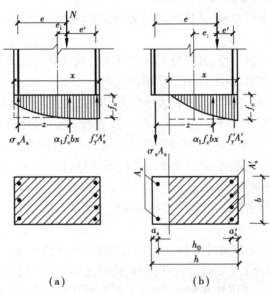

（a）   （b）

图 8.7   小偏心受压破坏的应力图形

①基本计算公式。根据力的平衡条件和力矩平衡条件，可得：

$$N = \alpha_1 f_c bx + f'_y A'_s - \sigma_s A_s \tag{8.13}$$

$$Ne = \alpha_1 f_c bx\left(h_0 - \frac{x}{2}\right) + f'_y A'_s(h_0 - a'_s) \tag{8.14}$$

式中 x——混凝土受压区高度，当 $x>h$ 时，取 $x=h$；

e——按式(8.10)计算；

σ_s——钢筋 A_s 的应力值，可近似取

$$\sigma_s = \frac{\xi - \beta_1}{\xi_b - \beta_1} f_y \tag{8.15}$$

β_1——系数，按第5章规定取值。

按式(8.15)计算的 σ_s，正值代表拉应力，负值代表压应力，且 σ_s 的计算值应满足 $-f'_y \leqslant \sigma_s \leqslant f_y$。

②适用条件。小偏心受压构件的计算公式应满足条件：

$$\xi > \xi_b \tag{8.16}$$

3）矩形截面非对称配筋偏心受压构件正截面受压承载力计算

根据配筋形式不同，偏心受压构件可分为对称配筋和非对称配筋两种类型。所谓对称配筋是指截面两侧钢筋的强度、面积均相同的配筋形式，否则即为非对称配筋。截面承载力计

算又分为截面设计和截面复核两类问题。截面设计的任务是依据作用在构件上的设计轴力 N、设计弯矩 M 来确定构件的截面尺寸及配筋;截面复核的任务则是针对已有构件,根据已知的截面尺寸、材料强度和配筋,计算它的实际承载能力(能承受的轴力 N 和弯矩 M)。

(1)截面设计

截面设计的一般步骤为:

矩形截面非对称
配筋大偏心受压
构件正截面受压
承载力计算方法

* 通过内力计算确定构件截面上的轴力 N 和弯矩 M 的设计值;
* 依据建筑物结构形式、层高等确定构件的计算长度 l_0;
* 根据建筑要求及工程经验、受压构件的构造要求,初步选定材料强度等级和截面尺寸;
* 判定偏心受压构件的类型,并根据相应的基本公式计算钢筋面积 A_s 和 A_s';
* 选择钢筋直径和根数,画出截面配筋图。

由前述内容可知,根据受压区相对高度 ξ 和界限状态受压区相对高度 ξ_b 的大小可判别大小偏心受压类型,但在截面设计时,由于 A_s,A_s',x 都是未知量,因此不能直接利用 ξ 的大小来判别。一般情况下,可利用偏心距初步判别构件的偏心类型,即当 $e_i > 0.3h_0$ 时先按大偏心受压构件计算,当 $e_i \leq 0.3h_0$ 时按小偏心受压构件进行计算;计算出的钢筋面积 A_s 和 A_s' 还应满足现行《混凝土结构设计规范》中最小配筋率的规定,同时 $(A_s + A_s')$ 不宜大于 bh 的 5%;最后,还应按轴心受压构件验算垂直于弯矩作用平面的受压承载力。

①大偏心受压构件。

a.A_s 和 A_s' 均未知。已知截面尺寸 $b \times h$、混凝土强度等级、钢筋种类(一般情况下,A_s 及 A_s' 取同一种钢筋)、轴向力设计值 N 及弯矩设计值 M、长细比 l_0/h,计算钢筋截面面积 A_s 及 A_s'。

根据式(8.8)和式(8.9)可知共有 A_s,A_s' 和 x 3 个未知数,而只有两个方程,故无唯一解,需补充条件。采用与双筋受弯构件类似方法,为使钢筋总用量 $(A_s + A_s')$ 最小,取 $x = x_b = \xi_b h_0$,代入式(8.9),得钢筋 A_s' 的计算公式:

$$A_s' = \frac{Ne - \alpha_1 f_c b h_0^2 \xi_b (1 - 0.5\xi_b)}{f_y'(h_0 - a_s')} \tag{8.17}$$

此时还应满足 $A_s' \geq \rho_{min}' bh$。将 A_s' 及 $x = \xi_b h_0$ 代入式(8.8),则

$$A_s = \frac{1}{f_y}(\alpha_1 f_c b h_0 \xi_b + f_y' A_s' - N) \tag{8.18}$$

当 $A_s' < \rho_{min}' bh$ 时,取 $A_s' = 0.002bh$,并按 A_s' 已知的情况计算 A_s;当 $A_s < \rho_{min} bh$ 时,取 $A_s = \rho_{min} bh$。

b.A_s' 已知。已知 $b,h,N,M,f_c,f_y,f_y',l_0/h$ 及受压钢筋 A_s' 的数量,求钢筋截面面积 A_s。

式(8.8)和式(8.9)中只有 2 个未知数 A_s 和 x,通过两式联立,可直接求解 A_s。先根据式(8.9)求出 x 或 ξ 值:

$$\xi = 1 - \sqrt{1 - \frac{Ne - f_y' A_s'(h_0 - a_s')}{0.5\alpha_1 f_c b h_0^2}} \tag{8.19}$$

代入式(8.8)得:

$$A_s = \frac{1}{f_y}(\alpha_1 f_c b h_0 \xi + f_y' A_s' - N) \tag{8.20}$$

需注意:计算应满足适用条件。如果式(8.19)求得的 $\xi > \xi_b$,说明受压区混凝土受压高度超过界限值,受压钢筋配置量可能偏小或截面尺寸较小,应按 A'_s 未知的情况重新计算(或加大构件截面尺寸),使其满足 $\xi < \xi_b$ 的条件;若 $x < 2a'_s$,说明受压区混凝土受压高度很小,受压钢筋 A'_s 并不能达到屈服强度,这时可采用以下两种方法计算 A_s,并取两种计算结果中的最小值。首先,取 $x = 2a'_s$,类似双筋受弯构件的办法,对受压钢筋合力作用点取矩,计算 A_s,如图8.8所示。

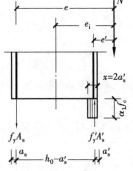

$$Ne' \leqslant f_y A_s (h_0 - a'_s)$$

$$A_s = \frac{Ne'}{f_y(h_0 - a')} \tag{8.21}$$

式中　e'——轴向压力作用点至纵向受压钢筋 A'_s 合力作用点之间的距离:

图 8.8　$x < 2a'_s$ 时大偏心受压承载力计算图

$$e' = e_i - \frac{h}{2} + a'_s \tag{8.22}$$

另外,再按不考虑受压钢筋 A'_s,即取 $A'_s = 0$,利用式(8.8)和式(8.9)求解 A_s 值,并与式(8.21)计算结果比较,取两者中最小值进行配筋。最后,还应按轴心受压构件验算垂直于弯矩作用平面的受压承载力。

【例 8.1】　某框架结构柱,截面尺寸 $b \times h = 300\ mm \times 500\ mm$,构件环境类别为一类,设计使用年限为50年。计算长度 $l_0 = 6\ m$,轴向压力设计值 $N = 450\ kN$,柱两端弯矩设计值分别为 $M_1 = 247\ kN \cdot m$,$M_2 = 300\ kN \cdot m$,混凝土采用C30,纵筋采用HRB400级钢筋。若采用非对称配筋,求所需钢筋截面面积 A_s 和 A'_s。

【解】　(1)材料强度和几何参数

$f_c = 14.3\ N/mm^2$,$f_y = f'_y = 360\ N/mm^2$,$\alpha_1 = 1.0$,$\xi_b = 0.518$。

因为构件使用年限为50年,环境类别为一类,对于柱类构件,最外层钢筋的保护层厚度为20 mm,初步确定受压柱箍筋直径采用8 mm,柱受力纵筋20 mm,则取 $a_s = a'_s = (20 + 8 + 10)\ mm = 38\ mm \approx 40\ mm$,则 $h_0 = (500 - 40)\ mm = 460\ mm$。

(2)求弯矩设计值 M(考虑二阶效应后)

$M_1/M_2 = 247/300 = 0.82 \leqslant 0.9$

轴压比 $\dfrac{N}{f_c bh} = \dfrac{450 \times 10^3}{14.3 \times 300 \times 500} = 0.21 \leqslant 0.9$

$i = \sqrt{\dfrac{I}{A}} = \sqrt{\dfrac{1}{12}} h = \sqrt{\dfrac{1}{12}} \times 500\ mm = 144.34\ mm$

$\dfrac{l_0}{i} = \dfrac{6\ 000}{144.34} = 41.57 > 34 - 12\dfrac{M_1}{M_2} = 24.16$

应考虑附加弯矩的影响。

$\zeta_c = \dfrac{0.5 f_c A}{N} = \dfrac{0.5 \times 14.3 \times 300 \times 500}{450 \times 10^3} = 2.38 > 1.0$,取 $\zeta_c = 1.0$

$C_m = 0.7 + 0.3\dfrac{M_1}{M_2} = 0.7 + 0.3 \times \dfrac{247}{300} = 0.95$

$$e_a = \frac{h}{30} = \frac{500}{30}\text{mm} = 16.67 \text{ mm} < 20 \text{ mm}, \text{取} e_a = 20 \text{ mm}$$

$$\eta_{ns} = 1 + \frac{1}{1\,300(M_2/N + e_a)/h_0}\left(\frac{l_0}{h}\right)^2 \zeta_c$$

$$= 1 + \frac{1}{1\,300 \times (300 \times 10^6/450 \times 10^3 + 20)/460} \times \left(\frac{6\,000}{500}\right)^2 \times 1.0 = 1.07$$

考虑纵向挠曲影响后的弯矩设计值为：
$$M = C_m \eta_{ns} M_2$$
由于 $C_m \eta_{ns} = 0.95 \times 1.07 = 1.02 > 1.0$，故取 $C_m \eta_{ns} = 1.02$。则
$$M = 1.02 M_2 = 1.02 \times 300 \text{ kN·m} = 306 \text{ kN·m}$$

（3）求 e_i，判别大小偏心受压

$$e_0 = \frac{M}{N} = \frac{306 \times 10^6}{450 \times 10^3}\text{mm} = 680 \text{ mm}$$

$$e_i = e_0 + e_a = 680 \text{ mm} + 20 \text{ mm} = 700 \text{ mm}$$

$$e_i > 0.3h_0 = 0.3 \times 460 \text{ mm} = 138 \text{ mm}$$

可先按大偏心受压计算。

（4）求 A_s 及 A_s'

因 A_s 及 A_s' 均为未知，取 $\xi = \xi_b = 0.518$。

$$e = e_i + \frac{h}{2} - a_s = (700 + 250 - 40)\text{mm} = 910 \text{ mm}$$

$$A_s' = \frac{Ne - \alpha_1 f_c b h_0^2 \xi_b (1 - 0.5\xi_b)}{f_y'(h_0 - a_s')}$$

$$= \frac{450 \times 10^3 \times 910 - 1.0 \times 14.3 \times 300 \times 460^2 \times 0.518 \times (1 - 0.5 \times 0.518)}{360 \times (460 - 40)}\text{mm}$$

$$= 403 \text{ mm}^2 > 0.002bh = 300 \text{ mm}^2$$

$$A_s = \frac{\alpha_1 f_c b h_0 \xi_b + f_y' A_s' - N}{f_y}$$

$$= \frac{1.0 \times 14.3 \times 300 \times 460 \times 0.518 + 360 \times 403 - 450 \times 10^3}{360}\text{mm}^2$$

$$= 1\,993 \text{ mm}^2 > 0.002bh = 300 \text{ mm}^2$$

（5）选择钢筋

受压钢筋选用 2⸬16（$A_s = 402 \text{ mm}^2$），受拉钢筋选用 4⸬25（$A_s' = 1\,964 \text{ mm}^2$）。则
$$A_s + A_s' = (402 + 1\,964)\text{mm}^2 = 2\,366 \text{ mm}^2$$

全部纵向钢筋的配筋率：$\rho = \dfrac{2\,366}{300 \times 500} = 1.58\% > 0.6\%$，满足要求。

（6）弯矩平面外轴心受压验算

$\dfrac{l_0}{b} = \dfrac{6\,000}{300} = 20$，查得 $\varphi = 0.75$，则

$$0.9\varphi(f_c A + f_y' A_s') = 0.9 \times 0.75 \times (14.3 \times 300 \times 500 + 360 \times 2\,366)\text{kN}$$

$$= 2\ 023\ \text{kN} > 450\ \text{kN}$$

满足要求。

【例8.2】 基本数据同例8.1,但受压区已配置有3$\underline{\Phi}$25受压钢筋,$A'_s = 1\ 473\ \text{mm}^2$。计算所需受拉钢筋截面面积$A_s$。

【解】 步骤(1)—(3)同例题8.1。

(4)求受压区相对高度ξ

$$e = e_i + \frac{h}{2} - a_s = (700 + 250 - 40)\text{mm} = 910\ \text{mm}$$

则

$$\xi = 1 - \sqrt{1 - \frac{Ne - f'_y A'_s(h_0 - a'_s)}{0.5\alpha_1 f_c bh_0^2}}$$

$$= 1 - \sqrt{1 - \frac{450 \times 10^3 \times 910 - 360 \times 1\ 473 \times (460 - 40)}{0.5 \times 1.0 \times 14.3 \times 300 \times 460^2}} = 0.233$$

$$\frac{2a'_s}{h_0} = \frac{2 \times 40}{460} = 0.174 < \xi = 0.233 < \xi_b = 0.518$$

代入式(8.20)求解A_s:

$$A_s = \frac{1}{f_y}(\alpha_1 f_c bh_0\xi + f'_y A'_s - N)$$

$$= \frac{1.0 \times 14.3 \times 300 \times 460 \times 0.233 + 360 \times 1\ 473 - 450 \times 10^3}{360}\text{mm}^2$$

$$= 1\ 500\ \text{mm}^2 > \rho_{\min}bh = 0.002 \times 300 \times 500 = 300\ \text{mm}^2$$

选配4$\underline{\Phi}$22(实配$A_s = 1\ 520\ \text{mm}^2$)。

对比例8.1和例8.2计算结果,例8.1的总计算钢筋需用量为$(1\ 993 + 403)\text{mm}^2 = 2\ 396\ \text{mm}^2$,例8.2的总计算钢筋需用量为$(1\ 473 + 1\ 500)\text{mm}^2 = 2\ 973\ \text{mm}^2$,明显多于例8.1的结果,原因在于例8.2中混凝土受压所提供的抗力较例8.1小一些,从而需要增加较多的受压钢筋来共同抵抗压力作用。

【例8.3】 矩形截面柱,截面尺寸$b \times h = 300\ \text{mm} \times 500\ \text{mm}$,轴向压力设计值$N = 130\ \text{kN}$,考虑二阶效应后的弯矩设计值$M = 205\ \text{kN·m}$,混凝土强度等级为C25级,已配置4$\underline{\Phi}$22的受压钢筋,$A'_s = 1\ 520\ \text{mm}^2$(HRB400级钢筋),构件计算长度$l_0 = 6\ \text{m}$,取$a_s = a'_s = 40\ \text{mm}$。求受拉钢筋截面面积$A_s$。

【解】 (1)材料强度和几何参数

$a_s = a'_s = 40\ \text{mm}, h_0 = (500 - 40)\text{mm} = 460\ \text{mm}, f_c = 11.9\ \text{N/mm}^2, f_y = f'_y = 360\ \text{N/mm}^2$。

(2)判别大小偏心受压

$$e_0 = \frac{M}{N} = \frac{205 \times 10^6}{130 \times 10^3}\text{mm} = 1\ 577\ \text{mm}$$

$$e_a = \frac{h}{30} = \frac{500}{30}\text{mm} = 16.67\ \text{mm} < 20\ \text{mm},取 e_a = 20\ \text{mm}$$

则

$$e_i = e_0 + e_a = (1\ 577 + 20)\text{mm} = 1\ 597\ \text{mm} > 0.3h_0 = 0.3 \times 460\ \text{mm} = 138\ \text{mm}$$

按大偏心受压计算。

（3）求受压区相对高度 ξ

$$e = e_i + \frac{h}{2} - a_s = (1\,597 + 250 - 40)\,mm = 1\,807\,mm$$

已知受压钢筋面积 A'_s，则

$$\xi = 1 - \sqrt{1 - \frac{Ne - f'_y A'_s(h_0 - a'_s)}{0.5\alpha_1 f_c b h_0^2}}$$

$$= 1 - \sqrt{1 - \frac{130 \times 10^3 \times 1\,807 - 360 \times 1\,520 \times (460 - 40)}{0.5 \times 1.0 \times 11.9 \times 300 \times 460^2}} = 0.006\,8$$

$$x = \xi h_0 = 0.006\,8 \times 460 = 3.13\,mm < 2a'_s = 80\,mm$$

① 取 $x = 2a'_s$。

$$e' = e_i - \frac{h}{2} + a'_s = \left(1\,597 - \frac{500}{2} + 40\right)mm = 1\,387\,mm$$

$$A_s = \frac{Ne'}{f_y(h_0 - a'_s)} = \frac{130 \times 10^3 \times 1\,387}{360 \times (460 - 40)}\,mm^2 = 1\,192\,mm^2$$

② 按不考虑受压钢筋 A'_s 计算。经计算 $x = 177\,mm > 2a'_s$，说明不考虑受压钢筋来计算受拉钢筋会得到较大数值（实算 $A_s = 1\,394\,mm^2$）。

比较①和②的结果，选 $A_s = 1\,192\,mm^2$ 来配筋，实配 4 $\underline{\Phi}$ 20（$A_s = 1\,256\,mm^2$）。

② 小偏心受压构件。

小偏心受压构件截面设计时，式（8.13）和式（8.14）中也有 3 个未知数 A_s，A'_s 和 x，无唯一解，同样需要补充一个条件。为找到与经济用钢量相应的 ξ 值，可采用试算逼近法，但计算非常复杂。

矩形截面非对称配筋小偏心受压构件正截面受压承载力计算方法

分析式（8.15），当 $\xi > \xi_b$ 时，$\sigma_s < f_y$，A_s 不能达到受拉屈服；当 $\xi < 2\beta_1 - \xi_b$ 时，$\sigma_s > -f'_y$，A_s 不能达到受压屈服，说明当 $\xi_b < \xi < 2\beta_1 - \xi_b$ 时，无论 A_s 配筋多少，都不能达到屈服，故为使用钢量最省，可按最小配筋率来确定 A_s。由于 A_s 可能受拉，也可能受压，因此 A_s 取用 $\rho_{min}bh$ 和 $\rho'_{min}bh$ 两者中的较大值。对于偏心受压构件，受拉和受压钢筋的最小配筋率相同，$\rho_{min} = \rho'_{min} = 0.002$。

确定 A_s 后，代入式（8.13）和式（8.14）求解 A'_s。首先求解 ξ 值，对公式进行适当处理得到方程 $\xi^2 + 2B\xi + 2C = 0$，解得：

$$\xi = -B + \sqrt{B^2 - 2C} \tag{8.23}$$

$$B = \frac{f_y A_s(h_0 - a'_s)}{\alpha_1 f_c b h_0^2(\beta_1 - \xi_b)} - \frac{a'_s}{h_0} \tag{8.24}$$

$$C = \frac{N(e - h_0 + a'_s)(\beta_1 - \xi_b) - \beta_1 f_y A_s(h_0 - a'_s)}{\alpha_1 f_c b h_0^2(\beta_1 - \xi_b)} \tag{8.25}$$

根据求得的 ξ 值，分以下几种情况：

a. 若 $\xi_b < \xi < 2\beta_1 - \xi_b$，则将 ξ 代入式（8.14），得：

$$A'_s = \frac{Ne - \alpha_1 f_c b h_0^2(\xi - 0.5\xi^2)}{f'_y(h_0 - a'_s)}$$

$$e = e_i + \frac{h}{2} - a'_s$$

b. 若 $\xi \leqslant \xi_b$，则按大偏心受压计算。

c. 若 $2\beta_1 - \xi_b \leqslant \xi \leqslant h/h_0$，取 $\sigma_s = -f'_y$，$\xi = 2\beta_1 - \xi_b$，代入式(8.13)和式(8.14)重新计算 A_s 和 A'_s 值。

d. 若 $\xi > h/h_0$ 时，取 $\sigma_s = -f'_y$，ξ 取 h/h_0 与 $2\beta_1 - \xi_b$ 二者中的较小值，再通过式(8.13)和式(8.14)求解 A_s 和 A'_s 值。

对于小偏心受压构件，偏心距很小时，若 $N > f_c bh$，但 A_s 配置数量较少情况下，如果附加偏心距 e_a 与荷载偏心距 e_0 方向相反，则可能发生 A_s 一侧混凝土首先受压破坏的情况，此时构件为全截面受压，轴向力靠近截面重心，偏心方向与破坏方向相反，如图8.9所示。为避免这种反向破坏的发生，需要按不利情况来确定 A_s 的用量，计算时不考虑偏心距增大系数，初始偏心距取 $e_i = e_0 - e_a$。在图8.9中，对 A'_s 合力作用点取矩，可求得 A_s。

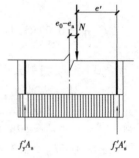

图 8.9　e_a 与 e_0 反向时全截面受压图

$$A_s = \max\begin{cases} \dfrac{N\left[\dfrac{h}{2} - a'_s - (e_0 - e_a)\right] - \alpha_1 f_c bh\left(h'_0 - \dfrac{h}{2}\right)}{f_y(h'_0 - a_s)} \\ 0.002bh \end{cases} \quad (8.26)$$

式中　h'_0——A'_s 合力作用点至离纵向力较远一侧边缘的距离，$h'_0 = h - a'_s$。

e. 垂直于弯矩作用平面方向的承载力验算。除按上述方法计算受压构件弯矩作用平面内的截面承载力外，还应验算垂直于弯矩作用平面的受压承载力，可按轴心受压构件验算，长细比按 l_0/b 计算。

【例8.4】　已知偏心受压柱，截面尺寸 $b \times h = 400 \text{ mm} \times 500 \text{ mm}$，计算长度 $l_0 = 6 \text{ m}$，内力设计值 $N = 3\,000 \text{ kN}$，两端弯矩设计值分别为 $M_1 = 130 \text{ kN·m}$，$M_2 = 180 \text{ kN·m}$。混凝土采用C40，纵筋采用HRB400级，求所需配置的钢筋 A_s 和 A'_s。

【解】　(1)材料强度和几何参数

取 $a_s = a'_s = 40 \text{ mm}$，$h_0 = (500 - 40) \text{ mm} = 460 \text{ mm}$，$f_c = 19.1 \text{ N/mm}^2$，$f_y = f'_y = 360 \text{ N/mm}^2$。

(2)求弯矩设计值 M(考虑二阶效应后)

由于 $M_1/M_2 = 130/180 = 0.72 \leqslant 0.9$

轴压比 $\dfrac{N}{f_c bh} = \dfrac{3\,000 \times 10^3}{19.1 \times 400 \times 500} = 0.79 \leqslant 0.9$

$$i = \sqrt{\frac{I}{A}} = \sqrt{\frac{1}{12}h} = \sqrt{\frac{1}{12}} \times 500 \text{ mm} = 144.34 \text{ mm}$$

$$\frac{l_0}{i} = \frac{6\,000}{144.34} = 41.57 > 34 - 12\frac{M_1}{M_2} = 25.36$$

应考虑附加弯矩的影响。

$$\zeta_c = \frac{0.5f_c A}{N} = \frac{0.5 \times 19.1 \times 400 \times 500}{3\,000 \times 10^3} = 0.64$$

$$C_m = 0.7 + 0.3\frac{M_1}{M_2} = 0.7 + 0.3 \times \frac{130}{180} = 0.92$$

$$e_a = \frac{h}{30} = \frac{500}{30}\text{mm} = 16.67 \text{ mm} < 20 \text{ mm}, 取 e_a = 20 \text{ mm}$$

$$\eta_{ns} = 1 + \frac{1}{1\,300(M_2/N + e_a)/h_0}\left(\frac{l_0}{h}\right)^2 \zeta_c$$

$$= 1 + \frac{1}{1\,300 \times (180 \times 10^6/3\,000 \times 10^3 + 20)/460} \times \left(\frac{6\,000}{500}\right)^2 \times 0.64 = 1.41$$

考虑纵向挠曲影响后的弯矩设计值为:

$$M = C_m \eta_{ns} M_2$$

$C_m \eta_{ns} = 0.92 \times 1.41 = 1.3 > 1.0$, 故取 $C_m \eta_{ns} = 1.3$, 则

$$M = 1.3 M_2 = 1.3 \times 180 \text{ kN·m} = 234 \text{ kN·m}$$

(3)求 e_i, 判别大小偏心受压

$$e_0 = \frac{M}{N} = \frac{234 \times 10^6}{3\,000 \times 10^3} = 78 \text{ mm}$$

则　　　$e_i = e_0 + e_a = (78 + 20)\text{mm} = 98 \text{ mm}$

$$e_i < 0.3 h_0 = 0.3 \times 460 = 138 \text{ mm}$$

按小偏心受压计算。

(4)确定钢筋 A_s

$\alpha_1 = 1.0, \xi_b = 0.518, \beta_1 = 0.8$

取 $A_s = \rho_{\min} bh = 0.002 \times 400 \times 500 = 400 \text{ mm}^2$

(5)计算钢筋 A'_s

$$e = e_i + \frac{h}{2} - a_s = \left(98 + \frac{500}{2} - 40\right)\text{mm} = 308 \text{ mm}$$

$$B = \frac{f_y A_s (h_0 - a'_s)}{\alpha_1 f_c bh_0^2 (\beta_1 - \xi_b)} - \frac{a'_s}{h_0}$$

$$= \frac{360 \times 400 \times (460 - 40)}{1 \times 19.1 \times 400 \times 460^2 \times (0.8 - 0.518)} - \frac{40}{460} = 0.046$$

$$C = \frac{N(e - h_0 + a'_s)(\beta_1 - \xi_b) - \beta_1 f_y A_s (h_0 - a'_s)}{\alpha_1 f_c bh_0^2 (\beta_1 - \xi_b)}$$

$$= \frac{3\,000 \times 10^3 \times (308 - 460 + 40) \times (0.8 - 0.518) - 0.8 \times 360 \times 400 \times (460 - 40)}{1.0 \times 19.1 \times 400 \times 460^2 \times (0.8 - 0.518)}$$

$$= -0.314$$

$$\xi = -B + \sqrt{B^2 - 2C} = -0.046 + \sqrt{0.046^2 - 2 \times (-0.314)} = 0.748$$

$$\xi_b = 0.518 < \xi < 2\beta_1 - \xi_b = 1.082$$

$$A'_s = \frac{Ne - \alpha_1 f_c bh_0^2 (\xi - 0.5\xi^2)}{f'_y (h_0 - a'_s)}$$

$$= \frac{3\,000 \times 10^3 \times 308 - 1.0 \times 19.1 \times 400 \times 460^2 \times (0.748 - 0.5 \times 0.748^2)}{360 \times (460 - 40)}\text{mm}^2$$

$$= 1\,105 \text{ mm}^2$$

(6)选择钢筋

A_s 侧选用 2 ⊈18(实配 $A_s = 509 \text{ mm}^2$), A'_s 侧选用 3 ⊈22(实配 $A'_s = 1\,140 \text{ mm}^2$), 则 $A_s + A'_s =$

（509+1 140） mm^2 =1 649 mm^2。全部纵向钢筋的配筋率为：

$$\rho = \frac{1\ 649}{400 \times 500 \times 100} = 0.82\% > 0.6\%,满足要求。$$

（7）弯矩平面外轴心受压验算

$$\frac{l_0}{b} = \frac{6\ 000}{400} = 15,查得\ \varphi = 0.895,则$$

$$0.9\varphi(f_c A + f'_y A'_s) = 0.9 \times 0.895(19.1 \times 400 \times 500 + 360 \times 1\ 649)$$
$$= 3\ 555\ kN > 3\ 000\ kN(满足要求)$$

【例8.5】 已知偏心受压柱，截面尺寸 $b \times h$ =400 mm×600 mm，计算长度 l_0 =4.5 m，内力设计值 N =5 000 kN，考虑二阶效应后的弯矩设计值 M =100 kN·m。混凝土采用C40，纵筋采用HRB400级，求所需配置的钢筋 A_s 和 A'_s。

【解】 （1）材料强度和几何参数

取 $a_s = a'_s = 40$ mm， $h_0 = (600-40)$ mm =560 mm， $f_c = 19.1 N/mm^2$， $f_t = 1.71 N/mm^2$， $f_y = f'_y = 360\ N/mm^2$， $\alpha_1 = 1.0$， $\xi_b = 0.518$， $\beta_1 = 0.8$。

（2）求 e_i，判别大小偏心受压

$$e_0 = \frac{M}{N} = \frac{100 \times 10^6}{5\ 000 \times 10^3}mm = 20\ mm$$

$$e_a = \frac{h}{30} = \frac{600}{30}mm = 20\ mm$$

则　$e_i = e_0 + e_a = (20 + 20)mm = 40\ mm$

$e_i < 0.3h_0 = 0.3 \times 560\ mm = 168\ mm$

按小偏心受压计算。

（3）确定钢筋 A_s

取 $A_s = \rho_{min}bh = 0.002 \times 400\ mm \times 600\ mm = 480\ mm^2$

由于本题中偏心距很小，且 N =5 000 kN $> f_c bh$ =19.1×400×600 =4 584 kN，因此还应确定钢筋 A_s 的用量。

$$h'_0 = (600 - 40)mm = 560\ mm$$

$$A_s = \frac{N\left[\frac{h}{2} - a'_s - (e_0 - e_a)\right] - \alpha_1 f_c bh\left(h'_0 - \frac{h}{2}\right)}{f'_y(h'_0 - a_s)}$$

$$= \frac{5\ 000 \times 10^3 \times \left[\frac{600}{2} - 40 - (20 - 20)\right] - 1.0 \times 19.1 \times 400 \times 600 \times \left(560 - \frac{600}{2}\right)}{360 \times (560 - 40)}mm^2$$

$$= 578\ mm^2$$

故最后钢筋 A_s 的用量应取 $A_s = 578\ mm^2$。

（4）计算钢筋 A'_s

$$e = e_i + \frac{h}{2} - a_s = \left(40 + \frac{600}{2} - 40\right)mm = 300\ mm$$

$$B = \frac{f_y A_s(h_0 - a'_s)}{\alpha_1 f_c bh_0^2(\beta_1 - \xi_b)} - \frac{a'_s}{h_0}$$

$$= \frac{360 \times 578 \times (560 - 40)}{1.0 \times 19.1 \times 400 \times 560^2 \times (0.8 - 0.518)} - \frac{40}{560} = 0.089$$

$$C = \frac{N(e - h_0 + a'_s)(\beta_1 - \xi_b) - \beta_1 f_y A_s (h_0 - a'_s)}{\alpha_1 f_c b h_0^2 (\beta_1 - \xi_b)}$$

$$= \frac{5\,000 \times 10^3 \times (300 - 560 + 40) \times (0.8 - 0.518) - 0.8 \times 360 \times 514 \times (560 - 40)}{1.0 \times 19.1 \times 400 \times 560^2 \times (0.8 - 0.518)}$$

$$= -0.573$$

$$\xi = -B + \sqrt{B^2 - 2C} = -0.089 + \sqrt{0.089^2 - 2 \times (-0.573)} = 0.985$$

$$\xi_b = 0.518 < \xi < 2\beta_1 - \xi_b = 1.082$$

$$A'_s = \frac{Ne - \alpha_1 f_c b h_0^2 (\xi - 0.5\xi^2)}{f'_y (h_0 - a'_s)}$$

$$= \frac{5\,000 \times 10^3 \times 300 - 1.0 \times 19.1 \times 400 \times 560^2 \times (0.985 - 0.5 \times 0.985^2)}{360 \times (560 - 40)} \mathrm{mm}^2$$

$$= 1\,614 \ \mathrm{mm}^2$$

（5）选择钢筋

A_s 侧选用 2 $\underline{\Phi}$ 20（实配 $A_s = 628 \ \mathrm{mm}^2$），$A'_s$ 侧选用 5 $\underline{\Phi}$ 22（实配 $A'_s = 1\,900 \ \mathrm{mm}^2$）。

（6）弯矩平面外轴心受压验算

经验算，垂直于弯矩作用平面的受压承载力满足要求。

（2）截面复核

进行截面承载力复核时，构件的截面尺寸（$b \times h$）、截面配筋 A_s 和 A'_s、混凝土强度等级（f_c）及钢筋品种（f_y，f'_y）、构件的计算长度 l_0（或长细比 l_0/h）为已知条件，需验算截面的承载能力。

①弯矩作用平面内的承载力复核。

a. 已知轴向压力设计值 N，求弯矩设计值 M。由于截面尺寸、配筋和材料强度及 N 值为已知条件，首先要判定构件的受力类型，然后按相应的计算公式进行求解。

先将已知配筋和 ξ_b 代入大偏心受压的力平衡式，即式（8.8），计算界限情况下的受压承载力设计值 N_b。

$$N_b = \alpha_1 f_c b h_0 \xi_b + f'_y A'_s - f_y A_s \tag{8.27}$$

若 $N \leqslant N_b$，为大偏心受压，按式（8.8）求出混凝土受压区高度 x，如 $x > 2a'_s$，则按式（8.9）求解 e_0；如 $x < 2a'_s$，则按式（8.21）求解 e_0，弯矩设计值 $M = Ne_0$。

若 $N > N_b$，为小偏心受压，按式（8.13）求 x，再将 x 代入式（8.14）求解 e_0 和 M。

另一种方法是：先假定 $\xi \leqslant \xi_b$，由式（8.8）求出 x，如果 $x \leqslant \xi_b h_0$，说明假定成立，再由式（8.9）求解 e_0；如果 $x > \xi_b h_0$，说明假定有误，则应按式（8.13）和式（8.15）求出 x，再由式（8.14）求解 e_0 和 M。

b. 已知偏心距 e_0，求轴向压力设计值 N。因为截面配筋已知，先假定为大偏心受压，按图 8.6 对 N 作用点取矩，得：

$$\alpha_1 f_c b x \left(e_i - \frac{h}{2} + \frac{x}{2} \right) + f'_y A'_s e' = f_y A_s e \tag{8.28}$$

由式（8.28）计算出 x，若 $2a'_s \leqslant x \leqslant \xi_b h_0$，将 x 代入式（8.8），则

$$N_u = \alpha_1 f_c bx + f'_y A'_s - f_y A_s \quad (8.29)$$

若 $x < 2a'_s$，则

$$N_u = \frac{f_y A_s (h_0 - a'_s)}{e'} \quad (8.30)$$

如果 $x > \xi_b h_0$，说明原假设为大偏心受压有误，应按小偏心受压情况重新计算。根据小偏心受压构件的计算简图(图 8.7)，将各力对轴向压力 N 作用点取矩，得：

$$\alpha_1 f_c bx \left(e_i - \frac{h}{2} + \frac{x}{2} \right) + f'_y A'_s e' = \sigma_s A_s e \quad (8.31)$$

由式(8.31)求出 x，并代入式(8.13)得：

$$N_u = \alpha_1 f_c bx + f'_y A'_s - \sigma_s A_s \quad (8.32)$$

②垂直于弯矩作用平面的承载力复核。

无论是截面设计问题还是截面复核问题，抑或是大偏心受压还是小偏心受压，除需要进行弯矩作用平面内的受压计算外，还应验算垂直于弯矩作用平面的轴心受压承载力，并与上面计算出的 N_u 值比较后取较小值。在进行轴心受压承载力验算时，应按 b 方向计算 φ 值。

【例 8.6】 已知：截面尺寸 $b \times h = 400\ \text{mm} \times 600\ \text{mm}$，$a_s = a'_s = 45\ \text{mm}$，构件计算长度 $l_0 = 4\ \text{m}$，$N = 1\ 200\ \text{kN}$，混凝土强度等级采用 C40，纵筋采用 HRB400 级，钢筋 A_s 选用 4 ⊈ 20($A_s = 1\ 256\ \text{mm}^2$)，$A'_s$ 选用 4 ⊈ 22($A'_s = 1\ 520\ \text{mm}^2$)。求该截面在 h 方向能承受的弯矩设计值。

【解】 由式(8.8)得：

$$x = \frac{N - f'_y A'_s + f_y A_s}{\alpha_1 f_c b} = \frac{1\ 200 \times 10^3 - 360 \times 1\ 520 + 360 \times 1\ 256}{1.0 \times 19.1 \times 400}\ \text{mm}$$

$$= 145\ \text{mm} < \xi_b h_0 = 0.518 \times (600 - 45)\ \text{mm} = 287\ \text{mm}$$

属于大偏心受压情况。

$x = 145\ \text{mm} > 2a'_s = 90\ \text{mm}$，说明受压钢筋能达到屈服强度。

由式(8.9)得：

$$e = \frac{\alpha_1 f_c bx \left(h_0 - \dfrac{x}{2} \right) + f'_y A'_s (h_0 - a'_s)}{N}$$

$$= \frac{1.0 \times 19.1 \times 400 \times 145 \times \left(555 - \dfrac{145}{2} \right) + 360 \times 1\ 520 \times (555 - 45)}{1\ 200 \times 10^3}\ \text{mm} = 679\ \text{mm}$$

$$e_i = e - \frac{h}{2} + a_s = 424\ \text{mm}$$

考虑附加偏心距 $e_a = 20\ \text{mm}$，则 $e_0 = e_i - e_a = 404\ \text{mm}$。

$M = N e_0 = 484.8\ \text{kN} \cdot \text{m}$

该截面在 h 方向能承受的弯矩设计值为 484.8 kN·m。

【例 8.7】 已知：截面尺寸 $b \times h = 500\ \text{mm} \times 700\ \text{mm}$，$a_s = a'_s = 45\ \text{mm}$，构件计算长度 $l_0 = 12.25$ m，混凝土强度等级采用 C35，纵筋采用 HRB400 级，钢筋 A_s 选用 6 ⊈ 25($A_s = 2\ 945\ \text{mm}^2$)，$A'_s$ 选用 4 ⊈ 25($A'_s = 1\ 964\ \text{mm}^2$)，轴向压力的偏心距 $e_0 = 460\ \text{mm}$。求该截面能承受的轴向压力设计值 N_u。

【解】 $e_0 = 460\ \text{mm}$，$e_a = 700\ \text{mm}/30 = 23\ \text{mm}\ (>20\ \text{mm})$，则

$e_i = e_0 + e_a = (460+23) \text{ mm} = 483 \text{ mm} > 0.3h_0 = 0.3 \times (700-45) \text{ mm} = 196.5 \text{ mm}$

先假定为大偏心受压。

$$e = e_i + \frac{h}{2} - a_s = \left(483 + \frac{700}{2} - 45\right) \text{mm} = 788 \text{ mm}$$

$$e' = e_i - \frac{h}{2} + a'_s = \left(483 - \frac{700}{2} + 45\right) \text{mm} = 178 \text{ mm}$$

代入式(8.28),即:$\alpha_1 f_c bx \left(e_i - \frac{h}{2} + \frac{x}{2}\right) + f'_y A'_s e' = f_y A_s e$

$$1.0 \times 16.7 \times 500 \times x \times \left(483 - \frac{700}{2} + \frac{x}{2}\right) + 360 \times 1\,964 \times 178 = 360 \times 2\,945 \times 788$$

解方程得:$x = 301$ mm,$x = 301$ mm $< \xi_b h_0 = 0.518 \times (700 - 45)$ mm $= 339$ mm 且 $x = 301$ mm $> 2a'_s = 2 \times 45$ mm $= 90$ mm,满足大偏心受压适用条件,假定成立,代入式(8.29)得:

$$\begin{aligned} N_u &= \alpha_1 f_c bx + f'_y A'_s - f_y A_s \\ &= (1.0 \times 16.7 \times 500 \times 301 + 360 \times 1\,964 - 360 \times 2\,945) \text{kN} \\ &= 2\,160.2 \text{ kN} \end{aligned}$$

▶ 8.2.4 矩形截面对称配筋偏心受压构件正截面受压承载力计算

如前所述,所谓对称配筋是指在截面两侧配置同等规格、面积相等的相同钢筋。实际工程中,偏心受压构件在不同的内力组合下,经常承受变号弯矩的作用,如框架、排架柱在方向不定的地震荷载、风荷载等外力作用下,截面弯矩的方向可能会发生变化。当弯矩数值相差不大时,或相差较大,但按对称配筋设计求得的纵向钢筋面积比按不对称配筋设计所得钢筋面积增加不多时,均宜采用对称配筋。

矩形截面对称配筋
偏心受压构件
正截面受压承载力
计算方法

对称配筋既能适应截面弯矩方向的变化,又可避免施工中钢筋位置错放,方便施工。装配式柱为保证吊装不会出错,一般也采用对称配筋。

1)截面设计

对称配筋时,截面两侧配筋完全相同,即 $A_s = A'_s$,$f_y = f'_y$,$a_s = a'_s$。相应的界限破坏状态时轴向压力为:

$$N_b = \alpha_1 f_c b h_0 \xi_b \tag{8.33}$$

(1)大小偏心受压的判别

对称配筋大小偏心受压判别有两种方法:

①由于对称配筋 $A_s = A'_s$,$f_y = f'_y$,x 可直接由式(8.8)求得:

$$x = \frac{N}{\alpha_1 f_c b} \tag{8.34}$$

若 $x \leq x_b = \xi_b h_0$(或 $N \leq N_b$),为大偏心受压;若 $x > x_b = \xi_b h_0$(或 $N > N_b$),则为小偏心受压。

②利用偏心距判别:$e_i > 0.3h_0$ 且 $N \leq N_b$,为大偏心受压;$e_i > 0.3h_0$ 且 $N > N_b$,为小偏心受压;$e_i \leq 0.3h_0$,为小偏心受压。

（2）大偏心受压构件正截面承载力计算

由式(8.34)计算得出 x。

当 $2a'_s \leqslant x \leqslant x_b = \xi_b h_0$ 时，可直接代入式(8.9)，得：

$$A_s = A'_s = \frac{Ne - \alpha_1 f_c bx\left(h_0 - \dfrac{x}{2}\right)}{f'_y(h_0 - a'_s)} \tag{8.35}$$

当 $x < 2a'_s$ 时，取 $x = 2a'_s$，则

$$A'_s = A_s = \frac{Ne'}{f_y(h_0 - a'_s)} \tag{8.36}$$

式中　$e' = e_i - \dfrac{h}{2} + a'_s$。

（3）小偏心受压构件正截面承载力计算

将 $A_s = A'_s, f_y = f'_y$ 代入式(8.13)至式(8.15)，联立可得 ξ 的三次方程。为避免求解三次方程，可简化计算得 ξ 的近似计算式：

$$\xi = \frac{N - \alpha_1 f_c bh_0 \xi_b}{\dfrac{Ne - 0.43\alpha_1 f_c bh_0^2}{(\beta_1 - \xi_b)(h_0 - a'_s)} + \alpha_1 f_c bh_0} + \xi_b \tag{8.37}$$

将求得的 ξ 代入式(8.14)得：

$$A_s = A'_s = \frac{Ne - \alpha_1 f_c bh_0^2(\xi - 0.5\xi^2)}{f'_y(h_0 - a'_s)}$$

无论是大偏心受压还是小偏心受压，当计算的 $A_s = A'_s < \rho_{min} bh$ 时，说明截面尺寸偏大，此时应适当调整截面尺寸。

2）截面复核

对称配筋截面复核的计算与非对称配筋情况基本相同，取 $A_s = A'_s, f_y = f'_y$，不再赘述。对于对称配筋小偏心受压构件，由于 $A_s = A'_s$，可不必再进行反向破坏的验算。

【**例8.8**】　已知柱截面尺寸 $b \times h = 300\ \text{mm} \times 400\ \text{mm}$，$a_s = a'_s = 40\ \text{mm}$，荷载作用下柱的轴向压力设计值 $N = 300\ \text{kN}$，考虑二阶效应后的弯矩设计值 $M = 159\ \text{kN·m}$。混凝土强度等级采用 C25，纵筋采用 HRB400 级，$l_0/h = 6$。采用对称配筋，求所需钢筋面积 $A_s = A'_s$。

【**解**】　$e_0 = \dfrac{M}{N} = \dfrac{159 \times 10^6}{300 \times 10^3}\text{mm} = 530\ \text{mm}$，$e_a = 20\ \text{mm}\left(> \dfrac{h}{30} = \dfrac{400}{30}\ \text{mm} = 13.3\ \text{mm}\right)$，则

$e_i = e_0 + e_a = (530 + 20)\text{mm} = 550\ \text{mm}$

由式(8.33)知：

$N_b = \alpha_1 f_c bh_0 \xi_b = 1.0 \times 11.9 \times 300 \times 360 \times 0.518\ \text{kN} = 666\ \text{kN}$

$e_i > 0.3h_0$，且 $N < N_b$，按大偏心受压计算。

$e = e_i + \dfrac{h}{2} - a_s = \left(550 + \dfrac{400}{2} - 40\right)\text{mm} = 710\ \text{mm}$

据式(8.34)求 x：

$x = \dfrac{N}{\alpha_1 f_c b} = \dfrac{300 \times 10^3}{1.0 \times 11.9 \times 300}\text{mm} = 84\ \text{mm} \begin{cases} < \xi_b h_0(0.518 \times 360\ \text{mm} = 186\ \text{mm}) \\ > 2a'_s(2 \times 40\ \text{mm} = 80\ \text{mm}) \end{cases}$

此题可直接用此式计算x,根据其大小判别偏心受压类型。

由式(8.35)得:

$$A_s = A'_s = \frac{Ne - \alpha_1 f_c bx\left(h_0 - \dfrac{x}{2}\right)}{f'_y(h_0 - a'_s)}$$

$$= \frac{300 \times 10^3 \times 710 - 1.0 \times 11.9 \times 300 \times 84 \times \left(360 - \dfrac{84}{2}\right)}{360 \times (360 - 40)} \text{mm}^2$$

$$= 1\ 021 \text{ mm}^2 > \begin{cases} \rho_{\min} bh \\ \rho'_{\min} bh \end{cases} (\rho_{\min} bh = \rho'_{\min} bh = 0.2\% \times 300 \times 400 \text{ mm}^2 = 240 \text{ mm}^2)$$

每侧选用 4 Φ 20($A_s = A'_s = 1\ 256$ mm^2)。

【例8.9】 已知柱截面尺寸 $b \times h = 400 \text{ mm} \times 700 \text{ mm}, a_s = a'_s = 40$ mm,轴向压力设计值 $N = 2\ 400$ kN,考虑二阶效应后的弯矩设计值 $M = 240$ kN·m。混凝土强度等级采用C30,纵筋采用HRB400级,$l_0 = 2.5$ m。采用对称配筋,求所需钢筋面积 $A_s = A'_s$。

【解】 $e_0 = \dfrac{M}{N} = \dfrac{240 \times 10^6}{2\ 400 \times 10^3} \text{mm} = 100 \text{ mm}, e_a = \dfrac{h}{30} = 23 \text{ mm} > 20 \text{ mm},$ 则

$$e_i = e_0 + e_a = 123 \text{ mm} < 0.3h_0 = 0.3 \times (700 - 40) \text{mm} = 198 \text{ mm}$$

$$x = \frac{N}{\alpha_1 f_c b} = \frac{2\ 400 \times 10^3}{1.0 \times 14.3 \times 400} \text{mm} = 420 \text{ mm} > x_b = \xi_b h_0 = 0.518 \times 660 \text{ mm} = 342 \text{ mm}$$

属于小偏心受压。

$$e = e_i + \frac{h}{2} - a_s = \left(123 + \frac{700}{2} - 40\right) \text{mm} = 433 \text{ mm}$$

根据式(8.37)求ξ:

$$\xi = \frac{N - \alpha_1 f_c bh_0 \xi_b}{\dfrac{Ne - 0.43\alpha_1 f_c bh_0^2}{(\beta_1 - \xi_b)(h_0 - a'_s)} + \alpha_1 f_c bh_0} + \xi_b$$

$$= \frac{2\ 400 \times 10^3 - 1.0 \times 14.3 \times 400 \times 660 \times 0.518}{\dfrac{2\ 400 \times 10^3 \times 433 - 0.43 \times 1 \times 14.3 \times 400 \times 660^2}{(0.8 - 0.518) \times (660 - 40)} + 1.0 \times 14.3 \times 400 \times 660} + 0.518$$

$$= 0.642$$

$$A_s = A'_s = \frac{Ne - \alpha_1 f_c bh_0^2(\xi - 0.5\xi^2)}{f'_y(h_0 - a'_s)}$$

$$= \frac{2\ 400 \times 10^3 \times 433 - 1.0 \times 14.3 \times 400 \times 660^2 \times (0.642 - 0.5 \times 0.642^2)}{360 \times (660 - 40)} \text{mm}^2$$

$$= 209 \text{ mm}^2 < \rho'_{\min} bh = 0.002 \times 400 \times 700 \text{ mm}^2 = 560 \text{ mm}^2$$

取 $A_s = A'_s = 560$ mm^2,每侧选用 3 Φ 16($A_s = A'_s = 603$ mm^2)。

垂直于弯矩作用平面的轴心受压承载力验算:由 $\dfrac{l_0}{b} = \dfrac{2\ 500}{400} = 6.25$,查表4.1得$\varphi = 1.0$,则

$$N_u = 0.9\varphi[f_c A + f'_y(A_s + A'_s)]$$

$$= 0.9 \times 1.0 \times [14.3 \times 400 \times 700 + 360 \times (603 + 603)] \text{kN}$$

= 3 994 kN > N = 2 400 kN

验算结果安全。

▶ **8.2.5 T形及I形截面对称配筋偏心受压构件正截面受压承载力计算**

在现浇刚架及拱中,常出现T形截面偏心受压构件,在单层工业厂房中,为了节省混凝土和减轻构件自重,对截面高度 h 大于 600 mm 的柱,通常采用I形截面。I形截面柱的翼缘厚度一般不小于 120 mm,腹板厚度一般不小于 100 mm。T形截面和I形截面偏心受压构件的正截面破坏形态、计算方法与矩形截面类似,区别仅在于增加了受压翼缘参与工作,而T形截面可作为I形截面的特殊情况处理。

工程中I形截面预制柱通常采用对称配筋,也同样分为大偏心受压($\xi \leqslant \xi_b$)和小偏心受压($\xi > \xi_b$)两种类型。

1)**大偏心受压**($\xi \leqslant \xi_b$)

(1)计算公式

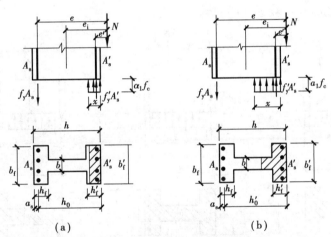

图 8.10 I形截面大偏心受压计算图形

①当 $x \leqslant h'_f$ 时,受压区在受压翼缘内,受力情况等同于宽为 b'_f 的矩形截面[图8.10(a)],则

$$N \leqslant \alpha_1 f_c b'_f x + f'_y A'_s - f_y A_s \tag{8.38}$$

$$Ne \leqslant \alpha_1 f_c b'_f x \left(h_0 - \frac{x}{2}\right) + f'_y A'_s(h_0 - a'_s) \tag{8.39}$$

②当 $x > h'_f$ 时(且 $x \leqslant \xi_b h_0$),受压区为T形截面[图8.10(b)],则

$$N \leqslant \alpha_1 f_c(b'_f - b)h'_f + \alpha_1 f_c bx + f'_y A'_s - f_y A_s \tag{8.40}$$

$$Ne \leqslant \alpha_1 f_c(b'_f - b)h'_f\left(h_0 - \frac{h'_f}{2}\right) + \alpha_1 f_c bx\left(h_0 - \frac{x}{2}\right) + f'_y A'_s(h_0 - a'_s) \tag{8.41}$$

式中 b'_f, h'_f——I形截面受压翼缘宽度和高度。

(2)适用条件

为保证受拉钢筋 A_s 和受压钢筋 A'_s 都能达到屈服强度,必须满足下列条件:

$$\xi \leqslant \xi_b \text{ 及 } x \geqslant 2a'_s(\text{对 } x > h'_f \text{ 情况,一般自然满足})$$

2)小偏心受压($\xi>\xi_b$)

对于小偏心受压I形截面,一般不会出现$x<h'_f$的情况。

①当$x\leq h-h_f$(h_f为离N较远一侧翼缘的高度)时,受压区进入腹板[图8.11(a)],则

$$N\leq\alpha_1 f_c bx+\alpha_1 f_c(b'_f-b)h'_f+f'_y A'_s-\sigma_s A_s \tag{8.42}$$

$$Ne\leq\alpha_1 f_c bx\left(h_0-\frac{x}{2}\right)+\alpha_1 f_c(b'_f-b)h'_f\left(h_0-\frac{h'_f}{2}\right)+f'_y A'_s(h_0-a'_s) \tag{8.43}$$

$$\sigma_s=\frac{\xi-\beta_1}{\xi_b-\beta_1}f_y$$

②当$x>h-h_f$时,受压区进入离N较远一侧翼缘[图8.11(b)],则

$$N\leq\alpha_1 f_c bx+\alpha_1 f_c(b'_f-b)h'_f+\alpha_1 f_c(b_f-b)[h_f-h+x]+f'_y A'_s-\sigma_s A_s \tag{8.44}$$

$$Ne\leq\alpha_1 f_c bx\left(h_0-\frac{x}{2}\right)+\alpha_1 f_c(b'_f-b)h'_f\left(h_0-\frac{h'_f}{2}\right)+\alpha_1 f_c(b_f-b)[h_f-h+x]$$

$$[h_f-a_s-0.5(h_f-h+x)]+f'_y A'_s(h_0-a'_s) \tag{8.45}$$

式中　b_f——I形截面离N较远一侧的翼缘宽度。

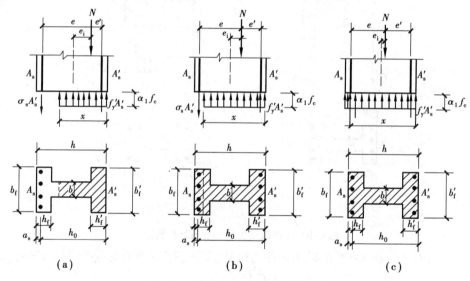

图8.11　I形截面小偏心受压计算图形

3)计算方法

大小偏心受压类型判别:界限状态时,$A_s=A'_s$,$f_y=f'_y$,$N_b=\alpha_1 f_c bh_0\xi_b+\alpha_1 f_c(b'_f-b)h'_f$。所以,当$N\leq N_b$时,为大偏心受压;当$N>N_b$时,为小偏心受压。

先按大偏心受压公式(8.38)计算x:

$$x=\frac{N}{\alpha_1 f_c b'_f}$$

①当$2a'_s\leq x\leq h'_f$时,为大偏心受压,且受压区位于I形截面受压翼缘内,直接利用式(8.39)计算钢筋面积:

$$A_s = A_s' = \frac{Ne - \alpha_1 f_c b_f' x \left(h_0 - \dfrac{x}{2} \right)}{f_y'(h_0 - a_s')}$$

②当 $x < 2a_s'$ 时,为大偏心受压,采用前述矩形截面相同的方法,取 $x = 2a_s'$,按下式计算:

$$A_s' = A_s = \frac{Ne'}{f_y(h_0 - a_s')}$$

再按不考虑受压钢筋的情况计算 A_s,并与上式计算结果比较,取小值配筋($A_s = A_s'$)。

③当 $h_f' < x$ 时,受压区进入腹板,需重新计算 x 值:

$$x = \frac{N - \alpha_1 f_c(b_f' - b)h_f'}{\alpha_1 f_c b}$$

a. 当 $x \leqslant \xi_b h_0$ 时,为大偏心受压,利用式(8.41)计算钢筋用量:

$$A_s = A_s' = \frac{Ne - \alpha_1 f_c(b_f' - b)h_f'(h_0 - 0.5h_f') - \alpha_1 f_c bx}{f_y'(h_0 - a_s')}$$

b. 当 $x > \xi_b h_0$ 时,为小偏心受压,如 $x > h$,取 $x = h$,此时 A_s 的应力为 σ_s,再利用式(8.42)至式(8.45)计算,计算步骤与矩形截面相同。为简化计算,采用近似公式:

$$\xi = \frac{N - \alpha_1 f_c[bh_0\xi_b + (b_f' - b)h_f']}{\dfrac{Ne - \alpha_1 f_c[0.43bh_0^2 + (b_f' - b)h_f'(h_0 - 0.5h_f')]}{(\beta_1 - \xi_b)(h_0 - a_s')} + \alpha_1 f_c bh_0} + \xi_b \tag{8.46}$$

将 $x = \xi h_0$ 代入式(8.43)或式(8.45),求出 A_s 和 A_s' 为:

$$A_s = A_s' = \frac{Ne - \alpha_1 f_c S_c}{f_y'(h_0 - a_s')} \tag{8.47}$$

式中　S_c——混凝土受压区面积对 A_s 合力中心的面积矩。

$x \leqslant h - h_f$ 时　　$S_c = bx\left(h_0 - \dfrac{x}{2} \right) + (b_f' - b)h_f'\left(h_0 - \dfrac{h_f'}{2} \right) \tag{8.48}$

$x > h - h_f$ 时

$$S_c = bx\left(h_0 - \frac{x}{2} \right) + (b_f' - b)h_f'\left(h_0 - \frac{h_f'}{2} \right) + (b_f - b)(h_f - h + x)[h_f - a_s - 0.5(h_f - h + x)] \tag{8.49}$$

【例8.10】　某单层厂房的偏心受压柱,如图8.12所示,截面为I形,柱子计算长度 $l_0 = 7.2$ m(另一方向 $l_0 = 0.8 \times 7.2$ m $= 5.76$ m),混凝土强度等级采用C30,纵筋采用HRB400级,其他钢筋采用HPB300级;截面上内力设计值 $N = 900$ kN,$M_1 = 430$ kN·m,$M_2 = 590$ kN·m。采用对称配筋,求所需钢筋截面面积。

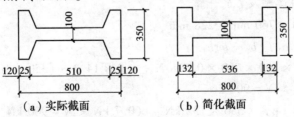

（a）实际截面　　　　　（b）简化截面

图8.12　例8.10附图

【解】 （1）计算考虑纵向弯曲影响的设计弯矩 M。

取 $a_s = a'_s = 40$ mm，$h_0 = (800 - 40)$ mm $= 760$ mm。

在计算时，可近似地把图 8.12(a) 简化为图 8.12(b)，则：$b = 100$ mm，$h = 800$ mm，$b_f = b'_f = 350$ mm，$h_f = h'_f = 132$ mm。

由于 $M_1/M_2 = 430/590 = 0.729 < 0.9$

$A = bh + 2(b'_f - b)h'_f = 100 \times 800$ mm$^2 + 2 \times (350 - 100) \times 132$ mm$^2 = 146\ 000$ mm^2

轴压比：$N/f_c A = 900 \times 10^3/14.3 \times 146\ 000 = 0.431 < 0.9$

验算是否考虑附加弯矩的最大长细比：

$$i = \sqrt{\frac{I}{A}} = \sqrt{\frac{\frac{1}{12} \times (350 \times 800^3 - 250 \times 536^3)}{350 \times 800 - 250 \times (800 - 2 \times 132)}}\ \text{mm} = \sqrt{\frac{1.17 \times 10^{10}}{146\ 000}}\ \text{mm} = 283\ \text{mm}$$

$$l_0/i = 7\ 200/283 = 25.4 > 34 - 12\frac{M_1}{M_2} = 25.25$$

应考虑附加弯矩的影响。

$$\zeta_c = \frac{0.5 f_c A}{N} = \frac{0.5 \times 14.3 \times 146\ 000}{900 \times 10^3} = 1.16，取 \zeta_c = 1.0$$

$$C_m = 0.7 + 0.3\frac{M_1}{M_2} = 0.919$$

$$e_a = \frac{h}{30} = \frac{800}{30}\text{mm} = 26.67\ \text{mm} > 20\ \text{mm}$$

$$\eta_{ns} = 1 + \frac{1}{1\ 300(M_2/N + e_a)/h_0}\left(\frac{l_0}{h}\right)^2 \zeta_c$$

$$= 1 + \frac{1}{1\ 300 \times (590 \times 10^6/900 \times 10^3 + 26.67)/760}\left(\frac{7\ 200}{800}\right)^2 \times 1.0 = 1.07$$

考虑纵向挠曲影响后的弯矩设计值为：

$M = C_m \eta_{ns} M_2 = 0.919 \times 1.07 \times 590$ kN·m $= 580.2$ kN·m，$M = 590$ kN·m。

$$e_0 = \frac{M}{N} = \frac{590 \times 10^6}{900 \times 10^3}\text{mm} = 655.6\ \text{mm}$$

$$e_i = e_0 + e_a = (655.6 + 26.67)\text{mm} = 682.27\ \text{mm}$$

$$e = e_i + \frac{h}{2} - a_s = (682.27 + 400 - 40)\text{mm} = 1\ 042.27\ \text{mm}$$

（2）判断偏心受压类型及 ξ 的计算

$e_i > 0.3h_0 = 0.3 \times 760$ mm $= 228$ mm

$N_b = \alpha_1 f_c b h_0 \xi_b + \alpha_1 f_c (b'_f - b)h'_f$

$\quad = 1.0 \times 14.3 \times 100 \times 760 \times 0.518$ N $+ 1.0 \times 14.3 \times (350 - 100) \times 132$ N

$\quad = 1\ 034.9$ kN $> N = 900$ kN

$\alpha_1 f_c b'_f h'_f = 1.0 \times 14.3 \times 350 \times 132$ kN $= 660.7$ kN $< N = 900$ kN

截面为大偏心受压，且受压区已进入腹板。

$$\xi = \frac{N - \alpha_1 f_c(b'_f - b)h'_f}{\alpha_1 f_c b h_0} = \frac{900 \times 10^3 - 1.0 \times 14.3 \times (350 - 100) \times 132}{1.0 \times 14.3 \times 100 \times 760} = 0.394 < \xi_b = 0.518$$

（3）计算钢筋截面面积

$$A_s = A'_s = \frac{Ne - \alpha_1 f_c b h_0^2 \xi(1 - 0.5\xi) - \alpha_1 f_c(b'_f - b)h'_f(h_0 - 0.5h'_f)}{f'_y(h_0 - a'_s)}$$

$$= \frac{900 \times 10^3 \times 1\,042.27 - 1.0 \times 14.3 \times 100 \times 760^2 \times 0.394 \times (1 - 0.5 \times 0.394)}{360 \times (760 - 40)}\,\mathrm{mm}^2 -$$

$$\frac{1.0 \times 14.3 \times (350 - 100) \times 132 \times (760 - 0.5 \times 132)}{360 \times (760 - 40)}\,\mathrm{mm}^2 = 1\,342\;\mathrm{mm}^2$$

选配钢筋，两侧都选用 4 Φ 22 钢筋，实配面积为 $A_s = A'_s = 1\,520\;\mathrm{mm}^2$。

（4）验算轴心受压承载力（略）

▶ 8.2.6 偏心受压构件正截面承载力 N_u-M_u 相关曲线及其应用

对于给定截面尺寸、材料强度等级和配筋的偏心受压构件，正截面压弯承载力达到极限状态时，其轴向压力 N_u 和弯矩 M_u 是相互关联的，可以用 N_u-M_u 相关曲线来表示，如图 8.13 所示。

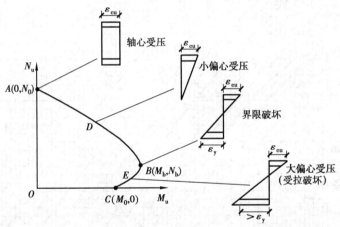

图 8.13　N_u-M_u 相关曲线及特征点处的应变分布

N_u-M_u 相关曲线反映了钢筋混凝土构件在压力和弯矩共同作用下正截面压弯承载力的规律，具有以下特征：

①N_u-M_u 相关曲线上的任一点代表截面处于正截面承载能力极限状态时的一种内力组合。这表明，对于给定截面、配筋和材料强度等级的偏心受压构件，可以在无数组不同的 N_u 和 M_u 的组合下达到承载能力极限状态，或者说当给定轴力 N_u 时就有唯一的 M_u 与之对应，反之也一样。如果一组内力 (M, N) 在曲线内部，说明构件未达到承载能力极限状态，是安全的，而且距离曲线越远越安全；如 (M, N) 在曲线外部，构件将因丧失承载力而破坏。

②当弯矩为零时，轴向承载力达到最大，即为轴心受压状态，对应图 8.13 中的 A 点；当轴力为零时，为纯弯状态，对应图 8.13 中的 C 点。

③截面的受弯承载力 M_u 与作用的轴向压力 N 的大小有关，在图 8.13 中 B 点 M_u 达到最

大,该点为界限破坏。根据截面应变分布情况可知,当轴向压力 N 小于界限破坏时的轴力 N_b 时,M_u 随 N 的增加而增加(图 8.13 中 BEC 段)为大偏心受压破坏,即受拉破坏;当轴向压力 N 大于界限破坏时的轴力 N_b 时,M_u 随 N 的增加而减小(图 8.13 中 ADB 段),为小偏心受压破坏,即受压破坏。

从曲线可知,对大偏心受压构件,在 M 相同的条件下,N 越大越安全;对小偏心受压构件,在 M 相同的条件下,N 越小越安全。利用这一规律,在构件设计时可判别内力的最不利组合。

④如果截面尺寸和材料强度等级保持不变,N_u-M_u 相关曲线随着截面配筋率的增大而向外侧增加(图 8.14)。

⑤对于对称配筋情况,界限破坏时的轴向压力 N_b 与配筋率无关,而 M_b 随配筋率的增加而增大(图 8.14)。

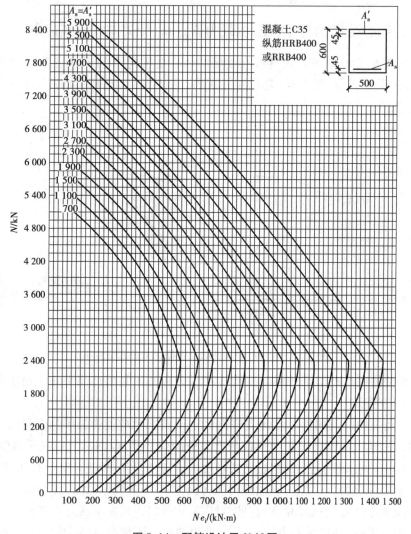

图 8.14 配筋设计用 N-M 图

掌握 N_u-M_u 相关曲线的上述规律对偏心受压构件的设计十分有用,对工程中一些特定截面尺寸、混凝土强度等级和钢筋级别的偏心受压构件,通过计算机预先绘制出一系列图表,设计者可直接查看图表,简化过程,减少工作量。图 8.14 是按截面尺寸 $b \times h = 500 \text{ mm} \times 600 \text{ mm}$,混凝土强度等级为 C35,钢筋采用 HRB400(或 RRB400)级,绘制的对称配筋矩形截面偏心受压构件正截面承载力计算图表。设计时,查找与设计条件完全对应的图表,由 N 和 Ne_i 值从图中很方便地查找出所需的钢筋截面面积。

8.3 偏心受拉构件正截面承载力计算

▶ 8.3.1 偏心受拉构件正截面的破坏形态

试验表明,偏心受拉构件的破坏形态可分为两类:大偏心受拉破坏和小偏心受拉破坏。计算时可按轴向拉力 N 作用点位置的不同来区分,即:当轴向拉力 N 作用在钢筋 A_s 合力点与 A_s' 合力点范围之内时(此处 A_s,A_s' 分别指距轴向拉力较近、较远一侧配置的纵向受力钢筋),属于小偏心受拉情况,如图 8.15(a)所示;当轴向拉力 N 作用在钢筋 A_s 合力点与 A_s' 合力点范围以外时,属于大偏心受拉情况,如图 8.15(b)所示。

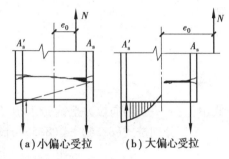

(a)小偏心受拉　　　　(b)大偏心受拉

图 8.15　两种偏心受拉破坏

1)小偏心受拉构件

轴向拉力 N 作用于钢筋 A_s 合力点与 A_s' 合力点之间,当偏心距 e_0 很小时,受荷后即为全截面受拉;当偏心距 e_0 稍大时,在开裂前,截面上存在混凝土受压区,当混凝土开裂后,受拉区混凝土退出工作,拉力由 A_s 承担,截面上原来受压区的受力状态将由受压变为受拉,最终截面全部裂通。因此,截面破坏时为全截面受拉,拉力由钢筋 A_s 与 A_s' 共同承担,并达到屈服强度,这种情况称为小偏心受拉破坏。

2)大偏心受拉构件

轴向拉力 N 作用于钢筋 A_s 与 A_s' 范围以外,由于偏心距 e_0 较大,受荷后截面为部分受拉(靠近轴向拉力一侧)、部分受压(远离轴向拉力一侧)。截面开裂后仍保留有受压区,截面不会裂通;随着荷载的增加,受拉区裂缝开展延伸,使受压区面积逐渐减小,最后受拉钢筋 A_s 首先达到屈服强度,继而受压区混凝土被压碎宣告构件破坏,同时受压钢筋 A_s' 达到屈服强度,这种情况称为大偏心受拉破坏。

▶ 8.3.2 偏心受拉构件正截面承载力计算方法

1)小偏心受拉构件正截面承载力计算

在小偏心受拉情况下,临破坏前截面全部裂通,拉力 N 完全由钢筋承担,破坏时钢筋 A_s 及 A_s' 的应力都达到屈服强度 f_y,如图 8.16 所示。

对钢筋 A_s 及 A_s' 合力点取矩,根据平衡条件得:

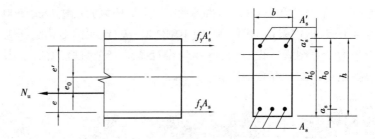

图 8.16　小偏心受拉计算图形

$$Ne \leq f_y A'_s (h_0 - a'_s) \tag{8.50}$$

$$Ne' \leq f_y A_s (h_0 - a'_s) \tag{8.51}$$

则

$$A'_s = \frac{Ne}{f_y (h_0 - a'_s)} \tag{8.52}$$

$$A_s = \frac{Ne'}{f_y (h_0 - a'_s)} \tag{8.53}$$

式中　e, e'——轴向拉力至钢筋 A_s, A'_s 合力作用点之间的距离。

e, e' 分别按式(8.54)、式(8.55)计算：

$$e = \frac{h}{2} - e_0 - a_s \tag{8.54}$$

$$e' = \frac{h}{2} + e_0 - a'_s \tag{8.55}$$

当采用对称配筋时,为了达到内外力平衡,远离偏心力一侧的钢筋 A'_s 达不到屈服,在设计时可取：

$$A'_s = A_s = \frac{Ne'}{f_y (h_0 - a'_s)} \tag{8.56}$$

式中, $e' = \frac{h}{2} + e_0 - a'_s$。

2)大偏心受拉构件正截面承载力计算

大偏心受拉构件破坏时,钢筋 A_s 及 A'_s 的应力都达到屈服强度,受压区混凝土压应力曲线图形等效成矩形,如图 8.17 所示。

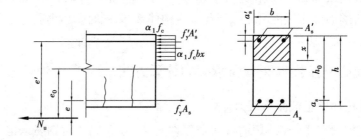

图 8.17　大偏心受拉计算图形

基本公式为：

$$N = f_y A_s - f'_y A'_s - \alpha_1 f_c b x \tag{8.57}$$

$$Ne = f'_y A'_s (h_0 - a'_s) + \alpha_1 f_c b x \left(h_0 - \frac{x}{2} \right) \tag{8.58}$$

$$e = e_0 - \frac{h}{2} + a_s \tag{8.59}$$

公式的适用条件与大偏心受压构件相同,即

$$2a'_s \leqslant x \leqslant \xi_b h_0$$

截面设计:

①A_s 及 A'_s 均未知。为使钢筋总用量 $A_s + A'_s$ 为最少,取 $x = \xi_b h_0$,代入式(8.57)及式(8.58)可得:

$$A'_s = \frac{Ne - \alpha_1 f_c b h_0^2 \xi_b (1 - 0.5\xi_b)}{f'_y (h_0 - a'_s)} \tag{8.60}$$

$$A_s = \frac{\alpha_1 f_c b h_0 \xi_b + f'_y A'_s + N}{f_y} \tag{8.61}$$

若按式(8.60)算出的 A'_s 小于 $\rho'_{\min} bh$,取 $A'_s = \rho'_{\min} bh$,并按 A'_s 为已知的情况计算 A_s。

②A'_s 已知,A_s 未知。先计算受压区混凝土高度 x 或相对受压区高度 ξ:

$$\xi = 1 - \sqrt{1 - \frac{Ne - f'_y A'_s (h_0 - a'_s)}{0.5 f_c b h_0^2}}$$

a. 当 $\xi > \xi_b$ 时,说明 A'_s 配置量不足,可按 A'_s 为未知的情况计算。

b. 当 $2a'_s \leqslant x$(即 ξh_0)$\leqslant \xi_b h_0$ 时,代入式(8.57)计算 A_s:

$$A_s = \frac{\alpha_1 f_c b h_0 \xi + f'_y A'_s + N}{f_y}$$

c. 当 $x < 2a'_s$ 时,取 $x = 2a'_s$,根据平衡条件对钢筋 A'_s 合力作用点取矩,得:

$$Ne' = f_y A_s (h_0 - a'_s)$$

$$A_s = \frac{Ne'}{f_y (h_0 - a'_s)} \tag{8.62}$$

式中,$e' = e_0 + \dfrac{h}{2} - a'_s$。

同时 A_s 应不小于 $\rho_{\min} bh$,$\rho_{\min} = \max(0.45 f_t / f_y, 0.002)$。

当构件采用对称配筋时,由于 $f_y A_s = f'_y A'_s$,所以通过式(8.57)可知,x 必为负值,可按 $x < 2a'_s$ 的情况计算钢筋截面面积:

$$A'_s = A_s = \frac{Ne'}{f_y (h_0 - a'_s)} \tag{8.63}$$

由此可见,大偏心受拉构件的计算与大偏心受压构件的计算相似,所不同的是纵向力 N 的作用方向相反,大偏心受拉构件一般为受拉破坏,且偏心力为拉力,所以纵向力 N 及弯矩 M 越大,截面越危险。因此,在选取内力组合时应取:$N_{\max}$ 及相应 $\pm M$,$\pm M_{\max}$ 及相应 N。

3)截面复核

(1)小偏心受拉构件

已知 A_s,A'_s 及 e_0,可由式(8.50)和式(8.51)分别计算截面所能承担的轴向拉力 N,取二者的较小值。

(2)大偏心受拉构件

当采用非对称配筋时,与大偏心受压构件类似,由基本公式(8.57)及式(8.58)消去 N 可解出 x。若满足条件 $2a'_s \leq x \leq \xi_b h_0$,可将 x 代入基本公式求 N;若 $x < 2a'_s$,可按式(8.62)求 N;若 $x > \xi_b h_0$,说明受拉钢筋 A_s 配置过多,其应力未达到屈服强度而受压区混凝土已被压碎。此时,需用 $\sigma_s = \dfrac{\xi - \beta_1}{\xi_b - \beta_1} f_y$ 代替式(8.57)中的 f_y,重新求解 x 和 N。

当采用对称配筋时,由于 $A_s = A'_s$ 已知,可直接根据式(8.62)求解。

【例8.11】 一偏心受拉构件,截面尺寸为 $b \times h = 250 \text{ mm} \times 300 \text{ mm}$,承受轴向拉力设计值 $N = 150 \text{ kN}$,弯矩设计值 $M = 12 \text{ kN·m}$,混凝土强度等级采用C30,钢筋为 HRB400 级,求截面配筋。

【解】 $f_y = 360 \text{ N/mm}^2$,$f_t = 1.27 \text{ N/mm}^2$,取 $a_s = a'_s = 40 \text{ mm}$,$h_0 = h - a_s = (300 - 40) \text{ mm} = 260 \text{ mm}$。

$$e_0 = \frac{M}{N} = \frac{12 \times 10^6}{150 \times 10^3} \text{mm} = 80 \text{ mm} < \frac{h}{2} - a_s = \left(\frac{300}{2} - 40\right) \text{mm} = 110 \text{ mm}$$

即偏心拉力作用在钢筋 A_s 与 A'_s 之间,属于小偏心受拉情况。

$$e = \frac{h}{2} - e_0 - a_s = \left(\frac{300}{2} - 80 - 40\right) \text{mm} = 30 \text{ mm}$$

$$e' = \frac{h}{2} + e_0 - a'_s = \left(\frac{300}{2} + 80 - 40\right) \text{mm} = 190 \text{ mm}$$

按式(8.52)可得:

$$A'_s = \frac{Ne}{f_y(h_0 - a'_s)} = \frac{150 \times 10^3 \times 30}{360 \times (260 - 40)} \text{mm}^2 = 56.8 \text{ mm}^2$$

$$< \rho'_{min} bh \begin{cases} 0.2\% \times 250 \times 300 \text{ mm}^2 = 150 \text{ mm}^2 \\ 45 \times \dfrac{1.27}{360} \times 250 \times 300 \text{ mm}^2 = 119 \text{ mm}^2 \end{cases}$$

按式(8.53)可得:

$$A_s = \frac{Ne'}{f_y(h_0 - a'_s)} = \frac{150 \times 10^3 \times 190}{360 \times (260 - 40)} \text{mm}^2 = 360 \text{ mm}^2$$

A_s 选用 2 ⊕ 18($A_s = 509 \text{ mm}^2$),A'_s 按构造要求取 2 ⊕ 12($A'_s = 226 \text{ mm}^2$)。

如果采用对称配筋,则由式(8.56)求得:

$$A'_s = A_s = \frac{Ne'}{f_y(h_0 - a'_s)} = \frac{150 \times 10^3 \times 190}{360 \times (260 - 40)} \text{mm}^2 = 360 \text{ mm}^2$$

两侧都选用 2 ⊕ 18 钢筋(实际配筋:$A_s = A'_s = 509 \text{ mm}^2$)。

【例8.12】 一偏心受拉板,板厚 $h = 180 \text{ mm}$,每米板宽上承受的轴向拉力设计值 $N = 150 \text{ kN}$,弯矩设计值 $M = 45 \text{ kN·m}$,采用C30混凝土,HRB400级钢筋,设 $a_s = a'_s = 25 \text{ mm}$,求截面配筋。

【解】 $f_c = 14.3 \text{ N/mm}^2$,$f_y = f'_y = 360 \text{ N/mm}^2$,$b = 1\,000 \text{ mm}$,$h_0 = (180 - 25) \text{mm} = 155 \text{ mm}$。

（1）判断偏心受拉情况

$$e_0 = \frac{M}{N} = \frac{45 \times 10^6}{150 \times 10^3} \mathrm{mm} = 300 \mathrm{~mm} > \frac{h}{2} - a_s = \left(\frac{180}{2} - 25\right) \mathrm{mm} = 65 \mathrm{~mm}$$

即偏心拉力 N 作用在钢筋 A_s 与 A'_s 范围以外，属于大偏心受拉情况。

（2）求 A'_s

$$e = e_0 - \frac{h}{2} + a_s = \left(300 - \frac{180}{2} + 25\right) \mathrm{mm} = 235 \mathrm{~mm}$$

令 $x = \xi_b h_0$，由式（8.60）得：

$$A'_s = \frac{Ne - \alpha_1 f_c b h_0^2 \xi_b (1 - 0.5\xi_b)}{f_y(h_0 - a'_s)}$$

$$= \frac{150 \times 10^3 \times 235 - 14.3 \times 1\,000 \times 155^2 \times 0.614 \times (1 - 0.5 \times 0.614)}{360 \times (155 - 25)} \mathrm{mm}^2 < 0$$

取 $A'_s = \rho'_{\min} bh = 0.002 \times 1\,000 \times 180 \mathrm{~mm}^2 = 360 \mathrm{~mm}^2$

选用 ⊈10@200（$A'_s = 393 \mathrm{~mm}^2$）。

（3）求 A_s

$M_2 = f'_y A'_s (h_0 - a'_s) = 360 \times 393 \times (155 - 25) \mathrm{N} \cdot \mathrm{mm} = 18\,392\,400 \mathrm{~N} \cdot \mathrm{mm}$

$M_1 = Ne - M_2 = (150 \times 10^3 \times 235 - 18\,392\,400) \mathrm{N} \cdot \mathrm{mm} = 16\,857\,600 \mathrm{~N} \cdot \mathrm{mm}$

$$a_s = \frac{M_1}{\alpha_1 f_c b h_0^2} = \frac{16\,857\,600}{14.3 \times 1\,000 \times 155^2} = 0.049$$

$\xi = 1 - \sqrt{1 - 2a_s} = 1 - \sqrt{1 - 2 \times 0.049} = 0.05 < \xi_b = 0.518$

$x = \xi h_0 = 0.05 \times 155 \mathrm{~mm} = 7.79 \mathrm{~mm} < 2a'_s = 50 \mathrm{~mm}$

取 $x = 2a'_s$，$e' = e_0 + \frac{h}{2} - a'_s = \left(300 + \frac{180}{2} - 25\right) \mathrm{mm}^2 = 365 \mathrm{~mm}^2$

$$A_s = \frac{Ne'}{f_y(h_0 - a'_s)} = \frac{150 \times 10^3 \times 365}{360 \times (155 - 25)} \mathrm{mm}^2 = 1\,170 \mathrm{~mm}^2$$

选用 ⊈14@130（$A_s = 1\,184 \mathrm{~mm}^2$）。

如果采用对称配筋，直接利用式（8.63）求解钢筋用量为：

$$A'_s = A_s = \frac{Ne'}{f_y(h_0 - a'_s)} = \frac{150 \times 10^3 \times 365}{360 \times (155 - 25)} \mathrm{mm}^2 = 1\,170 \mathrm{~mm}^2$$

两侧都采用配筋为 ⊈14@130（$A_s = A'_s = 1\,184 \mathrm{~mm}^2$）。

8.4　偏心受力构件斜截面承载力计算

▶ 8.4.1　偏心受压构件斜截面承载力计算

偏心受压构件除了有轴力和弯矩作用外，一般还有剪力作用。因此，除进行正截面承载力计算外，还须验算斜截面的抗剪承载力。

试验表明,由于轴向压力的存在,弯曲裂缝的发生出现推迟,也延缓了斜裂缝的出现和开展,混凝土剪压区高度增大,斜裂缝角度减小,从而使斜截面抗剪承载力有所提高。但是,当轴向压力超过一定数值后,由于剪压区混凝土压应力过大,导致混凝土的抗剪强度降低,反而会使斜截面抗剪承载力降低。

试验发现,框架柱的抗剪承载力 V_u 与轴压比 $N/(f_c bh)$ 有关:当 $N/(f_c bh) < 0.3$ 时,V_u 随 $N/(f_c bh)$ 的增加而增大;当 $N/(f_c bh)$ 在0.3附近时,V_u 基本不再增加;而当 $N/(f_c bh) > 0.4$ 后,V_u 随 $N/(f_c bh)$ 的增加反而减小。

现行《混凝土结构设计规范》给出了矩形、T形和I形截面的钢筋混凝土偏心受压构件的抗剪承载力计算公式及规定:

① 为防止斜压破坏,截面应符合下式条件:

$$V \leqslant 0.25\beta_c f_c bh_0 \tag{8.64}$$

②抗剪承载力计算公式:

$$V = \frac{1.75}{\lambda + 1} f_t bh_0 + f_{yv} \frac{A_{sv}}{s} h_0 + 0.07N \tag{8.65}$$

式中　λ——偏心受压构件计算截面的剪跨比,取 $\lambda = M/(Vh_0)$。对框架结构中的框架柱,其反弯点在层高范围内时,可取 $\lambda = H_n/2h_0$(此处 H_n 为柱净高),当 $\lambda<1$ 时,取 $\lambda=1$;当 $\lambda>3$ 时,取 $\lambda=3$。对其他偏心受压构件,当承受均布荷载时,取 $\lambda = 1.5$;当承受集中荷载时(包括多种荷载作用且集中荷载对支座截面或节点边缘截面产生的剪力值占总剪力值的75%以上的情况),取 $\lambda = a/h_0$(此处 a 为集中荷载到柱或节点边缘的距离),且当 $\lambda<1.5$ 时取 $\lambda=1.5$,当 $\lambda>3$ 时取 $\lambda=3$。

　　N——与剪力设计值 V 相应的轴向压力设计值,当 $N>0.3f_cA$ 时,取 $N=0.3f_cA$,此处 A 为构件的截面面积。

其他符号意义同前。

③当符合下述条件时,

$$V \leqslant \frac{1.75}{\lambda + 1} f_t bh_0 + 0.07N \tag{8.66}$$

可不进行斜截面承载力计算,按构造要求配置箍筋即可。

▶ 8.4.2　偏心受拉构件斜截面承载力计算

一般情况下,偏心受拉构件在承受轴向拉力和弯矩的同时,也存在着剪力。当剪力较大时,不能忽视斜截面承载力的计算。轴向拉力 N 的存在,将使斜裂缝提前出现,在小偏心受拉情况下甚至形成贯通全截面的斜裂缝,使斜截面末端没有剪压区,构件的斜截面抗剪承载力明显低于无轴向拉力时受弯构件的抗剪承载力。偏心受拉构件斜截面抗剪承载力的降低幅度与轴向拉力 N 的大小近乎成正比。

现行《混凝土结构设计规范》规定,矩形、T形和I形截面的钢筋混凝土偏心受拉构件,其斜截面抗剪承载力按下式计算:

$$V \leqslant \frac{1.75}{\lambda + 1} f_t bh_0 + f_{yv} \frac{A_{sv}}{s} h_0 - 0.2N \tag{8.67}$$

式中 λ——计算截面的剪跨比,$\lambda = a/h_0$(a 为集中荷载到支座或节点边缘的距离),当 $\lambda < 1.5$ 时,取 $\lambda = 1.5$;当 $\lambda > 3$ 时,取 $\lambda = 3$。

当式(8.67)右侧的计算值小于 $f_{yv}\dfrac{A_{sv}}{s}h_0$ 时,考虑到箍筋承受的剪力,应取等于 $f_{yv}\dfrac{A_{sv}}{s}h_0$,且 $f_{yv}\dfrac{A_{sv}}{s}h_0$ 不得小于 $0.36f_t bh_0$。

8.5 构造要求

▶ 8.5.1 受压构件的构造要求

1)材料强度

受压构件的承载力主要取决于混凝土强度,因此应采用强度等级较高的混凝土。为减小构件的截面尺寸,节省材料,一般结构中柱的混凝土强度等级常用 C25 ~ C40,在高层建筑中也经常采用 C50 ~ C60。

纵向受力钢筋通常采用 HRB400 级或 RRB400 级,不宜使用过高强度等级的钢筋,因为钢筋的应力受混凝土极限压应变的限制,通常不超过 400 N/mm^2;箍筋一般采用 HPB300 级、HRB400 级钢筋。

2)截面形状及尺寸

钢筋混凝土柱多采用方形或矩形截面。为节约混凝土和减轻柱的自重,较大尺寸的柱常采用 I 形截面,单层工业厂房中的预制柱由于截面尺寸较大常采用 I 形截面。圆形截面柱主要用于桥墩、桩和公共建筑中的柱。

为充分利用材料强度,使受压构件的承载力不致因长细比过大而降低,柱的截面尺寸不宜过小,一般应控制在 $l_0/b \leqslant 30$ 及 $l_0/h \leqslant 25$ 的范围内。此处 l_0 为柱的计算长度,b 为矩形截面短边边长,h 为长边边长(常为截面高度)。为施工支模方便,柱截面尺寸宜使用整数,柱截面边长在 800 mm 以下时,宜取 50 mm 的倍数;边长在 800 mm 以上时,宜取 100 mm 的倍数。

当柱截面高度 $h \leqslant 600$ mm 时,宜采用矩形截面;600 mm $< h \leqslant 800$ mm 时,宜采用矩形或 I 形截面;800 mm $< h \leqslant 1\ 400$ mm 时,宜采用 I 形截面。因为翼缘太薄会使构件过早出现裂缝,同时靠近柱底位置的混凝土容易在施工过程中碰坏,影响柱的承载力和使用年限,所以以 I 形截面的翼缘厚度不宜小于 120 mm,腹板宽度不宜小于 100 mm。抗震区使用 I 形截面时,腹板宽度宜再加厚。

3)纵向钢筋

受压构件纵向受力钢筋的直径不宜小于 12 mm,一般可在 16 ~ 32 mm 选用。为减少钢筋在施工过程中产生纵向弯曲,宜选用较粗的钢筋。全部纵筋的配筋率不应小于 0.6%,同时,一侧钢筋的配筋率不应小于 0.2%。从经济、施工和受力性能等方面考虑,全部纵筋的配筋率不宜超过 5%,一般不宜超过 3%。

偏心受压构件的纵向受力钢筋应放置在偏心方向截面的两边,当截面高度 $h \geqslant 600$ mm 时,在侧面应设置直径为 10~16 mm 的纵向构造钢筋,以抵抗由于温度变化及混凝土收缩产生的拉应力,并相应地设置复合箍筋或拉筋(图8.18)。

纵向钢筋的混凝土保护层厚度要求见表5.2,且不应小于钢筋直径。当柱采用竖向浇筑混凝土时,纵筋的净距不应小于 50 mm;对水平浇筑的预制柱,其纵向钢筋的最小净距应按梁的有关规定取用。纵向受力钢筋彼此间的中距不宜大于 300 mm。

纵筋的连接接头宜设置在受力较小处,同一根钢筋宜少设接头。钢筋的连接接头可采用机械连接,也可采用焊接和搭接接头。对于直径大于 28 mm 的受拉钢筋和直径大于 32 mm 的受压钢筋,不宜采用绑扎的搭接接头。在任何情况下,纵向受拉钢筋绑扎搭接接头的搭接长度不应小于 300 mm,具体可按现行《混凝土结构设计规范》取用;纵向受力钢筋的机械连接接头和焊接接头宜相互错开,接头连接区段的长度为 $35d$(d 为纵向受力钢筋的较大直径)。

4)箍筋

为防止纵筋压曲,有效箍住纵筋,柱中箍筋应采用封闭式;箍筋直径不应小于 $d/4$(d 为纵筋的最大直径),且不应小于 6 mm。

箍筋间距不应大于 400 mm,且不应大于构件截面的短边尺寸。在绑扎钢筋骨架中,箍筋间距不应大于 $15d$,在焊接骨架中不应大于 $20d$(d 为纵筋的最小直径)。

当柱中全部纵筋的配筋率超过 3% 时,箍筋直径不应小于 8 mm,间距不应大于纵向受力钢筋最小直径的 10 倍,且不应大于 200 mm;箍筋末端应做成 135° 弯钩且弯钩末端平直段长度不应小于箍筋直径的 10 倍;箍筋也可焊成封闭环式。

当截面短边尺寸大于 400 mm 且各边纵筋多于 3 根时,或当柱截面短边尺寸不大于 400 mm 但各边纵向钢筋多于 4 根时,应设置复合箍筋,如图 8.18 所示。

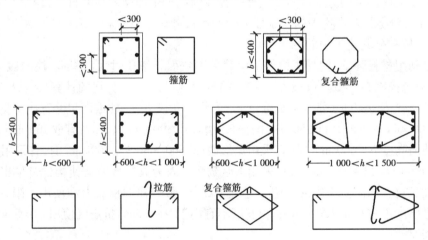

图 8.18 受压构件的配筋形式

在纵向受力钢筋搭接长度范围内,箍筋直径不应小于搭接钢筋较大直径的 0.25 倍。当钢筋受拉时,箍筋间距不应大于搭接钢筋较小直径的 5 倍,且不应大于 100 mm;当钢筋受压时,箍筋间距不应大于搭接钢筋较小直径的 10 倍,且不应大于 200 mm。当受压钢筋直径 $d > 25$ mm 时,尚应在搭接接头两个端面外 100 mm 范围内各设置 2 个箍筋。

设置柱内箍筋时,宜使纵向受力钢筋每隔 1 根位于箍筋的转角处。

对截面形状复杂的柱,不可采用具有内折角的箍筋,以避免箍筋受拉时使折角处混凝土破损,如图 8.19 所示。

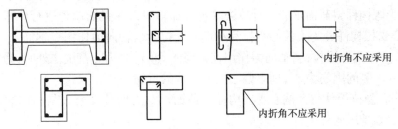

图 8.19　复杂截面时箍筋形式

▶ 8.5.2　偏心受拉构件构造要求

轴心受拉及小偏心受拉构件的纵向受力钢筋不得采用搭接接头。

偏心受拉构件的纵向受力钢筋应满足最小配筋率的要求(见附表 3.1),箍筋设置规定宜满足受弯构件对箍筋的构造要求(详见第 5 章)。

本章小结

(1)按平截面假设,偏心受压构件界限破坏时混凝土受压区相对高度 ξ_b 与适筋受弯构件的界限破坏完全相同。

(2)偏心受压构件的正截面破坏有大偏心受压破坏和小偏心受压破坏两种,二者的区别在于受压区混凝土压碎时受拉钢筋是否已经屈服。大偏心受压破坏时,受拉钢筋先达到屈服强度,然后另一侧受压区混凝土被压碎,受压钢筋也达到屈服强度。小偏心受压破坏时,靠近轴力一侧的受压区混凝土先被压碎,受压钢筋达到屈服强度,而远离轴力一侧的钢筋无论受拉还是受压均未能达到屈服强度。此外,对非对称配筋的小偏心受压构件,还可能发生远离轴力一侧的混凝土先被压坏的反向破坏。大偏心受压破坏(或称受拉破坏)属于延性破坏,而小偏心受压破坏(或称受压破坏)则为脆性破坏。

(3)长细比较大的偏心受压构件应考虑纵向弯曲引起的二阶效应。

(4)大、小偏心受压构件正截面承载力的计算原理是相同的,基本公式都是由两个平衡条件得到的。具体计算时,应根据实际情况进行判别,并验算适用条件,必要时还应补充条件。

(5)计算偏心受压构件时,无论哪种情况,都必须先计算附加偏心距。

(6)对偏心受压构件,无论是截面设计还是截面复核,都必须按轴心受压构件验算垂直于

弯矩作用平面的受压承载力,并取截面宽度 b 来计算稳定系数 φ。

(7)偏心受压构件往往还同时承受剪力作用,对承受剪力较大的偏心受压构件,除进行正截面计算外,还应进行斜截面承载力计算。轴向压力对斜截面抗剪起着有利作用,其抗剪承载力可采用受弯构件斜截面承载力计算公式再叠加轴向力 N 的贡献值进行计算。

(8)偏心受拉构件分为大偏心受拉和小偏心受拉。当轴向力作用在钢筋 A_s 和 A_s' 合力点范围以内时,为小偏心受拉;当轴向力作用在钢筋 A_s 和 A_s' 合力点范围之外时,为大偏心受拉。靠近偏心拉力一侧的钢筋为 A_s,远离偏心拉力一侧的钢筋为 A_s'。

(9)大偏心受拉构件与大偏心受压构件正截面承载力的计算公式是相似的,其计算方法也可参照大偏心受压构件进行。

(10)由于纵向拉力的存在会降低混凝土的抗剪能力,故偏心受拉构件斜截面抗剪承载力的计算应考虑纵向拉力的不利影响,即在受弯构件抗剪承载力公式基础上扣除轴向拉力的折减值进行计算。

思考题

8.1　何谓偏心受压构件,列举实际工程中的几种偏心受压构件。

8.2　简述偏心受压短柱的破坏形态。偏心受压构件如何分类?

8.3　长柱的正截面受压破坏与短柱的破坏有何异同?

8.4　为何要引入附加偏心距?

8.5　矩形截面大、小偏心受压破坏有什么不同? 如何判别?

8.6　对称配筋和非对称配筋各有什么优缺点?

8.7　计算偏心受压构件时,为什么要考虑二阶效应的影响?

8.8　受压构件对箍筋直径及间距有哪些构造要求?

8.9　如何区分大小偏心受拉构件?

8.10　偏心受拉构件计算中为何不考虑二阶效应的影响?

8.11　怎样计算大、小偏心受拉构件的正截面承载力?

8.12　轴向压力和轴向拉力对斜截面抗剪承载力有何影响? 如何计算?

8.13　试从破坏形态、截面应力、计算公式及计算步骤等方面分析大偏心受拉与大偏心受压的异同点。

习　题

8.1　已知柱的轴向力设计值 $N = 760$ kN,弯矩设计值 $M_1 = 350$ kN·m,$M_2 = 418$ kN·m,截面尺寸 $b \times h = 400$ mm×600 mm,$a_s = a_s' = 40$ mm,柱的计算长度 $l_0 = 5.7$ m,混凝土强度等级采用 C30,钢筋 HRB400 级,求钢筋的截面面积 A_s,A_s'。

8.2　矩形截面偏心受压柱,截面尺寸 $b \times h = 400$ mm×600 mm,$a_s = a_s' = 40$ mm,计算长

度 $l_0 = 6.3$ m,混凝土强度等级采用 C35,纵向钢筋 HRB400 级,箍筋 HPB300 级,承受轴力设计值 $N = 600$ kN,弯矩设计值 $M_1 = 260$ kN·m,$M_2 = 320$ kN·m,已在受压区配置 3 Φ 18 钢筋 ($A'_s = 763$ mm^2),试求钢筋的截面面积 A_s。

8.3　已知荷载作用下柱的轴向力设计值 $N = 3\ 150$ kN,考虑二阶效应后的弯矩设计值 $M = 82$ kN·m,截面尺寸 $b \times h = 400$ mm $\times 600$ mm,$a_s = a'_s = 45$ mm,柱的计算长度 $l_0 = 6$ m,混凝土强度等级采用 C35,钢筋 HRB400 级,求钢筋的截面面积 A_s,A'_s。

8.4　已知轴向力设计值 $N = 7\ 500$ kN,考虑二阶效应后的弯矩设计值 $M = 1\ 800$ kN·m,截面尺寸 $b \times h = 800$ mm $\times 1\ 000$ mm,$a_s = a'_s = 45$ mm,柱的计算长度 $l_0 = 6$ m,混凝土强度等级采用 C30,钢筋 HRB400 级,采用对称配筋,求钢筋的截面面积 $A_s = A'_s$。

8.5　条件同 8.1 题,若采用对称配筋,求钢筋的截面面积 $A_s = A'_s$。

8.6　已知矩形截面柱,截面尺寸 $b \times h = 400$ mm $\times 600$ mm,$a_s = a'_s = 40$ mm,计算长度 $l_0 = 4.5$ m,采用 C30 混凝土、HRB400 级钢筋,采用对称配筋,已知 $A_s = A'_s = 1\ 256$ mm^2(4 Φ 20),沿长边方向有偏心距 $e_0 = 600$ mm 时,试求该柱能承受的轴向力设计值。

8.7　已知矩形截面柱,截面尺寸 $b \times h = 400$ mm $\times 600$ mm,$a_s = a'_s = 40$ mm,计算长度 $l_0 = 6$ m,采用 C50 混凝土、HRB400 级钢筋:A_s 为 4 Φ 25,A'_s 为 4 Φ 20,沿长边方向轴向力的偏心距 $e_0 = 100$ mm。求柱的承载力 N。

8.8　已知某单层工业厂房 I 形截面柱,截面尺寸 $b \times h = 400$ mm $\times 600$ mm,$b_f = b'_f = 400$ mm,$h_f = h'_f = 120$ mm,混凝土强度等级采用 C35,纵向钢筋 HRB400 级,箍筋 HPB300 级,柱的计算长度 $l_0 = 6$ m,承受轴向力设计值 $N = 450$ kN,考虑二阶效应后的弯矩设计值 $M = 320$ kN·m。采用对称配筋,试计算钢筋用量。

8.9　矩形截面偏心受拉构件,截面尺寸 $b \times h = 300$ mm $\times 400$ mm,采用 C25 混凝土、HRB400 级钢筋,承受轴向拉力设计值 $N = 550$ kN,弯矩设计值 $M = 50$ kN·m,取 $a_s = a'_s = 40$ mm,试计算截面配筋。

8.10　一偏心受拉构件,截面尺寸 $b \times h = 400$ mm $\times 500$ mm,$a_s = a'_s = 40$ mm,承受设计轴向拉力 $N = 375$ kN,设计弯矩 $M = 150$ kN·m,采用 C25 混凝土、HRB400 级钢筋,试计算钢筋用量。

8.11　已知矩形截面 $b \times h = 300$ mm $\times 400$ mm,对称配筋 $A_s = A'_s = 942$ mm^2(3 Φ 20),采用 C30 混凝土、HRB400 级钢筋,承受弯矩设计值 $M = 80$ kN·m,试确定该截面所能承受的最大轴向拉力和最大轴向压力。

混凝土构件的裂缝、挠度和耐久性验算

〖**本章学习要点**〗

通过本章的学习,理解构件进行挠度与裂缝宽度及耐久性验算的必要性,以及在荷载、材料强度的取值方面与进行承载力计算时的不同点;掌握钢筋混凝土构件在使用阶段的基本性能,包括截面上与截面间的应力分布、裂缝开展的原理与过程、截面曲率的变化等,并了解影响这些变化的主要因素;掌握裂缝宽度、截面受弯刚度的定义及钢筋混凝土构件挠度和裂缝宽度的验算方法;掌握混凝土结构耐久性的定义,理解耐久性的意义、主要影响因素及耐久性设计的一般概念;熟悉减小构件挠度和裂缝宽度及增强结构耐久性的方法。

9.1 概　述

钢筋混凝土结构构件除了可能由于发生破坏而达到承载力极限状态外,还可能由于裂缝和变形过大,超过了允许限值,使结构不能正常使用,达到正常使用极限状态。例如:楼盖梁、板变形过大会影响支承在其上的仪器尤其是精密仪器的正常使用和引起非结构构件(如粉刷、吊顶和隔墙)的破坏;吊车梁的挠度过大会妨碍吊车正常运行;承重大梁的过大变形(如梁端的过大转角)会对结构的受力产生不利影响。又如:裂缝宽度过大会影响结构物的外观,引起使用者的不安,还可能使钢筋锈蚀,影响结构的耐久性。另外,混凝土的水灰比过大、水泥用量偏少、氯离子含量过多都会影响结构的耐久性,因此,在预期的自然环境和人为环境的化学和物理作用下,混凝土结构应能满足设计寿命要求。

为了满足结构的功能要求,结构构件除应进行承载能力极限状态计算以保证其安全性外,同时应进行正常使用极限状态验算以保证其使用性和耐久性。钢筋混凝土构件的裂缝和变形控制是关系结构能否满足适用性和耐久性要求的重要问题。应通过验算,使变形和裂缝宽度不超过规定限值,同时还应满足保证正常使用及耐久性要求的其他规定限值,如混凝土保护层最小厚度等。

考虑到结构构件不满足正常使用极限状态对生命财产的危害性比不满足承载力极限状态的要小,其相应的可靠指标 β 值要小些,现行《混凝土结构设计规范》规定变形及裂缝宽度验算均采用荷载标准值和材料强度的标准值。同时,由于构件的变形及裂缝宽度都随时间而增大,所以验算变形及裂缝宽度时,应按荷载的标准组合并考虑长期作用影响进行。按正常使用极限状态验算结构构件的变形及裂缝宽度时,其荷载效应大致相当于破坏荷载效应值的 $50\% \sim 70\%$。

9.2 裂缝及其控制

混凝土构件的裂缝按其形成原因可分为两大类:一类是由荷载引起的裂缝;另一类是由非荷载(如材料收缩、温度变化、地基不均匀沉降等变形因素)引起的裂缝。非荷载引起的裂缝均是由于外加变形或变形受到约束而产生的。大量的工程实践表明,在正常设计、正常施工和正常使用的条件下,荷载的直接作用往往不是形成过大裂缝的主要原因。调查表明,实际结构物的裂缝属于非荷载为主引起的约占 80%,而属于荷载为主引起的约占 20%。

► 9.2.1 裂缝控制的目的

要求钢筋混凝土结构构件不出现裂缝并不现实,但根据裂缝对结构功能的影响进行适当控制是十分必要的。裂缝控制的目的主要有以下几点:

①使用功能的要求。对不应发生渗漏的储液(气)罐或压力管道等,若出现裂缝就会影响其使用功能。

②建筑外观的要求。调查表明,控制裂缝宽度在 0.3 mm 以下对外观没有影响,一般也不会引起人们的注意。

③耐久性的要求。这是裂缝控制的最主要目的。混凝土的开裂将加速其化学侵蚀、冻融循环、碳化、钢筋锈蚀、碱集料反应等破坏功能的发生,从而引起耐久性下降,缩短建筑物的使用寿命。

► 9.2.2 裂缝控制等级

钢筋混凝土结构构件的裂缝控制等级主要根据其耐久性要求确定,与结构的功能要求、环境条件对钢筋的腐蚀影响、钢筋种类对腐蚀的敏感性和荷载作用时间等因素有关。控制等级是对裂缝控制的严格程度而言,设计者可以根据具体情况选用不同的等级。现行《混凝土结构设计规范》对结构构件正截面的受力裂缝控制等级分为三级,等级划分及要求应符合下列规定:

①一级——严格要求不出现裂缝的构件,按荷载标准组合计算时,构件受拉边缘混凝土不应产生拉应力。

②二级——一般要求不出现裂缝的构件,按荷载标准组合计算时,构件受拉边缘混凝土拉应力不应大于混凝土抗拉强度的标准值。

③三级——允许出现裂缝的构件:对钢筋混凝土构件,按荷载准永久组合并考虑长期作用影响计算时,对预应力混凝土构件,按荷载标准组合并考虑长期作用的影响计算时,构件的最大裂缝宽度不应超过现行《混凝土结构设计规范》规定的最大裂缝宽度限值;对二 a 类环境的预应力混凝土构件,尚应按荷载准永久组合计算,且构件受拉边缘混凝土的拉应力不应大于混凝土的抗拉强度标准值。

9.3 裂缝宽度验算

非荷载引起的裂缝十分复杂,目前主要是通过构造措施(如加强配筋、设变形缝等)进行控制。本章所讨论的是荷载引起的钢筋混凝土构件正截面裂缝,即与轴心受拉、受弯、偏心受力等构件的计算轴线相垂直的垂直裂缝。

▶ 9.3.1 裂缝的出现、分布与开展

下面以轴心受拉构件为例,阐述正截面裂缝的出现、分布及开展过程。

在裂缝出现前,各截面混凝土的拉应力、拉应变大致相同;由于钢筋和混凝土之间的黏结没有被破坏,钢筋的拉应力、拉应变沿构件长度基本上是均匀分布的。当混凝土的拉应力达到抗拉强度时,由于混凝土的塑性变形,还不会马上开裂,各截面进入裂缝即将出现的极限状态,即"将裂未裂"的状态。

当混凝土的拉应变达到其极限拉应变时,由于混凝土实际抗拉强度分布的不均匀性,首先会在构件最薄弱截面位置出现第一条(批)裂缝。裂缝出现瞬间,裂缝截面位置的混凝土退出受拉工作,应力为零,而钢筋拉应力突然增大,配筋率越小,增量就越大。由于钢筋与混凝土之间存在黏结,随着距裂缝截面距离的增加,混凝土中又重新建立起拉应力,而钢筋的拉应力则随距裂缝截面距离的增加而减小。

当距裂缝截面有足够的长度(设为 l,即为黏结应力作用长度,也称为传递长度)时,混凝土拉应力增大到其抗拉强度,此时将出现新的裂缝。如果两条裂缝的间距小于 $2l$,由于黏结应力传递长度不够,混凝土拉应力不可能达到其抗拉强度,因此将不会出现新的裂缝,裂缝的间距最终将稳定在 $l \sim 2l$,平均间距可取 $1.5l$。l 与黏结强度和钢筋表面积大小有关,黏结强度高,则 l 短些;钢筋面积相同时小直径钢筋的表面积大些,因而 l 就短些。l 越短,则裂缝分布密;反之,则稀一些。裂缝的开展是由于混凝土的回缩和钢筋的伸长导致混凝土与钢筋之间不断产生相对滑移而造成的,因此裂缝宽度就等于裂缝间钢筋的伸长减去混凝土的伸长,这是裂缝宽度计算的依据。可见,裂缝间距小,裂缝宽度就小,即裂缝密而细,这是工程中所希望的。

从第一条(批)裂缝出现到裂缝全部出齐为裂缝出现阶段,该阶段的荷载增量并不大,主要取决于混凝土强度的离散程度。裂缝间距的计算公式是以该阶段的受力分析建立的。裂缝出齐后,随着荷载的继续增加,裂缝宽度不断扩展。由于混凝土材料的不均匀性,裂缝的出

现、分布和开展具有很大的离散性,因此裂缝间距和宽度也是不均匀的。但大量的试验统计资料分析表明,裂缝间距和宽度的平均值具有一定规律性,是钢筋与混凝土之间黏结受力机理的反映。

▶ 9.3.2 验算公式

普通混凝土结构构件在正常使用阶段通常是带裂缝工作的,因此其裂缝控制等级属于三级。同一条裂缝,不同位置处的宽度是不相同的,如梁底面的裂缝宽度比梁侧表面的裂缝宽度大。试验表明,沿裂缝深度,裂缝宽度也是不相等的,钢筋表面处的裂缝宽度只有混凝土表面裂缝宽度的 $1/5 \sim 1/3$。现行《混凝土结构设计规范》定义的裂缝开展宽度是指受拉钢筋重心水平处构件侧表面混凝土的裂缝宽度。

试验和工程实践表明,在一般环境下,只要将钢筋混凝土结构构件的裂缝宽度限制在一定范围内,结构构件内的钢筋并不会锈蚀,对结构构件的耐久性也不会构成威胁。因此,裂缝宽度的验算可以按下面的公式进行:

$$w_{max} \leq w_{lim} \qquad (9.1)$$

式中 w_{max} ——按荷载效应的标准组合(钢筋混凝土构件)或准永久组合(预应力混凝土构件)并考虑长期作用影响计算的最大裂缝宽度;

w_{lim} ——最大裂缝宽度限值,见附表 4.1。

因此,裂缝宽度的验算主要是按荷载效应标准组合并考虑长期作用影响的最大裂缝宽度 w_{max} 的计算,w_{max} 求得后,按式(9.1)即可判定是否超出限值。确定最大裂缝宽度的限值,主要考虑两个方面:一是外观要求,二是耐久性要求,以后者为主。

对 $e_0/h_0 \leq 0.55$ 的偏心受压构件,可不验算裂缝宽度。对于斜裂缝宽度,当配置受剪承载力所需的腹筋后,使用阶段的裂缝宽度一般小于 0.2 mm,故不必验算。

▶ 9.3.3 最大裂缝宽度 w_{max} 计算

试验表明,在钢筋混凝土受弯构件的纯弯段内,裂缝是不断发生的,分布是不均匀的。但是,对大量试验资料的统计分析表明:从平均的观点来看,平均裂缝间距和平均裂缝宽度具有一定的规律性,平均裂缝宽度与最大裂缝宽度之间也具有一定的规律性。

规范采用以平均裂缝间距和平均裂缝宽度为基础,根据统计求得"扩大系数"来确定最大裂缝宽度的计算方法。

1)平均裂缝间距 l_{cr} 的计算

理论分析表明,l_{cr} 主要取决于有效配筋率 ρ_{te},钢筋直径 d 及其表面形状。此外,还与混凝土保护层厚度有关。

有效配筋率 ρ_{te} 是指按有效受拉混凝土截面面积 A_{te} 计算的纵向受拉钢筋的配筋率,即

$$\rho_{te} = \frac{A_s}{A_{te}} \qquad (9.2)$$

式中 A_{te} ——有效受拉混凝土截面面积:对轴心受拉构件,取构件截面面积;对受弯、偏心受压和偏心受拉构件,取 $A_{te} = 0.5bh + (b_f - b)h_f$,此处,$b_f$,$h_f$ 为受拉翼缘的宽度和高度。

对于矩形、T 形、倒 T 形及工字形截面,A_{te} 的取用如图 9.1 所示的阴影部分。

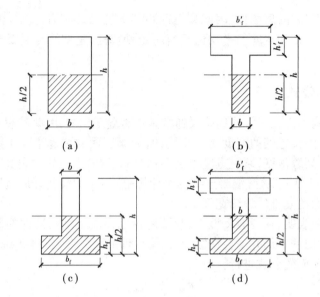

图 9.1　有效受拉混凝土截面面积（图中阴影部分）

试验表明,有效配筋率 ρ_{te} 越高,钢筋直径 d 越小,则裂缝越密,其宽度越小。随着混凝土保护层厚度的增大,外表混凝土比靠近钢筋的内部混凝土所受约束要小。因此,当构件出现第一批(条)裂缝后,保护层大的与保护层小的相比,在离开裂缝截面较远的地方,外表混凝土的拉应力才能增大到其抗拉强度,才可能出现第二批(条)裂缝,其间距 l_{cr} 将相应增大。

根据试验结果,平均裂缝间距可按下列半理论半经验公式计算:

$$l_{cr} = \beta\left(1.9c_s + 0.08\frac{d_{eq}}{\rho_{te}}\right) \tag{9.3}$$

式中　β ——考虑有效受拉混凝土面积 A_{te} 占混凝土总面积的影响系数。现行《混凝土结构设计规范》规定,对轴心受压构件,取 $\beta=1.1$;对其他受力构件,取 $\beta=1.0$。

c_s ——最外层纵向受拉钢筋外边缘至受拉区底边的距离,mm。当 $c_s<20$ mm 时,取 $c_s=20$ mm;当 $c_s>65$ mm 时,取 $c_s=65$mm。

d_{eq} ——纵向受拉钢筋的等效直径,mm。 $d_{eq}=\dfrac{\sum n_i d_i^2}{\sum n_i \nu_i d_i}$, d_i 为第 i 种纵向受拉钢筋的直径, n_i 为第 i 种纵向受拉钢筋的根数,当受拉钢筋的直径均相同时, $d_{eq}=\dfrac{d}{\nu}$。

ν_i ——第 i 种纵向受拉钢筋的相对黏结特征系数,对光圆钢筋取 $\nu_i=0.7$,对变形钢筋取 $\nu_i=1.0$。

2)平均裂缝宽度 w_m 计算

(1)计算公式

如前所述,裂缝宽度是指受拉钢筋截面重心水平处构件侧表面的裂缝宽度。裂缝的开展是由于混凝土的回缩造成的,亦即在裂缝出现后受拉钢筋与相同水平处的受拉混凝土的伸长差异所造成的。因此,平均裂缝宽度即为构件裂缝区段内钢筋的平均伸长和相应水平处构件侧表面混凝土的平均伸长的差值(图9.2),即

$$w_{\mathrm{m}} = \varepsilon_{\mathrm{sm}} l_{\mathrm{cr}} - \varepsilon_{\mathrm{cm}} l_{\mathrm{cr}} = \varepsilon_{\mathrm{sm}} \left(1 - \frac{\varepsilon_{\mathrm{cm}}}{\varepsilon_{\mathrm{sm}}} \right) l_{\mathrm{cr}} \tag{9.4}$$

式中　w_{m}——平均裂缝宽度(纵向受拉钢筋重心水平处的构件侧表面的裂缝宽度);

　　　$\varepsilon_{\mathrm{sm}}$——纵向受拉钢筋的平均拉应变,$\varepsilon_{\mathrm{sm}} = \psi \varepsilon_s = \psi \sigma_s / E_s$;

　　　$\varepsilon_{\mathrm{cm}}$——与纵向受拉钢筋相同水平处侧表面混凝土的平均拉应变。

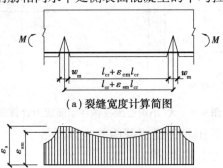

(a)裂缝宽度计算简图

(b) ε_s 分布图

(c) ε_c 分布图

图9.2　平均裂缝宽度计算简图

令 $\alpha_c = 1 - \dfrac{\varepsilon_{\mathrm{cm}}}{\varepsilon_{\mathrm{sm}}}$,$\alpha_c$ 为裂缝间混凝土自身伸长对裂缝宽度的影响系数,将 $\varepsilon_{\mathrm{sm}}$ 及 α_c 表达式代入式(9.4)可得:

$$w_{\mathrm{m}} = \alpha_c \psi \frac{\sigma_s}{E_s} l_{\mathrm{cr}} \tag{9.5}$$

式中　σ_s——构件裂缝截面处纵向受拉钢筋应力。对钢筋混凝土构件,按荷载准永久组合的效应值计算,即 $\sigma_s = \sigma_{\mathrm{sq}}$;对预应力混凝土构件,按荷载标准组合的效应值计算,即 $\sigma_s = \sigma_{\mathrm{sk}}$。

　　　ψ——裂缝间纵向受拉钢筋应变(或应力)不均匀系数。

(2)钢筋混凝土构件裂缝截面处的钢筋应力 σ_{sq}

对受弯、轴心受拉、偏心受拉及偏心受压的钢筋混凝土构件,σ_{sq} 均可按使用阶段裂缝截面处力的平衡条件求得。

①轴心受拉构件:

$$\sigma_{\mathrm{sq}} = \frac{N_{\mathrm{q}}}{A_s} \tag{9.6}$$

②受弯构件:

$$\sigma_{\mathrm{sq}} = \frac{M_{\mathrm{q}}}{\eta A_s h_0} \tag{9.7}$$

式中　η——内力臂系数,可近似取 0.87。

③偏心受拉构件:大、小偏心受拉构件裂缝截面应力图形如图9.3所示。若近似取大偏心受拉构截面内力臂长为 $\eta h_0 = h_0 - a'_s$,则大、小偏心受拉构件 σ_{sq} 的计算可统一由式(9.8)表达:

$$\sigma_{sq} = \frac{N_q e'}{A_s(h_0 - a'_s)} \tag{9.8}$$

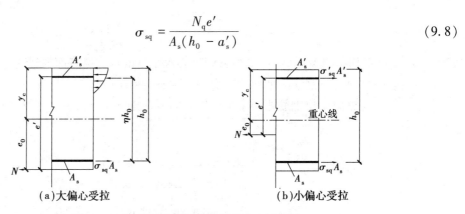

（a）大偏心受拉 （b）小偏心受拉

图9.3 大、小偏心受拉构件钢筋应力计算图

④偏心受压构件：偏心受压构件裂缝截面的应力图形如图9.4所示，对受压区合力点取矩，得：

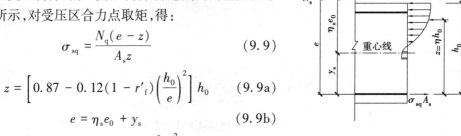

$$\sigma_{sq} = \frac{N_q(e - z)}{A_s z} \tag{9.9}$$

$$z = \left[0.87 - 0.12(1 - r'_f)\left(\frac{h_0}{e}\right)^2 \right] h_0 \tag{9.9a}$$

$$e = \eta_s e_0 + y_s \tag{9.9b}$$

$$\eta_s = 1 + \frac{1}{4\,000 e_0/h_0}\left(\frac{l_0}{h}\right)^2 \tag{9.9c}$$

图9.4 偏心受压构件钢筋应力图

式中　A_s——受拉区纵向钢筋截面面积：对轴心受拉构件，取全部纵向钢筋截面面积；对偏心受拉构件，取受拉较大边的纵向钢筋截面面积；对受弯、偏心受压构件，取受拉区纵向钢筋截面面积；

　　　e'—— 轴向拉力作用点至受压区或受拉较小边纵向钢筋合力点的距离；

　　　e——轴向压力作用点至纵向受拉钢筋合力点的距离；

　　　z——纵向受拉钢筋合力点至截面受压区合力点的距离，且不大于$0.87h_0$；

　　　η_s——使用阶段的轴向压力偏心距增大系数，当$l_0/h \leqslant 14$时，可取$\eta_s = 1.0$；

　　　y_s——截面重心至纵向受拉钢筋合力点的距离；

　　　r'_f——受压翼缘截面面积与腹板有效截面面积的比值，$\gamma'_f = \dfrac{(b'_f - b)h'_f}{bh_0}$；

　　　b'_f, h'_f——受压区翼缘的宽度和高度，当$h'_f > 0.2h_0$时，取$h'_f = 0.2h_0$；

　　　N_q, M_q——按荷载效应的准永久组合计算的轴向力值、弯矩值。

3）钢筋应变不均匀系数 ψ 的计算

裂缝出现后，钢筋应变沿构件长度的分布是不均匀的，裂缝截面处钢筋应变最大，远离裂缝截面处应变小。这是由于裂缝间混凝土与钢筋存在黏结力，混凝土与钢筋共同受拉。离裂缝截面越远，混凝土参与受拉的程度越大，因而钢筋应力越小；反之亦然。

系数 ψ 为裂缝之间钢筋的平均应变（或平均应力）与裂缝截面应变（或应力）之比，即

$$\psi = \frac{\varepsilon_{sm}}{\varepsilon_s} = \frac{\sigma_{sm}}{\sigma_s} \tag{9.10}$$

式中 $\varepsilon_{sm},\sigma_{sm}$——平均裂缝范围内钢筋的平均应变和平均应力。

因此，系数 ψ 的物理意义就是反映裂缝间受拉混凝土对纵向受拉钢筋应变的影响程度。系数 ψ 越小，裂缝之间的混凝土协助钢筋抗拉作用越强；随着荷载的增大，裂缝间受拉混凝土逐渐退出工作。当 $\varepsilon_{sm}=\varepsilon_{sk}$ 时，$\psi=1$，表明此时裂缝间受拉混凝土全部退出工作。

现行《混凝土结构设计规范》规定，该系数可按下列经验公式计算：

$$\psi = 1.1 - 0.65\frac{f_{tk}}{\rho_{te}\sigma_{sq}} \tag{9.11}$$

为避免过高估计混凝土协助钢筋抗拉的作用，在计算式中，当 $\psi<0.2$ 时，取 $\psi=0.2$；当 $\psi>1$ 时，取 $\psi=1$；对直接承受重复荷载的构件，取 $\psi=1.0$。同时，当 $\rho_{te}\leqslant0.01$ 时，取 $\rho_{te}=0.01$。

4）最大裂缝宽度及其验算

如前所述，由于材料质量的不均匀性，裂缝的出现是随机的，裂缝间距和裂缝宽度的离散性是比较大的，因此必须考虑裂缝分布和开展的不均匀性。

（1）短期荷载作用下的最大裂缝宽度

短期荷载作用下的最大裂缝宽度 $w_{k,max}$ 可根据平均裂缝宽度乘以扩大系数 τ_s 求得，即

$$w_{k,max} = \tau_s \cdot w_m$$

扩大系数 τ_s 可按裂缝宽度的概率分布规律确定。根据试验数据，其分布规律服从正态分布，若按95%的保证率考虑，可求得：对轴心受拉和偏心受拉构件，$\tau_s=1.9$；对受弯和偏心受压构件，$\tau_s=1.66$。于是可得

$$w_{k,max} = \tau_s\alpha_c\psi\frac{\sigma_s}{E_s}l_{cr}$$

（2）考虑荷载长期作用影响的最大裂缝宽度

在荷载准永久组合作用影响下的最大裂缝宽度，由荷载标准组合下最大裂缝宽度乘以长期"扩大系数" τ_l 求得，对各种受力构件，现行《混凝土结构设计规范》均取 $\tau_l=1.50$，则

$$w_{max} = \tau_l w_{k\cdot max} = \tau_s\tau_l \cdot w_m$$

将式（9.5）和式（9.3）代入上式可得

$$w_{max} = \tau_s\tau_l\alpha_c\psi\frac{\sigma_{sq}}{E_s}\beta\left(1.9c_s + 0.08\frac{d_{eq}}{\rho_{te}}\right)$$

令 $\alpha_{cr}=\tau_s\tau_l\alpha_c\beta$，可得到用于各种受力构件正截面最大裂缝宽度的统一的计算公式：

$$w_{max} = \alpha_{cr}\psi\frac{\sigma_{sq}}{E_s}\left(1.9c_s + 0.08\frac{d_{eq}}{\rho_{te}}\right) \tag{9.12}$$

式中 α_{cr}——构件受力特征系数，对轴心受拉构件，取 $\alpha_{cr}=2.7$；对偏心受拉构件，取 $\alpha_{cr}=2.4$；
       对受弯和偏心受压构件，取 $\alpha_{cr}=1.9$。

应该指出，由式（9.12）计算出的最大裂缝宽度，并不是绝对最大值，而是指具有95%保证率的相对最大裂缝宽度。

▶ 9.3.4 影响裂缝宽度的主要因素

1）钢筋保护层厚度的影响

保护层厚度对裂缝间距和表面裂缝宽度均有影响。当其他条件相同时,保护层越厚,裂缝宽度越宽。但是,从另一方面讲,较大的保护层厚度对于钢筋混凝土结构的耐久性是有利的,保护层越厚,钢筋锈蚀的可能性越小。因此,保护层厚度对计算裂缝宽度和容许裂缝宽度的影响可大致抵消。

2）受拉区纵向钢筋应力的影响

在国外文献中,一致认为受拉钢筋应力是影响裂缝开展宽度的最主要因素。裂缝宽度与纵向受拉钢筋应力近似呈线性关系,纵向受拉钢筋应力越大,裂缝宽度也越大。因此,为了控制裂缝宽度,在普通混凝土结构中不宜采用高强度钢筋。

3）受拉区纵向钢筋直径的影响

当其他条件相同时,裂缝宽度随纵向受拉钢筋直径的增大而增大。当构件内纵向受拉钢筋截面面积相同时,采用细而密的钢筋会增大钢筋表面积,使黏结力增大,裂缝宽度变小。

4）受拉区纵向钢筋相对于有效受拉混凝土截面的配筋率的影响

试验表明,当钢筋直径相同、钢筋应力大致相同的情况下,裂缝宽度随着受拉钢筋配筋率的增加而减小,当受拉钢筋配筋率接近某一数值时,裂缝宽度接近不变。

5）受拉区纵向钢筋外形的影响

外形不同的钢筋,与混凝土的黏结力也不相同,因此,钢筋不同的外形,对裂缝的宽度也有不同的影响。由于带肋钢筋的黏结强度较光面钢筋大得多,当其他条件相同时,配置带肋钢筋时的裂缝宽度比配置光面钢筋时的裂缝宽度小。

6）荷载性质的影响

荷载长期作用下的裂缝宽度较大;反复荷载或动力荷载作用下的裂缝宽度有所增大。在裂缝宽度计算公式中,引用不同的系数来考虑荷载作用性质的影响。

研究还表明,混凝土强度等级对裂缝宽度的影响不大。

讨论减少裂缝宽度的有效措施:裂缝宽度的验算一般是在满足构件承载力前提下进行的,因此构件的材料、截面尺寸、配筋率、钢筋应力等均已确定,而 c 值按构造一般变化很小,故 w_{max} 主要取决于 d,ν 这两个参数。所以,当计算最大裂缝宽度超过允许值时,宜选用较细直径的变形钢筋来解决,但钢筋直径的选择也要考虑施工方便。必要时适当增加配筋率,从而减少钢筋应力和裂缝间距,以满足式(9.1)的要求。

【例9.1】 钢筋混凝土简支矩形截面梁,计算跨度 $l_0 = 5.6$ m,截面尺寸 $b \times h = 200$ mm$\times$500 mm,混凝土强度等级为 C30,配置 4$\underline{\Phi}$16 钢筋,箍筋直径 8 mm,混凝土保护层厚度 $c = 25$ mm,按荷载准永久组合计算的跨中弯矩 $M_q = 80$ kN·m,最大裂缝宽度限值 $w_{lim} = 0.3$ mm,试验算其最大裂缝宽度是否符合要求。

【解】 查表得:$f_{tk} = 2.01$ N/mm^2,$E_s = 2 \times 10^5$ N/mm^2。

$$h_0 = 500 - \left(25 + 8 + \frac{16}{2}\right) = 459 \text{ mm}$$

$$A_s = 804 \text{ mm}^2$$

$$\nu_i = \nu = 1.0$$

$$d_{eq} = 16 \text{ mm}$$

$$\rho_{te} = \frac{A_s}{0.5bh} = \frac{804}{0.5 \times 200 \times 500} = 0.016\ 1 > 0.01$$

$$\sigma_{sq} = \frac{M_q}{0.87 h_0 A_s} = \frac{80 \times 10^6}{0.87 \times 459 \times 804} \text{N/mm}^2 = 249.17 \text{ N/mm}^2$$

$$\psi = 1.1 - 0.65 \frac{f_{tk}}{\rho_{te}\sigma_{sq}} = 1.1 - \frac{0.65 \times 2.01}{0.016\ 1 \times 249.17} = 0.774 \quad \begin{array}{l} > 0.2 \\ < 1.0 \end{array}$$

由于钢筋直径相同,则 $d_{eq} = 16$ mm;对受弯构件, $\alpha_{cr} = 1.9$,则有:

$$w_{max} = 1.9\psi \frac{\sigma_{sq}}{E_s}\left(1.9c_s + 0.08\frac{d_{eq}}{\rho_{te}}\right)$$

$$= 1.9 \times 0.774 \times \frac{249.17}{2 \times 10^5}\left(1.9 \times 33 + 0.08 \times \frac{16}{0.016\ 1}\right)\text{mm}$$

$$= 0.261 \text{ mm} < w_{lim} = 0.3 \text{ mm}$$

满足要求。

【例9.2】 已知某屋架下弦按轴心受拉构件设计,截面尺寸为 200 mm×160 mm,混凝土强度等级为 C30 ,配置 4 ⊈ 16 钢筋,箍筋直径 6 mm,混凝土保护层厚度 $c = 25$ mm ,环境类别为二 a 类,裂缝控制等级为三级,按荷载准永久组合计算的轴向拉力 $N_q = 130$ kN ,试验算其最大裂缝宽度是否符合要求。

【解】 查表得: $f_{tk} = 2.01 \text{ N/mm}^2$, $E_s = 2 \times 10^5 \text{ N/mm}^2$, $w_{lim} = 0.2 \text{ mm}$, $A_s = 804 \text{ mm}^2$ 。

$$\rho_{te} = \frac{A_s}{bh} = \frac{804}{0.5 \times 200 \times 160} = 0.025\ 1 > 0.01$$

$$\sigma_{sq} = \frac{N_q}{A_s} = \frac{130 \times 10^3}{804} \text{N/mm}^2 = 161.69 \text{ N/mm}^2$$

$$\psi = 1.1 - 0.65 \frac{f_{tk}}{\rho_{te}\sigma_{sq}} = 1.1 - \frac{0.65 \times 2.01}{0.025\ 1 \times 161.69} = 0.778 \quad \begin{array}{l} > 0.2 \\ < 1.0 \end{array}$$

由于钢筋直径相同,则 $d_{eq} = 16$ mm;箍筋直径为 6 mm,则 $c_s = (25+6)$ mm $= 31$ mm;对轴心受拉构件, $\alpha_{cr} = 2.7$,则有:

$$w_{max} = 2.7\psi \frac{\sigma_{sq}}{E_s}\left(1.9c_s + 0.08\frac{d_{eq}}{\rho_{te}}\right)$$

$$= 2.7 \times 0.778 \times \frac{161.69}{2 \times 10^5}\left(1.9 \times 31 + 0.08 \times \frac{16}{0.025\ 1}\right)\text{mm}$$

$$= 0.187 \text{ mm} < w_{lim} = 0.2 \text{ mm}$$

满足要求。

9.4 受弯构件挠度验算

▶ 9.4.1 受弯构件挠度验算方法

进行受弯构件的挠度验算时,要求满足下面的条件:

$$f_{\max} \leqslant f_{\lim} \tag{9.13}$$

式中 $f_{\max}$ ——受弯构件按荷载效应的准永久组合(钢筋混凝土构件)或标准组合(预应力混凝土构件)并考虑荷载长期作用影响计算的挠度最大值;

$f_{\lim}$ ——受弯构件的挠度限值,见附表4.2。

因此,受弯构件挠度验算要解决的是按荷载效应的准永久或标准组合并考虑荷载长期作用影响计算的挠度最大值$f_{\max}$的问题。

图9.5为结构超过正常使用极限状态的例子。

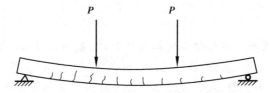

图9.5 结构超过正常使用极限状态图示

▶ 9.4.2 $f_{\max}$ 的计算方法

1)钢筋混凝土受弯构件挠度计算的特点

承受均匀荷载$(g_k + \psi_q q_k)$的简支弹性梁,其跨中挠度为:

$$f_{\max} = \frac{5(g_k + \psi_q q_k)l_0^4}{384EI} = \frac{5M_q l_0^2}{48EI}$$

式中 EI ——匀质弹性材料梁的抗弯刚度。

当梁的材料、截面和跨度一定时,挠度与弯矩呈线性关系。

钢筋混凝土梁在使用荷载作用下是带裂缝工作的,且混凝土是非弹性材料,受力后产生塑性变形,梁的截面刚度不仅随弯矩变化(图9.6),还随荷载持续作用的时间变化,因此不能用EI这个常量来表示。通常用B_s表示钢筋混凝土受弯构件在荷载准永久组合作用下或者预应力混凝土受弯构件在标准组合作用下的截面抗弯刚度,简称短期刚度;而用B表示受弯构件考虑荷载长期作用影响的刚度。

由于在钢筋混凝土受弯构件中可采用平截面假定,故在挠度计算中可以直接引用材料力学的计算公式。唯一不同的是,钢筋混凝土梁的抗弯刚度不再是常数EI,而是变量B。例如,承受均布荷载$(g_k + \psi_q q_k)$的钢筋混凝土简支梁,其跨中挠度:

$$f_{\max} = \frac{5M_q l_0^2}{48B} = s \frac{M_q l_0^2}{B} \tag{9.14}$$

式中 s——与荷载形式、支撑条件有关的挠度系数。例如。对于承受均布荷载的简支梁,$s = \dfrac{5}{48}$。

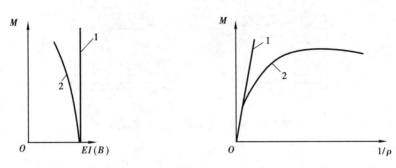

图9.6 钢筋混凝土受弯构件 M-B 及 M-$1/\rho$ 的关系曲线
1—均质弹性材料梁;2—钢筋混凝土适筋梁

由此可见,钢筋混凝土受弯构件的挠度计算实质上是如何确定其抗弯刚度的问题。

下面,先分别解决短期刚度和长期刚度的求解方法,再讨论钢筋混凝土受弯构件挠度的计算方法。

2)短期刚度计算公式

(1)平均应变和曲率间的几何关系

根据平均应变平截面假定,如图9.7所示,按平均中和轴考虑,可得平均曲率:

$$\phi = \frac{1}{\rho} = \frac{\varepsilon_{sm} + \varepsilon_{cm}}{h_0} \tag{9.15}$$

式中 ρ——与平均中和轴相应的平均曲率半径;

$\varepsilon_{sm}, \varepsilon_{cm}$——裂缝之间钢筋的平均拉应变和受压区混凝土边缘的平均压应变。

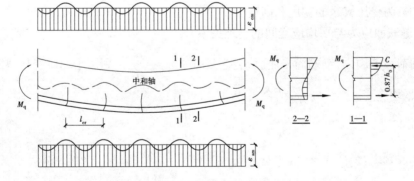

图9.7 构件中混凝土和钢筋应变分布

则荷载准永久组合下的短期刚度:

$$B_s = \frac{M_q}{\phi} = \frac{M_q h_0}{\varepsilon_{sm} + \varepsilon_{cm}} \tag{9.16}$$

式中 M_q——按荷载的准永久组合计算的弯矩值。

(2)裂缝截面弯矩与应力的平衡关系

由于裂缝处受力明确,故取裂缝截面的应力分布计算其在弯矩作用下的纵向受拉钢筋应力和受压边缘混凝土应力。由图9.8可知,根据力矩平衡条件,可求得受弯构件裂缝截面处

受拉钢筋应力 σ_{sq} 及受压混凝土边缘应力 σ_{cs}。

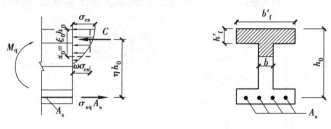

图 9.8 第 II 阶段裂缝截面的应力图

$$\sigma_{sq} = \frac{M_q}{A_s \eta h_0} \tag{9.17}$$

根据图 9.8 可知,受压区混凝土面积为 $(b'_f - b)b'_f + bx_0 = (\gamma'_f + \xi_0)bh_0$。为简化计算,将开裂截面处混凝土压应力图形用平均应力为 $\omega\sigma_{cs}$ 的等效矩形应力图形来代替,再对纵向受拉钢筋的重心取矩,得:

$$\sigma_{cs} = \frac{M_q}{\omega(\gamma_f' + \xi_0)\eta b h_0^2} \tag{9.18}$$

式中 ω——压应力图形丰满程度系数;

η——裂缝截面处内力臂长度系数,可近似取 $\eta = 0.87$;

ξ_0——裂缝截面处受压区高度系数,$\xi_0 = \dfrac{x_0}{h_0}$;

γ'_f——受压翼缘截面面积与腹板有效截面面积的比值,对矩形截面,$\gamma'_f = 0$;对 T 形、I 形截面,$\gamma'_f = \dfrac{(b'_f - b)h'_f}{bh_0}$,当 h'_f 大于 $0.2h_0$ 时,取 $h'_f = 0.2h_0$。其中,b'_f,h'_f 分别为受压翼缘的宽度和高度。

（3）裂缝截面应力与平均应变间的物理关系

在使用荷载范围内,钢筋尚未屈服,裂缝截面处 $\varepsilon_{sq} = \dfrac{\sigma_{sq}}{E_s}$,利用平均应变与裂缝截面处应变的关系,平均应变 $\varepsilon_{sm} = \psi \varepsilon_{sq}$,结合式（9.17）,可得:

$$\varepsilon_{sm} = \psi \frac{M_q}{A_s \eta h_0 E_s} \tag{9.19}$$

对受压混凝土,平均应变 $\varepsilon_{cm} = \psi_c \varepsilon_{cs}$,取混凝土变形模量 $E'_c = \nu E_c$,则:

$$\varepsilon_{cm} = \psi_c \frac{\sigma_{cs}}{\nu E_c} = \psi_c \frac{M_q}{\omega(\gamma'_f + \xi_0)\eta b h_0^2 \nu E_c} \tag{9.19a}$$

式中 ψ——受拉钢筋应变（应力）不均匀系数,可按式（9.11）计算;

ψ_c——受压区边缘混凝土应变不均匀系数。

取 $\zeta = \dfrac{\omega\nu(\gamma'_f + \xi_0)\eta}{\psi_c}$,则上式改为:

$$\varepsilon_{cm} = \frac{M_q}{\zeta b h_0^2 E_c} \tag{9.19b}$$

式中 ζ——受压区边缘混凝土平均应变综合系数,它反映了混凝土的弹塑性、应力分布和截面受力对受压边缘混凝土平均应变的综合影响。从材料力学观点,ζ 也可称为截面弹塑性抵抗矩系数。采用系数 ζ 既可减轻计算工作量并避免误差的积累,又可由式(9.19b)通过试验直接得到它的试验值。

(4)短期刚度 B_s 的一般表达式

将式(9.19)和式(9.19b)代入式(9.16),得:

$$B_s = \cfrac{1}{\cfrac{\psi}{A_s \eta h_0^2 E_s} + \cfrac{1}{\zeta b h_0^3 E_c}}$$

对上式分子、分母同乘以 $\omega E_s A_s h_0^2$,令 $\alpha_E = \dfrac{E_s}{E_c}$,即得:

$$B_s = \cfrac{E_s A_s h_0^2}{\cfrac{\psi}{\eta} + \cfrac{\alpha_E \rho}{\zeta}} \tag{9.20}$$

通过常见截面受弯构件实测结果的分析,可取:

$$\frac{\alpha_E \rho}{\zeta} = 0.2 + \frac{6\alpha_E \rho}{1 + 3.5\gamma_f'} \tag{9.21}$$

当取 $\eta = 0.87$,即得现行《混凝土结构设计规范》建议的在荷载标准组合作用下矩形、T 形、倒 T 形和工字形截面受弯构件的短期刚度计算公式:

$$B_s = \frac{E_s A_s h_0^2}{1.15\psi + 0.2 + \cfrac{6\alpha_E \rho}{1 + 3.5\gamma_f'}} \tag{9.22}$$

式中 ψ——按式(9.11)计算;

ρ——纵向受拉钢筋的配筋率。

3)受弯构件刚度 B 的计算

在荷载长期作用下,构件截面抗弯刚度将会降低,致使构件的挠度增大。试验表明,前 6 个月挠度增长较快,以后逐渐减慢,一年后趋于收敛,但数年以后仍会发现挠度有很小的增长。

受弯构件刚度
B 的计算

在实际工程中,总是有部分荷载长期作用在构件上,因此计算挠度时必须采用考虑长期作用影响的刚度 B 进行计算。

(1)荷载长期作用下刚度降低的原因

在长期荷载作用下,受压混凝土将发生徐变,即变形随时间而增大。在配筋率不高的梁中,由于裂缝间受拉混凝土与钢筋的滑移徐变,使受拉混凝土不断退出工作,因此钢筋平均应力和平均应变将随时间而增长。同时,由于裂缝不断向上发展,使其上部分原受拉的混凝土脱离工作,以及由于受压混凝土的塑性发展,将引起钢筋应力(或应变)的不断增大,导致受弯截面的曲率增大、刚度降低,使构件挠度增大。

(2)刚度 B 的计算公式

对受弯构件,现行《混凝土结构设计规范》要求应按荷载准永久组合或标准组合并考虑长

期作用影响的刚度 B 进行计算,并建议用对挠度增大的影响系数 θ 来考虑荷载长期部分的影响。

当采用荷载标准组合时:

$$B = \frac{M_k}{M_q(\theta - 1) + M_k}B_s \tag{9.23}$$

当采用荷载准永久组合时:

$$B = \frac{B_s}{\theta} \tag{9.24}$$

式中　M_k——按荷载的标准组合计算的弯矩,取计算区段内的最大弯矩值;

　　　　M_q——按荷载的准永久组合计算的弯矩,取计算区段内的最大弯矩值;

　　　　B_s——按荷载准永久组合计算的钢筋混凝土受弯构件或按标准组合计算的预应力混凝土受弯构件的短期刚度。

该式即为弯矩的准永久组合并考虑荷载长期作用影响的刚度,实质上是考虑荷载长期作用部分使刚度降低的因素后,对短期刚度 B_s 进行的修正。

挠度增大系数 θ 的取值根据试验结果确定。考虑受压钢筋在荷载准永久值下对混凝土受压徐变及收缩所起的约束作用,可以减少刚度 B 的降低,现行《混凝土结构设计规范》规定:

①混凝土受弯构件。

当 $\rho_s' = 0$ 时,$\theta = 2.0$;当 $\rho_s' = \rho$ 时,$\theta = 1.6$;当 ρ_s' 为中间数值时,θ 按直线内插法取用,取

$$\theta = 2.0 - 0.4\frac{\rho_s'}{\rho_s} \tag{9.25}$$

式中,$\rho_s\left(\rho_s = \dfrac{A_s}{bh_0}\right)$ 和 $\rho_s'\left(\rho_s' = \dfrac{A_s'}{bh_0}\right)$ 分别为受拉及受压钢筋的配筋率。

②预应力混凝土受弯构件,取 $\theta = 2.0$。

上述 θ 值计算适用于一般情况下的矩形、T 形和工形截面梁。对翼缘位于受拉区的倒 T 形梁,由于在荷载标准组合作用下受拉混凝土参加工作较多,而在荷载准永久组合作用下退出工作的影响较大,现行《混凝土结构设计规范》建议 θ 应增加 20%。此外,由于 θ 值与温、湿度有关,对于干燥地区,收缩影响大,因此建议 θ 酌情增加 15% ~ 25%;对于水泥用量较多等因素导致的混凝土徐变和收缩较大的构件,应考虑使用经验,将 θ 酌情增大。

(3)影响截面受弯刚度的主要因素

①当配筋率和材料给定时,增大截面高度对截面抗弯刚度的提高作用最明显。

②当截面尺寸给定时,增加纵向受拉钢筋截面面积或提高混凝土强度等级,B_s 也有增大。

③对某些构件,还可以充分利用受压钢筋来提高刚度 B,在构件受压区配置一定数量的受压钢筋。

(4)最小刚度原则与挠度验算

求得截面刚度后,构件的挠度可按结构力学方法进行计算。必须指出,即使在承受对称集中荷载的简支梁内,除两集中荷载间的纯弯曲区段外,剪跨各截面的弯矩是不相等的,越靠近支座,弯矩越小,因而其刚度越大。如图 9.9 所示的承受均布荷载的简支梁,在支座附近的截面将不出现裂缝,其刚度将较已出现裂缝的区段大很多,沿梁长各截面的平均刚度是变值,这就给挠度计算带来一定的复杂性。为了简化计算,现行《混凝土结构设计规范》规定,在等

截面构件中,可假设各同号弯矩区段内的刚度相等,并取用该区段内最大弯矩处的刚度,即该区段内的最小刚度(用 B_{min} 表示)计算,这一计算原则通常称为最小刚度原则。例如,对于简支梁(图9.9),根据最小刚度原则,可取用全跨范围内弯矩最大截面处的最小弯曲刚度[图9.9(a)中的虚线]按等刚度梁进行挠度计算;对于受均布荷载作用带悬挑的等截面梁(图9.10),因存在正、负弯矩,分别取正、负弯矩区段内弯矩最大截面处的最小刚度按分段等刚度梁进行挠度计算,不同区段的刚度取值如图9.10(b)所示。

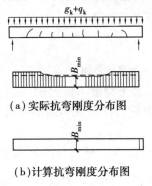

(a)实际抗弯刚度分布图

(b)计算抗弯刚度分布图

图 9.9　简支梁抗弯刚度分布图

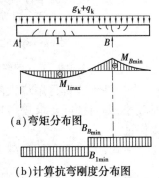

(a)弯矩分布图

(b)计算抗弯刚度分布图

图 9.10　带悬挑梁抗弯刚度分布图
1—跨中截面

采用最小刚度原则计算挠度,虽然会产生一些误差,但是一般情况下误差不大,且偏于安全。另外,按上述方法计算挠度时,只考虑弯曲变形的影响,未考虑剪切变形的影响。在匀质材料梁中,剪切变形一般很小,可以忽略。必须指出,在斜裂缝出现较早、较多且延伸较长的T形、工字形截面等薄腹梁中,斜裂缝的不利影响将较大,按上述方法计算的挠度值可能偏低较多。目前,由于试验数据不足,尚不能提出具体的修正方法,计算时应酌情增大。

当用 B_{min} 代替匀质弹性材料梁截面抗弯刚度 EI 后,梁的挠度计算就可按结构力学方法依式(9.14)进行。

受弯构件挠度验算的几点说明:

①配筋率对承载力和挠度的影响。一根梁如果满足了承载力的计算要求,是否就满足挠度的验算呢?这就要看它的配筋率大小。当梁的尺寸和材料给定时,若其正截面弯矩设计值 M 比较大,就应配置较多的受拉钢筋方可满足 $M_u \geq M$ 要求,然而配筋率加大对提高截面抗弯刚度的作用并不显著,因此就有可能出现不满足挠度验算的要求。

例如,有一根承受两个集中荷载的简支梁(荷载作用在三分点上),$l_0 = 6.9\text{m}$,$b \times h = 220\text{ mm} \times 450\text{ mm}$,保护层厚度 $c = 25\text{ mm}$,混凝土强度等级采用C25,HRB400级热轧钢筋,$f_{lim} = \dfrac{l_0}{200}$,$M_s / M_q = 1.5 : 1$,则当配筋率自 ρ_{min} 至 ρ_{max} 时,配筋率与 $\dfrac{M_u}{M_{u0}}$,$\dfrac{B}{B_0}$ 及 $\dfrac{f}{f_0}$ 的关系如图9.11所示,M_{u0},B_0 及 f_0 分别表示最小配筋率时的相应值。由图可见,$\dfrac{M_u}{M_{u0}}$ 几乎与配筋率呈线性关系增长,但是刚度增长缓慢,最终导致挠度随配筋率增高而增大。当配筋率超过一定数值后(本例为 $\rho_s \geq 1.6\%$),满足了正截面承载力要求,就不满足挠度要求。

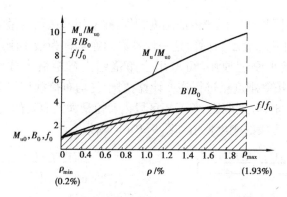

图 9.11   配筋率对承载力、刚度及挠度的影响

这说明,一个构件不能盲目用增大配筋率的方法来解决挠度不满足的问题。尤应注意,当允许挠度值较小,即对挠度要求较高时,在中等配筋率时就会出现不满足的情况。因此,应通过验算予以保证。

②跨高比。由式(9.14)可见,l_0 越大,f_{max} 越大。因此,在承载力计算前能选定足够的截面高度或较小的跨高比 $\dfrac{l_0}{h}$,配筋率又限制在一定范围内时,如满足承载力要求,计算挠度也必然同时满足。

根据工程经验,为了便于满足挠度的要求,建议设计时可选用下列跨高比:对于简支梁,当允许挠度为 $\dfrac{l_0}{200}$ 时,$\dfrac{l_0}{h}$ 在 10 ~ 20 选取;当永久荷载所占比重大时,取较小值;当允许挠度为 $\dfrac{l_0}{250}$ 或 $\dfrac{l_0}{300}$ 时,$\dfrac{l_0}{h}$ 取值应相应减少些;当为整体肋形梁或连续梁时,则取值可大些。

(5)提高受弯构件刚度的措施

由式(9.22)可知,在其他条件相同时,截面有效高度 h_0 对构件刚度的影响最大;而当截面高度及其他条件不变时,如有受拉翼缘或受压翼缘,则刚度有所增大;在正常配筋(ρ =1% ~2%)情况下,提高混凝土强度等级对增大刚度影响不大,而增大受拉钢筋的配筋率,刚度略有增大;若其他条件相同时,M_q 增大会使得 σ_{sq} 增大,则 ψ 也增大,构件的刚度相应减小。

增大构件截面高度 h 是提高截面刚度的最有效措施。因此,在工程设计中,通常根据受弯构件的高跨比 h/l 的合理取值范围对变形予以控制。当构件的截面尺寸受到限制时,可考虑增加受拉钢筋配筋率或提高混凝土强度等级;对某些构件,还可以充分利用纵向受压钢筋对长期刚度的有利影响,在构件受压区配置一定数量的受压钢筋;此外,采用预应力混凝土构件也是提高受弯构件刚度的有效措施。

【例9.3】   条件同例【9.1】,试验算该梁得最大挠度是否满足要求。

【解】   由例题 9.1 可知,M_q =80 kN·m,h_0 =459 mm,ψ = 0.774,ρ_{te} = 0.016 1,σ_{sq} =249.17 N/mm²,d_{eq} =16 mm。

$$E_c =3.0\times10^4 \text{ N/ mm}^2,则 \alpha_E =\frac{E_s}{E_c}=6.667$$

$$\rho =\frac{A_s}{bh_o}=\frac{804}{200 \times 459}=0.008\ 76$$

因为是矩形截面,所以 $\gamma'_f = 0$。则短期刚度:

$$B_s = \frac{E_s A_s h_0^2}{1.15\psi + 0.2 + \dfrac{6\alpha_E \rho}{1 + 3.5\gamma'_f}}$$

$$= \frac{2.0 \times 10^5 \times 804 \times 459^2}{1.15 \times 0.774 + 0.2 + 6 \times 6.667 \times 0.008\,76} \text{N·mm}^2$$

$$= 2.35 \times 10^{13} \text{ N·mm}^2$$

因为 $\rho'_s = 0$,所以 $\theta = 2.0$。则刚度:

$$B = \frac{B_s}{\theta} = \frac{2.35 \times 10^{13}}{2} \text{N·mm}^2 = 1.176 \times 10^{13} \text{ N·mm}^2$$

查表知 $f_{lim} = l_0/200 = 5\,600 \text{ mm}/200 = 28 \text{ mm}$,验算挠度:

$$f = \frac{5}{48} \frac{M_q l_0^2}{B} = \frac{5}{48} \times \frac{80 \times 10^6 \times 5\,600^2}{1.176 \times 10^{13}} \text{mm} = 22.22 \text{ mm} < 28\text{mm}（符合要求）$$

【例9.4】 简支矩形截面梁的截面尺寸 $b \times h = 250 \times 600$ mm,混凝土强度等级为C35,配置 4 ⊈ 18 钢筋,混凝土保护层厚度为 25 mm,承受均布荷载,按荷载的准永久组合计算的跨中弯矩 $M_q = 60$ kN·m,梁的计算跨度 $l_0 = 6.5$ m,挠度允许值为 $\dfrac{l_0}{250}$。试验算挠度是否符合要求。

【解】 $f_{tk} = 2.20 \text{ N/mm}^2$,$E_s = 200 \times 10^3 \text{ N/mm}^2$,$E_c = 3.15 \times 10^4 \text{ N/mm}^2$,$\alpha_E = \dfrac{E_s}{E_c} = 6.35$,

$h_0 = 600 - \left(25 + \dfrac{18}{2}\right) = 566 \text{ mm}$,$A_s = 1\,017 \text{ mm}^2$。

$$\rho = \frac{A_s}{bh_0} = \frac{1\,017}{250 \times 566} = 0.007\,19$$

$$\rho_{te} = \frac{A_s}{0.5bh} = \frac{1\,017}{0.5 \times 250 \times 600} = 0.013\,6$$

$$\sigma_{sq} = \frac{M_q}{0.87h_0 A_s} = \frac{60 \times 10^6}{0.87 \times 566 \times 1\,017} \text{N/mm}^2 = 120 \text{ N/mm}^2$$

$$\psi = 1.1 - \frac{0.65f_{tk}}{\rho_{te}\sigma_{sq}} = 1.1 - \frac{0.65 \times 2.2}{0.013\,6 \times 120} = 0.224 \quad \begin{matrix} > 0.2 \\ < 1.0 \end{matrix}$$

因为是矩形截面,所以 $\gamma'_f = 0$。则短期刚度:

$$B_s = \frac{E_s A_s h_0^2}{1.15\psi + 0.2 + 6\alpha_E\rho}$$

$$= \frac{200 \times 10^3 \times 1\,017 \times 566^2}{1.15 \times 0.224 + 0.2 + 6 \times 6.35 \times 0.007\,19} \text{N·mm}^2$$

$$= 8.907 \times 10^{13} \text{ N·mm}^2$$

因为 $\rho'_s = 0$,所以 $\theta = 2.0$。则刚度:

$$B = \frac{B_s}{\theta} = \frac{8.907 \times 10^{13}}{2} \text{N·mm}^2 = 4.453 \times 10^{13} \text{ N·mm}^2$$

$$f = \frac{5}{48} \frac{M_q l_0^2}{B} = \frac{5}{48} \times \frac{60 \times 10^6 \times 6\,500^2}{4.453 \times 10^{13}} \text{mm} = 5.93 \text{ mm} < \frac{l_0}{250} = 26 \text{ mm}（符合要求）$$

【**例9.5**】 如图9.12所示8孔空心板,配置9Φ8钢筋,混凝土强度等级为C30,混凝土保护层厚度为15 mm,一类环境,按荷载准永久组合计算的跨中弯矩 $M_q = 5.0$ kN·m,计算跨度 $l_0 = 3.36$m,允许挠度为 $\dfrac{l_0}{200}$。试验算挠度是否符合要求。

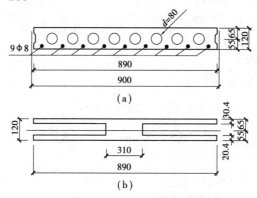

图9.12 例9.5图

【**解**】 (1)截面特征

按截面形心位置、面积和对形心轴惯性矩不变的原则,将圆孔(圆孔直径为 d_h)换算成 $b_e h_e$ 的矩形孔。

由 $b_e h_e = \dfrac{\pi}{4} d_h^2$，$\dfrac{1}{12} b_e h_e^3 = \dfrac{\pi}{64} d_h^4$，得:

$$h_e = \frac{\sqrt{3}}{2} d_h = \frac{\sqrt{3}}{2} \times 80 \text{ mm} = 69.3 \text{ mm}$$

$$b_e = \frac{\pi}{2\sqrt{3}} d_h = \frac{3.14}{2\sqrt{3}} \times 80 \text{ mm} = 72.5 \text{ mm}$$

于是,可将圆孔板截面换算成工形截面。换算后的工形截面尺寸如图9.12(b)所示。

$b = 890$ mm-8×72.5 mm$=310$mm ,$h = 120$ mm

$$h_0 = 120 \text{ mm} - \left(15 + \frac{8}{2}\right) \text{mm} = 101 \text{mm}$$

$h_f = 55$ mm$-\dfrac{69.3}{2}$mm$=20.4$mm ,$h_f' = 65$ mm$-\dfrac{69.3}{2}$mm$=30.4$mm

$b_f' = b_f = 890$ mm

$\dfrac{h_f'}{h_0} = \dfrac{30.4}{101} = 0.301 > 0.2$，取 $h_f' = 0.2h_0 = 20.2$ mm

(2)计算截面刚度 B_s 和 B

$$\alpha_E = \frac{E_s}{E_c} = \frac{201 \times 10^3}{30 \times 10^3} = 7$$

$A_s = 453$ mm^2

$$\rho = \frac{A_s}{bh_0} = \frac{453}{310 \times 101} = 0.0148$$

$$\rho_{te} = \frac{A_s}{0.5bh + (b_f - b) h_f} = \frac{453}{0.5 \times 310 \times 120 + (890 - 310) \times 20.4} = 0.015 > 0.01$$

$$\sigma_{sq} = \frac{M_q}{0.87h_0A_s} = \frac{5.0 \times 10^6}{0.87 \times 101 \times 453} \text{N/mm}^2 = 125.61 \text{ N/mm}^2$$

$$\psi = 1.1 - \frac{0.65 f_{tk}}{\rho_{te}\sigma_{sq}} = 1.1 - \frac{0.65 \times 2.01}{0.015 \times 125.61} = 0.407 \begin{array}{l} > 0.2 \\ > 1.0 \end{array}, \text{取 } \psi = 0.407$$

$$\gamma_f' = \frac{(b_f' - b)h_f'}{bh_0} = \frac{(890 - 310) \times 20.4}{310 \times 101} = 0.374$$

$$B_s = \frac{E_sA_sh_0^2}{1.15\psi + 0.2 + \frac{6\alpha_E\rho}{1 + 3.5\gamma_f'}}$$

$$= \frac{201 \times 10^3 \times 453 \times 101^2}{1.15 \times 0.407 + 0.2 + \frac{6 \times 7 \times 0.014\,8}{1 + 3.5 \times 0.374}} \text{N/mm}^2 = 10.33 \times 10^{11} \text{ N}\cdot\text{mm}^2$$

因为 $\rho_s' = 0$，所以 $\theta = 2.0$。则刚度：

$$B = \frac{B_s}{\theta} = \frac{10.33 \times 10^{11}}{2} \text{N}\cdot\text{mm}^2 = 5.165 \times 10^{11} \text{ N}\cdot\text{mm}^2$$

（3）验算挠度

$$f = \frac{5}{48}\frac{M_ql_0^2}{B} = \frac{5}{48} \times \frac{5.0 \times 10^6 \times 3\,360^2}{5.165 \times 10^{11}} \text{mm} = 11.38 \text{ mm} < \frac{l_0}{200} = 16.8 \text{ mm（符合要求）}$$

9.5 混凝土结构的耐久性设计

混凝土结构的耐久性是指在正常维护条件下，在预计的设计使用年限内，以及在指定的工作环境中保证结构满足既定的功能要求。所谓正常维护，是指不因耐久性问题而需花过高维修费用。预计设计使用年限，也称设计使用寿命，如保证使用 50 年、100 年等，可根据建筑物的重要程度或业主需要而定。指定的工作环境，是指建筑物所在地区的环境及工业生产形成的环境等。

由于影响混凝土结构材料性能劣化的因素比较复杂，耐久性设计涉及面广，一般混凝土结构的耐久性设计多采用经验性的定性方法解决。参考现行《混凝土结构耐久性设计标准》（GB/T 50476—2019）的规定，根据调查研究及我国国情，现行《混凝土结构设计规范》规定了环境分类、混凝土材料的耐久性基本要求、保护层厚度及其他保证耐久性的构造措施和技术措施等。

▶ 9.5.1 确定结构所处环境类别

混凝土结构耐久性与结构工作的环境有密切关系。同一结构在强腐蚀环境中要比在一般大气环境中使用寿命短。工作环境分类可使设计者针对不同的环境种类采用相应的对策。如在恶劣环境中工作的混凝土只靠增大混凝土保护层是很不经济的，而采取防护涂层覆面将更加经济和有效。

现行《混凝土结构设计规范》将结构工作环境分为五大类，见表 9.1。

表 9.1　混凝土结构的环境类别

环境类别		条　件
一		室内干燥环境;无侵蚀性静水浸没环境
二	a	室内潮湿环境;非严寒和非寒冷地区的露天环境;非严寒和非寒冷地区与无侵蚀性的水或土壤直接接触的环境;严寒和寒冷地区的冰冻线以下与无侵蚀性的水或土壤直接接触的环境
	b	干湿交替环境;水位频繁变动环境;严寒和寒冷地区的露天环境;严寒和寒冷地区冰冻线以上与无侵蚀性的水或土壤直接接触的环境
三	a	严寒和寒冷地区冬季水位变动区环境;受除冰盐影响环境;海风环境
	b	盐渍土环境;受除冰盐作用环境;海岸环境
四		海水环境
五		受人为或自然的侵蚀性物质影响的环境

注:①室内潮湿环境是指构件表面经常处于结露或湿润状态的环境。
　　②严寒和寒冷地区的划分应符合现行国家标准《民用建筑热工设计规范》(GB 50176)的有关规定。
　　③海岸环境和海风环境宜根据当地情况,考虑主导风向及结构所处迎风、背风部位等因素的影响,由调查研究和工程经验确定。
　　④受除冰盐影响环境是指受到除冰盐盐雾影响的环境;受除冰盐作用环境是指被除冰盐溶液溅射的环境以及使用除冰盐地区的洗车房、停车楼等建筑。
　　⑤暴露的环境是指混凝土结构表面所处的环境。

▶ 9.5.2　提出对混凝土材料耐久性的基本要求

混凝土自身的特性是影响结构耐久性的内在因素。控制水灰比、减少渗透性、提高混凝土强度等级、增加混凝土密实性以及控制混凝土中氯离子和碱的含量等,对于混凝土的耐久性起着非常重要的作用。

现行《混凝土结构设计规范》规定,对设计使用年限为 50 年的混凝土结构,其混凝土材料宜应符合表 9.2 的规定。

表 9.2　结构混凝土材料的耐久性基本要求

环境等级	最大水胶比	最低强度等级	最大氯离子含量/%	最大碱含/$(kg \cdot m^{-3})$
一	0.60	C20	0.30	不限制
二 a	0.55	C25	0.20	
二 b	0.50(0.55)	C30(C25)	0.15	
三 a	0.45(0.50)	C35(C30)	0.15	3.0
三 b	0.40	C40	0.10	

注:①氯离子含量系指其占胶凝材料总量的百分比;
　　②预应力构件混凝土中的最大氯离子含量为 0.06%,其最低混凝土强度等级宜按表中的规定提高两个等级;
　　③素混凝土构件的水胶比及最低强度等级的要求可适当放松;
　　④当有可靠工程经验时,二类环境中的最低混凝土强度等级可降低一个等级;
　　⑤处于严寒和寒冷地区二 b、三 a 类环境中的混凝土应使用引气剂,并可采用括号中的有关参数;
　　⑥当使用非碱活性骨料时,对混凝土中的碱含量可不作限制。

同时,《混凝土结构通用规范》(GB 55008—2021)也对结构混凝土中水溶性氯离子最大含量做出了规定,要求结构混凝土中水溶性氯离子最大含量不应超过表9.3的规定。计算水溶性氯离子最大含量时,辅助胶凝材料的量不应大于硅酸盐水泥的量。

表9.3 结构混凝土中水溶性氯离子最大含量

环境条件	水溶性氯离子最大含量/% (按胶凝材料用量的质量百分比计)	
	钢筋混凝土	预应力混凝土
干燥环境	0.30	0.06
潮湿但不含氯离子的环境	0.20	
潮湿且含有氯离子的环境	0.15	
除冰盐等侵蚀性物质的腐蚀环境、盐渍土环境	0.10	

▶ ### 9.5.3 混凝土结构及构件尚应采取的耐久性技术措施

①预应力混凝土结构中的预应力筋根据具体情况采取表面防护、孔道灌浆、加大混凝土保护层厚度等措施,外露的锚固端应采取封锚和混凝土表面处理等有效措施。

②有抗渗要求的混凝土结构,混凝土的抗渗等级应符合有关标准的要求。

③严寒及寒冷地区的潮湿环境中,结构混凝土应满足抗冻要求,混凝土抗冻等级应符合有关标准的要求。

④处于二、三类环境中的悬臂构件,宜采用悬臂梁-板的结构形式,或在其上表面增设防护层。

⑤处于二、三类环境中的结构构件,其表面的预埋件、吊钩、连接件等金属部件应采取可靠的防锈措施,对于后张预应力混凝土外露金属锚具,其防护要求见现行《混凝土结构设计规范》第10.3.13条。

⑥处在三类环境中的混凝土结构构件,可采用阻锈剂、环氧树脂涂层钢筋或其他具有耐腐蚀性能的钢筋,采取阴极保护措施或采用可更换的构件等措施。

▶ ### 9.5.4 其他规定

①一类环境中,设计使用年限为100年的混凝土结构应符合下列规定:

a. 钢筋混凝土结构的最低强度等级为C30,预应力混凝土结构的最低强度等级为C40。

b. 混凝土中的最大氯离子含量为0.06%。

c. 宜使用非碱活性骨料;当使用碱活性骨料时,混凝土中的最大碱含量为3.0 kg/m³。

d. 混凝土保护层厚度应按表5.2的规定增加40%;当采取有效的表面防护措施时,混凝土保护层厚度可适当减小。

②二、三类环境中,设计使用年限100年的混凝土结构应采取专门的有效措施。

③耐久性环境类别为四类和五类的混凝土结构,耐久性要求应符合有关标准的规定。

④混凝土结构在设计使用年限内尚应遵守下列规定:

a. 建立定期检测、维修制度;

　　b.设计中可更换的混凝土构件应按规定更换；

　　c.构件表面的防护层应按规定维护或更换；

　　d.结构出现可见的耐久性缺陷时,应及时进行处理。

　　对临时性混凝土结构,可不考虑混凝土的耐久性要求。

本章小结

　　(1)钢筋混凝土构件的裂缝宽度与挠度验算是为了满足正常使用极限状态的要求。它以第Ⅱ工作阶段为依据,验算时要用荷载的标准值和活荷载的准永久值及材料强度的标准值,同时因为裂缝宽度与挠度都是随时间而增大的,故在验算时还要考虑荷载短期效应组合与荷载长期效应组合等问题。

　　(2)裂缝间纵向受拉钢筋应变(应力)不均匀系数 ψ 体现了正常使用阶段中,受拉区裂缝间混凝土参加工作的程度: ψ 小,参加工作的程度大; ψ 大,参加工作的程度小。

　　(3)在短期荷载下,裂缝宽度 w_m 等于在平均裂缝间距 l_{cr} 的长度内,钢筋与混凝土两者伸长的差值。同时,还将考虑各种因素及荷载长期效应组合作用下平均裂缝宽度 w_m 的增大问题,现行《混凝土结构设计规范》采用将 w_m 乘以增大系数的方法来求得最大裂缝宽度 w_{max}。

　　(4)钢筋混凝土受弯构件的挠度计算问题实质上是如何确定其抗弯刚度的问题。在短期荷载下,根据平截面假定建立裂缝间距内的曲率 $1/\rho$ 与弯矩 M_q 和短期刚度 B_s 的关系式,再引入平衡关系和材料的物理关系及实测结果,就可得到短期刚度 B_s 的计算表达式。同时,还要考虑构件在长期荷载作用下抗弯刚度不断缓慢降低的情况,现行《混凝土结构设计规范》采用将 B_s 乘以刚度折减系数的方法来求得受弯构件的刚度 B。

　　(5)为了方便挠度验算,在构件的同号弯矩区段内的截面抗弯刚度近似地以其最小值为准,这就是"最小刚度原则"。

　　(6)减少纵向受拉钢筋直径,采用变形钢筋是减少裂缝宽度的经济而有效的方法。加大截面高度是提高截面抗弯刚度的最有效方法。因此,当梁、板截面高度满足一定的跨高比后,可以省去挠度验算。

　　(7)混凝土结构的耐久性设计多采用经验性的定性方法解决。现行《混凝土结构设计规范》规定了环境分类、混凝土材料的耐久性基本要求、保护层厚度及其他保证耐久性的构造措施和技术措施等。

思考题

　　9.1　为什么要对混凝土结构构件的变形和裂缝进行验算?

　　9.2　钢筋混凝土梁的纯弯段在裂缝间距稳定以后,钢筋和混凝土的应变沿构件长度上的分布具有哪些特征?

　　9.3　何为构件截面的弯曲刚度?它与材料力学中的刚度相比有何区别和特点? 怎样建

立受弯构件刚度的计算公式?

9.4 试说明参数 ψ,η,ξ,ρ_{te} 的物理意义及其主要影响因素。

9.5 试说明受弯构件刚度 B 的意义,并说明何为"最小刚度原则"。

9.6 试说明现行《混凝土结构设计规范》关于受弯构件挠度计算的基本规定。

9.7 现行《混凝土结构设计规范》的最大裂缝宽度计算公式是怎样建立的? 为什么不用裂缝宽度的评价值而用最大值作为平均指标?

9.8 减少裂缝宽度的有效措施是什么?

9.9 减少受弯构件挠度的有效措施是什么?

9.10 影响混凝土结构耐久性的主要因素是什么? 耐久性设计的主要内容有哪些?

习 题

9.1 一钢筋混凝土屋架结构,其下弦杆为轴心受拉杆件,截面尺寸为 $b \times h = 200 \ mm \times 160 \ mm$,最外层钢筋的混凝土保护层厚度 $c = 25 \ mm$,混凝土强度等级为C30,配置的纵向受拉钢筋为 $4 \oplus 16$,环境类别为二 a 类,裂缝控制等级为三级,按荷载准永久组合计算的轴向拉力 $N_q = 135 \ kN$,试验算该下弦杆的最大裂缝宽度是否满足规范要求。

9.2 一矩形截面钢筋混凝土简支梁,梁的计算跨度 $l_0 = 6.0 \ m$,截面尺寸为 $b \times h = 200 \ mm \times 550 \ mm$,按荷载准永久组合计算的跨中最大弯矩 $M_q = 70 \ kN \cdot m$,混凝土强度等级为C35,配置的纵向受拉钢筋为 $3 \oplus 22$,箍筋采用直径为 8 mm 的 HPB300 级钢筋,混凝土保护层厚度 $c = 20 \ mm$,一类环境,裂缝宽度限值为 $w_{lim} = 0.3 \ mm$,挠度限值为 $l_0/200$。

(1)试验算梁的最大裂缝宽度;

(2)试验算梁的最大挠度。

9.3 一 T 形截面简支梁,计算跨度 $l_0 = 6.3 \ m$,$b = 200 \ mm$,$h = 600 \ mm$,$b' = 550 \ mm$,$h' = 80 \ mm$,混凝土强度等级为C30,配置的纵向受拉钢筋为 $3 \oplus 20$,按荷载准永久组合计算的跨中最大弯矩 $M_q = 82 \ kN \cdot m$,混凝土保护层厚度 $c = 20 \ mm$,室内正常环境,裂缝宽度限值为 $w_{lim} = 0.3 \ mm$,挠度限值为 $l_0/200$。

(1)试验算梁的最大裂缝宽度是否满足要求;

(2)试验算梁的最大挠度是否满足要求。

10

预应力混凝土构件

〖**本章学习要点**〗

(1)预应力混凝土构件是不同于普通钢筋混凝土构件的另一种类型的构件,应了解预应力混凝土的基本概念。

(2)预应力混凝土结构中轴心受拉构件是一种较为简单的典型受力构件,应熟练掌握轴心受拉构件受力的全过程以及各阶段的应力状态和计算方法。

(3)注意预应力混凝土受弯构件与预应力轴心受拉构件中所建立的预应力的不同点,轴心受拉构件的预应力是使全截面均匀受压,而预应力受弯构件中建立预应力的是偏心预压应力。学习时,既要注意它们的施工工艺和发生预应力损失等方面的共同性,又要注意预应力在截面上的不同分布而得出不同的计算公式。

(4)了解预应力受弯构件与普通钢筋混凝土受弯构件在受力特点及设计计算方法方面的联系和区别,掌握预应力受弯构件的承载力计算方法。

(5)预应力混凝土构件截面计算包括使用和施工两个阶段。使用阶段包括承载力和抗裂度的计算;施工阶段包括张拉(或放松)钢筋对构件的承载力验算,构件张拉端(锚固区)局部承压的验算;受弯构件还需进行变形计算等内容。使用阶段的计算要重视,但施工阶段的验算也不能忽视,有时往往因施工阶段的验算出问题而导致工程质量事故。在使用阶段计算中,除承载力计算同普通钢筋混凝土一样外,抗裂度计算也必须予以充分重视。

(6)熟悉预应力混凝土构件的构造要求。

(7)了解部分预应力混凝土构件和无黏结预应力混凝土构件的基本概念。

10.1 预应力混凝土的基本概念和一般计算规定

▶ 10.1.1 概述

1)预应力混凝土的概念

由于混凝土材料的抗拉强度较低,使钢筋混凝土构件存在两个无法解决的问题:一是在使用荷载作用下,钢筋混凝土受拉、受弯等构件容易出现裂缝,从而使这些构件带裂缝工作;二是结构构件的耐久性要求必须限制裂缝宽度,而为了满足变形和裂缝控制的要求,则需增大构件的截面尺寸和受拉钢筋的用量,导致自重过大,使钢筋混凝土结构用于大跨度或承受动力荷载的结构成为不可能或很不经济。

理论上讲,提高材料强度可以提高构件的承载力,从而达到节省材料和减轻构件自重的目的。但在普通钢筋混凝土构件中,提高钢筋强度却难以收到预期效果。因为对配置高强度钢筋的钢筋混凝土构件而言,承载力可能已不再是控制条件,起控制作用的因素可能是裂缝宽度或构件的挠度。当钢筋应力达到 $500 \sim 1\ 000\ N/mm^2$ 时,裂缝宽度将很大,无法满足使用要求。因此,在普通钢筋混凝土结构中采用高强度钢筋无法充分发挥其高强度的作用,同时提高混凝土强度等级对提高构件的抗裂性能和控制裂缝宽度的作用也极其有限。

混凝土抗拉强度及极限拉应变值都很低。其抗拉强度只有抗压强度的 $1/18 \sim 1/10$,极限拉应变仅为 $0.000\ 1 \sim 0.000\ 15$,即每米只能拉长 $0.1 \sim 0.15\ mm$,超过后就会出现裂缝。而钢筋达到屈服强度时的应变却要大得多,为 $0.000\ 5 \sim 0.001\ 5$,如 HPB300 级钢筋就达 1×10^{-3}。对在使用阶段不允许开裂的构件,受拉钢筋的应力只能达到 $20 \sim 30\ N/mm^2$,不能充分利用其强度;对允许开裂的构件,当受拉钢筋应力达到 $250\ N/mm^2$ 时,裂缝宽度已达 $0.2 \sim 0.3\ mm$。而现代冶炼技术已经可以生产抗拉强度 $1\ 600\ MPa$ 以上的钢筋,但是将其用于钢筋混凝土结构,则在其强度远未充分利用之前,裂缝的开展宽度和变形早已超过允许限值,不能满足正常使用要求。因此,在普通钢筋混凝土结构中,高强度钢筋不能发挥作用,只能采用屈服强度标准值小于等于 $400\ MPa$ 的 HPB300 级、HRB400 级、RRB400 级钢筋。

为了避免钢筋混凝土结构的裂缝过早出现,充分利用高强度钢筋及高强度混凝土,可以设法在结构构件受外荷载作用前,对其受拉区预先施加压应力,这种预压应力可以部分或全部抵消外荷载产生的拉应力,因而可以减少其至避免裂缝的出现,这就是预应力混凝土结构。

美国混凝土学会(ACI)给出预应力混凝土结构的定义为"预应力混凝土是根据需要人为地引入某一数值与分布的内应力,用以部分或全部抵消外荷载应力的一种加筋混凝土"。我国工程界更倾向于将预应力混凝土结构定义为"根据需要人为地引入某一数值的反向荷载,用以部分或全部抵消使用荷载的一种加筋混凝土"。

对预应力混凝土结构可以从 3 个不同的角度去理解:一是预加应力使混凝土由脆性材料成为弹性材料;二是预加应力充分发挥了高强钢材的作用,使其与混凝土能够共同工作;三是预加应力平衡了结构外荷载。

现举例说明预应力混凝土的基本原理。

如图 10.1 所示简支梁,在荷载作用之前,预先在梁的受拉区施加一对偏心压力 N,这等同于在梁的两端施加一个集中弯矩,使梁下边缘混凝土产生预压应力 σ_c,梁上边缘产生预拉应力 σ_{ct};在外荷载 q(包括梁自重)作用下,梁跨中截面下边缘产生拉应力 σ_{ct},梁上边缘产生压应力 σ_c。那么,在预压力 N 和荷载 q 共同作用下,梁跨中截面的应力图形为上述两种情况叠加的结果。梁的下边缘拉应力将减至 $\sigma_{ct}-\sigma_c$,梁上边缘应力为 $\sigma_c-\sigma_{ct}$。如果预压力 N 足够大,则完全可以将在外荷载作用下梁下边缘的拉应力减小到足够的程度甚至不出现拉应力,从而推迟受拉或避免裂缝的出现。

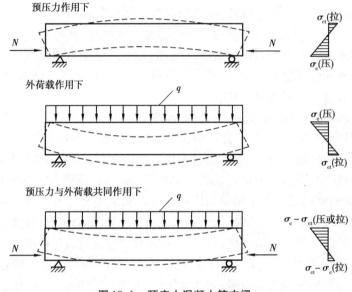

图 10.1　预应力混凝土简支梁

由此可见,对钢筋混凝土构件施加预应力,能推迟裂缝的出现和延缓裂缝的开展,提高构件的抗裂度和刚度,从而取得节约钢筋、减轻自重的效果,克服了钢筋混凝土的主要缺点。因此,预应力混凝土可以合理、有效地利用高强度钢筋和混凝土;同时,预应力混凝土构件中钢筋和混凝土的应力变化幅度小,在重复荷载作用下,抗疲劳性能较好。但其缺点是构造、施工和计算均较钢筋混凝土构件复杂,且抗震延性较差。

2)预应力混凝土构件的分类

①根据预加应力大小对构件截面裂缝控制程度的不同,预应力混凝土构件可分为全预应力混凝土构件、部分预应力混凝土构件和限值预应力混凝土构件 3 类。

a. 全预应力混凝土构件:按在使用荷载作用下不允许截面上混凝土出现拉应力(即全截面受压)的要求进行设计时的构件,大致相当于现行《混凝土结构设计规范》中裂缝控制等级为一级即严格要求不出现裂缝的构件。

b. 部分预应力混凝土构件:按在使用荷载作用下允许出现裂缝但最大裂缝宽度不超过允许值的要求进行设计时的构件,大致相当于现行《混凝土结构设计规范》中裂缝控制等级为三级即允许出现裂缝的构件。

c. 限值预应力混凝土构件:按在使用荷载作用下不同程度地保证混凝土不开裂的要求进行设计时的构件,大致相当于现行《混凝土结构设计规范》中裂缝控制等级为二级即一般要求不出现裂缝的构件。

②按构件中预应力筋与混凝土之间是否存在黏结作用,又可分为有黏结预应力构件和无黏结预应力构件两种。

a.有黏结预应力构件:沿其预应力钢筋全长周围均与混凝土黏结、握裹在一起,接触面之间存在黏结作用。先张法施工的预应力构件及预留孔道穿筋压浆的后张法施工的预应力构件均属此类。

b.无黏结预应力构件:其预应力钢筋可以自由伸缩、滑动,与混凝土接触面之间不存在黏结作用。这种构件的预应力钢筋表面涂有油脂并用塑料包裹,阻止与混凝土黏结。无黏结预应力构件通常采用后张法预应力施工工艺。

▶ 10.1.2 预加应力的方法

在构件承受荷载以前预先对混凝土施加压应力的方法有多种,可配置预应力筋,再通过张拉或其他方法建立预应力;也可在离心制管中采用膨胀混凝土生产的自应力混凝土等。本章所述的预应力混凝土构件是指常用的张拉预应力筋的预应力混凝土构件。

通常通过机械张拉预应力筋来给混凝土施加预应力。按照张拉钢筋与浇灌混凝土的先后次序,可将建立预应力的方法分为以下两种:

1)先张法

在浇灌混凝土之前张拉钢筋的方法称为先张法。即在台座上张拉钢筋并做临时固定,然后浇灌混凝土,待混凝土达到一定强度后(一般不低于设计强度的75%),放松预应力钢筋。当预应力钢筋回缩时,将压缩混凝土,从而使混凝土获得预应力。

先张法构件是通过预应力钢筋与混凝土之间的黏结力来传递预应力的。此方法适用于在预制厂大批制作中、小型构件,如预应力混凝土楼盖、屋面板、梁等。先张法的主要工序如图10.2所示。

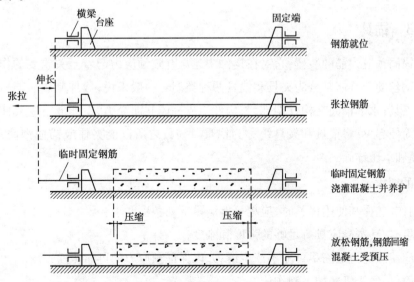

图 10.2 先张法主要工序示意图

2)后张法

在结硬后的混凝土构件上张拉钢筋的方法称为后张法。即先浇灌混凝土构件,并在构件中的预应力位置上预留孔道,待混凝土达到一定强度(>75%)后,在孔道中穿钢筋,并安装张拉机具,利用构件本身作为台座,张拉钢筋的同时混凝土受到压缩。张拉完毕,在张拉端用锚具锚住钢筋,并在孔道内压力灌浆。

后张法构件是依靠其两端的锚具锚住预应力钢筋并传递和保留预应力的。此方法适用于在施工现场制作大型构件,如预应力屋架、吊车梁、大跨度桥梁等。后张法的主要工序如图10.3所示。

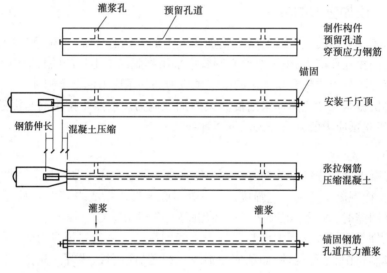

图 10.3　后张法主要工序示意图

▶ 10.1.3　锚具

锚具是锚固预应力筋的装置,它对在构件中建立有效预应力起着至关重要的作用。锚固预应力筋和钢丝的工具通常分为夹具和锚具两种类型。一般来说,构件制成后能够取下重复使用的称为夹具;永远锚固在构件端部,与构件连成一体共同受力,不能取下重复使用的称为锚具。为了简便起见,将锚具和夹具统称为锚具。锚具之所以能夹住或锚住钢筋,主要是依靠摩阻、握裹和承压锚固。

1)锚具的要求

设计、制作、选择和使用锚具时,应尽可能满足下列各项要求:

①安全可靠,其本身应具有足够的强度和刚度;

②锚具应使预应力钢筋尽可能不产生滑移,以保证预应力的可靠传递;

③构造简单,便于机械加工制作;

④使用方便,材料省,价格低。

2)锚具的种类

锚具的种类繁多,建筑工程中常用的锚具有以下几种:

(1)螺丝端杆锚具(图10.4)

在单根预应力筋的两端各焊上一短段螺丝端杆,套以螺帽和垫板,形成一种最简单的锚具。螺丝端杆锚具通常用于后张法构件的张拉端,同样也可应用于先张法构件或后张法构件的固定端。

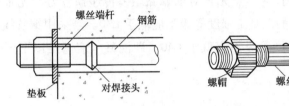

图10.4 螺丝端杆锚具

(2)墩头锚具(图10.5)

墩头锚具用于锚固多根直径10~18 mm 的平行钢丝束或者锚固18 根以下直径5 mm 的平行钢丝束。

预应力筋的预拉力依靠墩头的承压力传到锚环,然后依靠螺纹上的承压力传到螺帽,再经过垫板传到混凝土构件上。这种锚具的锚固性能可靠,锚固力大,张拉操作方便,但要求钢筋或钢丝束的长度有较高的精度。

墩头锚具通常用于先张法构件预应力筋的张拉端。

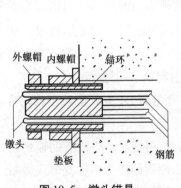

图10.5 墩头锚具

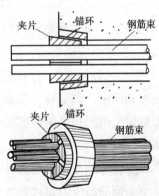

图10.6 JM12 锚具

(3)夹具式锚具

这种锚具由锚环和夹片组成,可锚固钢绞线或钢丝束。夹具式锚具主要有 JM12 型(图10.6),有多种规格,适用于3~6 根直径为12 mm 热处理钢筋的钢筋束及5~6 根7 股4 mm 钢丝的钢绞线所组成的钢绞线束,通常用于后张法构件。

除上述几种锚具外,近年来我国对预应力混凝土构件的锚具进行了试验研制工作,如JM,YM,SF,VLM 型等锚具,主要对夹片等进行了改进和调整,使锚固性能得到了进一步提高。

▶ 10.1.4 预应力混凝土材料

1）混凝土

预应力混凝土结构中,混凝土强度等级越高,能够承受的预压应力也越高;同时,采用高强度等级的混凝土与高强钢筋相配合,可以获得较经济的构件截面尺寸。另外,高强度等级的混凝土与钢筋的黏结力也高,这一点尤其对依靠黏结力传递预应力的先张法构件更为重要。因此,预应力混凝土结构的混凝土强度等级不应低于 C30。当采用钢绞线、钢丝、热处理钢筋作预应力筋时,混凝土强度等级不宜低于 C40。即混凝土应满足以下要求:强度高,收缩、徐变小,快硬、早强。

2）钢筋

在预应力混凝土结构中,预应力筋应采用高强度钢筋(钢丝),因为混凝土预压应力的大小主要取决于预应力筋的数量及其张拉应力。在预应力混凝土构件的制作和使用过程中,由于各种因素的影响,以压力灌浆的张拉应力将会产生各种预应力损失。因此,必须使用高强度钢筋(丝),才有可能建立较高的预应力值,以达到预期效果。普通钢筋的选用与钢筋混凝土结构中的钢筋相同。预应力筋宜采用预应力钢丝、钢绞线和预应力螺纹钢筋。此外,预应力筋还应具有一定的塑性、良好的可焊性以及用于先张法构件时与混凝土有足够的黏结力。

▶ 10.1.5 张拉控制应力 σ_{con}

张拉控制应力 σ_{con} 是指在张拉预应力筋时所控制达到的最大应力值。它是施工时张拉预应力筋的依据,其取值应适当,否则会直接影响预应力混凝土的使用效果。如果 σ_{con} 取值过低,则预应力筋经过各种损失后,对混凝土产生的预压应力过小,不能有效提高预应力混凝土构件的抗裂度和刚度。如果 σ_{con} 取值过高,则会引起以下问题:

①在施工阶段会引起构件某些部位受到拉力甚至开裂,还可能使后张法构件端部混凝土产生局部受压破坏;

②构件出现裂缝时的荷载值与破坏荷载值很接近,可能会产生没有明显预兆的破坏;

③可能使个别钢筋的应力超过其实际屈服强度,使钢筋产生塑性变形或脆断。

根据国内外设计与施工经验以及近年来的科研成果,现行《混凝土结构设计规范》按不同钢种和不同预加应力方法,规定在一般情况下预应力钢筋的张拉控制应力 σ_{con} 应符合下列规定:

消除应力钢丝、钢绞线 $\sigma_{con} \leq 0.75 f_{ptk}$

中强度预应力钢丝 $\sigma_{con} \leq 0.70 f_{ptk}$

预应力螺纹钢筋 $\sigma_{con} \leq 0.85 f_{pyk}$

式中 f_{ptk} ——预应力筋极限抗拉强度标准值;

    f_{pyk} ——预应力螺纹钢筋屈服强度标准值。

消除应力钢丝、钢绞线、中强度预应力钢丝的张拉控制应力值不应小于 $0.4f_{ptk}$；预应力螺纹钢筋的张拉应力控制值不宜小于 $0.5f_{pyk}$。

当符合下列情况之一时，上述张拉控制应力限值可相应提高 $0.05f_{ptk}$ 或 $0.05f_{pyk}$：

①要求提高构件在施工阶段的抗裂性能而在使用阶段受压区内设置的预应力筋；

②要求部分抵消由于应力松弛、摩擦、钢筋分批张拉以及预应力筋与张拉台座之间的温差等因素产生的预应力损失。

▶ 10.1.6 预应力损失计算

将预应力筋张拉到控制应力 σ_{con} 后，在预应力混凝土构件施工及使用过程中，其拉应力值将逐渐下降到一定程度，这种预应力钢筋应力的降低称为预应力损失。经损失后预应力筋的应力才会在混凝土中建立相应的有效预应力。

下面分项讨论引起预应力损失的原因、损失值的计算以及减少预应力损失的措施。

1）张拉端锚具变形和钢筋内缩引起的预应力损失 σ_{l1}

直线预应力筋当张拉到 σ_{con} 后，锚固在台座或构件上时，由于锚具、垫板与构件之间的缝隙被挤紧，或由于钢筋和楔块在锚具内的滑移，使得被拉紧的钢筋内缩 a 所引起的预应力损失值 σ_{l1}，按式（10.1）计算：

$$\sigma_{l1} = \frac{a}{l}E_s \qquad (10.1)$$

式中　a——张拉端锚具变形和钢筋内缩值，mm，按表 10.1 取用；

　　　l——张拉端至锚固端之间的距离，mm；

　　　E_s——预应力筋的弹性模量，N/mm^2。

预应力
损失计算(1)

表 10.1　锚具变形和预应力筋内缩值 a

锚具类别		a/mm
支承式锚具 （钢丝束墩头锚具等）	螺帽缝隙	1
	每块后加垫板的缝隙	1
夹片式锚具	有顶压时	5
	无顶压时	6～8

注：①表中的锚具变形和钢筋内缩也可根据实测数值确定；
　　②其他类型的锚具变形和钢筋内缩值应根据实测数据确定。

锚具损失只考虑张拉端，对于锚固端因在张拉过程中已被挤紧，故不考虑其所引起的应力损失。

块体拼成的结构，其预应力损失尚应考虑块体间填缝的预压变形。当采用混凝土或砂浆填缝材料时，每条填缝的预压变形值应取 1 mm。

减少此项损失的措施有：

①选择变形小或使预应力筋内缩小的锚具、夹具，尽量少用垫板，每增加一块垫板，a 值就增加 1 mm。

②增加台座长度 l。采用先张法生产的构件，当台座长度为 100 m 以上时，σ_{l1} 可忽略不计。

对配置预应力曲线钢筋或折线钢筋的后张法构件，当锚具变形和预应力筋内缩发生时会引起预应力曲线钢筋或折线钢筋与孔道壁之间反向摩擦（与张拉钢筋时预应力筋和孔道壁间的摩擦力方向相反），σ_{l1} 应根据反向摩擦影响长度 l_f 范围内的预应力筋变形值等于锚具变形和预应力筋内缩值的条件确定，即

$$\int_0^{l_f} \frac{\sigma_{l1}(x)}{E_s}\mathrm{d}x = a \tag{10.2}$$

常用束形后张法预应力筋在反向摩擦影响长度 l_f 范围内的预应力损失值 σ_{l1} 应按现行《混凝土结构设计规范》附录 J 的规定计算。

抛物线形预应力筋可近似按圆弧形曲线预应力筋考虑。当其对应的圆心角 $\theta \leqslant 30°$ 时（图 10.7），由于锚具变形和钢筋内缩，在反向摩擦影响长度 l_f 范围内的预应力损失值 σ_{l1} 可按式（10.3）计算：

$$\sigma_{l1} = 2\sigma_{con} l_f \left(\frac{\mu}{r_c} + \kappa\right)\left(1 - \frac{x}{l_f}\right) \tag{10.3}$$

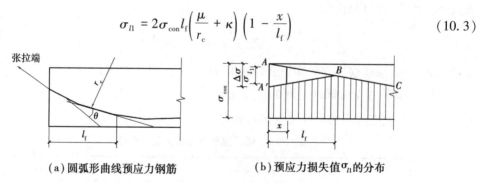

(a) 圆弧形曲线预应力钢筋　　(b) 预应力损失值 σ_{l1} 的分布

图 10.7　圆弧形曲线预应力筋因锚具变形和钢筋内缩引起的损失值

反向摩擦影响长度 l_f 可按式（10.4）计算：

$$l_f = \sqrt{\frac{aE_s}{1\,000\sigma_{con}(\mu/r_c + \kappa)}} \tag{10.4}$$

式中　r_c——圆弧形曲线预应力筋的曲率半径，m；

　　　μ——预应力筋与孔道壁之间的摩擦系数，按表 10.2 取用；

　　　κ——考虑孔道每米长度局部偏差的摩擦系数，按表 10.2 取用；

　　　x——张拉端至计算截面的距离，m，$0 \leqslant x \leqslant l_f$；

　　　a——张拉端锚具变形和钢筋内缩值，mm，按表 10.1 取用；

　　　E_s——预应力筋弹性模量。

表 10.2 摩擦系数

孔道成形方式	κ/m^{-1}	μ	
		钢绞线、钢丝束	预应力螺纹钢筋
预埋金属波纹管	0.001 5	0.25	0.50
预埋塑料波纹管	0.001 5	0.15	—
预埋钢管	0.001 0	0.30	—
抽芯成型	0.001 4	0.55	0.60
无黏结预应力筋	0.004 0	0.09	—

注:摩擦系数也可根据实测数据确定。

2)预应力筋与孔道壁之间的摩擦引起的预应力损失 σ_{l2}

后张法预应力筋的预留孔道有直线形和曲线形。由于孔道的制作偏差、孔道壁粗糙等原因,张拉预应力筋时,钢筋将与孔壁接触产生摩擦阻力。距离张拉端越远,摩擦阻力的累积值越大,从而使构件每一截面上预应力筋的拉应力值逐渐减小,这种预应力值差额称为摩擦损失,以 σ_{l2} 表示,如图10.8 所示。

产生摩擦损失的原因有很多,主要有以下几方面:当孔道为直线时,由于施工误差,构件的预拱度和构件内各种钢筋的影响等,将使孔道轴线局部偏差和孔道内凹凸不平,且预应力筋(束)外径与孔道内径相差很小,使预应力筋的某些部位紧贴孔壁

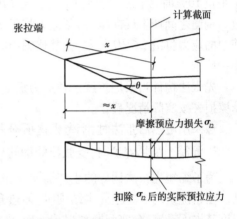

图 10.8 摩擦引起的预应力损失

而产生摩擦力,从而引起预应力损失;当孔道为曲线时,在张拉过程中,预应力筋在弯曲孔道处紧贴孔壁将产生垂直于孔壁的径向正压力,导致更大的摩擦力,从而引起更大的预应力损失。

摩擦损失 σ_{l2} 可按式(10.5)计算:

$$\sigma_{l2} = \sigma_{\mathrm{con}}\left(1 - \frac{1}{\mathrm{e}^{\kappa x + \mu\theta}}\right) \tag{10.5}$$

式中　κ——考虑孔道每米长度局部偏差的摩擦系数,按表10.2 取用;

　　　x——张拉端至计算截面的孔道长度,m,可近似取该段孔道在纵轴上的投影长度;

　　　μ——预应力筋与孔道壁之间的摩擦系数,按表10.2 取用;

　　　θ——从张拉端至计算截面曲线孔道部分切线的夹角(以 rad 计)。

当 $\kappa x + \mu\theta \leqslant 0.3$ 时,近似取 $\dfrac{1}{\mathrm{e}^{\kappa x + \mu\theta}} = 1 - \kappa x - \mu\theta$,则 σ_{l2} 可按式(10.6)计算:

$$\sigma_{l2} = \sigma_{con}(\kappa x + \mu\theta) \tag{10.6}$$

减少此项损失的措施有:

①对于较长的构件可在两端进行张拉,计算时孔道长度可按构件的一半长度计算。比较图 10.9(a)及图 10.9(b),两端张拉可减少摩擦损失是显而易见的。但这个措施将引起 σ_{l1} 的增加,应用时需加以注意。

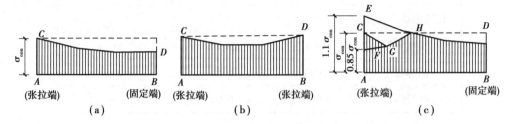

图 10.9　一端张拉、两端张拉及超张拉对减少摩擦损失的影响

②采用超张拉[图 10.9(c)],若张拉程序为 $1.1\sigma_{con} \xrightarrow{2\min} 0.85\sigma_{con} \xrightarrow{2\min} \sigma_{con}$。当张拉端 A 超张拉 10% 时,钢筋中的预拉应力将沿 EHD 分布。当张拉端的应力降至 $0.85\sigma_{con}$ 时,由于孔道与钢筋之间产生反向摩擦,预应力将沿 $FGHD$ 分布。当张拉端 A 再次张拉至 σ_{con} 时,则钢筋中的应力将沿 $CGHD$ 分布,显然比图 10.9(a)所建立的预拉应力要均匀些,预应力损失要小一些。

先张法构件当采用折线形预应力筋时,在转向装置处也有摩擦力,由此产生的预应力筋摩擦损失按实际情况确定。

当采用电热后张法时,不考虑这项损失。

3)混凝土加热养护时,受张拉的钢筋与承受拉力的设备之间温差引起的预应力损失 σ_{l3}

为了缩短先张法构件的生产周期,浇灌混凝土后常采用蒸汽养护的方法加速混凝土的硬结。当新浇筑的混凝土尚未结硬时,加热升温,预应力筋伸长,但两端的台座因与大地相接,温度基本不升高,台座间距离保持不变,即由于预应力筋与台座间形成温差,使预应力筋内部紧张程度降低,预应力下降。降温时,混凝土已结硬并与预应力筋结成整体,钢筋应力不能恢复原值,于是就产生了预应力损失 σ_{l3}。

设混凝土加热养护时,受张拉的预应力筋与承受拉力的设备(台座)之间的温差为 Δt,钢筋的线膨胀系数为 $\alpha = 0.000\ 1\ ℃^{-1}$,则 σ_{l3} 按式(10.7)计算:

$$\sigma_{l3} = \varepsilon_s E_s = \frac{\Delta l}{l} E_s = \frac{\alpha l \Delta t}{l} E_s = \alpha E_s \Delta t$$

$$= 0.000\ 1\ ℃^{-1} \times 2.0 \times 10^5\ \text{N/mm}^2 \times \Delta t = 2\Delta t\ \text{N/mm}^2 \tag{10.7}$$

减少此项损失的措施有:

①采用两次升温养护。由式(10.7)可知,若温度一次升高 $75 \sim 80\ ℃$ 时,$\sigma_{l3} = 150 \sim 160\ \text{N/mm}^2$,则预应力损失太大。通常采用两次升温养护,即先升温 $20 \sim 25\ ℃$,待混凝土强度达到 $10\ \text{N/mm}^2$ 后,混凝土与预应力筋之间已具有足够的黏结力而结成整体;当再次升温时,二者可共同变形,不再引起预应力损失。因此,计算时取 $\Delta t = 20 \sim 25\ ℃$。

②钢模上张拉预应力筋。升温时两者温度相同,可不考虑此项损失。

4）钢筋应力松弛引起的预应力损失 σ_{l4}

预应力
损失计算(2)

钢筋在高应力下具有随时间而增长的塑性变形性能,钢筋长度保持不变的条件下,钢筋的应力会随时间的增长而降低,这种现象称为钢筋的应力松弛引起的预应力损失 σ_{l4}。

根据试验研究及实践经验,松弛损失计算如下：

①消除应力钢丝、钢绞线：

普通松弛：
$$\sigma_{l4} = 0.4\left(\frac{\sigma_{con}}{f_{ptk}} - 0.5\right)\sigma_{con} \tag{10.8}$$

低松弛：

当 $\sigma_{con} \leq 0.7f_{ptk}$ 时
$$\sigma_{l4} = 0.125\left(\frac{\sigma_{con}}{f_{ptk}} - 0.5\right)\sigma_{con} \tag{10.9}$$

当 $0.7f_{ptk} < \sigma_{con} \leq 0.8f_{ptk}$ 时
$$\sigma_{l4} = 0.2\left(\frac{\sigma_{con}}{f_{ptk}} - 0.575\right)\sigma_{con} \tag{10.10}$$

当 $\frac{\sigma_{con}}{f_{ptk}} \leq 0.5$ 时,预应力筋的应力松弛损失值可取为零。

②中强度预应力钢丝：
$$\sigma_{l4} = 0.08\,\sigma_{con} \tag{10.11}$$

③预应力螺纹钢筋：
$$\sigma_{l4} = 0.03\sigma_{con} \tag{10.12}$$

试验表明,应力松弛损失值除了与钢种有关,还与时间有关,开始阶段发展较快,第一小时松弛损失可达全部松弛损失的 50%,24 h 后可达 80% 左右,以后发展缓慢。另外,张拉控制应力 σ_{con} 值越大,应力松弛也越大。

减少此项损失的措施有：进行超张拉,先控制张拉应力达 $(1.05 \sim 1.1)\sigma_{con}$,保持 2 ~ 5 min,然后卸荷再施加张拉应力至 σ_{con},这样可以减少松弛引起的预应力损失。其原因是：高应力(超张拉)下短时间内发生的损失在低应力下需要较长时间;持荷 2 ~ 5 min 可使相当一部分松弛发生在钢筋锚固之前,则锚固后损失减小。钢筋松弛与初应力有关,当初应力小于 $0.7f_{ptk}$ 时,松弛与初应力呈线性关系;初应力高于 $0.7f_{ptk}$ 时,松弛显著增大。

5）混凝土收缩、徐变引起受拉区和受压区纵向预应力筋的预应力损失 σ_{l5},σ'_{l5}

混凝土在空气中结硬时体积收缩,而在预压力作用下混凝土沿压力方向又发生徐变。收缩、徐变都导致预应力混凝土构件的长度缩短,预应力筋也随之回缩,产生预应力损失。由于收缩和徐变均使预应力筋回缩,二者难以分开,所以通常合在一起考虑。收缩、徐变引起受拉区纵向预应力筋的预应力损失 σ_{l5} 和受压区纵向预应力筋预应力损失 σ'_{l5}。

（1）对先张法、后张法构件的预应力损失值（一般情况下）

先张法构件
$$\sigma_{l5} = \frac{60 + 340\dfrac{\sigma_{pc}}{f'_{cu}}}{1 + 15\rho} \tag{10.13}$$

$$\sigma'_{l5} = \frac{60 + 340\dfrac{\sigma'_{pc}}{f'_{cu}}}{1 + 15\rho'} \tag{10.14}$$

后张法构件

$$\sigma_{l5} = \frac{55 + 300 \dfrac{\sigma_{pc}}{f'_{cu}}}{1 + 15\rho} \qquad (10.15)$$

$$\sigma'_{l5} = \frac{55 + 300 \dfrac{\sigma'_{pc}}{f'_{cu}}}{1 + 15\rho'} \qquad (10.16)$$

式中 σ_{pc}, σ'_{pc}——受拉区、受压区预应力筋在各自合力点处的混凝土法向压应力。此时,预应力损失值仅考虑混凝土预压前(第一批)的损失,其普通钢筋中的应力 σ_{l5}, σ'_{l5} 值应取等于零;σ_{pc}, σ'_{pc} 值不得大于 $0.5f'_{cu}$;当 σ'_{pc} 为拉应力时,则式(10.14)、式(10.16)中的 σ'_{pc} 应取等于零。计算混凝土法向应力 σ_{pc}, σ'_{pc} 时,可根据构件制作情况考虑自重的影响。

   f'_{cu}——施加预应力时的混凝土立方体抗压强度。

   ρ, ρ'——受拉区、受压区预应力筋和普通钢筋的配筋率。

对先张法构件 $\rho = \dfrac{A_p + A_s}{A_0}$ $\rho' = \dfrac{A'_p + A'_s}{A_0}$ (10.17)

对后张法构件 $\rho = \dfrac{A_p + A_s}{A_n}$ $\rho' = \dfrac{A'_p + A'_s}{A_n}$ (10.18)

此处,A_0 为混凝土换算截面面积,A_n 为混凝土净截面面积。

对对称配置预应力筋和普通钢筋的构件,配筋率 ρ, ρ' 应按钢筋总截面面积的 $1/2$ 计算。

当结构处于年平均相对湿度低于40%的环境下,σ_{l5} 和 σ'_{l5} 值应增加30%。

(2)重要的结构构件

当需要考虑与时间相关的混凝土收缩、徐变及钢筋应力松弛预应力损失值时,可按《混凝土结构设计规范》附录 K 进行计算。

减少此项损失的措施有:

①采用高强度等级水泥,减少水泥用量,降低水胶比,采用干硬性混凝土;

②采用级配较好的骨料,加强振捣,提高混凝土的密实性;

③加强养护,以减少混凝土的收缩。

6)用螺旋式预应力筋作配筋的环形构件,由于混凝土的局部挤压引起的预应力损失 σ_{l6}

对水管、蓄水池等圆形结构物,常采用后张法施加预应力。即采用螺旋式预应力筋的环形构件,混凝土在预应力筋的挤压下,沿构件截面径向将产生局部挤压变形,使构件截面的直径减小,造成已张拉锚固的预应力筋的拉应力降低。

σ_{l6} 的大小与环形构件的直径 d 成反比,直径越小,损失越大,故《混凝土结构设计规范》规定:

当 $d \leqslant 3$ m 时 $\sigma_{l6} = 30$ N/mm²   (10.19)

当 $d > 3$ m 时 $\sigma_{l6} = 0$ (10.20)

▶ **10.1.7 预应力损失值的组合**

上述6项预应力损失中,不同的施加预应力方法,产生的预应力损失也不同。它们有的只发生在先张法构件中,有的只发生在后张法构件中,有的两种构件中都有且是分批产生的。

在实际计算中,以"预压"为界,把预应力损失分成两批。所谓"预压",对先张法,是指放松预应力筋(简称"放张"),开始给混凝土施加预应力的时刻;对后张法,因为是在混凝土构件上张拉预应力筋,混凝土从张拉钢筋开始就受到预压,故这里的"预压"特指张拉预应力筋至 σ_{con} 并加以锚固的时刻。预应力混凝土构件在各阶段的预应力损失值宜按表 10.3 的规定进行组合。

表10.3　各阶段预应力损失值的组合

预应力损失值的组合	先张法构件	后张法构件
混凝土预压前(第一批)的损失 σ_{lI}	$\sigma_{l1}+\sigma_{l2}+\sigma_{l3}+\sigma_{l4}$	$\sigma_{l1}+\sigma_{l2}$
混凝土预压后(第二批)的损失 σ_{lII}	σ_{l5}	$\sigma_{l4}+\sigma_{l5}+\sigma_{l6}$

注:①先张法构件由于钢筋应力松弛引起的损失值 σ_{l4} 在第一批和第二批损失中所占的比例,如需区分,可根据实际情况确定;

②先张法构件当采用折线形预应力筋时,由于转向装置处的摩擦,故在混凝土预压前(第一批)的损失中计入 σ_{l2},其值按实际情况确定。

考虑到预应力损失计算值与实际值的差异,且为了保证预应力混凝土构件具有足够的抗裂能力,应对预应力总损失值做最低限值的规定。现行《混凝土结构设计规范》规定,当计算求得的预应力总损失值小于下列数值时,则按下列数值取用:先张法构件, $100 \ N/mm^2$;后张法构件, $80 \ N/mm^2$。

▶ 10.1.8　有效预应力沿构件长度的分布

1)先张法构件预应力筋的传递长度及锚固长度

先张法预应力混凝土构件的预应力是靠构件两端一定距离内钢筋和混凝土之间的黏结力来传递给混凝土的。当放松预应力筋后,在构件端部,预应力筋的应力为零,由端部向中部逐渐增加,至一定长度处才达到最大预应力值。预应力筋中的应力由零增大到最大值的这段长度称为传递长度 l_{tr},如图 10.10 所示。

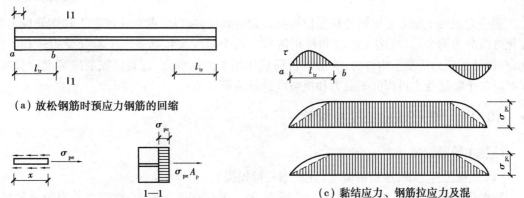

(a)放松钢筋时预应力钢筋的回缩

(b)钢筋表面的黏结应力 τ 及截面1—1的应力分布

(c)黏结应力、钢筋拉应力及混凝土预压应力沿构件长度的分布

图 10.10　预应力的传递

现行《混凝土结构设计规范》规定:在传递长度范围内,预应力筋的实际预应力按线性规律增大,在构件端部取零,在其预应力传递长度的末端取有效预应力值 σ_{pe},则预应力筋传递长度

l_{tr} 按式(10.21)计算:

$$l_{tr} = \alpha \frac{\sigma_{pe}}{f'_{tk}} d \qquad (10.21)$$

式中　σ_{pe}——放张时预应力筋的有效预应力;

　　　d——预应力筋的公称直径,见附录2;

　　　α——预应力筋的外形系数,见表10.4;

　　　f'_{tk}——与放张时混凝土立方体抗压强度 f'_{cu} 相应的轴心抗拉强度标准值,按附表1.1以线性内插法确定。

表 10.4　锚固钢筋的外形系数 α

钢筋类型	光圆钢筋	带肋钢筋	螺旋肋钢筋	三股钢绞线	七股钢绞线
α	0.16	0.14	0.13	0.16	0.17

注:光圆钢筋末端应做180°弯钩,弯后平直段长度不应小于 $3d$,但作受压钢筋时可不做弯钩。

当采用骤然放松预应力筋的施工工艺时,l_{tr} 的起点应从距构件末端 $0.25l_{tr}$ 处开始计算。

2)后张法构件有效预应力沿构件长度的分布

后张法构件中,摩擦损失 σ_{l2} 在张拉端为零,然后逐渐增大,至锚固端达最大值;若为直线预应力筋,则沿构件长度其他各项损失值不变。因此,沿构件长度预应力筋的有效预应力是不同的,从而在混凝土中建立的有效预应力也是变化的(张拉端最大,锚固端最小),其分布规律同摩擦损失。所以,计算后张法构件时,必须特别注意针对的是构件的哪个截面。若为曲线预应力筋,则沿构件长度 σ_{l5} 也是变化的,应力分布较复杂。

10.2　预应力混凝土轴心受拉构件应力分析

预应力混凝土轴心受拉构件从张拉钢筋开始直到构件破坏,截面中混凝土和钢筋应力的变化可以分为两个阶段:施工阶段和使用阶段。每个阶段又包括若干个特征受力过程。因此,在设计预应力混凝土构件时,除应进行荷载作用下的承载力、抗裂度或裂缝宽度计算外,还要对各个特征受力过程的承载力和抗裂度进行验算。

▶ 10.2.1　先张法轴心受拉构件

1)施工阶段

(1)放松预应力筋,压缩混凝土(完成第一批损失)

制作先张法构件时,首先张拉预应力筋至 σ_{con},并锚固于台座上;然后浇筑混凝土构件,并蒸汽养护。于是,预应力筋产生了第一批预应力损失 $\sigma_{l1} = \sigma_{l1} + \sigma_{l3} + \sigma_{l4}$,而此时混凝土尚未受力。待混凝土强度达到 $75\% f_{cu,k}$ 以上时,放松预应力筋,混凝土才开始受压,如图10.11所示。

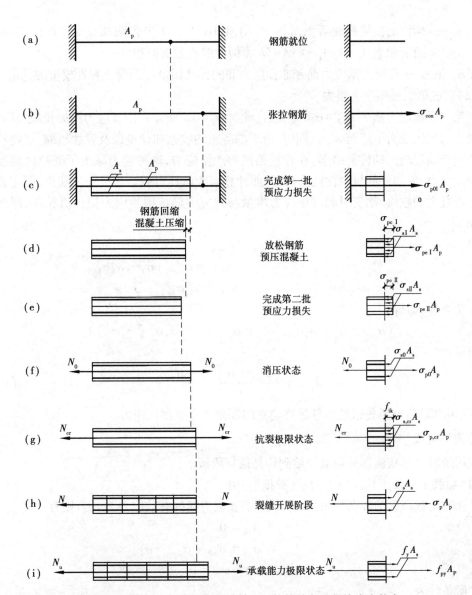

图 10.11　先张法预应力混凝土轴心受拉构件各阶段的应力状态

此时设混凝土的预压应力为 σ_{pcI}，则有

$$\sigma_{\mathrm{pc}} = \sigma_{\mathrm{pcI}}$$

$$\sigma_{\mathrm{pe}} = \sigma_{\mathrm{peI}} = \sigma_{\mathrm{con}} - \sigma_{l\mathrm{I}} - \alpha_{\mathrm{E}}\sigma_{\mathrm{pcI}}$$

$$\sigma_{\mathrm{s}} = \sigma_{\mathrm{sI}} = \alpha_{\mathrm{E_s}}\sigma_{\mathrm{pcI}}$$

由平衡条件得：

$$\sigma_{\mathrm{peI}}A_{\mathrm{p}} = \sigma_{\mathrm{pcI}}A_{\mathrm{c}} + \sigma_{\mathrm{sI}}A_{\mathrm{s}}$$

即

$$(\sigma_{\mathrm{con}} - \sigma_{l\mathrm{I}} - \alpha_{\mathrm{E}}\sigma_{\mathrm{pcI}})A_{\mathrm{p}} = \sigma_{\mathrm{pcI}}A_{\mathrm{c}} + \alpha_{\mathrm{E_s}}\sigma_{\mathrm{pcI}}A_{\mathrm{s}}$$

解得

$$\sigma_{\mathrm{pcI}} = \frac{(\sigma_{\mathrm{con}} - \sigma_{l\mathrm{I}})A_{\mathrm{p}}}{A_{\mathrm{c}} + \alpha_{\mathrm{E_s}}A_{\mathrm{s}} + \alpha_{\mathrm{E}}A_{\mathrm{P}}} = \frac{(\sigma_{\mathrm{con}} - \sigma_{l\mathrm{I}})A_{\mathrm{p}}}{A_0} \tag{10.22}$$

式中　A_0——构件的换算截面面积，$A_0 = A_c + \alpha_E A_s + \alpha_E A_p$。对先张法轴心受拉构件，混凝土截面面积为 $A_c = A - A_p - A_s$，$A = bh$ 为构件的毛截面面积。

　　α_E，α_{E_s}——分别为预应力筋和非预应力筋的弹性模量与混凝土弹性模量的比值。

（2）完成第二批预应力损失

当第二批预应力损失 $\sigma_{l\text{II}} = \sigma_{l5}$ 完成后（此时 $\sigma_l = \sigma_{l\text{I}} + \sigma_{l\text{II}}$），因预应力筋的拉应力降低，导致混凝土的预压应力下降至 $\sigma_{pc\text{II}}$；同时，由于混凝土的收缩和徐变以及弹性压缩，也使构件内的普通钢筋随混凝土构件而缩短，在普通钢筋中产生应力，这种应力减少了受拉区混凝土的法向预压应力，使构件的抗裂性能降低，因而计算应考虑其影响。为了简化起见，假定普通钢筋由于混凝土的收缩、徐变引起的压应力增量与预应力筋该项预应力损失值相同，即近似取 σ_{l5}。此时

$$\sigma_{pc} = \sigma_{pc\text{II}}$$
$$\sigma_{pe} = \sigma_{pe\text{II}} = \sigma_{con} - \sigma_l - \alpha_E \sigma_{pc\text{II}}$$
$$\sigma_s = \sigma_{s\text{II}} = \alpha_{E_s} \sigma_{pc\text{II}} + \sigma_{l5}$$

代入平衡方程，即得：

$$(\sigma_{con} - \sigma_l - \alpha_E \sigma_{pc\text{II}})A_p = \sigma_{pc\text{II}} A_c + (\alpha_E \sigma_{pc\text{II}} + \sigma_{l5})A_s$$

解得：

$$\sigma_{pc\text{II}} = \frac{(\sigma_{con} - \sigma_l)A_p - \sigma_{l5}A_s}{A_0} \tag{10.23}$$

式（10.23）给出了先张法构件最终建立的混凝土有效预压应力。

2）使用阶段

使用阶段是指从施加外荷载开始到构件破坏阶段。

（1）加载至混凝土预压应力为零（被抵消）时

设此时荷载产生的轴向拉力为 N_0，相应的预应力筋的有效应力为 σ_{p0}，则有：

$$\sigma_{pc} = 0$$
$$\sigma_{pe} = \sigma_{p0} = \sigma_{con} - \sigma_l$$
$$\sigma_s = \sigma_{s0} = \sigma_{l5}$$

平衡条件为：

$$N_0 = \sigma_{pe}A_p - \sigma_s A_s$$

将 σ_{pe}，σ_s 代入可得：

$$N_0 = (\sigma_{con} - \sigma_l)A_p - \sigma_{l5}A_s = \sigma_{pc\text{II}}A_0 \tag{10.24}$$

此时，构件截面上混凝土的应力为零，相当于普通钢筋混凝土构件还没有受到外荷载的作用。但预应力混凝土构件已能承担外荷载产生的轴向拉力 N_0，故称 N_0 为"消压拉力"，截面处于"消压状态"。

（2）继续加荷至混凝土即将开裂

随着轴向拉力的继续增大，构件截面上混凝土将转为受拉，当拉应力达到混凝土抗拉强度标准值 f_{tk} 时，构件截面即将开裂，设相应的轴向拉力为 N_{cr}，如图 10.11（g）所示。此时：

$$\sigma_{pc} = -f_{tk}$$

$$\sigma_{pe} = \sigma_{p,cr} = \sigma_{con} - \sigma_l + \alpha_E f_{tk}$$

$$\sigma_s = \sigma_{s,cr} = \sigma_{l5} - \alpha_{E_s} f_{tk}$$

平衡条件为：

$$
\begin{aligned}
N_{cr} &= (\sigma_{con} - \sigma_l + \alpha_E f_{tk}) A_p + f_{tk} A_c - (\sigma_{l5} - \alpha_{E_s} f_{tk}) A_s \\
&= (\sigma_{con} - \sigma_l) A_p - \sigma_{l5} A_s + f_{tk} (A_c + \alpha_E A_p + \alpha_{E_s} A_s) \\
&= \sigma_{pcII} A_0 + f_{tk} A_0 = N_0 + f_{tk} A_0
\end{aligned}
\tag{10.25}
$$

式(10.25)可作为使用阶段对构件进行抗裂度验算的依据。

(3)加荷直至构件破坏

由于轴心受拉构件的裂缝沿正截面贯通,则开裂后裂缝截面混凝土完全退出工作。随着荷载继续增大,当裂缝截面上预应力筋及普通钢筋的拉应力先后达到各自的抗拉强度设计值时,贯通裂缝骤然加宽,构件破坏。相应的轴向应力极限值(即极限承载力)为 N_u,如图 10.11(i)所示。由平衡条件可得：

$$N_u = f_{py} A_p + f_y A_s \tag{10.26}$$

式(10.26)可作为使用阶段对构件进行承载力极限状态计算的依据。

▶ 10.2.2 后张法轴心受拉构件

1)施工阶段

(1)完成第一批损失(张拉预应力筋,混凝土受到预压应力之前)

制作后张法构件时,首先浇筑混凝土,养护直至钢筋张拉前,认为截面中不产生任何应力,待混凝土强度达到 $75\% f_{cu,k}$ 以上时,张拉预应力筋,张拉钢筋的同时,千斤顶的反作用力通过传力架传给混凝土,使混凝土受到弹性压缩(图 10.12)并在张拉过程中产生摩擦损失 σ_{l2},这时预应力筋中的拉应力 $\sigma_{pe} = \sigma_{con} - \sigma_{l2}$。

普通钢筋中的压应力：

$$\sigma_s = \alpha_E \sigma_{pc}$$

混凝土预压应力 σ_{pc} 可由力的平衡条件求得：

$$\sigma_{pe} A_p = \sigma_{pc} A_c + \sigma_s A_s$$

即

$$(\sigma_{con} - \sigma_{l2}) A_p = \sigma_{pc} A_c + \alpha_E \sigma_{pc} A_s$$

$$\sigma_{pc} = \frac{(\sigma_{con} - \sigma_{l2}) A_p}{A_c + \alpha_E A_s} = \frac{(\sigma_{con} - \sigma_{l2}) A_p}{A_n} \tag{10.27}$$

式中 A_c——扣除普通钢筋截面面积以及预留孔道后的混凝土截面面积。

混凝土受到预压力之前完成第一批损失,张拉预应力筋后,锚具变形和钢筋回缩引起的应力损失为 σ_{l1},此时预应力筋的拉应力由 $(\sigma_{con} - \sigma_{l2})$ 降至 $(\sigma_{con} - \sigma_{l2} - \sigma_{l1})$,故：

$$\sigma_{peI} = \sigma_{con} - \sigma_{l2} - \sigma_{l1} = \sigma_{con} - \sigma_{lI}$$

普通钢筋中的压应力：

$$\sigma_{sI} = \alpha_E \sigma_{pcI}$$

混凝土压应力 σ_{pcI} 可由力的平衡条件求得：

$$\sigma_{peI} A_p = \sigma_{pcI} A_c + \sigma_{sI} A_s$$

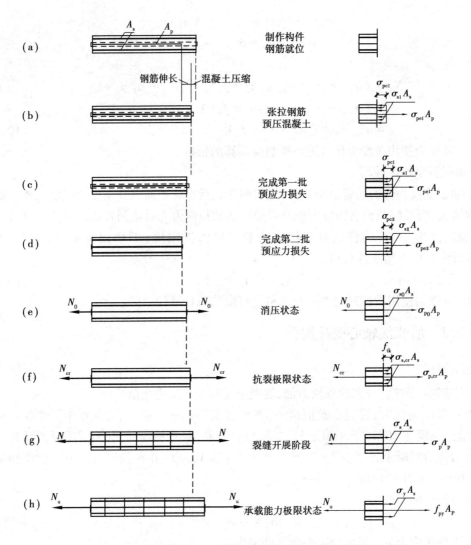

图 10.12 后张法预应力混凝土轴心受拉构件各阶段的应力状态

即

$$(\sigma_{con} - \sigma_{lI})A_p = \sigma_{pcI}A_c + \alpha_E \sigma_{pcI}A_s$$

$$\sigma_{pcI} = \frac{(\sigma_{con} - \sigma_{lI})A_p}{A_c + \alpha_E A_s} = \frac{(\sigma_{con} - \sigma_{lI})A_p}{A_n} \tag{10.28}$$

（2）完成第二批损失

由于预应力筋松弛,混凝土收缩和徐变引起的应力损失 σ_{l4} , σ_{l5}（及 σ_{l6}）,使预应力筋的拉应力由 σ_{pcI} 降至 σ_{pcII} ,即 $\sigma_{pcII} = \sigma_{con} - \sigma_{lI} - \sigma_{lII} = \sigma_{con} - \sigma_l$。普通钢筋中的压应力为 $\sigma_{sII} = \alpha_E \sigma_{pcII} + \sigma_{l5}$。即

$$(\sigma_{con} - \sigma_l)A_p = \sigma_{pcII}A_c + (\alpha_E \sigma_{pcII} + \sigma_{l5})A_s$$

$$\sigma_{pcII} = \frac{(\sigma_{con} - \sigma_l)A_p - \sigma_{l5}A_s}{A_c + \alpha_E A_s} = \frac{(\sigma_{con} - \sigma_l)A_p - \sigma_{l5}A_s}{A_n} \tag{10.29}$$

式(10.29)给出了后张法构件最终建立的混凝土有效预压应力。

2）使用阶段（指从施加外荷载开始到构件破坏阶段）

（1）加载至混凝土预压应力为零（被抵消）时

设此时荷载产生的轴向拉力为 N_0，相应的预应力筋的有效应力为 σ_{p0}，则有：

$$\sigma_{pc} = 0$$

$$\sigma_{pe} = \sigma_{p0} = \sigma_{pe\,II} + \alpha_E \sigma_{pc\,II} = \sigma_{con} - \sigma_l + \alpha_E \sigma_{pc\,II}$$

$$\sigma_s = \sigma_{s0} = \sigma_{s\,II} - \alpha_E \sigma_{pc\,II} = \alpha_E \sigma_{pc\,II} + \sigma_{l5} - \alpha_E \sigma_{pc\,II} = \sigma_{l5}$$

平衡条件为：

$$N_0 = \sigma_{pe} A_p - \sigma_s A_s$$

将 σ_{pe}, σ_s 代入可得：

$$N_0 = (\sigma_{con} - \sigma_l + \alpha_E \sigma_{pc\,II}) A_p - \sigma_{l5} A_s$$

由式（10.29）知：

$$(\sigma_{con} - \sigma_l) A_p - \sigma_{l5} A_s = \sigma_{pc\,II}(A_c + \alpha_E A_s)$$

故

$$N_0 = \sigma_{pc\,II}(A_c + \alpha_E A_s) + \alpha_E \sigma_{pc\,II} A_p$$

$$= \sigma_{pc\,II}(A_c + \alpha_E A_s + A_p) = \sigma_{pc\,II} A_0 \tag{10.30}$$

（2）继续加荷至混凝土即将开裂

随着轴向拉力的继续增大，构件截面上混凝土将转为受拉，当拉应力达到混凝土抗拉强度标准值 f_{tk} 时，构件截面即将开裂，设相应的轴向拉力为 N_{cr}，如图 10.12（f）所示。此时

$$\sigma_{pc} = -f_{tk}$$

$$\sigma_{pe} = \sigma_{p,cr} = \sigma_{p0} + \alpha_E f_{tk} = (\sigma_{con} - \sigma_l + \alpha_E \sigma_{pc\,II}) + \alpha_E f_{tk}$$

$$\sigma_s = \sigma_{s,cr} = \alpha_{E_s} f_{tk} - \sigma_{l5}$$

平衡条件为：

$$N_{cr} = (\sigma_{con} - \sigma_l + \alpha_E \sigma_{pc\,II} + \alpha_E f_{tk}) A_p + (\alpha_{E_s} f_{tk} - \sigma_{l5}) A_s + f_{tk} A_c$$

$$= (\sigma_{con} - \sigma_l + \alpha_E \sigma_{pc\,II}) A_p - \sigma_{l5} A_s + f_{tk}(A_c + \alpha_E A_p + \alpha_{E_s} A_s)$$

即

$$N_{cr} = \sigma_{pc\,II} A_0 + f_{tk} A_0 = (\sigma_{pc\,II} + f_{tk}) A_0 = N_0 + f_{tk} A_0 \tag{10.31}$$

式（10.31）可作为使用阶段对构件进行抗裂度验算的依据。

（3）加荷直至构件破坏

由于轴心受拉构件的裂缝沿正截面贯通，则开裂后裂缝截面混凝土完全退出工作。随着荷载继续增大，当裂缝截面上预应力筋及普通钢筋的拉应力先后达到各自的抗拉强度设计值时，贯通裂缝骤然加宽，构件破坏。相应的轴向应力极限值（即极限承载力）为 N_u，如图 10.12（h）所示。由平衡条件可得：

$$N_u = f_{py} A_p + f_y A_s \tag{10.32}$$

式（10.32）可作为使用阶段对构件进行承载力极限状态计算的依据。

▶ 10.2.3 先、后张法应力计算公式比较

1)公式比较

(1)施工阶段

先张法和后张法计算 σ_{pc} 的公式形式类似,不同之处在于先张法采用 A_0,后张法采用 A_n。由此可以得出,若 σ_{con},A_p 以及截面尺寸、材料强度相同,由于 $A_0 > A_n$,则后张法建立的有效预压应力要比先张法高一些。另外,σ_l 计算值也不同。

(2)使用阶段

用于计算 N_0,N_{cr},N_u 的公式,其形式对先、后张法来说是相同的,截面面积都用 A_0。

(3)构件开裂前

直至构件开裂前,先张法预应力筋的应力比后张法少 $\alpha_E \sigma_{pc \text{II}}$,因此后张法构件 σ_{con} 相当于先张法构件的($\sigma_{con} - \alpha_E \sigma_{pc \text{II}}$)。

2)预应力混凝土构件和混凝土构件相比较

①预应力混凝土构件和普通钢筋混凝土构件在施工阶段,二者钢筋和混凝土两种材料所处的应力状态不同。普通钢筋混凝土构件中,钢筋和混凝土均处于零应力状态;而预应力混凝土构件中,钢筋和混凝土均有初应力,其中钢筋处于拉应力状态,混凝土处于压应力状态,一旦预压应力被抵消,预应力混凝土构件和普通钢筋混凝土构件之间没有本质的不同。

②由 $N_{cr} = \sigma_{pc \text{II}} A_0 + f_{tk} A_0 = N_0 + f_{tk} A_0$ 可知,预应力混凝土构件比同条件的普通钢筋混凝土构件的开裂荷载提高了 N_0。即预应力混凝土构件出现裂缝比普通钢筋混凝土构件滞后得多,但裂缝出现的荷载与破坏荷载比较接近。

③预应力混凝土轴心受拉构件的极限承载力 N_u 公式与截面尺寸及材料均相同的普通钢筋混凝土构件的极限承载力公式相同,而与预应力的存在及大小无关。即施加预应力能推迟裂缝出现但不能提高轴心受拉构件的承载力,而后者因裂缝过大早已不能满足使用要求。

10.3 轴心受拉构件的计算和验算

▶ 10.3.1 使用阶段正截面承载力计算

正截面承载力计算的目的是保证构件在使用阶段具有足够的安全性。因属于承载力极限状态的计算,故荷载效应及材料强度均采用设计值。如图 10.13 所示,其计算公式如下:

预应力轴心受拉构件的计算和验算

$$N \leqslant N_u = f_{py} A_p + f_y A_s \tag{10.33}$$

式中　N——轴向拉力设计值;

　　　N_u——构件截面所承受的轴向拉力设计值;

　　　f_{py}——预应力筋的抗拉强度设计值;

　　　f_y——普通钢筋的抗拉强度设计值。

应用式(10.33)解题时,一般先按构造要求或经验确定出普通钢筋的数量(此时 A_s 已知),然后再由公式求解 A_p。

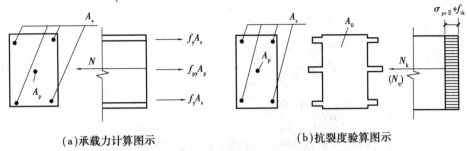

(a)承载力计算图示　　　　　　　　(b)抗裂度验算图示

图 10.13　预应力构件轴心受拉使用阶段承载力计算图示

▶ 10.3.2　使用阶段正截面裂缝控制验算

预应力混凝土轴心受拉构件应按所处环境类别和结构类别选用相应的裂缝控制等级,并按下列规定进行混凝土拉应力或正截面裂缝宽度验算。由于属于正常使用极限状态的验算,所以须采用荷载效应的标准组合或准永久组合,且材料强度采用标准值。

1)一级(严格要求不出现裂缝的构件)

在荷载效应的标准组合下应符合下列规定:

$$\sigma_{ck} - \sigma_{pcⅡ} \le 0 \tag{10.34}$$

2)二级(一般要求不出现裂缝的构件)

在荷载效应的标准组合下应符合下列规定:

$$\sigma_{ck} - \sigma_{pc} \le f_{tk} \tag{10.35}$$

式中　σ_{ck}——荷载效应的标准组合下抗裂验算边缘混凝土的预压法向应力;

σ_{pc}——扣除全部预应力损失后,在抗裂验算边缘混凝土的预压应力,按式(10.23)、式(10.29)计算;

f_{tk}——混凝土轴心抗拉强度标准值。

$$\sigma_{ck} = \frac{N_k}{A_0} \tag{10.36}$$

式中　N_k——按荷载效应的标准组合计算的轴向力值;

A_0——混凝土的换算截面面积,$A_0 = A_c + \alpha_E A_s + \alpha_E A_p$。

3)三级(允许出现裂缝的构件)

按荷载效应的标准组合并考虑长期作用影响计算的最大裂缝宽度,应符合下列规定:

$$w_{max} \le w_{lim} \tag{10.37}$$

式中　w_{max}——按荷载效应的标准组合并考虑长期作用影响计算的最大裂缝宽度;

w_{lim}——最大裂缝宽度限值,查附表 4.1 确定。

在预应力混凝土轴心受拉构件中,按荷载效应的标准组合并考虑长期作用影响计算的最大裂缝宽度可按下列公式计算:

$$w_{max} = \alpha_{cr}\psi \frac{\sigma_{sk}}{E_s}\left(1.9c_s + 0.08\frac{d_{eq}}{\rho_{te}}\right) \tag{10.38}$$

$$\psi = 1.1 - 0.65\frac{f_{tk}}{\rho_{te}\sigma_{sk}} \tag{10.39}$$

$$d_{eq} = \frac{\sum n_i d_i^2}{\sum n_i \nu_i d_i} \tag{10.40}$$

$$\rho_{te} = \frac{A_s + A_p}{A_{te}} \tag{10.41}$$

式中 α_{cr}——构件受力特征系数,对预应力混凝土轴心受拉构件取 2.2。

ψ——裂缝间纵向受拉钢筋应变不均匀系数,当 $\psi < 0.2$ 时,取 $\psi = 0.2$;当 $\psi > 1.0$ 时,取 $\psi = 1.0$;对直接承受重复荷载的构件,取 $\psi = 1.0$。

σ_{sk}——按荷载效应的标准组合计算的预应力混凝土构件纵向受拉钢筋的等效应力,对轴心受拉构件,可按下式计算:

$$\sigma_{sk} = \frac{N_k - N_{p0}}{A_p + A_s} \tag{10.42}$$

E_s——钢筋弹性模量。

c_s——最外层纵向受拉钢筋外边缘至受拉区底边的距离,mm,当 $c_s < 20$ mm 时取 $c_s = 20$,当 $c_s > 65$ 时取 $c_s = 65$ mm。

ρ_{te}——按有效受拉混凝土截面面积计算的纵向受拉钢筋配筋率,在最大裂缝宽度计算中,当 $\rho_{te} < 0.01$ 时取 $\rho_{te} = 0.01$。

A_{te}——有效受拉混凝土截面面积,对轴心受拉构件,取构件截面面积。

A_p, A_s——受拉区纵向预应力筋、纵向普通钢筋的截面面积。

d_{eq}——受拉区纵向钢筋的等效直径,mm。

d_i——受拉区第 i 种纵向钢筋的公称直径,mm。

n_i——受拉区第 i 种纵向钢筋的根数。

ν_i——受拉区第 i 种纵向钢筋的相对黏结特性系数,按表 10.5 采用。

N_k——按荷载效应标准组合计算的轴向拉力。

N_{p0}——混凝土法向预应力等于零时,全部纵向预应力筋和纵向普通钢筋的合力。

$$N_{p0} = \sigma_{p0}A_p - \sigma_{l5}A_s \tag{10.43}$$

这里的 N_{p0} 与前面的 N_0 不同。其中,σ_{p0} 为受拉区预应力筋合力点处混凝土法向应力等于零时的预应力筋应力,按下列公式计算:

先张法 $\sigma_{p0} = \sigma_{con} - \sigma_l$

后张法 $\sigma_{p0} = \sigma_{con} - \sigma_l + \alpha_E\sigma_{pcII}$

表 10.5 钢筋的相对黏结特性系数

钢筋类别	普通钢筋		先张法预应力筋			后张法预应力筋		
	光圆钢筋	带肋钢筋	带肋钢筋	螺旋肋钢筋	钢绞线	带肋钢筋	钢绞线	光面钢丝
ν_i	0.7	1.0	1.0	0.8	0.6	0.8	0.5	0.4

注:对环氧树脂涂层带肋钢筋,其相对黏结特性系数应按表中系数的 80% 取用。

▶ 10.3.3 施工阶段承载力验算

当放张预应力筋(先张法)或张拉预应力筋完毕(后张法)时,混凝土将受到最大的预压应力 σ_{cc},而这时混凝土强度通常仅达到设计强度的75%,构件强度是否足够应予验算。验算包括两个方面:

1)张拉(或放松)预应力筋时构件的承载力验算

为了保证张拉(或放松)预应力筋时混凝土不被压碎,混凝土的预压应力应符合下列条件:

$$\sigma_{cc} \leq 0.8 f'_{ck} \tag{10.44}$$

式中 f'_{ck}——张拉(或放松)预应力筋时,与混凝土立方体抗压强度 f'_{cu} 相应的轴心抗压强度标准值,按线性内插法查表确定。

先张法构件在放松(或切断)钢筋时,仅按第一批损失出现后计算 σ_{cc},即

$$\sigma_{cc} = \frac{(\sigma_{con} - \sigma_{lI}) A_p}{A_0} \tag{10.45}$$

后张法张拉钢筋完毕至 σ_{con},而又未锚固时,按不考虑预应力损失值计算 σ_{cc},即

$$\sigma_{cc} = \frac{\sigma_{con} A_p}{A_n} \tag{10.46}$$

2)后张法施工阶段构件端部局部受压承载力验算

后张法施工阶段构件端部局部受压承载力验算

在后张法构件的端部,预应力筋的回缩力通过锚具下的垫板压在混凝土上,由于通过锚具下垫板作用在混凝土的面积 A_l(可按压力沿锚具边缘在垫板中以45°角扩散后传到混凝土的受压面积计算)小于构件端部的截面面积,因此构件端部混凝土是局部受压。这种局部压力 F_l 需经过一段距离才能扩散到整个截面上,从而产生均匀的预压应力,这段距离近似等于构件截面的高度 h,称为锚固区,如图10.14(b)所示。

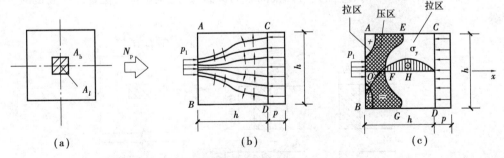

图 10.14 构件端部混凝土局部受压时的内力分布

锚固区内混凝土处于三向应力状态,即在锚固区中任何一点将产生 σ_x,σ_y 和 τ 3种应力。σ_x 为沿 x 方向(即纵向)的正应力,在块体 $ABCD$ 中的绝大部分 σ_x 都是压应力。σ_y 为沿 y 方向(即横向)的正应力,在块体的 $AOBGFE$ 部分,σ_y 是压应力;在 $EFGDC$ 部分,σ_y 是拉应力,最大横向拉应力发生在 H 点,如图10.14(c)所示。当荷载 N_p 逐渐增大,以至 H 点的拉应变超过混凝土的极限拉应变值时,构件端部混凝土将出现纵向裂缝,如承载力不足,则会导致局部受压破坏。

为此,现行《混凝土结构设计规范》规定,设计时既要保证在张拉钢筋时锚具下锚固区的混凝土不产生过大变形,又要求计算配置在锚固区的间接钢筋以满足局部受压承载力的要求。

(1)构件局部受压区截面尺寸

试验表明,当局部受压区配置的间接钢筋过多时,虽然能提高局部受压承载力,但垫板下的混凝土会产生过大的下沉变形,导致局部破坏。为了限制下沉变形,应使构件端部截面尺寸不能过小。对配置间接钢筋的混凝土结构构件,其局部受压区的截面尺寸应符合下列要求:

$$F_l \le 1.35\beta_c \beta_l f_c A_{ln} \tag{10.47}$$

$$\beta_l = \sqrt{\frac{A_b}{A_l}} \tag{10.48}$$

式中 F_l——局部受压面上作用的局部荷载或局部压力设计值,在后张法预应力混凝土构件中的锚头局压区,应取 $F_l = 1.3\sigma_{con}A_p$。

f_c——混凝土轴心抗压强度设计值,在后张法预应力混凝土构件的张拉阶段验算中,应取相应阶段的混凝土立方体抗压强度 f'_{cu} 值,按附表 1.1 线性内插法取用。

β_c——混凝土强度影响系数,当混凝土强度等级不超过 C50 时,取 $\beta_c = 1.0$;当混凝土强度等级等于 C80 时,取 $\beta_c = 0.8$;其间按线性内插法取用。

β_l——混凝土局部受压时的强度提高系数。

A_{ln}——混凝土局部受压净面积,对后张法构件,应在混凝土局部受压面积中扣除孔道、凹槽部分的面积。

A_b——局部受压的计算底面积,可根据局部受压面积与计算底面积按同心、对称的原则确定,对常用情况可按图 10.15 取用。

A_l——混凝土的局部受压面积,当有垫板时可考虑预压力沿锚具垫圈边缘在垫板中按 45°角扩散后传至混凝土的受压面积,如图 10.16 所示。

当不满足式(10.47)时,应加大端部锚固区的截面尺寸,调整锚具位置或提高混凝土强度等级。

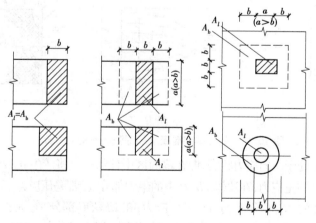

图 10.15 确定局部受压计算底面积 A_b

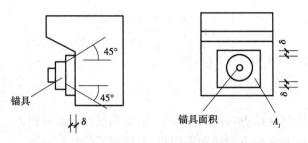

图 10.16 有垫板时预应力传至混凝土的受压面积

（2）局部受压承载力计算

当配置方格网式或螺旋式间接钢筋且其核心面积 $A_{cor} \geqslant A_l$ 时（图 10.17），局部受压承载力应按下列公式计算：

$$F_l \leqslant 0.9(\beta_c \beta_l f_c + 2a\rho_v \beta_{cor} f_y)A_{ln} \tag{10.49}$$

式中 $F_l, \beta_c, \beta_l, f_c, A_{ln}$ ——同式（10.47）。

β_{cor} ——配置间接钢筋的局部受压承载力提高系数，仍按式（10.48）计算，但 A_b 以 A_{cor} 代替，当 $A_{cor} > A_b$ 时，取 $A_{cor} = A_b$。

a ——间接钢筋对混凝土约束的折减系数，当混凝土强度等级不超过 C50 时，取 $a = 1.0$；当混凝土强度等级为 C80 时，取 $a = 0.85$；其间按线性内插法确定。

A_{cor} ——配置方格网或螺旋式间接钢筋内表面范围以内的混凝土核心面积（不扣除孔道面积），但不应大于 A_b，且其重心应与 A_l 的重心相重合。

f_y ——间接钢筋的抗拉强度设计值。

ρ_v ——间接钢筋的体积配筋率（核心面积 A_{cor} 范围以内的单位混凝土体积所含间接钢筋体积），且要求 $\rho_v \geqslant 0.5\%$。

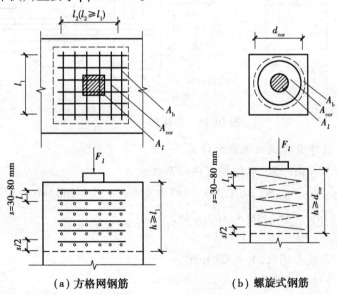

（a）方格网钢筋　　　　　　　　　（b）螺旋式钢筋

图 10.17 局部受压配筋

当为方格网配筋时［图 10.17（a）］，则

$$\rho_{v} = \frac{n_1 A_{s1} l_1 + n_2 A_{s2} l_2}{A_{cor} s} \tag{10.50}$$

当为螺旋式配筋时[图10.17(b)]，则

$$\rho_{v} = \frac{4 A_{ss1}}{d_{cor} s} \tag{10.51}$$

式中　n_1，A_{s1}——方格网沿 l_1 方向的钢筋根数、单根钢筋的截面面积；

　　　　n_2，A_{s2}——方格网沿 l_2 方向的钢筋根数、单根钢筋的截面面积；

　　　　A_{ss1}——单根螺旋式间接钢筋的截面面积；

　　　　d_{cor}——螺旋式间接钢筋内表面范围内的混凝土截面直径；

　　　　s——方格网或螺旋式间接钢筋的间距，宜取 30 ~ 80 mm。

间接钢筋应配置在图 10.17 所规定的高度 h 范围内，对方格网式钢筋，不应少于 4 片；对螺旋式钢筋，不应少于 4 圈。

【例 10.1】　24 m 预应力混凝土屋架下弦杆的计算。设计条件如下：24 m 后张法预应力混凝土屋架下弦，截面尺寸及端部构造如图 10.18 所示。混凝土强度等级为 C40，预应力筋采用消除应力刻痕钢丝（低松弛），当混凝土达到设计强度时进行张拉，采用 JM12 锚具，孔道为直径 $\phi 54$ mm 的充压橡皮管抽芯成型，一端张拉预应力筋。普通钢筋采用 HRB400 级钢筋 4 Φ 12。永久荷载产生的轴向拉力标准值为 $N_{gk} = 415$ kN，可变荷载产生的轴向拉力标准值为 $N_{qk} = 160$ kN，可变荷载的准永久值系数为 0.5，该构件按一般要求不出现裂缝的构件（二级）设计。试进行各阶段强度计算和抗裂度验算。

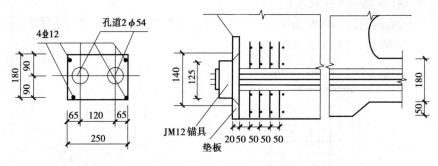

图 10.18　例题 10.1 图(1)

【解】　（1）荷载作用阶段的承载力计算

屋架的安全等级提高一级，取结构重要性系数 $\gamma_0 = 1.1$。

$$N = \gamma_0 (\gamma_G N_{gk} + \gamma_Q N_{qk}) = 1.1 \times (1.3 \times 415 + 1.5 \times 160) \text{kN} = 857.5 \text{ kN}$$

$$A_p = \frac{N - f_y A_s}{f_{py}} = \frac{857\,500 - 360 \times 452}{1\,110} \text{mm}^2 = 625.93 \text{ mm}^2$$

选配 2 束 18 $\Phi^I 5$ 碳素钢丝，$A_p = 707$ mm^2。

（2）验算使用阶段的抗裂度

①截面几何特征：

$$A_c = (250 \times 180 - 2 \times 3.14 \times 27^2 - 452) \text{mm}^2 = 39\,970 \text{ mm}^2$$

预应力筋弹性模量与混凝土弹性模量的比值：

$$\alpha_E = \frac{E_p}{E_c} = \frac{2.05 \times 10^5}{3.25 \times 10^4} = 6.31$$

普通钢筋弹性模量与混凝土弹性模量的比值：

$$\alpha_{E_s} = \frac{E_s}{E_c} = \frac{2.0 \times 10^5}{3.25 \times 10^4} = 6.15$$

净截面面积：

$$A_n = A_c + \alpha_{E_s} A_s = (39\ 970 + 6.15 \times 452)\,\text{mm}^2 = 42\ 750\ \text{mm}^2$$

换算截面面积：

$$A_0 = A_c + \alpha_{E_s} A_s + \alpha_E A_p = (39\ 970 + 6.15 \times 452 + 6.31 \times 707)\,\text{mm}^2 = 47\ 211\ \text{mm}^2$$

②张拉控制应力：

$$\sigma_{con} = 0.75 f_{ptk} = 0.75 \times 1\ 570\ \text{N/mm}^2 = 1\ 177.5\ \text{N/mm}^2$$

③预应力损失值：

锚具变形损失 σ_{l1}：

$$\sigma_{l1} = \frac{\alpha}{l} E_p = \frac{5}{24\ 000} \times 2.05 \times 10^5\ \text{N/mm}^2 = 42.7\ \text{N/mm}^2$$

孔道摩擦损失 σ_{l2}：

$$\kappa x + \mu\theta = 0.001\ 5 \times 24 + 0 = 0.036$$

因 $\kappa x + \mu\theta = 0.036 < 0.3$，则

$$\sigma_{l2} = \sigma_{con}(\kappa x + \mu\theta) = 1\ 177.5 \times 0.036\ \text{N/mm}^2 = 42.39\ \text{N/mm}^2$$

第一批损失为：

$$\sigma_{l\,I} = \sigma_{l1} + \sigma_{l2} = (42.7 + 42.39)\,\text{N/mm}^2 = 85.09\ \text{N/mm}^2$$

钢筋松弛损失（低松弛）：

$$\sigma_{l4} = 0.2\left(\frac{\sigma_{con}}{f_{ptk}} - 0.575\right)\sigma_{con}$$

$$= 0.2 \times (0.75 - 0.575) \times 1\ 177.5\ \text{N/mm}^2 = 41.21\ \text{N/mm}^2$$

混凝土的收缩和徐变损失 σ_{l5}：

$$\sigma_{pcI} = \frac{(\sigma_{con} - \sigma_{l\,I})A_p}{A_n} = \frac{(1\ 177.5 - 85.09) \times 707}{42\ 750}\text{N/mm}^2 = 18.07\ \text{N/mm}^2$$

$$\frac{\sigma_{pcI}}{f'_{cu}} = \frac{18.07}{40} = 0.451 < 0.5$$

对称配置预应力筋和普通钢筋：

$$\rho = \frac{0.5(A_p + A_s)}{A_n} = \frac{0.5 \times (707 + 452)}{42\ 750} = 0.013\ 6$$

$$\sigma_{l5} = \frac{55 + 300\dfrac{\sigma_{pcI}}{f'_{cu}}}{1 + 15\rho} = \frac{55 + 300 \times 0.451}{1 + 15 \times 0.013\ 6}\text{N/mm}^2 = 158.06\ \text{N/mm}^2$$

第二批预应力损失：

$$\sigma_{l\,II} = \sigma_{l4} + \sigma_{l5} = (41.21 + 158.06)\,\text{N/mm}^2 = 199.27\ \text{N/mm}^2$$

总预应力损失：

$$\sigma_l = \sigma_{lI} + \sigma_{lII} = (85.09 + 199.27)\,\text{N/mm}^2 = 284.36\ \text{N/mm}^2$$

混凝土有效预压应力为：

$$\sigma_{pcII} = \frac{(\sigma_{con} - \sigma_l)A_p - \sigma_{l5}A_s}{A_n} = \frac{(1\,177.5 - 284.36) \times 707 - 158.06 \times 452}{42\,750}\text{N/mm}^2$$

$$= 13.10\ \text{N/mm}^2$$

④验算使用阶段抗裂度：

在荷载效应的标准组合下：

$$N_k = N_{gk} + N_{qk} = (415 + 160)\,\text{kN} = 575\ \text{kN}$$

$$\sigma_{ck} = \frac{N_k}{A_0} = \frac{575 \times 10^3}{47\,211}\text{N/mm}^2 = 12.18\ \text{N/mm}^2$$

$$\sigma_{ck} - \sigma_{pcII} = (12.18 - 13.10)\,\text{N/mm}^2 = -0.92\ \text{N/mm}^2 < f_{tk} = 2.39\ \text{N/mm}^2(满足要求)$$

（3）施工阶段承载力验算

最大张拉力：

$$N_p = \sigma_{con}A_p = 1\,177.5 \times 707\ \text{N} = 832\,492.5\ \text{N} = 832.5\ \text{kN}$$

截面上混凝土压应力：

$$\sigma_{cc} = \frac{N_p}{A_n} = \frac{832.5 \times 10^3}{42\,750}\text{N/mm}^2 = 19.47\ \text{N/mm}^2$$

$$< 0.8 f'_{ck} = 0.8 \times 26.8\ \text{N/mm}^2 = 21.44\ \text{N/mm}^2(满足要求)$$

（4）局部受压承载力验算

①局部受压区截面尺寸验算：

$$F_l = 1.3\sigma_{con}A_p = 1.3 \times 1\,177.5 \times 707\ \text{N} = 1\,082\,240.25\ \text{N}$$

因为采用 JM12 锚具，其直径为 106 mm，垫板厚度 20 mm，按45°角扩散后，受压面积的直径增加到(106+2×20) mm=146 mm。直径为 146 mm 的圆凸出于构件外端的部分，以及与另一圆相叠合的部分呈两个相对的月牙形，计算时应扣除这部分月牙形面积。图 10.19 每块月牙形面积可近似取为：

外端部分：

$$f = (73 - 65)\,\text{mm} = 8\ \text{mm}$$

$$c = 2 \times \sqrt{r^2 - (r-f)^2} = 2 \times \sqrt{73^2 - 65^2}\ \text{mm} = 66.5\ \text{mm}$$

$$\frac{2}{3}fc = \frac{2}{3} \times 8 \times 66.5\ \text{mm}^2 = 354.5\ \text{mm}^2$$

相叠合部分：

$$f = (73 - 60)\,\text{mm} = 13\ \text{mm}$$

$$c = 2 \times \sqrt{r^2 - (r-f)^2} = 2 \times \sqrt{73^2 - 60^2}\ \text{mm} = 83.16\ \text{mm}$$

$$\frac{2}{3}fc = \frac{2}{3} \times 13 \times 83.16\ \text{mm}^2 = 720.74\ \text{mm}^2$$

构件局部受压面积为：

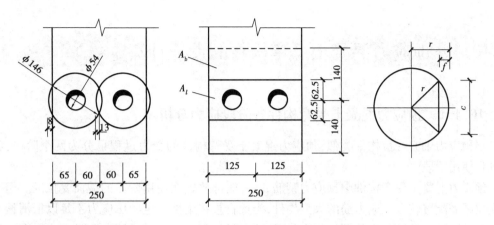

图 10.19　例 10.1 图（2）

$$A_l = 2 \times \left(3.14 \times \frac{146^2}{4} - 354.5 - 720.74 \right) \mathrm{mm}^2 = 31\,315.6\ \mathrm{mm}^2$$

将此面积换算成 250 mm 的矩形时,其长度应为 $\frac{31\,315.6}{250}$mm = 125 mm(图 10.19)。

在屋架端部,由预留孔中心至下边缘的距离为(90+50)mm = 140 mm(图 10.19),于是:

$$A_{ln} = \left(31\,315.6 - 2 \times 3.14 \times \frac{54^2}{4} \right) \mathrm{mm}^2 = 26\,737.5\ \mathrm{mm}^2$$

$$A_b = 2 \times 140 \times 250\ \mathrm{mm}^2 = 70\,000\ \mathrm{mm}^2$$

$$\beta_l = \sqrt{\frac{A_b}{A_l}} = \sqrt{\frac{70\,000}{31\,315.6}} = 1.5$$

$$1.35 \beta_c \beta_l f_c A_{ln} = 1.35 \times 1 \times 1.5 \times 19.1 \times 26\,737.5\ \mathrm{N} = 1\,034\,139\ \mathrm{N}$$

略小于 $F_l = 1\,082\,240.25$ N(基本满足要求)

②局部受压承载力验算:间接钢筋采用 HPB300 级,为 4 片 Φ8 焊接网,网片间距 $s = 50$ mm,如图 10.20 所示。

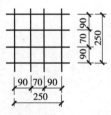

图 10.20　例 10.1 图（3）

$$A_{cor} = 250\ \mathrm{mm} \times 250\ \mathrm{mm} = 62\,500\ \mathrm{mm}^2$$
$$> A_l = 31\,315.6\ \mathrm{mm}^2 < A_b = 70\,000\ \mathrm{mm}^2$$

$$\beta_{cor} = \sqrt{\frac{A_{cor}}{A_l}} = \sqrt{\frac{62\,500}{31\,315.6}} = 1.42$$

$$\rho_v = \frac{n_1 A_{s1} l_1 + n_2 A_{s2} l_2}{A_{cor} s} = \frac{4 \times 50.3 \times 250 + 4 \times 50.3 \times 250}{62\,500 \times 50} = 0.032$$

HRB400 级钢筋 4 Φ12 的 $f_y = 360$ N/mm² > 300 N/mm²,取 $f_y = 300$ N/mm²

$$0.9(\beta_c \beta_l f_c + 2\alpha \rho_v \beta_{cor} f_y) A_{ln} = 0.9 \times (1 \times 1.50 \times 19.1 + 2 \times 0.032 \times 1.42 \times 300) \times 26\,737.5\ \mathrm{N}$$
$$= 1\,345\,500\ \mathrm{N} > F_l = 1\,082\,240.25\ \mathrm{N}(满足要求)$$

10.4　预应力混凝土受弯构件的设计计算

▶ 10.4.1　预应力混凝土受弯构件各阶段应力分析

与预应力轴心受拉构件类似,预应力混凝土受弯构件的受力过程也分为两个阶段:施工阶段和使用阶段。

预应力混凝土受弯构件中预应力钢筋 A_p 一般都放置在使用阶段的截面受拉区。但对梁底受拉区需配置较多预应力筋的大型构件,当梁自重在梁顶产生的压应力不足以抵消偏心预压力在梁顶预拉区所产生的预拉应力时,往往在梁顶部也需要配置预应力筋 A'_p。对在预压力作用下允许预拉区出现裂缝的中小型构件,可不配置 A'_p,但需控制其裂缝宽度。为了防止在制作、运输和吊装等施工阶段出现裂缝,在梁的受拉区和受压区通常也配置一些非预应力筋 A_s 和 A'_s,如图 10.21 所示。

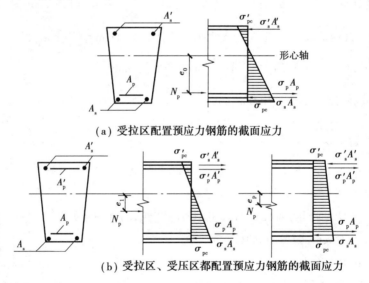

(a) 受拉区配置预应力钢筋的截面应力

(b) 受拉区、受压区都配置预应力钢筋的截面应力

图 10.21　预应力混凝土受弯构件截面混凝土应力

在预应力轴心受拉构件中,预应力筋 A_p 和普通钢筋 A_s 均在截面内对称布置,因而在混凝土内建立了均匀的预压应力 σ_{pc}。

在预应力混凝土受弯构件中,由于截面内钢筋为非对称布置,因此通过张拉预应力筋所建立的混凝土预应力 σ_{pc} 值(一般为压应力,预拉区有时也可能为拉应力)沿截面高度方向是变化的,如图 10.21 所示。

由于对混凝土施加了预应力,使构件在使用阶段截面不产生拉应力或不开裂,因此不论哪种应力图形,都可把预应力筋的合力视为作用在换算截面上的偏心压力,并把混凝土看作理想弹性体,按材料力学公式计算混凝土的预应力。

工程实践中预应力混凝土受弯构件主要应用后张法。以下仅介绍后张法预应力混凝土受弯构件在各个受力阶段的应力分析。

1)施工阶段

后张法预应力混凝土受弯构件,当在构件上张拉预应力筋的同时,混凝土已受到弹性压缩。因此,在计算应力时,应采用净截面面积 A_n(即换算截面 A_0 扣除预应力筋换算成混凝土的截面面积)及相应的特征值(如净截面惯性矩 I_n 等)。

在出现第一批预应力损失后,预应力筋合力 N_{peI} 作用点至净截面重心轴的偏心距 e_{pnI},截面上有混凝土的预应力 σ_{pcI} 和 σ'_{pcI},预应力筋 A_p、A'_p 的应力 σ_{peI} 和 σ'_{peI},以及普通钢筋 A_s、A'_s 的应力 σ_{seI} 和 σ'_{seI}。

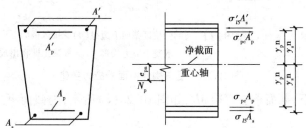

图 10.22 配有预应力筋和普通钢筋的后张法预应力混凝土受弯构件

在出现第二批预应力损失后,预应力筋应力和普通钢筋应力的合力 N_p 及其作用点至净截面重心轴的偏心距 e_{pn},截面上有混凝土的应力 σ_{pc} 和 σ'_{pc},预应力筋 A_p 和 A'_p 的应力 σ_{pe} 和 σ'_{pe},以及普通钢筋 A_s 和 A'_s 的应力 σ_{se} 和 σ'_{se}。对预应力混凝土受弯构件在各受力阶段的截面应力分析,可得出预应力混凝土受弯构件截面上混凝土法向预应力 σ_{pc}、预应力筋的应力 σ_{pe}、预应力筋和普通钢筋的合力 N_p 及其偏心距 e_{pn} 等的计算公式(图 10.22):

$$\left.\begin{array}{c}\sigma_{pc}\\\sigma'_{pc}\end{array}\right\} = \frac{N_p}{A_n} \pm \frac{N_p e_{pn}}{I_n} y_n \tag{10.52}$$

$$N_p = \sigma_{pe}A_p + \sigma'_{pe}A'_p - \sigma_s A_s - \sigma'_s A'_s \tag{10.53}$$

$$\sigma_{pe} = \sigma_{con} - \sigma_l \qquad \sigma'_{pe} = \sigma'_{con} - \sigma'_l \tag{10.54}$$

$$\sigma_s = \alpha_E \sigma_{pc} + \sigma_{l5} \qquad \sigma'_s = \alpha_E \sigma'_{pc} + \sigma'_{l5} \tag{10.55}$$

$$e_{pn} = \frac{(\sigma_{con} - \sigma_l) A_p y_{pn} - (\sigma'_{con} - \sigma'_l)A'_p y'_{pn} - \sigma_{l5}A_s y_{sn} + \sigma'_{l5}A'_s y'_{sn}}{\sigma_{pe}A_p + \sigma'_{pe}A'_p - \sigma_{l5}A_s - \sigma'_{l5}A'_s} \tag{10.56}$$

式中 A_n——混凝土净截面面积(换算截面面积减去全部纵向预应力筋截面换算成混凝土的截面面积,即 $A_n = A_0 - \alpha_E A_p$ 或 $A_n = A_c + \alpha_E A_s$);

I_n——净截面惯性矩;

y_n——净截面重心至计算纤维处的距离;

y_{pn},y'_{pn}——受拉区、受压区预应力筋合力点至净截面重心的距离;

y_{sn},y'_{sn}——受拉区、受压区的普通钢筋重心至净截面重心的距离;

σ_{pe},σ'_{pe}——受拉区、受压区预应力筋的有效预应力;

σ_s,σ'_s——受拉区、受压区普通钢筋的应力。

按式(10.52)计算所得的 σ_{pc} 值,正号为压应力,负号为拉应力。

2)使用阶段

(1)加载至受拉边缘混凝土预压应力为零

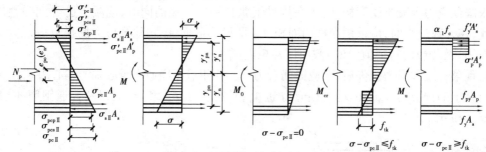

| (a)预应力作用下 | (b)荷载作用下 | (c)受拉区截面下边缘混凝土应力为零 | (d)受拉区截面下边缘混凝土即将出现裂缝 | (e)受拉区截面下边缘混凝土开裂 |

图 10.23 受弯构件截面的应力变化

设在荷载作用下,截面承受弯矩 M_0,如图 10.23(c)所示,则截面下边缘混凝土的法向拉应力:

$$\sigma = \frac{M_0}{W_0}$$

欲使这一拉应力抵消混凝土的预压应力 $\sigma_{pc\text{II}}$,即 $\sigma - \sigma_{pc\text{II}} = 0$,则:

$$M_0 = \sigma_{pc\text{II}} W_0 \tag{10.57}$$

式中 M_0——由外荷载引起的恰好使截面受拉边缘混凝土预压应力为零时的弯矩;

W_0——换算截面受拉边缘的弹性抵抗矩。

同理,预应力筋合力点处混凝土法向应力等于零时,受拉区及受压区的预应力筋的应力 σ_{p0},σ'_{p0} 分别为:

$$\sigma_{p0} = \sigma_{con} - \sigma_l + \alpha_E \frac{M_0}{W_0} \approx \sigma_{con} - \sigma_l + \alpha_E \sigma_{pc\text{II}} \tag{10.58}$$

$$\sigma'_{p0} = \sigma'_{con} - \sigma'_l + \alpha_E \sigma_{pc\text{II}} \tag{10.59}$$

(2)加载至受拉区裂缝即将出现

$$M_{cr} = M_0 + \overline{M}_{cr} = \sigma_{pc\text{II}} W_0 + \gamma f_{tk} W_0 = (\sigma_{pc\text{II}} + \gamma f_{tk}) W_0$$

即 $$\sigma = \frac{M_{cr}}{W_0} = \sigma_{pc\text{II}} + \gamma f_{tk} \tag{10.60}$$

式中 γ——混凝土构件的截面抵抗矩塑性影响系数。

(3)加载至破坏

当截面进入破坏状态时,首先受拉钢筋屈服直至破坏,正截面上的应力状态与钢筋混凝土受弯构件正截面承载力相似,计算方法亦基本相同。

▶ 10.4.2 预应力混凝土受弯构件使用阶段计算

1)预应力混凝土正截面承载力计算

(1)破坏阶段的截面应力状态

预应力混凝土受弯构件破坏时,其正截面的应力状态与普通混凝土受弯构件类似。但也有以下特点:

①界限破坏时截面相对受压区高度 ξ_b 的计算。设受拉区预应力筋合力点处混凝土预压应力为零时,预应力筋中的应力为 σ_{p0}(相应的预拉应变 $\varepsilon_{p0} = \sigma_{p0}/E_s$)。界限破坏时,预应力筋的应力达到抗拉强度设计值 f_{py},因而截面上受拉区预应力筋的应力增量为 $f_{py} - \sigma_{p0}$〔相应的应变增量为 $(f_{py} - \sigma_{p0})/E_s$〕。根据平截面假定,相对界限受压区高度 ξ_b 可按图 10.24 所示几何关系确定:

$$\frac{x_c}{h_0} = \frac{\varepsilon_{cu}}{\varepsilon_{cu} + \dfrac{f_{py} - \sigma_{p0}}{E_s}} \tag{10.61}$$

$$\xi_b = \frac{x_b}{h_0} = \frac{\beta_1}{1 + \dfrac{f_{py} - \sigma_{p0}}{E_s \varepsilon_{cu}}} \tag{10.62}$$

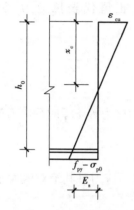

图 10.24　相对受压区高度

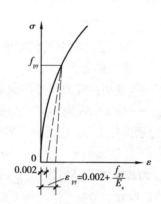

图 10.25　条件屈服钢筋的拉应变

对于无明显屈服点的预应力筋(钢丝、钢绞线、热处理钢筋),根据条件屈服点定义(图 10.25),钢筋达到条件屈服点的拉应变为:

$$\varepsilon_{py} = 0.002 + \frac{f_{py}}{E_s}$$

于是可得:

$$\xi_b = \frac{\beta_1}{1 + \dfrac{0.002}{\varepsilon_{cu}} + \dfrac{f_{py} - \sigma_{p0}}{E_s \varepsilon_{cu}}} \tag{10.63}$$

式中　σ_{p0}——受拉区纵向预应力筋合力点处混凝土法向应力等于零时预应力筋的应力;

　　　　β_1——系数,同普通混凝土,见表 5.3。

如果在受弯构件的截面受拉区内配置不同种类的钢筋或预应力值不同,其相对界限受压区高度应分别计算,并取较小值。

②任意位置处预应力筋及普通钢筋应力的计算。如图 10.26 所示,设第 i 根预应力筋的预应力为 σ_{pi},它到混凝土受压区边缘的距离为 h_{0i},根据平截面假定,它的应力:

$$\sigma_{pi} = E_s \varepsilon_{cu}\left(\frac{\beta_1 h_{0i}}{x} - 1\right) + \sigma_{p0i} \tag{10.64}$$

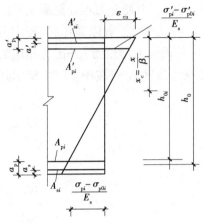

图 10.26　钢筋应力 σ_{pi} 的计算

同理,普通钢筋的应力

$$\sigma_{si} = E_s \varepsilon_{cu} \left(\frac{\beta_1 h_{0i}}{x} - 1 \right) \qquad (10.65)$$

以上公式也可按下列近似公式计算:

预应力筋的应力

$$\sigma_{pi} = \frac{f_{py} - \sigma_{p0i}}{\xi_b - \beta_1} \left(\frac{x}{h_{0i}} - \beta_1 \right) + \sigma_{p0i} \qquad (10.66)$$

普通钢筋的应力

$$\sigma_{si} = \frac{f_y}{\xi_b - \beta_1} \left(\frac{x}{h_{0i}} - \beta_1 \right) \qquad (10.67)$$

式中　σ_{pi}, σ_{si}——第 i 层纵向预应力筋、普通钢筋的应力,正值代表拉应力,负值代表压应力;

h_{0i}——第 i 层纵向钢筋截面重心至混凝土受压区边缘的距离;

x——等效矩形应力图形的混凝土受压区高度;

σ_{p0i}——第 i 层纵向预应力筋截面重心处混凝土法向应力等于零时预应力筋的应力。

预应力筋的应力 σ_{pi} 应符合下列条件:

$$\sigma_{p0i} - f'_{py} \leqslant \sigma_{pi} \leqslant f_{py} \qquad (10.68)$$

当 σ_{pi} 为拉应力且其值大于 f_{py} 时,取 $\sigma_{pi} = f_{py}$;当 σ_{pi} 为压应力且其绝对值大于 $(\sigma_{p0i} - f'_{py})$ 的绝对值时,取 $\sigma_{pi} = \sigma_{p0i} - f'_{py}$。

普通钢筋的应力 σ_{si} 应符合下列条件:

$$-f'_y \leqslant \sigma_{si} \leqslant f_y \qquad (10.69)$$

当 σ_{si} 为拉应力且其值大于 f_y 时,取 $\sigma_{si} = f_y$;当 σ_{si} 为压应力且其绝对值大于 f'_y 时,取 $\sigma_{si} = -f'_y$。

③受压区预应力筋应力(σ'_{pe})的计算。这里仅给出后张法构件的计算公式:

$$\sigma'_{pe} = (\sigma'_{con} - \sigma'_l) + \alpha_E \sigma'_{pcII} - f'_{py} = \sigma'_{p0} - f'_{py} \qquad (10.70)$$

(2)正截面受弯承载力计算

对于图 10.27 所示的矩形截面或翼缘位于受拉边的 T 形截面预应力混凝土受弯构件,其正截面受弯承载力计算的基本公式为:

$$\alpha_1 f_c bx = f_y A_s - f'_y A'_s + f_{py} A_p + (\sigma'_{p0} - f'_{py}) A'_p \qquad (10.71)$$

$$M \leqslant M_u = \alpha_1 f_c bx \left(h_0 - \frac{x}{2} \right) + f'_y A'_s (h_0 - a'_s) - (\sigma'_{p0} - f'_{py}) A'_p (h_0 - a'_p) \qquad (10.72)$$

混凝土受压区高度应符合下列适用条件:

$$x \leqslant \xi_b h_0 \qquad (10.73)$$

$$x \geqslant 2a' \qquad (10.74)$$

式中　M——弯矩设计值。

M_u——正截面受弯承载力设计值。

A_s, A'_s——受拉区、受压区纵向普通钢筋的截面面积。

A_p , A'_p——受拉区、受压区纵向预应力筋的截面面积。

h_0——截面的有效高度。

b——矩形截面的宽度或倒 T 形截面的腹板宽度。

α_1——系数,当混凝土强度等级不超过 C50 时,$\alpha_1 = 1.0$;当混凝土强度等级为 C80 时,$\alpha_1 = 0.94$;其间按直线内插法取用。

a'——纵向受压钢筋合力点至受压区边缘的距离,当受压区未配置纵向预应力筋或受压区纵向预应力筋应力 $\sigma'_{pe} = \sigma'_{p0} - f'_{py}$ 为拉应力时,则式(10.74)中的 a' 用 a'_s 代替。

a'_s , a'_p——受压区纵向普通钢筋合力点、受压区纵向预应力筋合力点至受压区边缘的距离。

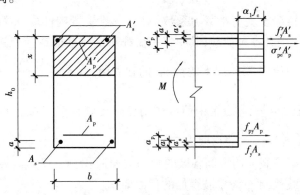

图 10.27　矩形截面受弯构件正截面承载力计算

当 $x < 2a'$ 时,正截面受弯承载力可按下列公式计算:

当 σ_{pe} 为拉应力时,取 $x = 2a'_s$,如图 10.28 所示。

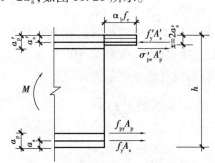

图 10.28　矩形截面预应力混凝土受弯
构件垂直截面当 $x < 2a'$ 时的计算简图

$$M \leqslant M_u = f_{py} A_p (h - a_p - a'_s) + f_y A_s (h - a_s - a'_s) + (\sigma'_{p0} - f'_{py}) A'_p (a'_p - a'_s)$$

$$(10.75)$$

式中　a_s , a_p——受拉区纵向普通钢筋、受拉区纵向预应力筋至受拉边缘的距离。

2)斜截面承载力计算

由于预应力的作用延缓了斜裂缝的出现和发展,增加了混凝土剪压区的高度,提高了裂缝截面上混凝土的咬合作用,从而提高了混凝土剪压区的受剪承载力。因此,计算预应力混凝土梁的斜截面受剪承载力可在钢筋混凝土梁计算公式的基础上增加一项由预应力而提高的斜截面受剪承载力设计值 V_p。根据矩形截面有箍筋预应力混凝土梁的试验结果，V_p 的计算公式为：

$$V_p = 0.05 N_{p0} \tag{10.76}$$

对于矩形、T 形及 I 字形截面的预应力混凝土受弯构件，当仅配置箍筋时，其斜截面的受剪承载力按下列公式计算：

$$\left.\begin{aligned} V &= V_{cs} + V_p \\ V_{cs} &= \alpha_{cv} f_t b h_0 + f_{yv} \frac{A_{sv}}{s} h_0 \\ V_p &= 0.05 N_{p0} \end{aligned}\right\} \tag{10.77}$$

式中　α_{cv}——斜截面混凝土受剪承载力系数，对于一般受弯构件取 0.7；对集中荷载作用下（包括作用有多种荷载，其中集中荷载对支座截面或节点边缘所产生的剪力值占总剪力值的 75% 以上的情况）的独立梁，取 $\alpha_{cv} = \dfrac{1.75}{\lambda + 1}$。$\lambda$ 为计算截面的剪跨比，可取 $\lambda = \dfrac{a}{h_0}$，a 为集中荷载作用点至支座或节点边缘的距离，当 $\lambda < 1.5$ 时，取 $\lambda = 1.5$；当 $\lambda > 3$ 时，取 $\lambda = 3$。

　　A_{sv}——配置在同一截面内箍筋各肢的全部截面面积，$A_{sv} = n A_{sv1}$，其中，n 为同一截面内箍筋的肢数，A_{sv1} 为单肢箍筋的截面面积。

　　f_t——混凝土抗拉强度设计值。

　　N_{p0}——计算截面上混凝土法向应力等于零时的纵向预应力筋及普通钢筋的合力，按式（10.53）计算，当 $N_{p0} > 0.3 f_c A_0$ 时，取 $N_{p0} = 0.3 f_c A_0$。

　　f_{yv}——箍筋抗拉强度设计值。

注意，对合力 N_{p0} 引起的截面弯矩与外弯矩方向相同的情况，以及预应力混凝土连续梁和允许出现裂缝的预应力混凝土简支梁，均应取 $V_p = 0$。

为了防止斜压破坏，受剪截面应符合下列条件：

当 $\dfrac{h_w}{b} \leqslant 4$ 时　　　　　　　　　　$V \leqslant 0.25 \beta_c f_c b h_0 \tag{10.78}$

当 $\dfrac{h_w}{b} \geqslant 6$ 时　　　　　　　　　　$V \leqslant 0.2 \beta_c f_c b h_0 \tag{10.79}$

当 $4 < \dfrac{h_w}{b} < 6$ 时　　　　按直线内插法取用

式中　V——剪力设计值。

　　β_c——混凝土强度影响系数。当混凝土强度等级不超过 C50 时，取 $\beta_c = 1.0$；当混凝土强度等级为 C80 时，取 $\beta_c = 0.8$；其间按直线内插法取用。

　　b——矩形截面宽度，T 形截面或 I 字形截面的腹板宽度。

　　h_w——截面的腹板高度，矩形截面取有效高度 h_0，T 形截面取有效高度扣除翼缘高度，I 形截面取腹板净高。

矩形、T形或I形截面的一般预应力混凝土受弯构件,当符合下列公式的要求时,则可不进行斜截面受剪承载力计算,仅需按构造要求配置箍筋。

$$V \leqslant 0.7f_tbh_0 + 0.05N_{p0} \tag{10.80}$$

或

$$V \leqslant \frac{1.75}{\lambda + 1}f_tbh_0 + 0.05N_{p0} \tag{10.81}$$

3)预应力混凝土受弯构件使用阶段正截面抗裂度验算

对于使用阶段不允许出现裂缝的受弯构件,其正截面抗裂度根据裂缝等级的不同要求,按下列规定验算受拉边缘的应力:

①一级(严格要求不出现裂缝的构件)

在荷载效应的标准组合下应符合下列规定:

$$\sigma_{ck} - \sigma_{pc} \leqslant 0 \tag{10.82}$$

②二级(一般要求不出现裂缝的构件)

在荷载效应的标准组合下应符合下列规定:

$$\sigma_{ck} - \sigma_{pc} \leqslant f_{tk} \tag{10.83}$$

式中　σ_{pc}——扣除全部预应力损失值后,在抗裂验算截面边缘混凝土的预压应力,按式(10.52)计算;

　　　σ_{ck}——荷载的标准组合下抗裂验算截面边缘混凝土的法向应力。

$$\sigma_{ck} = \frac{M_k}{W_0} \tag{10.84}$$

式中　M_k——按荷载的标准组合计算的弯矩值;

　　　W_0——构件换算截面受拉边缘的弹性抵抗矩;

　　　f_{tk}——混凝土抗拉强度标准值。

4)预应力混凝土受弯构件正截面裂缝宽度验算

与预应力混凝土轴心受拉构件相同,对于允许出现裂缝的预应力混凝土受弯构件,在荷载效应的标准组合下,并考虑长期作用影响的最大裂缝宽度应符合下列要求:

$$w_{max} \leqslant w_{lim}$$

具体见现行《混凝土结构设计规范》的规定。

5)预应力混凝土受弯构件斜截面抗裂度验算

对于斜截面抗裂度验算,主要是验算斜截面上的混凝土主拉应力和主压应力。

(1)混凝土主拉应力

一级(严格要求不出现裂缝的构件)应符合下列规定:

$$\sigma_{tp} \leqslant 0.85f_{tk} \tag{10.85}$$

二级(一般要求不出现裂缝的构件)应符合下列规定:

$$\sigma_{tp} \leqslant 0.95f_{tk} \tag{10.86}$$

(2)混凝土主压应力

对严格要求和一般要求不出现裂缝的构件,均应符合下列规定:

$$\sigma_{cp} \leqslant 0.6f_{ck} \tag{10.87}$$

式中　σ_{tp}, σ_{cp}——混凝土的主拉应力和主压应力；

　　　　f_{tk}, f_{ck}——混凝土的抗拉强度和抗压强度标准值。

预应力混凝土受弯构件在斜截面开裂前,基本上处于弹性工作状态,因此主应力可按材料力学方法计算。图 10.29 为一预应力混凝土简支梁,构件中各混凝土微单元除承受由荷载引起的正应力和剪应力外,还承受由预应力筋引起的预应力。于是,主拉应力 σ_{tp} 和主压应力 σ_{cp} 按下列公式计算：

$$\left.\begin{array}{c}\sigma_{tp}\\\sigma_{cp}\end{array}\right\} = \frac{\sigma_x + \sigma_y}{2} \pm \sqrt{\left(\frac{\sigma_x - \sigma_y}{2}\right)^2 + \tau^2} \tag{10.88}$$

$$\sigma_x = \sigma_{pc} + \frac{M_k y_0}{I_0} \tag{10.89}$$

$$\sigma_y = \frac{0.6 F_k}{bh} \tag{10.90}$$

$$\tau = \frac{(V_k - \sum \sigma_{pe} A_{pb} \sin \alpha_p) S_0}{I_0 b} \tag{10.91}$$

式中　σ_x——由预加力和弯矩值 M_k 在计算纤维处产生的混凝土法向应力；

　　　　σ_y——由集中荷载标准值 F_k 产生的混凝土竖向压应力；

　　　　τ——由剪力值 V_k 和预应力弯起钢筋的预加力在计算纤维处产生的混凝土剪应力；

　　　　F_k——集中荷载标准值；

　　　　M_k——按荷载标准组合计算的弯矩值；

　　　　V_k——按荷载标准组合计算的剪力值；

　　　　σ_{pe}——预应力弯起钢筋的有效预应力；

　　　　y_0, I_0——换算截面重心至所计算纤维处的距离和换算截面惯性矩；

　　　　A_{pb}——计算截面上同一弯起平面内的预应力弯起钢筋的截面面积；

　　　　α_p——计算截面上预应力弯起钢筋的切线与构件纵向轴线的夹角；

　　　　S_0——计算纤维以上部分的换算截面面积对构件换算截面重心的面积矩。

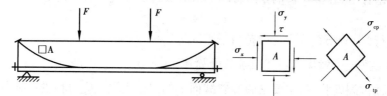

图 10.29　配置预应力弯起钢筋 A_{pb} 的受弯构件中微元件 A 的应力情况

6)预应力混凝土受弯构件的变形验算

预应力混凝土受弯构件的挠度由两部分叠加组成:一部分是荷载产生的挠度 f_l;另一部分是预应力产生的向上变形 f_p,称为反拱。

预应力混凝土受弯构件在正常使用极限状态下的挠度,应按下列公式验算：

$$f = f_l - f_p \leqslant f_{lim} \tag{10.92}$$

式中　f_l——预应力混凝土受弯构件按荷载效应标准组合并考虑荷载长期作用影响的挠度；

f_p——预应力混凝土受弯构件在使用阶段的预加应力反拱值;

f_{lim}——挠度限值,见附表 4.2。

①预应力混凝土受弯构件按荷载效应标准组合并考虑荷载长期作用影响的挠度 f_l,可根据构件的刚度 B 用结构力学的方法计算,即

$$f_l = S \frac{Ml^2}{B} \tag{10.93}$$

$$B = \frac{M_k}{M_q(\theta-1)+M_k} B_s \tag{10.94}$$

式中　M_k——按荷载效应的标准组合计算的弯矩值,取计算区段内的最大弯矩值;

　　　M_q——按荷载效应的准永久组合计算的弯矩值,取计算区段内的最大弯矩值;

　　　B_s——荷载效应的标准组合下受弯构件的短期刚度;

　　　θ——考虑荷载长期作用对挠度增大的影响系数,预应力混凝土受弯构件取 $\theta=2.0$。

在荷载效应的标准组合下,预应力混凝土受弯构件的短期刚度 B_s 可按下列公式计算。

a. 要求不出现裂缝的构件(裂缝控制等级为一级、二级):

$$B_s = 0.85E_c I_0 \tag{10.95}$$

b. 允许出现裂缝的构件(裂缝控制等级为三级):

$$B_s = \frac{0.85E_c I_0}{k_{cr}+(1-k_{cr})\omega} \tag{10.96}$$

$$k_{cr} = \frac{M_{cr}}{M_k} \tag{10.97}$$

$$\omega = \left(1.0+\frac{0.21}{\alpha_E \rho}\right)(1+0.45\gamma_f)-0.7 \tag{10.98}$$

$$M_{cr} = (\sigma_{pc}+\gamma f_{tk})W_0 \tag{10.99}$$

式中　α_E——钢筋弹性模量与混凝土弹性模量的比值,$\alpha_E = \dfrac{E_s}{E_c}$;

　　　ρ——纵向受拉钢筋配筋率,$\rho = \dfrac{A_p+A_s}{bh_0}$;

　　　I_0——换算截面惯性矩;

　　　γ_f——受拉翼缘截面面积与腹板有效截面面积的比值,$\gamma_f = \dfrac{(b_f-b)h_f}{bh_0}$,其中 b_f,h_f 为受拉

　　　　　区翼缘的宽度、高度;

　　　k_{cr}——预应力混凝土受弯构件正截面的开裂弯矩 M_{cr} 与荷载标准组合弯矩 M_k 的比

　　　　　值,当 $k_{cr}>1.0$ 时,取 $k_{cr}=1.0$;

　　　σ_{pc}——扣除全部预应力损失后,由预加力在抗裂验算截面边缘产生的混凝土预压

　　　　　应力。

对预压时预拉区出现裂缝的构件,B_s 应降低 10%。

②预应力混凝土受弯构件在使用阶段的预加应力反拱值 f_p,可用结构力学方法按刚度 $E_c I_0$ 进行计算,并应考虑预压应力长期作用的影响。此时,将计算求得的预加应力反拱值乘以增大系数 2.0。在计算中,预应力筋的应力应扣除全部预应力损失。

对重要的或特殊的预应力混凝土受弯构件的长期反拱值,可根据专门的试验分析确定或采用合理的收缩、徐变计算方法经分析确定;对恒载较小的构件,应考虑反拱过大对使用的不利影响。

▶ 10.4.3 预应力混凝土受弯构件施工阶段验算

预应力混凝土受弯构件在制作、运输、堆放和安装等施工阶段的受力状态往往与使用阶段不同。在制作时,构件受到预压力而处于偏心受压状态,截面下边缘受压,上边缘受拉,如图10.30(a)所示;而在运输、安装时,搁置点或吊点通常离梁端有一段距离,两端悬臂部分因自重引起负弯矩,其方向与偏心预压力产生的负弯矩相同,如图10.30(b)所示。因此,在截面上边缘(预拉区)的混凝土可能开裂,并随时间的延长,裂缝宽度还会不断增大。在截面的下边缘(预压区),混凝土的压应力可能太大,以致出现纵向裂缝。试验表明,预拉区的裂缝虽可在使用荷载下闭合,对构件的影响不大,但会使构件在使用阶段的正截面抗裂度和刚度降低。因此,必须对构件制作阶段的抗裂度进行验算。

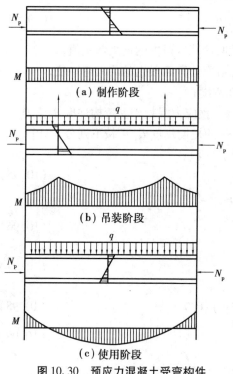

（a）制作阶段
（b）吊装阶段
（c）使用阶段
图 10.30 预应力混凝土受弯构件

①对制作、运输、安装等施工阶段预拉区不允许出现裂缝的构件或预压时全截面受压的构件,在预加力、自重及施工荷载(必要时应考虑动力系数)作用下,其截面边缘混凝土的法向应力应符合下列规定(图10.31):

$$\sigma_{ct} \leq 1.0 f'_{tk} \qquad (10.100)$$

$$\sigma_{cc} \leq 0.8 f'_{ck} \qquad (10.101)$$

式中 σ_{ct}, σ_{cc}——相应施工阶段计算截面边缘纤维的混凝土拉应力和压应力;

f'_{tk}, f'_{ck}——与各施工阶段混凝土立方体抗压强度 f'_{cu} 相应的抗拉强度标准值、抗压强度标准值。

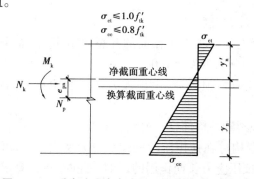

图 10.31 后张法预应力混凝土构件施工阶段验算

②制作、运输及安装等施工阶段,除进行承载能力极限状态验算外,对预拉区允许出现裂缝的构件,当预拉区不配置预应力筋时,截面边缘的混凝土法向应力应符合下列规定:

$$\sigma_{ct} \leqslant 2.0 f'_{tk} \tag{10.102}$$

$$\sigma_{cc} \leqslant 0.8 f'_{ck} \tag{10.103}$$

截面边缘的混凝土法向应力 σ_{ct},σ_{cc} 可按下式计算:

$$\left.\begin{array}{c}\sigma_{cc}\\\sigma_{ct}\end{array}\right\} = \sigma_{pc} + \frac{N_k}{A_0} \pm \frac{M_k}{W_0} \tag{10.104}$$

式中 σ_{pc}——由预加应力产生的混凝土法向应力,当 σ_{pc} 为压应力时取正值,当 σ_{pc} 为拉应力时取负值。

N_k,M_k——构件自重及施工荷载的标准组合在计算截面产生的轴向力值、弯矩值。当 N_k 为轴向压力时,取正值;当 N_k 为轴向拉力时,取负值;对由 M_k 产生的边缘纤维应力,压应力取正号,拉应力取负号。

W_0——验算边缘的换算截面弹性抵抗矩。

【例10.2】 后张法预应力混凝土简支梁,跨度 $l = 18$ m,截面尺寸 $b \times h = 400$ mm × 1 200 mm。梁上恒载标准值 $g_k = 24$ kN/m,活载标准值 $q_k = 16$ kN/m,组合值系数 $\psi_c = 0.7$,准永久值系数 $\psi_q = 0.5$,如图 10.32(a)所示。梁内配置有黏结 1×7 标准型低松弛钢绞线束 21 $\phi^s 12.7$,用夹片式 OVM 锚具,两端同时张拉,孔道采用预埋波纹管成型,预应力筋线形布置如图 10.32(b)所示。混凝土强度等级为 C45。普通钢筋采用 6 $\underline{\Phi}20$ 的 HRB400 级热轧钢筋。裂缝控制等级为二级,即一般要求不出现裂缝。一类使用环境。试计算该简支梁跨中截面的预应力损失,并验算其正截面受弯承载力和正截面抗裂能力是否满足要求(按单筋截面)。[注:本例题参考梁兴文、史庆轩主编,由中国建筑工业出版社出版的《混凝土结构设计原理》(第二版)]

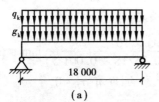 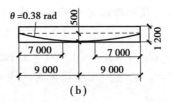

图 10.32 例题 10.2 图

【解】 1)材料特性

混凝土 C45:$f_c = 21.1$ N/mm²,$f_{tk} = 2.51$ N/mm²,$f_{cd,k} = 45$ N/mm²,$E_c = 3.35 \times 10^4$ N/mm²,$\alpha_1 = 1.0$,$\beta_1 = 0.8$。

钢绞线:$f_{ptk} = 1 860$ N/mm²,$f_{py} = 1 320$ N/mm²,$E_s = 1.95 \times 10^5$ N/mm²,$\sigma_{con} = 0.75 f_{ptk} = 1 395$ N/mm²。

普通钢筋:$f_y = 360$ N/mm²,$E_{s1} = 2.0 \times 10^5$ N/mm²。

2)截面几何特性(为简化,近似按毛截面计算并略去钢筋影响)

预应力筋截面积 $A_p = 21 \times 98.7$ mm² $= 2 072.7$ mm²,孔道由两端的圆弧段(水平投影长度为 7 m)和梁跨中部的直线段(长度为 4 m)组成。预应力筋端点处的切线倾角 $\theta = 0.38$ rad (21.8°),曲线孔道的曲率半径 $r_c = 18$ m;普通受拉钢筋面积 $A_s = 1 884$ mm²。跨中截面 $a_p =$

$100 \text{ mm}, a_s = 40 \text{ mm}_\circ$

梁截面面积 $A_n = A_0 = A = bh = 400 \text{ mm} \times 1\ 200 \text{ mm} = 4.8 \times 10^5 \text{ mm}^2$

惯性矩 $I = \dfrac{bh^3}{12} = \dfrac{400 \times 1\ 200^3}{12} \text{mm}^4 = 5.76 \times 10^{10} \text{ mm}^4$

受拉边缘截面抵抗矩 $W = \dfrac{bh^2}{6} = \dfrac{400 \times 1\ 200^2}{6} \text{mm}^3 = 9.6 \times 10^7 \text{ mm}^3$

跨中截面预应力筋处截面抵抗矩

$$W_p = \frac{I}{y_p} = \frac{I}{h/2 - a_p} = \frac{5.76 \times 10^{10}}{600 - 100} \text{mm}^3 = 1.152 \times 10^8 \text{ mm}^3$$

3）跨中截面弯矩计算

恒载产生的弯矩标准值 $M_{Gk} = \dfrac{g_k l^2}{8} = \dfrac{24 \times 18^2}{8} \text{kN·m} = 972 \text{ kN·m}$

活载产生的弯矩标准值 $M_{Qk} = \dfrac{q_k l^2}{8} = \dfrac{16 \times 18^2}{8} \text{kN·m} = 648 \text{ kN·m}$

跨中弯矩的标准组合值 $M_k = M_{Gk} + M_{Qk} = (972 + 648) \text{kN·m} = 1\ 620 \text{ kN·m}$

可变荷载效应控制的基本组合

$$M_1 = \gamma_G M_{Gk} + \gamma_Q M_{Qk} = 1.2 \times 972 \text{ kN·m} + 1.4 \times 648 \text{ kN·m} = 2\ 073.6 \text{ kN·m}$$

永久荷载控制的基本组合

$$M_2 = \gamma_G M_{Gk} + \gamma_Q \psi_c M_{Qk} = 1.35 \times 972 \text{ kN·m} + 1.4 \times 0.7 \times 648 \text{ kN·m} = 1\ 947.24 \text{ kN·m}$$

取二者之大值，得跨中弯矩设计值 $M = 2\ 073.6 \text{ kN·m}_\circ$

4）跨中截面预应力损失计算

查表 10.2 得 $\kappa = 0.001\ 5 \text{ m}^{-1}, \mu = 0.25$；由表 10.1 得 $a = 5 \text{ mm}_\circ$

（1）锚具变形损失 σ_{l1}

圆弧形曲线的反向摩擦影响长度由式（10.4）确定，即

$$l_f = \sqrt{\frac{aE_s}{1\ 000\sigma_{con}(\mu/r_c + \kappa)}} = \sqrt{\frac{5 \times 1.95 \times 10^5}{1\ 000 \times 1\ 395 \times (0.25/18 + 0.001\ 5)}} \text{mm} = 6.74 \text{ mm} < 7 \text{ m}$$

因为 $l_f = l/2 = 9 \text{ m}$，可知此项损失对跨中截面无影响，即有 $\sigma_{l1} = 0_\circ$

（2）摩擦损失 σ_{l2}

跨中处 $x = 9 \text{ m}, \theta = 0.38 \text{ rad}$，则由式（10.5）得：

$$\sigma_{l2} = \sigma_{con}\left(1 - \frac{1}{e^{\kappa x + \mu\theta}}\right) = 1\ 395 \times \left(1 - \frac{1}{e^{0.001\ 5 \times 9 + 0.25 \times 0.38}}\right) \text{N/mm}^2 = 143.44 \text{ N/mm}^2$$

（3）松弛损失 σ_{l4}（低松弛）

因 $\sigma_{con} = 0.75 f_{ptk}$，故采用式（10.10）计算，即

$$\sigma_{l4} = 0.2\left(\frac{\sigma_{con}}{f_{ptk}} - 0.575\right)\sigma_{con} = 0.2 \times (0.75 - 0.575) \times 1\ 395 \text{ N/mm}^2 = 49 \text{ N/mm}^2$$

（4）收缩徐变损失 σ_{l5}

设混凝土达到 100% 的设计强度时开始张拉预应力筋，$f'_{cu} = f_{cu,k} = 45 \text{ N/mm}^2$，配筋率 $\rho = $

$$\frac{A_s + A_p}{A_n} = \frac{1\ 884 + 2\ 072.7}{4.8 \times 10^5} = 0.008\ 24_\circ$$

钢筋混凝土的容重为 25 kN/m³，则沿梁长度方向的自重标准值为：

$$g_{1k} = 25bh = 25 \text{ kN/m}^3 \times 0.4 \text{ m} \times 1.2 \text{ m} = 12 \text{ kN/m}$$

梁自重在跨中截面产生的弯矩标准值为：

$$M_{G1k} = g_{1k}l^2/8 = 12 \times 18^2/8 \text{ kN·m} = 486 \text{ kN·m}$$

第一批损失 $\sigma_{lI} = \sigma_{l1} + \sigma_{l2} = 0 + 143.44 \text{ N/mm}^2 = 143.44 \text{ N/mm}^2$

$$N_{pI} = A_p(\sigma_{con} - \sigma_{lI}) = 2\,072.7 \times (1\,395 - 143.44) \text{N} = 2\,594\,108.4 \text{ N}$$

再考虑梁自重影响，则受拉区预应力筋合力点处混凝土法向压应力为：

$$\sigma_{pcI} = \frac{N_{pI}}{A_n} + \frac{N_{pI}(h/2 - a_p) - M_{G1k}}{W_p} = \frac{2\,594\,108.4}{4.8 \times 10^5} \text{N/mm}^2 +$$

$$\frac{2\,594\,108.4 \times (600 - 100) - 486 \times 10^6}{1.152 \times 10^8} \text{N/mm}^2$$

$$= 12.44 \text{ N/mm}^2 < 0.5f'_{cu} = 22.5 \text{ N/mm}^2$$

$$\sigma_{l5} = \frac{55 + 300\dfrac{\sigma_{pc}}{f'_{cu}}}{1 + 15\rho} = \frac{55 + 300 \times \dfrac{12.44}{45}}{1 + 15 \times 0.008\,24} \text{N/mm}^2 = 122.76 \text{ N/mm}^2$$

5) 跨中截面预应力总损失 σ_l 和混凝土有效预应力

$$\sigma_l = \sigma_{l1} + \sigma_{l2} + \sigma_{l4} + \sigma_{l5} = (0 + 143.44 + 49 + 122.76) \text{N/mm}^2$$

$$= 315.2 \text{ N/mm}^2 > 80 \text{ N/mm}^2$$

$$N_p = (\sigma_{con} - \sigma_l)A_p - \sigma_{l5}A_s = (1\,395 - 315.2) \times 2\,072.2 \text{ N} - 122.76 \times 1\,884 \text{ N}$$

$$= 2\,006\,821.62 \text{ N}$$

$$e_{pn} = \frac{(\sigma_{con} - \sigma_l)A_p y_{pn} - \sigma_{l5}A_s y_{sn}}{N_p}$$

$$= \frac{(1\,395 - 315.2) \times 2\,072.7 \times 500 - 122.76 \times 1\,884 \times 560}{2\,006\,821.62} \text{mm}$$

$$= 493.09 \text{ mm}$$

截面受拉边缘处混凝土法向预压应力为：

$$\sigma_{pc} = \frac{N_p}{A_n} + \frac{N_p e_{pn}}{W} = \frac{2\,006\,821.62}{4.8 \times 10^5} \text{N/mm}^2 + \frac{2\,006\,821.62 \times 493.09}{9.6 \times 10^7} \text{N/mm}^2 = 14.49 \text{ N/mm}^2$$

预应力钢筋处混凝土法向预压应力为：

$$\sigma_{pcII} = \frac{N_p}{A_n} + \frac{N_p e_{pn}}{W_p} = \frac{2\,006\,821.62}{4.8 \times 10^5} \text{N/mm}^2 + \frac{2\,006\,821.62 \times 0.9}{1.152 \times 10^8} \text{N/mm}^2 = 12.77 \text{ N/mm}^2$$

6) 裂缝控制验算

荷载标准组合下：

$$\sigma_{ck} = \frac{M_k}{W_0} = \frac{1620 \times 10^6}{9.6 \times 10^7} \text{N/mm}^2 = 16.9 \text{ N/mm}^2$$

则 $\sigma_{ck} - \sigma_{pc} = (16.9 - 14.49) \text{N/mm}^2 = 2.41 \text{ N/mm}^2 < f_{tk} = 2.51 \text{ N/mm}^2$，满足要求。

7) 正截面承载力计算

极限状态时，受拉区全部纵向钢筋合理作用位置：

$$a = \frac{A_p f_{py} a_p + A_s f_y a_s}{A_p f_{py} + A_s f_y} = \frac{2\,072.7 \times 1\,320 \times 100 + 1\,884 \times 360 \times 40}{2\,072.7 \times 1\,320 + 1\,884 \times 360}\,\text{mm} = 88.08\,\text{mm}$$

$$h_0 = h - a = (1\,200 - 88.08)\,\text{mm} = 1\,111.92\,\text{mm}$$

求相对界线受压区高度 x_b:

按 A_p 计算时, $h_{0i} = h - a_p = (1\,200 - 100)\,\text{mm} = 1\,100\,\text{mm}$

预应力筋合力点处混凝土应力为零时的预应力筋有效应力为:

$$\sigma_{p0} = \sigma_{con} - \sigma_l + \alpha_E \sigma_{pcⅡ} = 1\,395\,\text{N/mm}^2 - 315.2\,\text{N/mm}^2 + \frac{1.95 \times 10^5}{3.35 \times 10^4} \times 12.77\,\text{N/mm}^2$$

$$= 1\,154.13\,\text{N/mm}^2$$

$$\frac{x_{bi}}{h_{0i}} = \frac{\beta_1}{1 + \frac{0.002}{\varepsilon_{cu}} + \frac{f_{py} - \sigma_{p0}}{E_s \varepsilon_{cu}}} = \frac{0.8}{1 + \frac{0.002}{0.003\,3} + \frac{1\,320 - 1\,154.13}{1.95 \times 10^5 \times 0.003\,3}} = 0.429$$

$$x_{bi} = 0.429 h_{0i} = 0.429 \times 1\,100\,\text{mm} = 471.9\,\text{mm}$$

按 A_s 计算时, $h_{0j} = h - a_s = (1\,200 - 40)\,\text{mm} = 1\,160\,\text{mm}$

$$\frac{x_{bi}}{h_{0j}} = \frac{\beta_1}{1 + \frac{f_y}{E_s \varepsilon_{cu}}} = \frac{0.8}{1 + \frac{360}{2.0 \times 10^5 \times 0.003\,3}} = 0.518$$

$$x_{bj} = 0.518 h_{0j} = 0.518 \times 1\,160\,\text{mm} = 600.88\,\text{mm}$$

所以 $x_b = \min(x_{bi}, x_{bj}) = 471.9\,\text{mm}$, $\xi_b = \frac{x_b}{h_0} = \frac{471.9}{1\,111.92} = 0.424$。

由截面法向力的平衡得: $\alpha_1 f_c b x = f_y A_s + f'_{py} A_p$

解得:

$$x = \frac{f_y A_s + f_{py} A_p}{\alpha_1 f_c b} = \frac{360 \times 1\,884 + 1\,320 \times 2\,072.7}{1.0 \times 21.1 \times 400}\,\text{mm} = 404.53\,\text{mm} < x_b = 471.9\,\text{mm}$$

对受拉区全部纵筋合力点取矩,得梁正截面受弯承载力为:

$$M_u = \alpha_1 f_c b x \left(h_0 - \frac{x}{2}\right) = 1.0 \times 21.1 \times 400 \times 404.53 \times (1\,111.92 - 404.53/2) \times 10^{-6}\,\text{kN} \cdot \text{m}$$

$$= 3\,105.77\,\text{kN} \cdot \text{m} > M = 2\,073.6\,\text{kN} \cdot \text{m}$$

故梁正截面受弯承载力满足要求。

10.5　预应力混凝土构件的构造要求

▶ 10.5.1　一般构造要求

预应力混凝土构件的构造要求,除应满足钢筋混凝土结构的有关规定外,还应根据预应力张拉工艺、锚固措施及预应力筋种类的不同,满足有关构造要求。

1)截面形状和尺寸

预应力轴心受拉构件通常采用正方形或矩形截面。预应力受弯构件可采用 T 形、I 形及箱形等截面。

由于预应力混凝土构件的抗裂度和刚度较大,其截面尺寸可比普通钢筋混凝土构件小一些。对于预应力混凝土受弯构件,其截面高度 $h = (1/20 \sim 1/14)l$,最小可为 $l/35$(l 为跨度),大致可取普通钢筋混凝土梁高的 70% 左右。翼缘宽度一般可取 $b = (1/3 \sim 1/2)h$,翼缘厚度可取 $b = (1/10 \sim 1/6)h$。腹板宽度尽可能小些,可取 $b = (1/8 \sim 1/15)h$。

2)材料

(1)钢筋

预应力混凝土结构中的钢筋包括预应力筋和普通钢筋。普通钢筋的选用与钢筋混凝土结构中的钢筋相同。预应力筋宜采用预应力钢丝、钢绞线和预应力螺纹钢筋。此外,预应力筋还应具有一定的塑性、良好的可焊性以及用于先张法构件时与混凝土有足够的黏结力。

(2)混凝土

预应力混凝土结构中,混凝土强度等级越高,能够承受的预压应力也越高。同时,采用高强度等级的混凝土与高强钢筋配合,可以获得较经济的构件截面尺寸。另外,高强度等级的混凝土与钢筋的黏结力也高,这一点对依靠黏结传递预应力的先张法构件尤为重要。因此,预应力混凝土结构的混凝土强度等级不应低于 C30。

▶ 10.5.2 先张法构件

1)预应力筋的间距

先张法预应力筋的锚固及预应力传递依靠自身与混凝土的黏结性能,因此预应力筋之间应具有适宜的间距,以保证应力传递所必需的混凝土厚度。先张法预应力筋之间的净间距不宜小于其公称直径的 2.5 倍和混凝土粗骨料最大粒径的 1.25 倍,当混凝土振捣密实性具有可靠保证时,净间距可放宽至最大粗骨料粒径的 1.0 倍,且间距应符合下列规定:预应力钢丝,不应小于 15 mm;三股钢绞线,不应小于 20 mm;七股钢绞线,不应小于 25 mm。

2)构件端部的构造措施

先张法预应力传递长度范围内局部挤压造成的环向拉应力容易导致构件端部混凝土出现劈裂裂缝。因此,为保证自锚端的局部承载力,构件端部应采取下列构造措施:

①对单根配置的预应力筋,其端部宜设置由细钢筋(丝)缠绕而成的螺旋筋。螺旋筋对混凝土形成约束,可以保证构件端部在预应力筋放张时承受巨大的压力而不致发生裂缝或局部受压破坏。

②对分散布置的很多预应力筋,在构件端部 $10d$(d 为预应力筋的公称直径)且不小于 100 mm 长度范围内,宜设置 3~5 片与预应力筋垂直的钢筋网片;采用预应力钢丝配筋的薄板,在板端 100 mm 长度范围内宜适当加密横向钢筋;槽形板类构件,应在构件端部 100 mm 长度范围内沿构件板面设置附加横向钢筋,其数量不应少于 2 根。这些措施均用于承受预应力筋放张时产生的横向拉应力,防止端部开裂或局压破坏。

③预应力筋在构件端部全部弯起的受弯构件或直线配筋的先张法构件中,当构件端部与下部支承结构焊接时,应考虑混凝土收缩、徐变及温度变化所产生的不利影响,宜在构件端部可能产生裂缝的部位设置足够的非预应力纵向构造钢筋。

▶ 10.5.3 后张法构件

1）预留孔道

后张法预应力混凝土构件往往以钢丝束或钢绞线束的形式配筋，因此预留孔道必须有相当的直径。当构件截面尺寸有限时，就发生孔道布置的问题，亦即孔道间距及孔壁厚度的要求如下：

（1）预留孔道的尺寸

预留孔道的直径应比预应力钢丝束或钢绞线束的外径及需穿过孔道的连接器外径大 6～15 mm，且孔道的截面积宜为穿入预应力束截面积的 3～4 倍。这是施工时穿筋布置预应力钢丝束或钢绞线束及连接器的起码条件。

（2）构件端面孔道的布置

端面孔道的相对位置应综合考虑锚夹具的尺寸、张拉设备压头的尺寸、端面混凝土的局部承压能力等因素而妥善布置。必要时应适当加大端面尺寸，以避免施工误差等意外因素造成张拉施工的困难。

（3）预制构件孔道的间距及壁厚

构件孔道间的水平方向净间距不宜小于 50 mm 且不宜小于粗骨料粒径的 1.25 倍；孔道至构件边缘的净距不宜小于 30 mm 且不应小于孔道半径的一半。

（4）框架梁中孔道的间距及壁厚

框架梁在支座处承受负弯矩而在跨中承受正弯矩，因此预应力筋往往作曲线配置。曲线的预留孔道的净间距在水平方向不应小于 1.5 倍孔道直径，而竖直方向不应小于 1 倍孔道直径且不宜小于粗骨料粒径的 1.25 倍；混凝土保护层的厚度在梁侧不宜小于 40 mm，而在梁底不宜小于 50 mm。

（5）孔道起拱的处理

大跨度受弯构件往往在制作时预先起拱以抵消正常使用时产生的过大挠度。相应的预留孔道也同时起拱，以免引起计算以外的次应力。

（6）灌浆及排气孔的位置

后张法预应力混凝土构件在张拉锚固后应在孔道内灌浆，以保护预应力筋免受锈蚀且具备一定的黏结锚固作用。为此，应在构件的两端及跨中设置灌浆孔及排气孔，其间距不宜大于 20 m。

2）构件端部的形状及配筋

为避免预应力筋在构件端面过分集中而造成局部受压破坏及裂缝，往往要采取以下构造措施：

（1）弯起部分预应力筋

对预应力屋面梁、吊车梁等构件，宜在靠近支座的区域弯起部分预应力筋。这样不仅减小了梁底部预应力筋密集造成的应力集中和施工困难，也减少了支座附近的主拉应力因此而引起开裂的可能性，而且对弯矩不大的支座截面，承载能力也基本不受影响[图 10.33(a)]。

（2）端部转折处的构造配筋

出于构件安装的需要，预制构件端部预应力筋锚固处往往有局部凹进。此时应增设折线形的构造钢筋，连同支座垫板上的竖向构造钢筋（插筋或埋件的锚筋）共同构成对锚固区域的约束[图10.33（b）]。

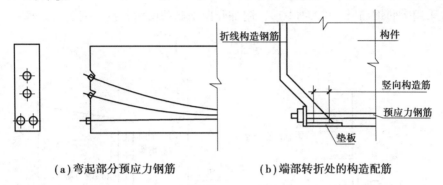

（a）弯起部分预应力钢筋　　　　　　（b）端部转折处的构造配筋

图10.33　构件端面的钢筋布置

（3）支座焊接时的构造配筋

预制构件安装就位后，往往以焊接形式与下部支承结构相连。如构件长度较大时，混凝土收缩、徐变及温度变化可能引起纵向的约束应力，在构件端部引起裂缝。为此，应在相应部位配置足够的普通纵向构造钢筋防裂。

3）端部加强配筋的措施

在后张预应力混凝土构件的端部，由于要承受巨大的预压应力，故必须采取构造措施并进行复核计算。主要内容如下：

（1）预埋钢垫板的设置

在预应力筋的锚夹具下及张拉设备压头的支承处，应有事先预埋的钢垫板，以避免巨大的预压应力直接作用在混凝土上。其尺寸由构造布置确定。

（2）局部承压计算

应根据局部受压承载力计算的有关公式，对预应力端部局部承压区进行承载力验算，并按规定配置间接钢筋。其体积配箍率 ρ_{v} 不应小于 0.5%。

（3）防止孔道壁劈裂的配筋

由于构件端部尺寸有限，集中的应力来不及扩散，端部局部承压区以外的孔道仍可能劈裂。因此，还应在局压的间接配筋区以外加配附加箍筋或网片。其范围为高度 $2e$，长度 $3e$ 且不大于 $1.2h$ 的区域（e 为预应力筋合力点距构件边缘的距离，h 为构件端部截面高度）。该处的体积配筋率 ρ_{v} 同样不小于 0.5%[图10.34（a）]。配筋面积可按式（10.105）计算。

$$A_{\mathrm{sb}} \geqslant 0.18\left(1 - \frac{l_l}{l_{\mathrm{b}}}\right)\frac{F_l}{f_{\mathrm{yv}}} \qquad (10.105)$$

式中　F_l——作用在构件端部局部压力的合力；

l_l, l_{b}——沿构件高度方向 A_l, A_{b} 的边长或直径，A_l, A_{b} 按图10.16 的规定计算；

f_{yv}——附加防劈裂钢筋的抗拉强度。

（4）附加竖向钢筋

如果构件端部预应力筋无法均匀布置而构件需集中布置在截面下部或集中布置在上部和下部时，由于预加力的偏心，容易在截面中部引起拉应力而开裂。因此，应在构件端部 $0.2h$ 厚的范围内设置附加的竖向钢筋。其形式可为封闭式箍筋、焊接网片或其他形式的构造钢筋，且宜采用带肋钢筋[图 10.34（b）]。附加竖向钢筋截面面积按下列公式计算：

$$A_{sv} \geq \left(0.25 - \frac{e}{h}\right) \frac{F_l}{f_{yv}} \tag{10.106}$$

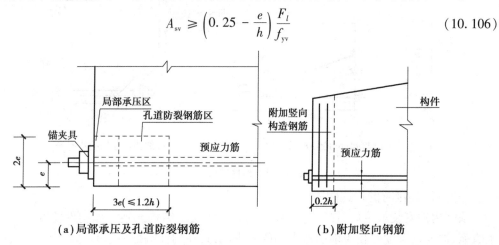

（a）局部承压及孔道防裂钢筋　　　　（b）附加竖向钢筋

图 10.34　构件端面的附加配筋

当 $e>0.2h$ 时，应根据实际情况适当配筋。

当端部截面上部和下部均有预应力筋时，附加竖向钢筋的总截面面积应按上部和下部的预应力合力分别计算的数值叠加后采用。

本章小结

（1）钢筋混凝土构件存在的主要问题是正常使用阶段构件受拉区出现裂缝，即抗裂性能差、刚度小、变形大、不能充分利用高强钢材、适用范围受到一定限制等。预应力混凝土主要改善了构件的抗裂性能，正常使用阶段可以做到混凝土不受拉或不开裂（裂缝控制等级为一级或二级），因而适用于有防水、抗渗要求的特殊环境及大跨度、重荷载的结构。

（2）在建筑结构及一般工程结构中，通常是通过张拉预应力筋给混凝土施加预应力。根据施工时张拉预应力筋与浇灌构件混凝土两者的先后次序不同，分为先张法和后张法两种。先张法依靠预应力筋与混凝土之间的黏结力传递预应力，在构件端部有一预应力传递长度；后张法依靠锚具传递预应力，端部处于局部受压的应力状态。

（3）预应力混凝土与普通钢筋混凝土相比要考虑更多问题，包括张拉控制应力取值应适当，必须采用高强钢筋和高强度等级的混凝土，以及使用锚、夹具，对施工技术要求更高等。

（4）预应力混凝土构件在外荷载作用后的使用阶段，两种极限状态的计算内容与钢筋混凝土构件类似；为了保证施工阶段构件的安全性，应进行相关的计算，对后张法构件还应计算构件端部的局部受压承载力。

（5）预应力筋的预应力损失的大小，关系到构件中建立的混凝土有效预应力的水平，应了解产生各项预应力损失的原因、掌握损失的分析与计算方法以及减小各项损失的措施。由于损失的发生是有先后的，为了求出特定时刻的混凝土预应力，应进行预应力损失的分阶段组合。掌握先张法和后张法各有哪几项损失，以及哪几项属于第一批或第二批损失。认识各项损失沿构件长度方向的分布，从而对构件内有效预应力沿构件长度的分布有清楚的认识。

（6）对预应力混凝土轴心受拉构件受力全过程截面应力状态的分析，得出几点重要结论，并推广应用于预应力混凝土受弯构件，使应力计算概念更加简单易记。如：

①施工阶段，先张法（或后张法）构件截面混凝土预应力的计算可比拟为将一个预加力 N_p 作用在构件的换算截面 A_0（或净截面 A_n）上，然后按材料力学公式计算；

②正常使用阶段，由荷载效应的标准组合或准永久组合产生的截面混凝土法向应力，也可按材料力学公式计算，且无论先、后张法，均采用构件的换算截面 A_0；

③使用阶段，先张法和后张法构件特定时刻（如消压状态或即将开裂状态）的承载力计算公式相同，即无论先、后张法，均采用构件的换算截面 A_0；

④计算预应力筋和普通钢筋应力时，只要知道该钢筋与混凝土黏结在一起协调变形的起点应力状态，就可以方便地写出其后任一时刻的钢筋应力（扣除损失，再考虑混凝土弹性伸缩引起的钢筋应力变化），而不依赖于任何中间过程。

（7）对预应力混凝土轴心受拉和受弯构件，对于使用阶段两种极限状态的具体计算内容的理解，应对照相应的普通钢筋混凝土构件，注意预应力构件计算的特殊性，施加预应力对计算的影响。施工阶段（制作、运输、安装）的计算是预应力混凝土构件特有的，因为此阶段构件内已存在预应力，为防止混凝土被压坏或产生影响使用的裂缝，应进行有关计算。

思考题

10.1　何谓预应力混凝土？与普通钢筋混凝土构件相比，预应力混凝土构件有何优缺点？

10.2　为什么预应力混凝土构件所选用的材料都要求有较高的强度？

10.3　什么是张拉控制应力？为何不能取得太高？也不能取得太低？为何先张法的张拉控制应力略高于后张法？

10.4　预应力损失有哪些？是因为哪些原因产生的？如何减少各项预应力的损失？

10.5　预应力损失值为什么要分第一批和第二批损失？先张法和后张法各项预应力损失是怎样组合的？

10.6　试述先张法、后张法预应力轴心受拉构件在施工阶段、使用阶段各自的应力变化过程及相应应力值的计算公式。

10.7　预应力轴心受拉构件在施工阶段计算预加应力产生的混凝土法向应力 σ_{pc} 时，为什么先张法构件用 A_0，后张法构件用 A_n？在使用阶段时，为什么都采用 A_0？先、后张法的 A_0、A_n 如何计算？

10.8　如采用相同的控制应力 σ_{con}，预应力损失值也相同，当加载至混凝土预压应

力 $\sigma_{pc}=0$ 时,先张法和后张法两种构件中预应力钢筋的应力 σ_p 是否相同?哪个大?

10.9 后张法预应力混凝土构件为什么要控制局部受压区的截面尺寸,并需在锚具处配置间接钢筋?在确定 β_l 时,为什么 A_b、A_l 不扣除孔道面积?

10.10 对受弯构件的纵向受拉钢筋施加预应力后,是否能提高正截面受弯承载力、斜截面受剪承载力?为什么?

10.11 预应力混凝土受弯构件正截面的界限相对受压区高度 ξ_b 与钢筋混凝土受弯构件正截面的界限相对受压区高度 ξ_b 是否相同?为什么?

10.12 预应力混凝土受弯构件的受压预应力钢筋 A'_p 有什么作用?它对正截面受弯承载力有什么影响?

10.13 不同的裂缝控制等级时,预应力混凝土构件的正截面抗裂验算各满足什么要求?不满足时怎么办?

10.14 预应力混凝土构件的刚度计算与普通钢筋混凝土构件有何不同?挠度计算有何特点?

10.15 预应力混凝土构件为何还应进行施工阶段验算?都验算哪些项目?

习 题

10.1 某预应力混凝土轴心受拉构件,长24 m,截面尺寸 240 mm×200 mm,选用混凝土强度等级 C40,螺旋肋钢丝 10 ϕ^H9,如图 10.35 所示。先张法施工,在 100 m 台座上张拉,端头采用镦头锚具固定预应力筋,超张拉,并考虑蒸养时台座与预应力筋之间的温差 $\Delta t=20$ ℃,混凝土达到强度设计值的 80% 时放松钢筋。试计算各项预应力损失值。

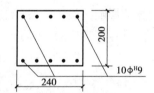

图 10.35 习题 10.1 图

10.2 一预应力混凝土屋架下弦杆,截面尺寸为 250 mm×160 mm,端部尺寸如图 10.36 所示。混凝土强度等级为 C50,采用 JM12 锚具,孔道为直径 ϕ50 mm 的充压橡皮管抽芯成型,采用后张法一端张拉,张拉控制应力 σ_{con} 为 942 N/mm²,张拉时混凝土的强度为 $f'_c=21.3$ N/mm²,预应力筋采用 2 束 10 ϕ^I8(1 006 mm²),普通钢筋采用 HRB400 级钢筋 4 Φ12,横向钢筋(间接钢筋)采用 4 片 ϕ6 方格焊接网片,间距 $s=50$ mm,网片尺寸见图 10.36(d),试验算此杆的端部局部受压承载力。

10.3 一长 24 m 预应力混凝土屋架下弦杆,截面尺寸为 250 mm×160 mm。混凝土强度等级为 C50,采用 JM12 锚具,孔道为直径 ϕ50 mm 的充压橡皮管抽芯成型,采用后张法一端张拉,张拉控制应力 σ_{con} 为 942 N/mm²,张拉时混凝土的强度为 $f'_c=21.3$ N/mm²,预应力筋采用 8 ϕ^s15.2 钢绞线($f_{ptk}=1$ 860 N/mm²),普通钢筋采用 HRB400 级钢筋 4 Φ12,永久荷载标准值产生的轴向拉力 950 kN,可变荷载标准值产生的轴向拉力 400 kN,试验算该构件的抗裂度。(注:可按一般要求不出现裂缝的构件,即二级裂缝控制等级设计)

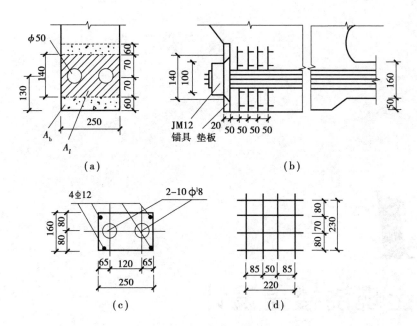

图 10.36　习题 10.2 图

11

混凝土现浇楼盖设计

_____

〖**本章学习要点**〗

本章主要讲述单向板肋梁楼盖、双向板肋梁楼盖的设计。对于单向板肋梁楼盖,要求熟练掌握其内力按弹性理论及考虑塑性内力重分布的计算方法;建立折算荷载、塑性铰、内力重分布、弯矩调幅等概念;深入理解连续梁、板截面设计特点及配筋构造要求。对于双向板肋梁楼盖,要求了解其静力工作特点;掌握内力按弹性理论计算的近似方法;熟悉其截面设计和构造要求;了解井式楼盖和无梁楼盖的设计计算方法。

11.1 概　述

▶ 11.1.1 楼盖的结构功能

楼盖(屋顶结构称为屋盖)是房屋结构中的重要组成部分,在整个房屋的材料用量和造价方面楼盖所占的比例相当大。据统计,在房屋结构中,钢筋混凝土楼盖的造价占土建总造价的20% ~30%;在钢筋混凝土高层建筑中,钢筋混凝土楼盖的自重占整栋房屋自重的50% ~60%。因此,合理选择楼盖的形式、正确地进行楼盖设计对整个房屋的使用和技术经济指标具有很大影响。

如图11.1所示为一现浇钢筋混凝土肋形楼盖,属梁板结构体系。肋形楼盖主要承受与板面相垂直的荷载,当楼板面较大时,常用梁将板面分为矩形区格,形成连续板和连续梁,梁又分为互相垂直设置的次梁和主梁。这种由梁板组成的整体现浇楼盖,通常称为肋形楼盖,一般由板、次梁及主梁组成,也称为梁板结构或肋梁结构。该结构体系在土木工程中应用最为广泛,如楼盖、屋盖结构,地下室底板结构,桥梁的桥面结构,承受侧压力的挡土墙,大型矩形水池的池壁与顶盖等。这些梁板结构的设计方法基本相同。

楼盖的主要结构功能是:

①把楼盖上的竖向荷载传给竖向结构。房屋结构承重体系可分为水平结构体系和竖向结

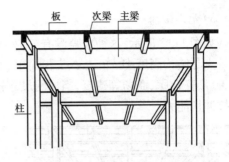

图 11.1　整体式肋形楼盖

构体系。水平结构体系由楼盖或屋盖的梁板承重构件组成;竖向结构体系由承重墙、柱、剪力墙、筒体等竖向承重构件组成,它们共同承受作用在建筑物上的竖向荷载和水平荷载,并把这些荷载可靠地传给竖向承重构件直至基础。

②把水平荷载传给竖向结构或分配给竖向结构。楼盖作为一个整体水平结构,可将水平荷载传给与之相连接的竖向结构,再传至基础和地基。

③作为竖向结构构件的水平联系和支撑。楼盖是联系各主要竖向承重构件(如承重墙、柱等)使其构成整体空间结构的重要组成部分,同时也是承重墙、柱及剪力墙等的水平支撑。

▶ 11.1.2　楼盖的结构类型

钢筋混凝土楼盖按施工方法的不同可分为现浇整体式、装配式和装配整体式 3 种类型。

现浇整体式钢筋混凝土楼盖的整体刚性好、抗震性强、防水性好,适用于考虑地震作用的多高层建筑及各种特殊的结构布置要求,其缺点是施工速度慢、费模板、受施工季节影响大等。装配式楼盖的梁板等构件可在预制厂集中生产,运至施工现场后进行吊装、连接,具有施工速度快、节省模板、受施工季节影响小、构件施工质量有保证等优点;其缺点是整体性、抗震性、防水性差,刚性不如现浇整体式楼盖好。装配整体式楼盖是在预制楼盖上现浇一叠合层混凝土,以提高楼盖的整体刚度,这种楼盖兼有装配式及现浇楼盖的优点(整体性好、抗震性能较好、节省模板等)。

本章主要讨论现浇整体式钢筋混凝土楼盖。现浇整体式钢筋混凝土楼盖常见的形式有:

1)肋形楼盖

如图 11.1 所示,这种楼盖由板、次梁和主梁组成,它是整体式楼盖中最常见的结构形式。楼面荷载由板传给次梁、主梁,再传至柱或墙,最后传至基础。肋形楼盖的特点是结构布置灵活,可以适应不规则的柱网布置及复杂的工艺及建筑平面要求。其优点是用钢量较低,缺点是支模比较复杂。

2)井式楼盖

如图 11.2 所示,当房间平面形状接近正方形或柱网两个方向的尺寸接近相等时,常将两个方向的梁做成不分主次的等高梁,形成交叉梁系。楼盖的板和梁在两个方向的受力比较均匀,这种楼盖的结构高度比主次梁肋形楼盖要小,且有较好的建筑效果。因此,常用于公共建筑的厅、堂、大空间房屋等。

3)无梁楼盖

如图 11.3 所示,这种楼盖没有梁,整个楼板直接支承在柱上,做成无梁楼盖。无梁楼盖的特点是结构高度小、净空大、支模简单、通风采光条件好,但自重大、用钢量大。这种楼盖适用于厂房、仓库、商场等建筑,当柱网尺寸较大(6~8 m)且荷载较大时,需设置柱帽,以提高板的抗冲切能力。

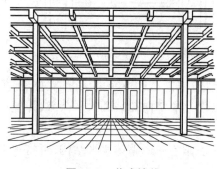

图 11.2 井式楼盖

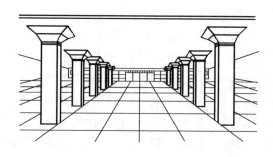

图 11.3 无梁楼盖

▶ 11.1.3 楼盖的作用荷载

楼盖上作用的荷载可分为永久荷载(即恒荷载)和可变荷载(即活荷载)。

永久荷载是结构在使用期间基本不变的荷载,如梁、板构件的自重,楼面构造层重,以及吊顶抹灰重、固定设备重等。较重的大设备一般应由梁直接承担,此时可作为一个集中荷载作用在梁上。其设计值常用符号 g(均布荷载)和 G(集中荷载)表示。

楼盖的作用荷载

可变荷载是结构在使用或施工期间其大小和作用位置均可变动的荷载,如人群荷载、堆料和可移动的设备等,其设计值常用符号 q(均布荷载)和 Q(集中荷载)表示。永久荷载是经常作用的,可变荷载则有时作用,有时可能并不存在,因此设计时应考虑其最不利的布置方式。不同用途可变荷载和不同地区的屋面雪荷载等,以及属于永久荷载的各种材料的单位质量均可查阅《建筑结构荷载规范》。有特殊用途的楼盖应根据实际情况确定。

整体式梁板结构中,每一区格板四边都有梁或墙支承,形成四边支承板,由于梁格布置不同,板上荷载传给支承梁的途径不一样,板的受力情况就不同。如图 11.4 所示假定为一四边简支的矩形板,板在两个方向的跨度分别为 l_1 和 l_2,板上作用均布荷载 p,如果在板中央取出两个互相垂直的单位宽度的板条,可将荷载 p 分为 p_1 及 p_2。p_1 由 l_1 方向的板条承担,p_2 由 l_2 方向的板条承担。四边支承矩形板两个方向跨度之比对荷载传递的影响很大,若不考虑平行板带间的相互影响,则各向板带所受荷载根据跨中变形协调条件进行分配:

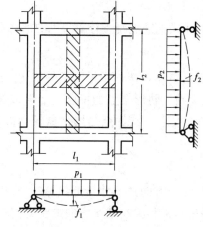

图 11.4 四边支承板的荷载传递

$$p = p_1 + p_2 \tag{11.1}$$

$$f_1 = f_2 = \alpha_1 \frac{p_1 l_1^4}{EI} = \alpha_2 \frac{p_2 l_2^4}{EI} \tag{11.2}$$

$$\frac{p_2}{p_1} = \left(\frac{l_1}{l_2}\right)^4 \frac{\alpha_1}{\alpha_2} \tag{11.3}$$

根据式(11.1)和式(11.3)可得短向板带和长向板带的分配荷载:

$$p_1 = \frac{\alpha_2 l_2^4}{\alpha_1 l_1^4 + \alpha_2 l_2^4} p \qquad p_2 = \frac{\alpha_1 l_1^4}{\alpha_1 l_1^4 + \alpha_2 l_2^4} p \tag{11.4}$$

式中 f_1, f_2——短向和长向板带的跨中位移;

α_1, α_2——支承条件对位移的影响系数;

EI——板带截面抗弯刚度。

由式(11.4)可见,由于板带支承条件和板厚相同,则 $\alpha_1 = \alpha_2$;两个方向板带分配的荷载 p_1, p_2 仅与其跨度比有关,或仅与其线刚度比 $\frac{i_2}{i_1}$($i_1 = \frac{EI}{l_1}, i_2 = \frac{EI}{l_2}$)有关。若长边与短边跨度比 $\frac{l_2}{l_1} = 3$,按式(11.4)计算长短向板带所分配的荷载比值为 $\frac{p_2}{p_1} = 1.23\%$,则 $\frac{p_1}{p} = 98.78\%$,$\frac{p_2}{p} = 1.22\%$。

由此可见,整体式梁板结构中的四边支承板,可近似认为:$\frac{l_2}{l_1} \geq 3$ 时,板上荷载 p 主要由短向板带承受,长向板带分配的荷载很小,可忽略不计,荷载由短向板带承受的四边支承板称为单向板,由单向板组成的梁板结构称为单向板梁板结构;$\frac{l_2}{l_1} < 3$ 时,板上荷载 p 仍然主要由短向板带承受,但长向板带所分配的荷载虽小却不能忽略不计,荷载由两个方向板带共同承受的四边支承板称为双向板,由双向板组成的梁板结构称为双向板梁板结构。

现行《混凝土结构设计规范》规定,混凝土板按下列原则进行计算:

①两对边支承的板按单向板计算。

②四边支承的板应按下列规定计算:

a.当长边与短边长度之比不大于 2.0 时,应按双向板计算;

b.当长边与短边长度之比大于 2.0,但小于 3.0 时,宜按双向板计算;

c.当长边与短边长度之比不小于 3.0 时,宜按沿短边方向受力的单向板计算,并应沿长边方向布置构造钢筋。

▶ 11.1.4 楼盖设计时应注意的问题

①楼盖设计时面对的是实际结构,而不再是比较理想化的单个构件。因此,需要综合应用前面各章所学内容,结合实际情况,把相关知识联系起来。

②初学者往往重计算,轻构造。构造和计算都是保证结构满足功能要求的重要手段。构造是对计算的重要补充,每一个构造都和计算过程中简化、假定相联系。

③要考虑建筑效果和其他专业工种的要求,应满足工艺要求。

11.2　单向板肋梁楼盖

钢筋混凝土肋形结构的设计步骤:进行结构布置→结构分析(包括选取合理的计算模型、荷载计算、选用计算理论、内力计算等)→构件设计(包括截面设计和配筋构造)→绘出施工图。

▶ 11.2.1　单向板的定义

荷载主要由短向板带承受的四边支承板称为单向板。单向板的计算方法与梁相同,故又称为梁式板。常见的有悬臂板,如一边支承的板式雨篷和一边支承的板式阳台等;对边支承板,如对边支承的装配式铺板和走廊中的现浇走道板等也为单向板,因为板的荷载是单向传递的。

▶ 11.2.2　结构平面布置

单向板肋梁楼盖的结构布置一般取决于房屋功能要求,在结构上应力求简单、整齐、经济、适用。柱网尽量布置成长方形或正方形。主梁有沿横向和纵向两种布置方案,如图11.5所示。为加强厂房和房屋的横向刚度,主梁一般沿横向布置,主梁和柱形成横向框架[图11.5(a)]。各榀横向框架间由纵向的次梁联系,故房屋的侧向刚度大,整体性也好。此外,由于主梁与外纵墙窗户垂直,窗扇高度可较大,有利于室内采光。当横向柱距大于纵向柱距较多时,或房屋有集中通风要求的情况,也可沿纵向布置主梁[图11.5(b)],这样可减小主梁的截面高度,增大室内净空。中间有走道的房屋,常可采用中间纵墙承重,此时可以只布置次梁而不设主梁[图11.5(c)]。

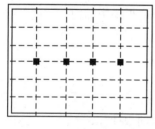
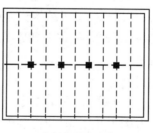
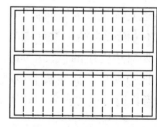

（a）主梁沿横向布置　　　　（b）主梁沿纵向布置　　　　（c）有中间走廊布置方式

图11.5　梁格布置

一般建筑中,当板上有墙或较大集中力处,其下宜布置次梁。此外,当板上无孔洞时,梁板应尽量布置成等跨度,便于设计和施工。主梁跨度范围内次梁根数宜为偶数,以使主梁受力合理。

梁、板构件的基本尺寸应根据结构承载力、刚度及裂缝控制等要求确定。单向板的经济跨度为1.7~2.5 m,一般不宜超过3 m;双向板的经济跨度为4~6 m;次梁的经济跨度以4~6 m为宜;主梁的经济跨度以5~8 m为宜。

梁、板一般不做刚度验算的最小截面高度:

连续板:连续板的厚度一般不宜小于板跨的 1/40。

连续次梁:梁高 $h = \left(\dfrac{1}{12} \sim \dfrac{1}{18}\right)l$,$l$ 为次梁跨度;梁宽 $b = \left(\dfrac{1}{3} \sim \dfrac{1}{2}\right)h$。

连续主梁:梁高 $h = \left(\dfrac{1}{8} \sim \dfrac{1}{14}\right)l$,$l$ 为主梁跨度;梁宽 $b = \left(\dfrac{1}{3} \sim \dfrac{1}{2}\right)h$。

为了保证现浇梁板结构具有足够的刚度和便于施工,板的最小厚度应满足表 11.1 的规定。

表 11.1　现浇钢筋混凝土板的最小厚度

板的类别		最小厚度/mm
单向板	屋面板	60
	民用建筑楼板	60
	工业建筑楼板	70
	行车道下的楼板	80
双向板		80
密肋板	面板	50
	肋高	250
悬臂板(根部)	悬臂长度≤500 mm	60
	悬臂长度>1 200 mm	100
无梁楼板		150
现浇空心楼盖		200

▶ 11.2.3　结构计算简图

整体式单向板肋形结构是由板、次梁和主梁整体浇筑在一起而成的结构。设计时可把它分解为板、次梁和主梁分别进行计算。在内力分析之前,应按照尽可能符合结构实际受力情况和简化计算的原则,确定结构构件的计算简图,表示出板或梁的跨数,支座的性质,荷载的形式、大小及作用位置,各跨的计算跨度等。

1)支座的简化

如图 11.6 所示为单向板肋形楼盖,其周边搁支在砖墙上,可视为铰支座。板的中间支承为次梁,次梁的中间支承为主梁,计算时一般均可作为铰支座。不考虑支承处的刚性约束,由此引起的误差可采用折算荷载予以调整。这样,板可以看作是以边墙和次梁为铰支座的多跨连续板。次梁可以看作是以边墙和主梁为铰支座的多跨连续梁。主梁的中间支承是柱,当主梁的线刚度与柱的线刚度之比大于 4 时,可把主梁看成以边墙和柱为铰支座的连续梁;当主梁与柱的线刚度之比小于 4 时,则柱对主梁的内力影响较大,应作为刚架进行计算。

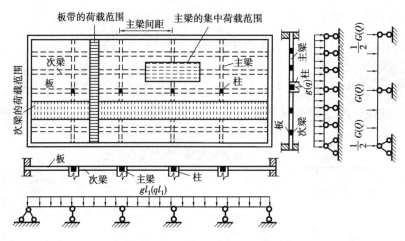

图 11.6　板、梁的荷载计算范围

2）计算跨度

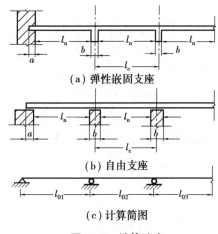

（a）弹性嵌固支座

（b）自由支座

（c）计算简图

图 11.7　计算跨度

梁、板的计算跨度是指计算内力时所采用的跨间长度。跨度与支座反力分布有关，即与构件的搁支长度和构件的抗弯刚度有关。板或梁在支承处有的与其支座整体连接［图 11.7（a）］，有的搁支在墩墙上［图 11.7（b）］，在计算时都作为铰支座，如图 11.7（c）所示。但实际上支座都具有一定的宽度 b，有时支承宽度还比较大，这就提出了计算跨度的问题。

①对于连续梁、板，当其内力按弹性理论计算时，其计算跨度 l_0 按下列规定采用：

a. 对连续板：

边跨：$l_0 = l_n + \dfrac{b}{2} + \dfrac{t}{2}$ 或 $l_0 = l_n + \dfrac{b}{2} + \dfrac{a}{2}$，取较小值。

中间跨：$l_0 = l_c$ 或 $l_0 = 1.1 l_n$，取较小值。

b. 对连续梁：

边跨：$l_0 = l_n + \dfrac{b}{2} + \dfrac{a}{2}$ 或 $l_0 = 1.025 l_n + \dfrac{b}{2}$，取较小值。

中间跨：$l_0 = l_c$ 或 $l_0 = 1.05 l_n$，取较小值。

式中　　l_n——净跨度，即支座边缘到另一支座边缘之间的距离；

　　　　l_c——支座中心线间的距离；

　　　　b——中间支座宽度；

　　　　a——板或梁端部伸入砖墙内的支承长度；

　　　　t——板厚。

②当按塑性理论计算时，多跨连续梁、板的计算跨度 l_0 应由塑性铰的位置确定。

单向板结构
计算简图

a. 对连续板：

当两端与梁整体连接时，$l_0 = l_n$；

当两端搁支在墙上时，$l_0 = l_c$ 或 $l_0 = l_n + t$，取较小值；

当一端搁支在墙上，另一端与梁整体连接时，$l_0 = l_n + \dfrac{t}{2}$ 或 $l_0 = l_n + \dfrac{a}{2}$，取较小值。

b. 对连续梁：

当两端与梁或柱整体连接时，$l_0 = l_n$；

当两端搁支在墙上时，$l_0 = 1.05l_n$ 或 $l_0 = l_c$，取较小值；

当一端搁支在墙上，另一端与梁或柱整体连接时，$l_0 = 1.025l_n$ 或 $l_0 = l_n + \dfrac{a}{2}$，取较小值。计算剪力时，计算跨度则取 $l_0 = l_n$。

3）计算跨数

如图 11.8 所示，对于等跨度、等刚度、荷载和支承条件相同的多跨连续梁、板，除端部两跨内力外，其他所有中间跨的内力都较为接近，内力相差很小，在工程结构设计中可忽略不计。因此，所有中间跨内力可由一跨代表，当结构实际跨数等于 5 跨或 5 跨以内时，跨数按实际考虑；对于跨数超过 5 跨的连续梁、板，如相邻计算跨度相差不超过 10% 时，可按 5 跨的等跨连续梁、板进行计算。5 跨以上连续梁，中间跨的内力可按 5 跨梁第 3 跨的内力处理。这样既简化了计算工作，又可得到足够精确的结果。

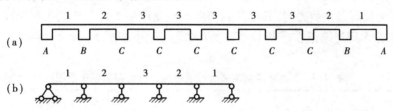

图 11.8 多跨连续梁板结构计算跨数

4）荷载计算

板和梁上的荷载一般有两种：永久荷载和可变荷载。荷载数值一般可从荷载规范中查到。板、梁的自重可根据预先估计的尺寸计算。若原设计尺寸与实际尺寸相差过大时，应重算自重。

作用在板、次梁和主梁上的荷载分配范围如图 11.6 所示。板可以从整个板面上沿板短跨方向取 1 m 宽的板带作为计算单元，这样沿板短跨方向单位长度上的荷载为均布荷载 g 或 q；次梁承受由板传来的均布线荷载 gl_1 或 ql_1 及次梁自重；主梁则承受由次梁传来的集中荷载 $G = gl_1l_2$ 或 $Q = ql_1l_2$ 及主梁自重，主梁自重比次梁传来的荷载小得多，可将其折算成集中荷载加到次梁传来的集中荷载 (G, Q) 内一并计算。

▶ 11.2.4 活荷载的不利布置

永久荷载是经常作用的；可变荷载则有时作用，有时可能并不存在，或者仅在连续梁、板的某几跨出现。因此，设计时应考虑其最不利的布置方式。

活荷载的不利布置和荷载组合

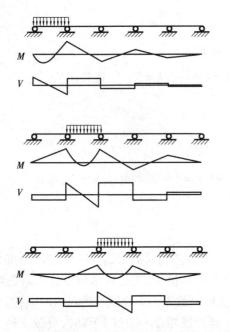

图 11.9　单跨承载时连续梁、板的弯矩图和剪力图

对单跨梁,显然活荷载全跨满布时,梁板的内力 M,V 最大。然而,对于多跨连续梁、板,活荷载在所有跨同时满布时,梁、板的内力不一定最大,而是当某些跨同时作用活荷载时可引起某一个或几个截面的最大内力。因此,就存在活荷载如何布置的问题。利用结构力学影响线原理,很容易得到最大内力相应的活荷载的最不利布置。如图 11.9 所示为 5 跨连续梁当活荷载布置在不同跨间时的弯矩图和剪力图,从中可以得到对于连续梁、板最不利活荷载布置的一般法则:

①求某跨跨内最大正弯矩时,应在该跨布置活荷载,然后沿其左右隔跨布置活荷载;

②求某跨跨内最大负弯矩时,该跨不应布置活荷载,而在其相邻跨布置活荷载,然后沿其左右隔跨布置活荷载;

③求某支座最大负弯矩时,应在该支座左右两跨布置活荷载,然后隔跨布置活荷载;

④求某支座截面最大剪力时,其活荷载布置与该支座最大负弯矩的布置相同。

按以上法则,5 跨连续梁在求各截面最大(或最小)内力时,均布活荷载的最不利布置方式见表 11.2。

表 11.2　5 跨连续梁求最大或最小内力时均布荷载布置图

活荷载布置图	最大或最小内力		
	最大弯矩	最小弯矩	最大剪力
A B C C B A 1 2 3 2 1 q q q	M_1,M_3	M_2	V_A
q q	M_2	M_1,M_3	
q q		M_B	V_B^l,V_B^r
q q		M_C	V_C^l,V_C^r

▶ 11.2.5 结构的荷载组合(内力包络图)

对于每一种荷载布置情况,都可能给出一个内力(M,V)图。对某一确定截面,以恒载所产生的内力为基础,叠加该截面作用最不利活荷载时所产生的内力,便得到该截面的最大或最小内力(M,V)。严格地讲,只有在各个截面的抗力均大于该截面的最大内力时,结构才是可靠的,而各截面的最大内力就需要通过绘制内力包络图来求得。

将恒载与每一种最不利位置的活荷载共同作用下产生的弯矩(或剪力),用同一比例画在同一基线上,其图形的外包线表示出各截面可能出现的 M,V 值的上、下限,由这些外包线围成的图形称为内力包络图。其绘制方法如下:

①列出恒载与各种可能的活荷载布置的组合;

②求出上述每一种荷载组合下各支座的弯矩(剪力);

③在支座弯矩(剪力)间连以直线,并以此为基线给出各跨所受荷载作用下的简支弯矩图(剪力图);

④把各种荷载布置所得弯矩(剪力)图叠合,其外包线即为弯矩(剪力)包络图。

图 11.10 所示为承受均布荷载 5 跨连续梁的弯矩、剪力叠合图,其中粗实线所围成的外包图形即为弯矩和剪力包络图。按包络图选定控制截面进行配筋计算,才能保证连续梁、板结构的安全。

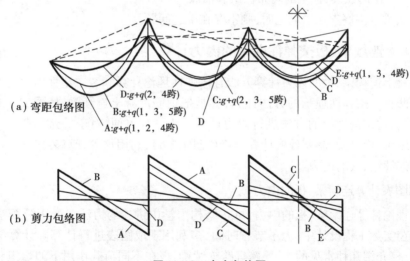

图 11.10 内力包络图

应注意,用上述方法(弹性理论)算得的支座弯矩 M 为支座反力作用点处的弯矩值。当连续板或梁与支座整体浇筑时(图 11.11),在支座范围内的截面高度很大,梁、板在支座内破坏是不可能的,故最危险的截面是在支座边缘处。因此,可取支座边缘处的弯矩 M_b 及剪力 V_b 作为配筋计算的依据。均布荷载或集中荷载作用下可近似按式(11.5)和式(11.6)计算支座弯矩和剪力的设计值:

均布荷载
$$\left.\begin{array}{l} M_b = M - V_0 \dfrac{b}{2} \\[2mm] V_b = V - (g+q) \dfrac{b}{2} \end{array}\right\} \tag{11.5}$$

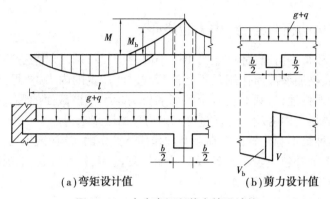

(a)弯矩设计值　　　　(b)剪力设计值

图 11.11　支座弯矩和剪力的设计值

$$集中荷载 \qquad \left. \begin{array}{r} M_{\mathrm{b}} = M - V_0 \dfrac{b}{2} \\ V_{\mathrm{b}} = V \end{array} \right\} \tag{11.6}$$

式中　M, V——支座中心处截面上的弯矩和剪力；

　　　V_0——按简支梁计算的支座剪力；

　　　b——支座宽度；

　　　g, q——作用在梁、板上的均布恒载和活载。

如果板或梁直接搁支在墩墙上时,则不存在上述问题。

▶ 11.2.6　连续梁、板按弹性理论的内力计算

连续梁、板按
弹性理论的内力
计算方法

钢筋混凝土连续梁、板的内力计算方法有按弹性理论计算和考虑塑性内力重分布计算两种。按弹性理论的方法计算,就是把钢筋混凝土连续梁、板看成匀质弹性材料,用结构力学的方法进行内力计算。为计算方便,对于等跨的荷载规则的连续梁、板,均已制有现成计算表格(见附录6),利用这种计算表格即可迅速求得连续梁、板的内力。

1)利用图表计算连续梁、板的内力

按弹性理论计算连续梁、板的内力,可按结构力学中讲述的力法或弯矩分配法求出弯矩和剪力。但在实际工程设计中,为了节省时间,多利用现成图表进行计算。计算图表的类型有很多,在此仅介绍几种常见的 2～5 跨等跨连续梁、板在不同荷载作用下的弯矩和剪力系数表,根据这些系数即可按相应的公式计算出各控制截面的弯矩值和剪力值,供设计时使用。

对于承受均布荷载的等跨连续梁、板,其弯矩和剪力可利用附录6表格中给出的系数,按下列公式计算:

$$\left. \begin{array}{r} M = \alpha g l_0^2 + \alpha_1 q l_0^2 \\ V = \beta g l_{\mathrm{n}} + \beta_1 q l_{\mathrm{n}} \end{array} \right\} \tag{11.7}$$

式中　α, α_1 和 β, β_1——弯矩系数和剪力系数；

　　　l_0, l_{n}——梁、板的计算跨度和净跨度。

对于承受集中荷载作用下的等跨连续梁,其弯矩和剪力可利用附录6的内力系数表,按下列公式计算:

$$\left.\begin{array}{l} M = \alpha Q l_0 (\text{或 } \alpha G l_0) \\ V = \beta Q (\text{或 } \beta G) \end{array}\right\} \qquad (11.8)$$

式中　α, β——弯矩系数和剪力系数；

　　　G, Q——集中永久荷载及集中活荷载设计值。

对于跨度相差不超过 10% 的不等跨连续梁、板，也可按等跨连续梁、板利用上述附录表计算内力。此时，求跨内弯矩和支座剪力可采用该跨的计算跨度；计算支座弯矩时，其计算跨度应取该支座相邻两跨的平均值。如梁或板各跨的截面尺寸不同，但相邻跨截面惯性矩的比值不大于 1.5 时，可作为等刚度计算，即可不考虑不同刚度对内力的影响。

2）连续梁、板的折算荷载

板和次梁的中间支座均假定为铰支座，没有考虑次梁对板、主梁对次梁转动的约束作用。实际上，当板在隔跨活荷载作用下产生弯曲变形时，将带动作为支座的次梁产生扭转，而梁的扭转抵抗将部分地阻止板的自由变形，其效果相当于降低了板的弯矩值，也就是说把板的弯矩值算大了。类似情况也发生在次梁与主梁之间，如图 11.12 所示。

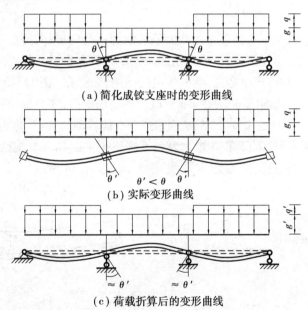

（a）简化成铰支座时的变形曲线

（b）实际变形曲线

（c）荷载折算后的变形曲线

图 11.12　连续梁（板）的折算荷载

精确计算这种次梁（或主梁）抗扭对连续板（或次梁）内力的有利影响颇为复杂，在实际设计中采用调整荷载的办法来加以考虑，即加大恒载，减小活载，并以调整后的折算荷载代替实际作用的荷载进行荷载最不利组合及内力计算：

板　　　$g' = g + \dfrac{1}{2}q$　　　$q' = \dfrac{1}{2}q$

次梁　　$g' = g + \dfrac{1}{4}q$　　　$q' = \dfrac{3}{4}q$

式中　g', q'——折算恒载及折算活载；

　　　g, q——实际的恒载及活载。

对主梁可不作调整,即 $g'=g,q'=q$。

当板或次梁搁支在墩墙上时,不存在上述约束作用,即假定中间支座为铰支座是符合实际情况的。

▶ 11.2.7 连续梁、板按塑性理论的内力计算

按弹性方法设计,认为当结构中任何截面内力达到该截面承载能力极限状态时,即导致整个结构破坏,这对于静定结构或由脆性材料组成的结构来说是合理的。但是,对于钢筋混凝土超静定结构,由于混凝土材料的非弹性性质和开裂后的受力特点,在受荷过程中结构各截面间的刚度比值一直在不断改变,因此截面间的内力关系也在发生变化,即截面间出现了内力重分布现象。特别是当钢筋屈服后所表现出的塑性性能,更加剧了这一现象。因此,按弹性方法计算内力进行截面配筋设计,其结果是偏于安全的且有多余的储备。若按塑性内力重分布的方法来计算超静定结构的内力,可收到一定的经济效果。

1)基本原理

(1)塑性铰

钢筋混凝土受弯构件从受荷到发生正截面承载能力不足的破坏,经历了3个受力阶段,即从开始受荷到受拉区混凝土开裂,到纵筋开始屈服以及最终截面破坏。在此3个阶段内,在弯矩作用下截面产生转动,构件产生弯曲,梁的弯曲曲率用 Φ 表示。图11.13是梁为适筋截面时弯矩与曲率的关系曲线。由曲线可见,在第Ⅲ阶段当钢筋屈服后,$M\text{-}\Phi$ 曲线接近水平,即截面承受的弯矩 M 几乎维持不变而曲率 Φ 剧增,从而形成一个能转动的"铰",称为塑性铰。塑性铰形成于截面应力状态的第Ⅱ阶段末(即Ⅱa阶段),其转动则终止于Ⅲa阶段。塑性铰是非弹性变形集中发展的结果,可以认为它是构件的受弯"屈服"现象,如图11.14所示。

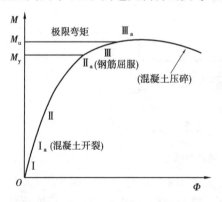

图 11.13 受弯构件的 $M\text{-}\Phi$ 关系曲线

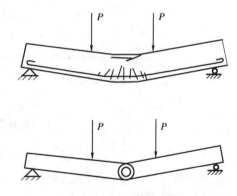

图 11.14 正截面受弯塑性铰

塑性铰和结构力学中的理想铰的主要区别是:

①理想铰不能传递任何弯矩,而塑性铰却能传递相应于该截面的极限弯矩 M_u。

②理想铰能自由地无限转动,而塑性铰只能沿单向产生有限转动,其转动幅度会受材料极限变形的限制。

③塑性铰不是集中于一点,而是形成在一小段局部变形很大的区域。

静定结构中任一截面出现塑性铰后,结构将成为几何可变体系,结构的承载能力将随着

塑性铰转动的终止而达到极限。超静定结构由于存在多余约束,构件某一截面出现塑性铰不一定会导致结构立即破坏,还可继续增加荷载,一直到结构形成几何可变体系,结构才丧失其承载能力。

(2)塑性内力重分布

图 11.15 所示为两跨连续梁。梁跨度 $l=3$ m,每跨跨中承受一集中荷载 P。设梁跨中和支座截面能承担的极限弯矩相同,$M_u=30$ kN·m。

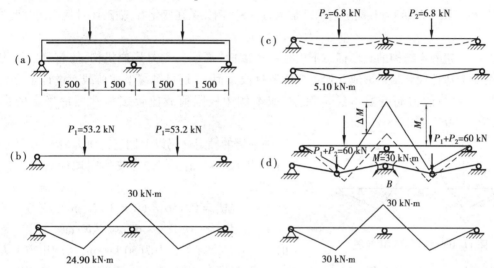

图 11.15 连续梁塑性内力重分布的过程

按照弹性理论计算,由附录 6 查得弯矩为:

跨中　$M_1=M_2=0.156Pl$

支座　$M_B=-0.188Pl$

塑性内力重分布理论

梁两个控制截面弯矩的比值 $M_1:M_B=1:1.2$。若忽略连续梁受荷后由于刚度变化所产生的那部分弯矩重分布,则支座在外荷载

$$P_1=\frac{M_B}{0.188l}=\frac{30}{0.188\times3}\text{kN}=53.2\text{ kN}$$

时将达到截面的弯曲极限承载力。按照弹性分析法,P_1 就是这根连续梁所能承担的极限荷载。

如图 11.15(c)所示,当支座弯矩 M_B 达到极限值时,中间支座将出现塑性铰,但是此时结构并未破坏。若再继续增加荷载 P_2,此连续梁的工作将类似两根简支梁。在 P_2 作用下,其支座弯矩的增值为零,跨中弯矩将按简支梁的规律增加,直到跨中总弯矩也达到截面能承担的极限弯矩值而形成塑性铰。此时连续梁将成为几何可变体系,丧失结构承载能力。

本例中,在荷载 P_1 作用下,$M_1=0.156\times53.2$ kN·m$\times3=24.90$ kN·m,此时跨中截面弯曲承载能力储备尚有 30 kN·m-24.90 kN·m$=5.10$ kN·m。后加荷载 P_2 对跨中的弯矩效应按 $M=P_2\cdot l/4$ 计算,则 $P_2=5.10\times4/3$ kN·m$=6.8$ kN·m。连续梁在总荷载 $P=P_1+P_2=(53.2+6.8)$kN$=60$ kN 作用下丧失其承载能力,如图 11.15(d)所示。

从上面的例子可以得出如下结论:

①钢筋混凝土超静定结构,塑性铰出现将减少结构的超静定次数,一直到出现了足够数目的塑性铰致使超静定结构的整体或局部形成几何可变体系,结构才丧失其承载能力。

②在加荷过程中,随着结构构件刚度的不断变化,特别是当塑性铰陆续出现,其内力的分布若与弹性理论计算的内力分布规律相对比,前者的内力分布规律一直在不断调整,也就是内力经历了一个重新分布的过程,可以称为"塑性变形的内力重分布",或简称"内力重分布"。如本例中,在加荷初期,连续梁的内力分布规律基本符合弹性理论,其跨中和支座截面的弯矩比例为 $M_1 : M_B = 1 : 1.2$,随着荷载加大,这一比例关系在变化着,临破坏时其比例改变为 $1 : 1$。

③由于超静定结构的破坏标志不仅是一个截面"屈服",而是形成机构,故超静定结构从出现第一个塑性铰到结构形成几何可变体系这段过程中,还可继续增加荷载。设计中可利用此潜在的承载能力储备取得经济效益,如本例中极限荷载值较按弹性理论确定的提高了 $P_2/P_1 \times 100\% = 12.78\%$。

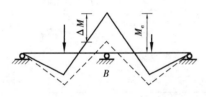

图 11.16　调幅前后弯矩图

④调幅值的确定。仍以上例进行研究(图 11.16),该梁在荷载 $P = 60$ kN 作用下,若按弹性理论分析其内力应为:

$$M_1 = 0.156 \times 60 \times 3 \text{ kN·m}$$
$$M_B = -0.188 \times 60 \times 3 \text{ kN·m}$$

但支座 B 的实际承载力为 30 kN·m,这就相当于人为将支座 B 的弯矩设计值降低 $\Delta M_B = 3.84$ kN·m,与弹性弯矩相比,调整了 11.34%。若按弹性理论方法计算的弯矩为 M_e,$\Delta M = M_e - M_a$(此处 M_a 为调幅后的弯矩),则弯矩调幅系数 β 可定义为:

$$\beta = \frac{\Delta M}{M_e} \qquad (11.9)$$

β 又简称调幅系数。为了某些构造目的或从经济方面考虑,设计者可通过调整结构各截面的极限弯矩 M_u 来控制调幅值。例如,本例中当支座 B 的极限弯矩为 30 kN·m 时,调幅值为 11.34%,若将支座的极限弯矩值确定为 25 kN·m,则 $\Delta M_B = 8.84$ kN·m,调幅值为 26.1%。由此可见,调幅值是可以变动的。但必须指出的是:并不是任何调幅值都是设计中所允许的和结构自身工作所能实现的,即调幅值应考虑截面的塑性条件和使用要求。要考虑截面的塑性条件是因为塑性铰的转动能力会受材料极限变形的限制,进而会影响结构实现预期的内力重分布。

⑤在内力重分布过程中,形成塑性铰的截面转角急增,附近受拉混凝土的裂缝开展亦较大,结构的变形也会增大。若调幅值过高,容易出现裂缝宽度、变形不满足使用要求的情况,故实用上应将调幅值限制在一定范围内。

⑥若将支座弯矩调整降低时,梁内其他截面的弯矩也会产生相应变化,即产生内力重分布现象,但此时梁的内力平衡关系仍必须满足。例如,上述双跨梁按弹性理论方法计算时已求得:

$$M_1 = M_0 - \frac{1}{2}M_B^e = \frac{1}{4}Pl - \frac{1}{2}(0.188Pl) = 0.156Pl$$

式中　M_0——简支梁的跨中弯矩。

现将 M_B 调幅 20%，即 $M_B' = 0.8M_B = 0.8 \times 0.188Pl = 0.15Pl$，则相应跨中弯矩 M_1' 应为 $M_1' = Pl/4 - 0.15Pl/2 = 0.175Pl$，此即梁内截面间出现的内力重分布。

由图 11.17 所示的内力平衡关系可见，本例中当支座弯矩降低 ΔM_B，其跨中弯矩应相应增加 $\Delta M_B/2$。

⑦当结构上有较大活荷载作用时，采用考虑非弹性变形的内力重分布方法计算内力，其经济效益将更显著。

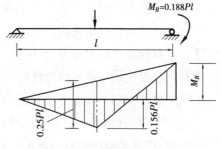

图 11.17　内力平衡关系图

2) 按考虑塑性内力重分布方法计算连续梁、板的内力

（1）一般原则

综上所述，采用塑性内力重分布的方法计算钢筋混凝土连续梁、板的内力时，应遵守以下原则：

①为了保证先形成的塑性铰具有足够的转动能力，必须限制截面的配筋率，而配筋率可由混凝土的受压区高度来反映，即要求调幅截面的相对受压区高度 $0.1 \leqslant \xi \leqslant 0.35$。也就是要求截面相对受压区高度 ξ 不能太大，ξ 越大，截面塑性铰转动能力或极限塑性转角就越小。

②宜采用塑性较好的 HPB300 和 HRB400 级热轧钢筋。这类钢筋具有良好的塑性变形能力，可保证塑性铰的出现。

③控制弯矩调幅值，截面的弯矩调幅系数 β 不宜超过 0.25，即调整后的截面弯矩不宜小于按弹性理论方法计算所得弯矩值的 75%。因调幅过大则塑性铰出现得比较早，塑性铰产生很大的转动，会导致裂缝开展过宽、挠度过大而影响使用。不等跨连续梁、板各跨中截面的弯矩不宜调整。

④为了满足平衡条件，调整后每个跨度两端支座弯矩 M_A，M_B 绝对值的平均值与跨中弯矩 M_C 之和，应不小于按简支梁计算的跨中最大弯矩 M_0，即 $\dfrac{M_A + M_B}{2} + M_C \geqslant M_0$。

⑤在可能产生塑性铰的区段，考虑弯矩调幅后，连续梁下列区段内按现行《混凝土结构设计规范》算得的箍筋用量一般应增大 20%，增大范围为：对于集中荷载，取支座边至最近一个集中荷载之间的区段；对于均布荷载，取支座边 $1.05h_0$ 的区段（h_0 为截面的有效高度）。

⑥为了防止构件发生斜拉破坏，箍筋的配箍率应满足 $\rho_{sv} \geqslant 0.03 \dfrac{f_c}{f_{yv}}$。

（2）塑性理论计算的适用范围

按考虑塑性内力重分布方法设计的结构，虽然利用了塑性铰出现后的强度储备，比用弹性理论计算方法设计节省材料，但不可避免地会导致在正常使用阶段钢筋应力较高，裂缝宽度及变形较大。故下列结构在进行受弯承载力计算时，不宜采用这种方法，而应按弹性理论方法计算内力。

①直接承受动力荷载和重复荷载作用的结构;

②在使用阶段不允许有裂缝产生或对裂缝开展及变形有严格要求的结构;

③处于侵蚀环境中的结构;

④要求有较高承载力储备的结构;

⑤轻质混凝土结构及其他特种混凝土结构;

⑥预应力结构和二次受力叠合结构。

(3)按考虑塑性内力重分布方法计算连续梁、板的内力

连续梁、板考虑塑性内力重分布的方法有很多,如极限平衡法、塑性铰法、弯矩调幅法以及非线性全过程分析法等。由于调幅法概念明确、计算简便,在我国又有较长期的工程实践,因此目前工程上应用较多。

弯矩调幅法的意义已如前所述。为了计算方便,按上述弯矩调幅法的一般原则和规定,对等跨连续梁、板给出下列内力计算公式:

①均布荷载作用下的等跨连续板的弯矩:

$$M = \alpha_{\text{mp}}(g + q) l_0^2 \tag{11.10}$$

式中 α_{mp}——弯矩系数,按表 11.3 选用;

  l_0——计算跨度,按前面规定取值;

  g, q——均布恒荷载设计值和活荷载设计值。

表 11.3 连续板考虑塑性内力重分布的弯矩系数 α_{mp}

端支座支承情况	跨中弯矩			支座弯矩		
	M_1	M_2	M_3	M_A	M_B	M_C
搁支在墙上	1/11	1/16	1/16	0	−1/10 (用于两跨连续板)	−1/14
与梁整体连接	1/14			−1/16	−1/11 (用于多跨连续板)	

②均布荷载作用下的等跨连续梁的弯矩和剪力:

$$\left. \begin{array}{l} M = \alpha_{\text{mb}}(g + q) l_0^2 \\ V = \alpha_{\text{vb}}(g + q) l_n \end{array} \right\} \tag{11.11}$$

式中 $\alpha_{\text{mb}}, \alpha_{\text{vb}}$——弯矩系数和剪力系数,按表 11.4、表 11.5 选用或如图 11.18 所示;

  l_0——计算跨度;

  l_n——净跨度;

  g, q——沿梁单位长度上的均布恒荷载设计值和活荷载设计值。

表 11.4 连续梁考虑塑性内力重分布的弯矩系数 α_{mb}

端支座支承情况	跨中弯矩			支座弯矩		
	M_1	M_2	M_3	M_A	M_B	M_C
搁支在墙上	1/11			0	−1/10（用于两跨连续梁）	
与梁整体连接	1/14	1/16	1/16	−1/16	−1/11（用于多跨连续梁）	−1/14
与柱整体连接	1/14			−1/24		

表 11.5 连续梁考虑塑性内力重分布的剪力系数 α_{vb}

荷载情况	端支座支承情况	剪 力				
		Q_A	Q_A^l	Q_B^l	Q_C^l	Q_C^l
均布荷载	搁支在墙上	0.45	0.60	0.55	0.55	0.55
	梁与梁或梁与柱整体连接	0.50	0.55			
集中荷载	搁支在梁上	0.42	0.65	0.60	0.55	0.55
	梁与梁或梁与柱整体连接	0.50	0.60			

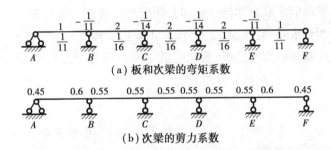

图 11.18 板和次梁考虑内力重分布的弯矩、剪力系数

表 11.3、表 11.4 所列的弯矩系数 α_{mp} 和 α_{mb}，适用于荷载比 $q/g>1/3$ 的等跨连续梁、板。对于跨度相差不大于 10% 的不等跨连续梁、板，计算跨中弯矩时取各自的跨度进行计算；而计算支座弯矩时，取相邻两跨的较大跨度计算。

连续单向板在考虑内力重分布时，支座截面在负弯矩作用下，上部开裂；跨中在正弯矩作用下，下部开裂，这使跨内和支座实际的中性轴成为拱形，如图 11.19 所示。当板的周边具有足够的刚度时，在竖向荷载作用下将产生板平面内的水平推力，导致板中各截面弯矩减小。因此，单向连续板的周边与梁整体浇筑时，除边跨和离端部第二支座外，各中间跨的跨中和支座弯矩由于穹拱有利作用可减少 20%。

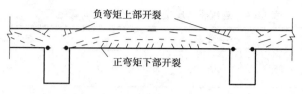

图 11.19　单向板的拱作用

▶ 11.2.8　连续梁、板的截面设计要点

连续梁或连续板均为受弯构件,因此连续梁、板的正截面及斜截面承载力计算、裂缝宽度和变形验算等,均可按前面几章所述方法进行。计算连续梁或板的钢筋用量时,一般只需根据各跨跨中的最大正弯矩和各支座的最大负弯矩进行计算,其他各截面则可通过绘制抵抗弯矩图来校核是否满足要求。下面仅指出在进行连续梁、板截面设计时应注意的几个问题。

1)板的截面设计

板的计算宽度可取 1 m,求得各控制截面的最大内力后,即可按单筋矩形截面设计。板的宽度较大而荷载相对较小,对一般的工业与民用建筑的楼(屋)盖,仅混凝土就足以承担剪力,可不必进行斜截面受剪承载力计算,也不必配置抗剪腹筋。

为使板具有一定的刚度,其厚度不应小于跨度的 1/40(连续板)、1/35(简支板)以及 1/12(悬臂板)。满足以上要求可不进行板的变形(挠度)验算。由于板的混凝土用量占全部楼盖的一半以上,因此,板厚应在满足建筑功能和方便施工的条件下尽可能薄些。在工程设计中,板厚一般应满足下列要求:一般楼面 $h \geqslant 60$ mm,工业房屋楼面 $h \geqslant 80$ mm。

对于承受均布荷载的等跨连续板,当活荷载 q 与恒荷载 g 之比小于 3 时,则一般可不画抵抗弯矩图,钢筋布置方式可按构造要求处理。

2)连续梁的截面设计

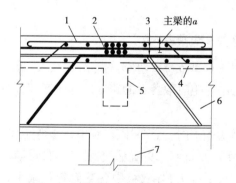

图 11.20　主梁支座处钢筋相交示意图

1—板的支座钢筋;2—次梁支座钢筋;

3—主梁支座钢筋;4—板;

5—次梁;6—主梁;7—柱

次梁和主梁应根据正截面和斜截面承载力要求计算钢筋用量,还应满足裂缝宽度和变形验算的要求。梁的挠度限制也可通过采用梁的高跨比不超过无须做挠度验算的最大高跨比来满足。

次梁的高跨比 h/l 一般取为 $1/18 \sim 1/12$;主梁的高跨比 h/l 一般取为 $1/14 \sim 1/8$;截面宽高比 b/h 为 $1/3.5 \sim 1/2$。由此可初步拟定主梁和次梁的截面尺寸。

由于板和次梁、主梁整体连接,在梁的截面计算时,应视板为梁的翼缘。在正截面承载力计算时,梁中正弯矩区段翼缘板处于受压区,故应按 T 形截面计算。

在支座负弯矩区段则因翼缘板处于受拉区而应

按矩形截面计算。

在计算主梁支座处负弯矩区段正截面承载力时,由于主梁支座处板、次梁、主梁的抵抗负弯矩的钢筋交叉重叠(图11.20),主梁钢筋位于最下面,因此主梁的截面有效高度 h_0 较一般减小。当为单排钢筋时,$h_0 = h-60$ mm;为双排钢筋时,$h_0 = h-80$ mm。

▶ 11.2.9 连续梁、板配筋方案及构造要求

第5,6章中有关受弯构件的各项构造要求对于连续梁、板也完全适用,在此仅就连续梁、板的配筋构造作介绍。

1)连续板

(1)连续板受力钢筋的配筋方式

连续板中受力钢筋的配筋方式有弯起式和分离式两种,如图11.21所示。弯起式配筋锚固性能好,可节约钢材,但施工较复杂。当板厚较大或经常承受动力荷载时,可选用弯起式配筋。分离式配筋锚固性能稍差,耗钢量稍高,但设计和施工方便,实际工程中常用此法。

采用弯起式配筋时可先选配跨中钢筋,然后将跨中钢筋的1/3~1/2弯起伸过支座。这样在中间支座就有从相邻两跨弯起的钢筋承担负弯矩,如果还不够,则可另加直钢筋。为了受力均匀和施工方便,钢筋排列要有规律,这就要求相邻两跨跨中钢筋的间距相等或成倍数,另加直钢筋的间距也应如此。钢筋的弯起角度可根据板的厚度在30°~45°选取,如图11.21(a)所示。

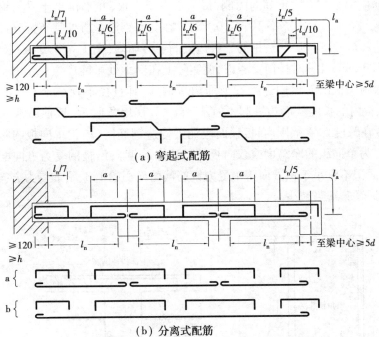

图 11.21 等跨连续单向板的配筋方案

采用分离式配筋时,将跨中钢筋和支座分别配置,并全部采用直钢筋。用于跨中的直钢筋可以连续几跨不切断,也可以每跨都断开,如图11.21(b)所示。一个方向的钢筋间距应相

同,为了使间距能够协调,可以采用不同直径的钢筋,但直径的种数不宜多,否则规格复杂,施工中容易出错。分离式配筋方案因设计和施工简单而受到工程界的欢迎。

图 11.21 中的 a 值是支座顶部承受负弯矩的钢筋,可在距支座边不小于 a 的距离处切断。当 $q/g \leq 3$ 时,取 $a = l_n/4$;当 $q/g > 3$ 时,取 $a = l_n/3$,l_n 为板的净跨。

板中受力钢筋的直径通常为 6,8,10,12 mm,为便于施工架立,支座承受负弯矩的上部钢筋直径不宜小于 8 mm,在整个板内选用不同直径的钢筋时,不宜超过两种,差别不小于 2 mm,以便识别。受力钢筋的间距一般不宜小于 70 mm;当板厚 $h \leq 150$ mm 时,间距不宜大于 200 mm;$h > 150$ mm 时,间距不宜大于 $1.5h$,且不宜大于 250 mm。由跨中伸入支座的下部钢筋,其间距不应大于 400 mm,其截面面积不应小于跨中受力钢筋截面面积的 1/3。当板较薄时,受力钢筋的端部也可做成直角弯钩直接抵至板底,以便固定钢筋。当边支座是简支时,下部受力钢筋伸入支座的长度不应小于 5d。根据经验,板的经济配筋率为 0.4% ~ 0.8%。

不等跨连续板的配筋形式可参阅有关资料。

(2)连续板中的构造钢筋

①分布钢筋。单向板除沿弯矩方向布置受力钢筋外,还要在垂直于受力钢筋的方向布置分布钢筋。分布钢筋的作用:固定受力钢筋的位置;抵抗混凝土收缩和温度变化所产生的应力;承担并分布板上局部荷载引起的内力;承受在计算中未考虑的其他因素所产生的内力,如承受板在长跨内实际存在的一些弯矩。

分布钢筋应配置在受力钢筋的内侧,每米不少于 3 根,并不得少于受力钢筋截面面积的 15%,且不少于 φ6@250,配筋率不小于 0.15%,在受力钢筋弯折处宜布置分布钢筋。

②沿墙边和墙角的板面构造钢筋。板边嵌固于砖墙内(图 11.22),板在砌体上的支承长度不应小于 120 mm,计算时按简支考虑,但实际上在支承处可能产生一定的负弯矩。故在嵌固支承处的板顶面应沿支承周边配置上部构造钢筋,其直径不宜小于 8 mm,间距不宜大于 200 mm,伸入板内的长度从墙边算起不宜小于 $l_1/7$;在墙角附近,板顶面常发生与墙大约成 45°的裂缝,故在跨度 $l_1/4$ 范围内,板顶面应配置构造钢筋网(l_1 为单向板的跨度或双向板的短边跨度,l_{1n} 为单向板的净跨度或双向板的短边净跨度);沿板的受力方向配置的上部构造钢筋,其截面面积不宜小于该方向跨中受力钢筋截面面积的 1/3;沿非受力方向配置的上部构造钢筋,可根据经验适当减少。

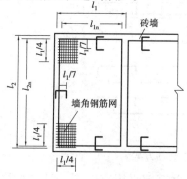

图 11.22　嵌固于墙内的板边及板角处的配筋构造

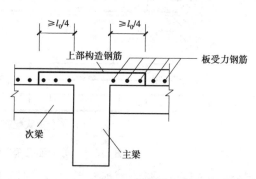

图 11.23　板中与主梁垂直的构造钢筋

③主梁顶面的构造钢筋。板与主梁梁肋连接处实际上也会产生一定的负弯矩,计算时却没有考虑。板的受力钢筋又与主梁平行布置,故应在与主梁连接处板的顶面,沿梁长度方向配置间距不大于 200 mm 且与主梁垂直的上部构造钢筋。其直径不宜小于 8 mm,且单位长度内的总截面面积不宜小于板中单位宽度内受力钢筋截面面积的 1/3,这种钢筋伸过主梁边缘(伸入板中)的长度从梁边算起每边不宜小于板计算跨度 l_0 的 1/4,如图 11.23 所示。

④孔洞周边的构造钢筋。在结构中,由于使用要求往往要开设一些孔洞,这些孔洞削弱了板的整体作用,因此在洞口周围应予加强以保证安全。可按以下方式进行构造处理:

a. 当 b 或 d(b 为垂直于板的受力钢筋方向的孔洞宽度,d 为圆孔直径,下同)小于 300 mm 并小于板宽的 1/3 时,可不设附加钢筋,只将受力钢筋间距做适当调整,或将受力钢筋绕过孔洞周边,不予切断。

b. 当 b 或 d 等于 300 ~ 1 000 mm 时,应在洞边每侧配置附加钢筋,每侧的附加钢筋截面面积不应小于洞口宽度内被切断的钢筋截面面积的 1/2,且不应小于 2 根直径为 8 mm 的钢筋;当板厚大于 200 mm 时,宜在板的顶、底部均配置附加钢筋。

c. 当 b 或 d 大于 1 000 mm 时,除按上述规定配置附加钢筋外,在矩形孔洞四角尚应配置 45°方向的构造钢筋,如图 11.24 所示;在圆孔周边尚应配置不少于 2 根直径为 10 mm 的环筋,搭接长度为 30d,并配置直径不小于 6 mm、间距不大于 300 mm 的放射形径向钢筋,如图 11.25 所示。

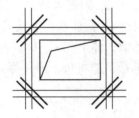

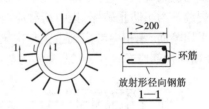

图 11.24　矩形孔构造钢筋　　　　图 11.25　圆孔构造钢筋

d. 当 b 或 d 大于 1 000 mm,并在孔洞附近有较大的集中荷载作用时,宜在洞边加设肋梁。当 b 或 d 大于 1 000 mm,板厚小于 0.3b 或 0.3d 时,也宜在洞边加设肋梁。

2)连续梁

(1)连续梁受力钢筋的配筋方式

连续梁配筋时,一般是先选配各跨跨中的纵向受力钢筋,然后将其中部分钢筋根据斜截面承载力的需要,在支座附近弯起后伸入支座,并用以承担支座负弯矩。如两邻跨弯起伸入支座的钢筋尚不能满足支座正截面承载力的需要时,可在支座上另加直钢筋。当从跨中弯起的钢筋不能满足斜截面承载力的需要时,可另加斜筋或吊筋。钢筋弯起的位置应根据剪力包络图来确定,然后画抵抗弯矩图来校核弯起位置是否合适,并确定支座顶面纵向受力钢筋的切断位置。在端支座处,虽有时按计算不需要弯起钢筋,但仍应弯起部分钢筋,伸至支座顶面,以承担可能产生的负弯矩。伸入支座内的跨中纵向钢筋根数不得少于 2 根。如跨中也可能产生负弯矩时,则还需在梁的顶面另设纵向受力钢筋,否则只需配置架立钢筋。

对于次梁,当跨度相差不超过 20%,且梁上均布可变荷载和永久荷载之比 $q/g \leqslant 3$ 时,梁

的弯矩图形变化幅度不大,其纵向受力钢筋的弯起和切断位置可参照图 11.26 确定。当跨度相差超过20%,且梁上均布可变荷载和永久荷载之比 $q/g>3$ 或非均布荷载作用时,次梁纵向钢筋的弯起和切断应根据弯矩包络图及抵抗弯矩图来确定。对于主梁钢筋的弯起和切断,必须按弯矩包络图及抵抗弯矩图来确定。

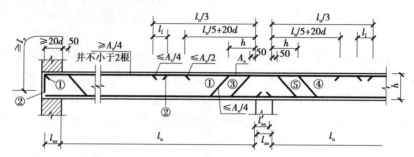

图 11.26   次梁的配筋构造

（2）连续梁中的构造钢筋

现行《混凝土结构设计规范》规定承受梁的剪力宜优先采用箍筋,这样使得配筋简单、便于施工,且可减少弯起钢筋处混凝土局部受压的应力集中。在一般情况下,梁一跨内箍筋的形式、直径均相同。当梁的腹板高度 $h_w \geqslant 450$ mm 时,每侧要配置纵向构造钢筋,又称为腰筋,每侧腰筋不小于 $0.1\% bh_w$,且间距不宜大于200 mm。

在主梁与次梁交接处,主梁的两侧承受次梁传来的集中荷载,因而可能在主梁的中下部发生斜向裂缝。为了防止破坏,集中荷载应全部由附加横向钢筋(箍筋或吊筋或者两者兼有,但应优先采用箍筋)承担。考虑到主梁与次梁交接处的破坏面大体上如图 11.27 中的虚线所示,故附加横向钢筋应布置在 $s=2h_1+3b$ 的范围内,附加箍筋或吊筋可按下式计算:

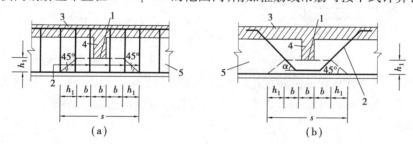

图 11.27   主、次交接处的附加箍筋或吊筋

1—传递集中荷载的位置;2—附加箍筋或吊筋;3—板;4—次梁;5—主梁

集中荷载全部由吊筋承受时 $$A_s \geqslant \frac{F}{2f_y \sin \alpha}$$ (11.12)

集中荷载全部由附加箍筋承受时 $$A_{sv1} \geqslant \frac{F}{mnf_{yv}}$$ (11.13)

式中 F——由次梁传给主梁的集中荷载设计值;

f_y, f_{yv}——吊筋或附加箍筋的抗拉强度设计值;

α——吊筋与梁轴线的夹角;

m, n——附加箍筋的排数与附加箍筋的肢数;

A_s, A_{sv1}——吊筋截面面积与附加单肢箍筋截面面积。

当梁支座处的剪力较大时,可以加做支托,将梁局部加高,以满足斜截面承载力的要求。支托的尺寸可参考图11.28确定。支托的附加钢筋一般采用2~4根,其直径与纵向受力钢筋的直径相同。

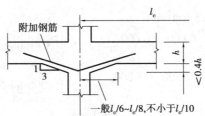

图 11.28 梁支座处的支托尺寸

► 11.2.10 现浇单向板肋梁楼盖设计例题

1)设计资料

某工业厂房楼盖,采用现浇钢筋混凝土梁板结构,其平面尺寸及结构布置如图11.29所示。

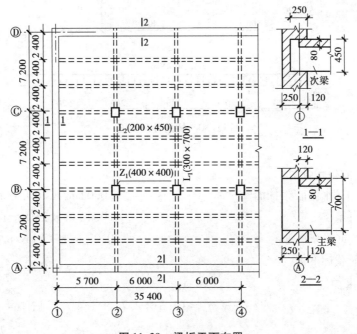

图 11.29 梁板平面布置

①楼面做法:20 mm 水泥砂浆面层,钢筋混凝土现浇板及梁下面用20 mm 厚石灰砂浆粉刷。

②楼面均布活荷载标准值:7 kN/m²。

③材料:混凝土强度等级 C25,梁内受力主筋为 HRB400 级,其他为 HPB300 级。

④永久荷载分项系数为1.3,可变荷载分项系数为1.4(由于楼面活荷载标准值≥4 kN/m²)。

2)构件截面尺寸

确定主梁跨度为 7.2 m,次梁跨度为 6 m,主梁每跨跨内布置 2 根次梁,板的跨度为 2.4 m。

估计梁、板截面尺寸:按高跨比条件,要求板厚 $h \geqslant \dfrac{l}{40} = \dfrac{2\,400}{40}$ mm $= 60$ mm,对工业建筑的楼板,要求 $h \geqslant 80$ mm,取板厚 $h = 80$ mm。

次梁截面尺寸:$h = \dfrac{l}{18} \sim \dfrac{l}{12} = \dfrac{6\,000}{18} \sim \dfrac{6\,000}{12}$ mm $= 330 \sim 500$ mm,取 $h = 450$ mm,$b = 200$ mm。

主梁截面尺寸:$h = \dfrac{l}{14} \sim \dfrac{l}{8} = \dfrac{7\,200}{14} \sim \dfrac{7\,200}{8}$ mm $= 514 \sim 900$ mm,取 $h = 700$ mm,$b = 300$ mm。

承重墙厚 370 mm,估计柱截面 400 mm×400 mm。

3)板的设计

（1）计算简图

板按考虑塑性内力重分布方法计算,有关尺寸及计算简图如图 11.30 所示。

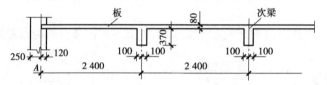

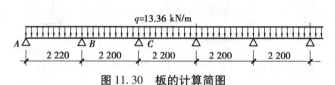

图 11.30　板的计算简图

（2）荷载计算

取宽为 1 m 的板带计算。

恒荷载:20 mm 水泥砂浆抹面	0.02 m $\times 20$ kN/m^3 $= 0.4$ kN/m^2
板自重	0.08 m $\times 25$ kN/m^3 $= 2.0$ kN/m^2
20 mm 石灰砂浆	0.02 m $\times 17$ kN/m^3 $= 0.34$ kN/m^2
恒荷载标准值	$g_k = 2.74$ kN/m^2
活荷载:标准值	$q_k = 7.0$ kN/m^2

荷载设计值　　　　　$q = \gamma_G g_k + \gamma_Q q_k = (1.3 \times 2.74 + 1.4 \times 7) \text{kN/m}^2 = 13.36 \text{ kN/m}^2$

每米板上　　　　　　　　　　　　　　　　　　　　　　　$q = 13.36 \text{ kN/m}$

（3）内力计算

次梁截面 200 mm×450 mm,板在墙上支承宽度 120 mm。板的计算跨度:

边跨:因板厚 t 小于端支承宽度 a,所以

$$l_0 = l_n + \frac{t}{2} = \left(2\,400 - 100 - 120 + \frac{80}{2}\right) \text{mm} = 2\,220 \text{ mm}$$

中间跨:$l_0 = l_n = 2\,400$ mm-200 mm$= 2\,200$ mm

计算支座弯矩时,一般应取相邻跨度中的大跨计算,以满足内力平衡的要求。

因跨度差<10%,可按等跨连续梁计算。

各截面的弯矩计算列于表 11.6 中。

表 11.6 板的弯矩计算

支座截面位置	边跨跨中	B 支座	中间跨中	中间支座
弯矩系数 α	1/11	−1/11	1/16	−1/14
$M=\alpha ql^2/(\text{kN}\cdot\text{m})$	$13.36\times2.22^2/11$ $=5.99$	$-13.36\times2.22^2/11$ $=-5.99$	$13.36\times2.2^2/16$ $=4.04$	$-13.36\times2.2^2/14$ $=-4.62$

(4)截面设计

板厚 h 为 80 mm,h_0 取 60 mm;混凝土强度等级为 C25,$f_c=11.9$ N/mm²;HPB300 级钢筋,$f_y=270$ N/mm²。配筋计算见表 11.7,板的配筋采用分离式。

表 11.7 板的配筋计算

支座截面位置	边跨跨中	B 支座	中间跨中		中间支座	
			①—②轴线	②—④轴线	①—②轴线	②—④轴线
弯矩值 $M/(\text{kN}\cdot\text{m})$	5.99	−5.99	4.04	4.04×0.8	−4.62	−4.62×0.8
$\alpha_s=M/(f_c bh_0^2)$	0.140	0.140	0.094	0.075	0.108	0.086
$\xi=1-\sqrt{1-2\alpha_s}$	0.151	0.151	0.099	0.078	0.115	0.090
$\gamma_s=1-0.5\xi$	0.925	0.925	0.951	0.961	0.943	0.955
$A_s=M/(\gamma_s h_0 f_y)/\text{mm}^2$	400	400	262	208	302	191
钢筋选配	Φ8@120	Φ8@120	Φ8@150	Φ8@150	Φ8@150	Φ8@150
实配 A_s/mm^2	419	419	335	335	335	335

注:②—④轴线间的中间跨及中间支座,由于板与梁整体连接,可考虑拱作用,故将该处弯矩减少 20%,即乘以 0.8 系数。

配筋率为 $\rho=\dfrac{335}{1\ 000\times80}=0.42\%>\rho_{min}=0.45f_t/f_y=0.212\%$。

(5)板配筋详图

在板的配筋详图中(图 11.36),除按计算配置受力钢筋外,尚应设置下列构造钢筋:

①分布钢筋:按规定选用 Φ8@250。

②板面附加钢筋:按规定选用 Φ8@200,设置于主梁顶部。

③墙角附加钢筋:按规定选用 4 Φ8,双向配置于 4 个墙角的板面。

4)次梁设计

(1)计算简图

次梁按考虑塑性内力重分布方法计算,有关结构尺寸及计算简图如图 11.31 所示。

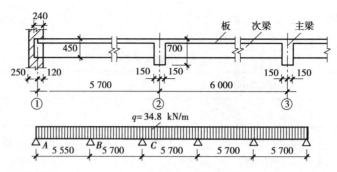

图 11.31　次梁的计算简图

（2）荷载计算

恒荷载：由板传来　2.74 kN/m² × 2.4 m = 6.58 kN/m

次梁自重　0.20 m × (0.45 − 0.08) m × 25 kN/m³ = 1.85 kN/m

次梁粉刷　(0.45 − 0.08) m × 2 × 0.02 m × 17 kN/m³ = 0.25 kN/m

恒荷载标准值　g_k = 8.68 kN/m

活荷载：标准值　q_k = 7.0 kN/m² × 2.4 m = 16.8 kN/m

荷载设计值　$q = \gamma_G g_k + \gamma_Q q_k = (1.3 \times 8.68 + 1.4 \times 16.8)$ kN/m = 34.8 kN/m

（3）内力计算

次梁在砖墙上支承宽度为 240 mm，主梁截面为 300 mm × 700 mm，次梁计算跨度为：

边跨　$l_n = (5\,700 − 150 − 120)$ mm = 5 430 mm

$l_0 = l_n + \dfrac{a}{2} = (5\,430 + 120)$ mm = 5 550 mm < $1.025 l_n$ = 5 566 mm

故取边跨 l_0 = 5 550 mm

中间跨　$l_n = (6\,000 − 300)$ mm = 5 700 mm

故取 $l_0 = l_n$ = 5 700 mm

平均跨　$l = (5\,700 + 5\,550)/2$ mm = 5 626 mm（边跨较小，计算 B 支座弯矩用平均跨）

跨度差 $(5\,700 − 5\,550)/5\,700$ = 2.63% < 10%，故可按等跨计算。剪力计算取净跨 l_n。次梁内力计算列于表 11.8 和表 11.9 中。

表 11.8　次梁的弯矩计算

支座截面位置	边跨跨中	B 支座	中间跨跨中	C 支座
弯矩系数 α	1/11	−1/11	1/16	−1/14
$M = \alpha q l^2$ /（kN·m）	34.8 × 5.55²/11 = 97.45	−34.8 × 5.626²/11 = −100.14	34.8 × 5.7²/16 = 70.67	−34.8 × 5.7²/14 = −80.76

表 11.9　次梁的剪力计算

支座截面位置	A 支座	B 支座（左）	B 支座（右）	C 支座
剪力系数 β	0.45	0.6	0.55	0.55
$V = \beta q l_n$ /kN	0.45 × 34.8 × 5.43 = 85.03	0.6 × 34.8 × 5.43 = 113.38	0.55 × 34.8 × 5.7 = 109.1	0.55 × 34.8 × 5.7 = 109.1

（4）截面设计

①正截面承载力计算：跨中按 T 形截面计算，支座按矩形截面计算。截面 $h=450$ mm，肋宽 $b=200$ mm，翼缘厚度 $h_f'=80$ mm，截面有效高度取 $h_0=(450-40-5)$ mm $=405$ mm（跨中及支座截面均按一排配筋考虑）。混凝土强度等级为 C25，$f_c=11.9$ N/mm²。受力钢筋为 HRB400 级，$f_y=360$ N/mm²。

跨中 T 形截面类型判别：

翼缘宽度　边跨 $b_f'=\dfrac{l_0}{3}=\dfrac{5.55}{3}$ m $=1.85$ m $<b+s_n=2.4$ m

中间跨 $b_f'=\dfrac{l_0}{3}=\dfrac{5.7}{3}$ m $=1.90$ m $<b+s_n=2.4$ m

按 T 形截面计算次梁跨中截面配筋时，对翼缘计算宽度，无论边跨、中间跨，均按上述较小值取用，即 $b_f'=1\,850$ mm。

验算属于哪类 T 形截面：

边跨跨中　$\alpha_1 f_c b_f' h_f'\left(h_0-\dfrac{h_f'}{2}\right)=1.0\times11.9\times1\,850\times80\times\left(405-\dfrac{80}{2}\right)$ kN·m

$=642.84$ kN·m $>M=97.45$ kN·m

属第一类 T 形截面。

次梁正截面配筋计算见表 11.10。

表 11.10　次梁正截面配筋计算

支座截面位置	边跨跨中	B 支座	中间跨中	C 支座
弯矩值 $M/(\text{kN·m})$	97.45	−100.14	70.67	−80.76
b 或 b_f'/mm	1 850	200	1 850	200
$\alpha_s=\dfrac{M}{\alpha_1 f_c b_f' h_0^2}$（或 $\alpha_s=\dfrac{M}{\alpha_1 f_c b h_0^2}$）	0.027	0.257	0.02	0.207
$\xi=1-\sqrt{1-2\alpha_s}$	0.027	0.303	0.02	0.234
$\gamma_s=1-0.5\xi$	0.987	0.849	0.99	0.883
$A_s=M/(\gamma_s h_0 f_y)$	677	809	490	627
选用钢筋/mm²	2 ⊕ 14 2 ⊕ 16（弯）	2 ⊕ 16 2 ⊕ 16	2 ⊕ 14 1 ⊕ 16（弯）	2 ⊕ 14 2 ⊕ 16
实配 A_s/mm^2	710	804	509	710

注：$A_{smin}=\rho_{min}bh=0.20\%\times200\times450$ mm² $=180$ mm²。

②斜截面承载力计算：次梁斜截面配筋计算见表 11.11，其中 $f_c=11.9$ N/mm²，$f_t=1.27$ N/mm²，$f_{yv}=270$ N/mm²。

$0.7f_t b h_0=0.7\times1.27\times200\times405$ kN $=72$ kN

表 11.11 次梁斜截面配筋计算

支座截面位置	A 支座	B 支座(左)	B 支座(右)	C 支座
V/kN	85.03	113.38	109.1	109.1
$0.25f_cbh_0=241$ kN $0.7f_tbh_0=72$ kN	截面尺寸合适 按计算配箍	截面尺寸合适 按计算配箍	截面尺寸合适 按计算配箍	截面尺寸合适 按计算配箍
$f_{yv}\dfrac{A_{sv}}{s}h_0/\text{kN}$	$\Phi 8@200$ 双肢 55	$\Phi 8@200$ 双肢 55	$\Phi 8@200$ 双肢 55	$\Phi 8@200$ 双肢 55
$V_{cs}=0.7f_tbh_0+f_{yv}\dfrac{A_{sv}}{s}h_0/\text{kN}$	$72+55=127>V$	$72+55=127>V$	$72+55=127>V$	$72+55=127>V$

（5）次梁配筋详图

次梁的配筋及构造如图 11.37 所示。

5）主梁设计

（1）计算简图

主梁按弹性理论计算,主梁共 3 跨,梁两端支承在墙上,支承长度为 370 mm,中间支承在 400 mm×400 mm 的柱上,因梁的线刚度与柱的线刚度之比大于 4,可视为中部铰支的 3 跨连续梁,有关结构尺寸及计算简图如图 11.32 所示。

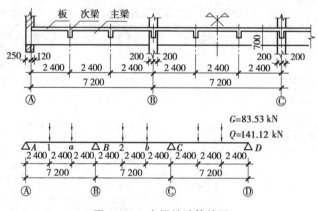

图 11.32 主梁的计算简图

（2）荷载计算

为简化计算,将主梁 2.4 m 长的自重亦按集中荷载考虑。

①恒荷载:

次梁传来的集中荷载 $\qquad$ 8.68 kN/m×6 m=52.08 kN

主梁自重 $\qquad$ 0.3 m×(0.7−0.08) m×2.4 m×25 kN/m³=11.16 kN

主梁粉刷 $\qquad$ (0.7−0.08) m×0.02 m×2×2.4 m×17 kN/m³=1.01 kN

恒荷载标准值 $\qquad$ $G_k=64.25$ kN

恒荷载设计值 $\qquad$ $G=\gamma_G G_k=1.2×64.25$ kN$=83.53$ kN

②活荷载：

活荷载标准值 $\qquad Q_k = 16.8 \text{ kN/m} \times 6 \text{ m} = 100.8 \text{ kN}$

活荷载设计值 $\qquad Q = \gamma_Q Q_k = 1.4 \times 100.8 \text{ kN} = 141.12 \text{ kN}$

（3）内力计算

边跨 $\quad l_n = (7\ 200 - 120 - 200) \text{mm} = 6\ 880 \text{ mm}$

$$l_0 = l_n + \frac{b}{2} + \frac{a}{2} = \left(6\ 880 + \frac{400}{2} + \frac{370}{2}\right) \text{mm} = 7\ 265 \text{ mm}$$

$$l_0 = 1.025 l_n + 0.5b = (1.025 \times 6\ 880 + 0.5 \times 400) \text{mm} = 7\ 252 \text{ mm}$$

取较小值 $l_0 = 7\ 252 \text{ mm}$。

中间跨 $l_0 = 7\ 200 \text{ mm}$。

因跨度差小于10%，所以内力按等跨连续梁计算。为简化计算，边跨、中间跨的跨度均取 7 200 mm。各种荷载下的弯矩、剪力值及不利组合列于表11.12中。弯矩、剪力图如图 11.33 所示，弯矩、剪力包络图如图 11.34 所示。

表11.12　各种荷载下的弯矩、剪力及不利组合

项次	荷载简图	弯矩值/(kN·m)					剪力值/kN		
		边跨跨中		B 支座	中间跨中		A 支座	B 支座	
		$\dfrac{\alpha}{M_1}$	$\dfrac{\alpha}{M_a}$	$\dfrac{\alpha}{M_B}$	$\dfrac{\alpha}{M_2}$	$\dfrac{\alpha}{M_b}$	$\dfrac{\beta}{V_A}$	$\dfrac{\beta}{V_{BL}}$	$\dfrac{\beta}{V_{BR}}$
① $G = 83.53$ kN		0.244	—	−0.267	0.067	0.067	0.733	−1.267	1.00
		146.7	93.17	−160.6	40.29	40.29	61.23	−105.83	83.53
② $Q = 141.12$ kN		0.289		−0.133			0.866	−1.134	0
		293.64	248.59	−135.14	−135.14	−135.14	122.21	−160.03	0
③ $Q = 141.12$ kN		—		−0.133	0.20	0.20	−0.133	−0.133	1.0
		−45.05	−90.09	−135.14	203.21	203.21	−18.77	−18.77	141.12
④ $Q = 141.12$ kN		0.229		−0.311		0.17	0.689	−1.311	1.222
		232.68	127.35	−316	97.54	172.73	97.23	−185.01	172.45
⑤ Q 112.32 kN		—		−0.089	0.17		−0.089	−0.089	0.778
		−30.14	−60.29	−90.43	172.73	97.54	−12.56	−12.56	109.79
不利组合	①+②	440.34	341.76	−295.74	−94.85	−94.85	183.44	−265.86	85.53
	①+③	101.65	3.08	−295.74	243.5	243.5	42.46	−124.6	226.65
	①+④	379.38	220.52	−476.6	137.83	213.02	158.46	−290.84	255.98
	①+⑤	116.56	32.88	−251.03	213.02	137.83	48.67	−118.39	193.32

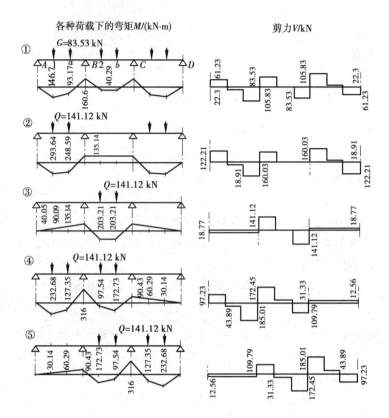

图 11.33　弯矩、剪力图

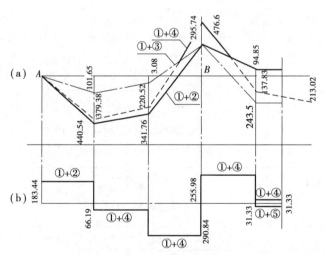

图 11.34　弯矩、剪力包络图

(a)弯矩包络图(单位:kN·m);(b)剪力包络图(单位:kN)

（4）截面设计

①正截面承载力计算。受力钢筋为 HRB400 级，$f_y = 360 \text{ N/mm}^2$；混凝土强度等级 C25，$f_c = 11.9 \text{ N/mm}^2$；跨中按 T 形截面计算，钢筋按一排布置，$h_0 = h - 40 \text{ mm} - 5 \text{ mm} = (700 - 40 - 5) \text{ mm} = 655 \text{ mm}$，翼缘高 $h_f' = 80 \text{ mm}$。

$$\left. \begin{array}{l} b_f' = \dfrac{l_0}{3} = \dfrac{1}{3} \times 7\,200 = 2\,400 \text{ mm} \\[2mm] b_f' = b + s_n = 6\,000 \text{ mm} \end{array} \right\} \text{取较小值} \quad b_f' = 2\,400 \text{ mm}$$

$$\alpha_1 f_c b_f' h_f' \left(h_0 - \frac{h_f'}{2} \right) = 1.0 \times 11.9 \times 2\,400 \times 80 \times \left(655 - \frac{80}{2} \right) \text{ kN} \cdot \text{m} = 1\,405.15 \text{ kN} \cdot \text{m}$$

$$> M_{max} = 440.34 \text{ kN} \cdot \text{m}$$

属第一类 T 形截面。

支座按矩形截面计算，肋宽 $b = 300 \text{ mm}$，钢筋按两排布置，则 $h_0 = (700 - 80) \text{ mm} = 620 \text{ mm}$。中间跨中计算负弯矩钢筋取 $h_0 = (700 - 55) \text{ mm} = 645 \text{ mm}$（梁上部受拉钢筋的 a_s 可适当增大）。

主梁正截面配筋计算见表 11.13。

表 11.13　主梁正截面配筋计算

截面位置	边跨跨中	B 支座	中间跨中	
弯矩值 $M/(\text{kN} \cdot \text{m})$	440.34	$476.6 - 0.2 \times 224.65 = 431.67$	243.5	-94.85
b 或 b_f'/mm	2 400	300	2 400	300
h_0/mm	655	620	655	645
$\alpha_s = \dfrac{M}{\alpha_1 f_c b_f' h_0^2}$（或 $\alpha_s = \dfrac{M}{\alpha_1 f_c b h_0^2}$）	0.037	0.315	0.02	0.064
$\xi = 1 - \sqrt{1 - 2\alpha_s}$	0.038	0.392	0.02	0.066
$\gamma_s = 1 - 0.5\xi$	0.981	0.804	0.99	0.967
$A_s = M/\gamma_s h_0 f_y$	1 904	2 405	1 043	422
选用钢筋/mm^2	3 $\underline{\Phi}$ 22（弯起）+ 2 $\underline{\Phi}$ 22	3 $\underline{\Phi}$ 22（另加）2 $\underline{\Phi}$ 18（右边弯起）3 $\underline{\Phi}$ 22（左边弯起）	2 $\underline{\Phi}$ 18 + 2 $\underline{\Phi}$ 18（弯起）	2 $\underline{\Phi}$ 18
实配 A_s/mm^2	1 900	2 535.5（3—3 截面，承担负弯矩钢筋为 ⑧2 $\underline{\Phi}$ 22，⑨1 $\underline{\Phi}$ 22，②、③、④各 1 $\underline{\Phi}$ 22，⑥1 $\underline{\Phi}$ 18，共 6 $\underline{\Phi}$ 22+1 $\underline{\Phi}$ 18）；2 409（B 支座左侧截面，承担负弯矩钢筋为 ⑧2 $\underline{\Phi}$ 22，⑨1 $\underline{\Phi}$ 22，②、④各 1 $\underline{\Phi}$ 22，⑥、⑦各 1 $\underline{\Phi}$ 18，共 5 $\underline{\Phi}$ 22+2 $\underline{\Phi}$ 18）	1 017	509

②斜截面承载力计算:主梁斜截面配筋计算见表 11. 14,其中 $f_c = 11.9$ N/mm², $f_t = 1.27$ N/mm², $f_{yv} = 270$ N/mm²。

表 11. 14　主梁斜截面配筋计算

截面位置	A 支座	B 支座(左)	B 支座(右)
V/kN	183. 44	290. 84	255. 98
h_0/mm	655	620	620
验算 $0.25\beta_c f_c bh_0$ 和 $0.7f_t bh_0$	截面尺寸合适 按计算配箍	截面尺寸合适 按计算配箍	截面尺寸合适 按计算配箍
$V_{cs} = 0.7f_t bh_0 + f_{yv}\dfrac{A_{sv}}{s}h_0$/kN	Φ8@200 双肢 174. 7+89=263. 7>V_A	Φ8@200 双肢 165. 4+84. 2=249. 6<V_{BL}	Φ8@200 双肢 165. 4+84. 2=249. 6<V_{BR}
$V_{sb} = 0.8f_y A_{sb}\sin\alpha$/kN $V_u = V_{cs} + V_{sb}$/kN	—	弯 1 Φ22 $A_{sb} = 380.1$ mm² $V_{sb}=0.8\times360\times380.1\times0.707$ $=77.4$ $V_u=249.6+77.4=327>V_{BL}$	弯 1 Φ18 $A_{sb} = 254.5$ mm² $V_{sb}=0.8\times360\times254.5\times0.707$ $=51.8$ $V_u=249.6+51.8=301.4>V_{BR}$

(5)主梁配筋

①主梁配筋详图。纵向受力钢筋的弯起和截断位置,根据弯矩和剪力包络图及材料图形来确定,如图 11. 35 所示。主梁的配筋及构造如图 11. 38 所示。

②上部纵筋切断位置均从材料图中量得。在考虑纵筋切断时,切断点应伸过充分利用点 $(1.2l_a + h_0)$,并且应延伸至不需要该钢筋的截面以外不小于 $20d$ 和 $1.3h_0$。对带肋钢筋,$l_a = \alpha\dfrac{f_y}{f_t}d = 0.14\times\dfrac{360}{1.27}d = 39.7d$ mm。如切断钢筋为Φ18,则 $1.2l_a + h_0 = (1.2\times39.7\times18+620)$ mm = 1 477. 5 mm,取 1 700 mm($1.3h_0 = 1.3\times620$ mm = 806 mm,$20d = 20\times18$ mm = 360 mm)。

③附加横向吊筋计算:

$$A_{sb} = \frac{F}{2f_y\sin 45°} = \frac{(52.08\times1.3 + 141.12)\times10^3}{2\times360\times0.707}\ \text{mm}^2 = 410.2\ \text{mm}^2$$

选 2 Φ18,$A_{sb} = 509$ mm²。

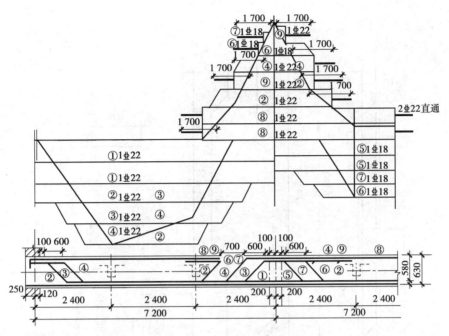

图 11.35 主梁抵抗弯矩图

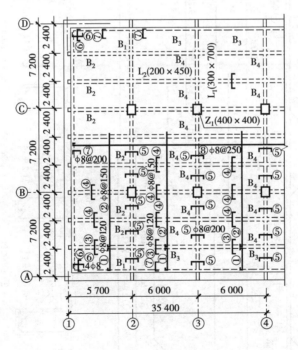

图 11.36 板的配筋图

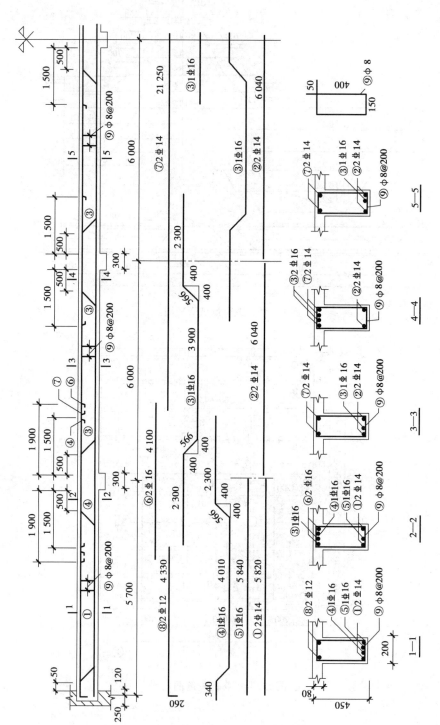

图13.37 次梁配筋图

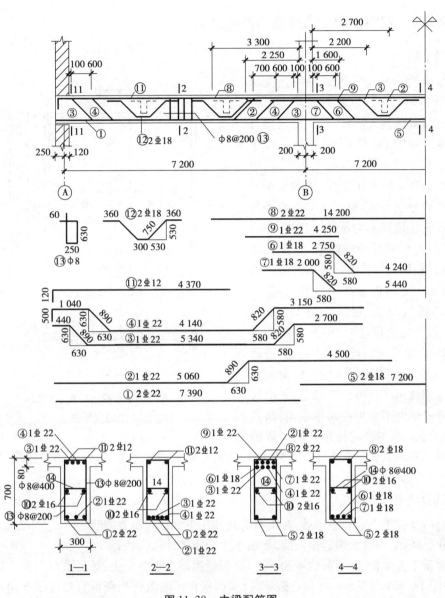

图 11.38 主梁配筋图

11.3 双向板肋梁楼盖

对于四边支承板、三边支承板或相邻两边支承板,当板的长边跨度与短边跨度之比 $l_2/l_1 \le 2$ 时,板上的荷载将分别沿短跨与长跨两个方向传至周边的支承梁或墙上,板内沿两个方向都有弯矩,因此板的受力钢筋也应沿两个方向配置,这样的板称为双向板,即构成双向板肋形结构。目前,在双向板肋形楼盖设计中,板的内力计算有两种方法,即弹性理论计算方法和塑性理论计算方法。

▶ **11.3.1 双向板的受力特点与试验结果**

1）受力特点

在楼盖设计中,最常见的是四边支承的正方形和矩形板。以四边简支矩形板承受均布荷载为例,说明边长比对内力分布的影响。如图 11.39 所示,过矩形板中点 A 取出两个互相垂直的简支板带,设单位面积总荷载 q 沿 x 方向和 y 方向分配或传递的荷载分别为 q_x 和 q_y。根据两条板带交叉点 A 挠度相等的条件,板带并非孤立的,它们受相邻板带的约束,这使得实际的竖向位移和弯矩有所减小。荷载由长、短边两个方向板带共同承受,各板带分配的荷载值与长、短跨比值 l_{0y}/l_{0x} 有关,当 l_{0y}/l_{0x} 比值接近时,两个方向板带的弯矩值较为接近。随着 l_{0y}/l_{0x} 比值增大,短向板带弯矩值逐渐增大,长向板带弯矩值逐渐减小。值得注意的是,长向板带最大弯矩值并不发生在跨中截面,这是因为短向板带对于长向板带具有一定的

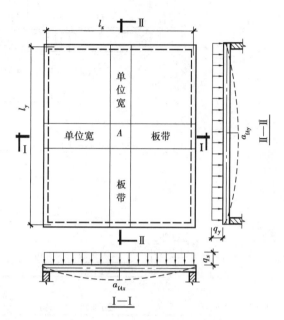

图 11.39　四边简支双向板
中的变形图

支承作用。双向板在荷载作用下,使板的四角处有向上翘起的趋势,由于受到墙或梁的约束,板角处将产生负弯矩。

2）试验结果

四边简支的正方形和矩形板,在均布荷载作用下的试验研究表明:

①荷载较小,混凝土裂缝出现前,板基本上处于弹性工作状态。

②对于正方形板,随着荷载增加,第一批裂缝出现在板底中央,然后沿对角线方向向四角扩展,如图 11.40(a)所示。在接近破坏时,顶面板角区附近将出现垂直对角线方向且大体呈环状的裂缝,这种裂缝的出现加剧了板底裂缝的进一步发展。

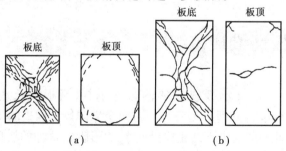

图 11.40　双向板的破坏形态

③对于四边简支的矩形板,裂缝首先出现在板底中部平行于长边的方向。随着荷载增加,这些裂缝不断开展,并沿45°方向向四角扩展。在接近破坏时,板顶面四角也先后出现环状裂缝,其方向垂直于对角线。这种裂缝的出现加剧了板底裂缝的进一步发展,最后跨中受力钢筋达到屈服强度,板随之破坏,如图11.40(b)所示。

④简支正方形板和矩形板,受荷后板的四角均有翘起的趋势。板传给支承边上的压力不是沿支承边上均匀分布,而是中部较大,两端较小。

⑤当板的配筋率相同时,采用较小直径的钢筋更为有利。钢筋的布置采取由板边缘向中部逐渐加密,比用相同数量且均匀配置更为有利。

⑥按理论分析,钢筋应垂直于裂缝的方向配置。但试验表明,板中钢筋的布置方向对破坏荷载的数值并无显著影响。钢筋平行于板边配置时,对推迟第一批裂缝的出现有良好的作用,且施工方便,因此采用最多。

▶ **11.3.2 双向板按弹性理论的内力计算方法**

双向板按弹性理论的内力计算方法

当板厚远小于板短边边长的1/30,且板的挠度远小于板的厚度时,双向板可按弹性薄板理论计算,但比较复杂。在工程设计中,大多根据板的荷载及支承情况,利用已制成的表格进行计算。附录7列出了单块双向板按弹性薄板理论计算的图表,可供设计时查用。

1)单块双向板的内力计算

对于承受均布荷载的单块矩形双向板,可以根据四边支承情况及沿x方向与沿y方向板的跨度之比,利用附录7(各种不同边界条件的双向板)按式(11.14)进行计算:

$$m = \alpha p l_x^2 \tag{11.14}$$

式中 M——相应于不同支承情况的单位板宽内跨中的弯矩值或支座中点的弯矩值;

   α——根据不同支承情况和不同板跨比l_x/l_y由附表7.1查得的弯矩系数;

   l_x——板短方向的跨长,见附录7.1插图所示;

   p——作用在双向板上的均布荷载($g+q$)。

应该指出,附录7是根据混凝土材料的泊松比$\mu=0$编制的,当μ不为零时,可按下式计算跨中弯矩:

$$m_x^{(\mu)} = m_x + \mu m_y \tag{11.15}$$

$$m_y^{(\mu)} = m_y + \mu m_x \tag{11.16}$$

对钢筋混凝土,可取泊松比$\mu=0.2$。

2)多区格等跨连续双向板的实用计算方法

多区格等跨连续双向板内力分析较为复杂,因此计算多区格等跨连续双向板时,可以将连续的双向板简化为单块板来计算。此法采用了如下两个假定:

①双向板支承梁的受弯线刚度很大,竖向位移可忽略不计;

②支承梁的受扭线刚度很小,可以自由转动。

上述假定可将支承梁视为双向板的不动铰支座,从而使内力计算得到简化。当双向板在同一方向相邻跨度相对差值小于20%时,均可按下述方法进行内力及变形分析。

（1）跨中最大正弯矩

在均布恒荷载 g 和均布活荷载 q 作用下，求跨中最大正弯矩时，其活荷载的最不利位置应按图 11.41（a）所示的棋盘式布置。这种布置情况可简化为满布的 p'［图 11.41（b）］和一上一下作用的（反对称）p''［图 11.41（c）］两种荷载情况之和。假设全部荷载 $p=g+q$ 是由 p' 和 p'' 组成，$p'=g+q/2$，$p''=\pm q/2$。在满布荷载 p' 作用下，因为荷载对称，可近似地认为板的中间支座都是固定支座；在一上一下的荷载 p'' 作用下，近似符合反对称关系，可以认为中间支座的弯矩等于零，亦即可以把中间支座都看作简支支座。至于边支座，则可根据实际情况确定。这样，就可将连续双向板分成作用 p' 及 p'' 的单块双向板计算，将上述两种情况求得的跨中弯矩相叠加，便可得到在最不利荷载位置时所产生的跨中最大和最小弯矩。

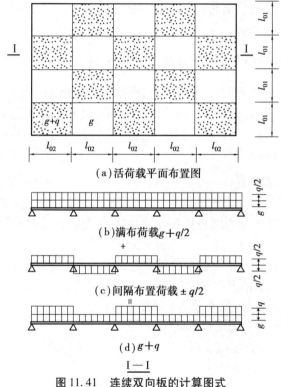

（a）活荷载平面布置图

（b）满布荷载 $g+q/2$

＋

（c）间隔布置荷载 $\pm q/2$

＝

（d）$g+q$

I—I

图 11.41　连续双向板的计算图式

（2）支座中点最大负弯矩

连续双向板的支座弯矩，可将全部荷载 $p=g+q$ 布满各跨来计算。这时各跨的板都可近似地认为固定在各中间支座上（四边固定板），这样连续双向板的支座弯矩也可由附录 7 查得。如相邻两跨板的另一端支承情况不一样，或两跨跨度不相等时，则可取相邻两跨板的同一支座弯矩的平均值作为该支座的计算弯矩值。

▶ 11.3.3　双向板按塑性理论的内力计算方法

双向板按弹性理论分析计算的值与试验结果有较大差异，这是因为混凝土为弹塑性材料，在受力过程中将产生塑性内力重分布，只有考虑混凝土的塑性性能求解双向板，才能符合双向板的实际受力状态。目前，双向板按塑性理论

双向板按塑性理论
的内力计算方法

分析方法最常用的是极限平衡法,又称为塑性铰线法。双向板是一种受力比较复杂的结构,一般情况下按塑性理论计算其极限荷载的精确值是很困难的。

1)极限平衡法

图 11.42 所示为承受均布荷载的四边简支矩形双向板,由试验可知,板的短边方向跨中弯矩 M_x 较大,故第一批裂缝出现在平行长边的跨中[图 11.42(a)]。随着荷载的增加,裂缝逐渐延伸,并向四角发展。当短边跨中裂缝截面处的钢筋应力达到屈服,形成塑性铰,M_x 将不再增加,随着荷载增大,与裂缝相交的钢筋陆续达到屈服,形成如图 11.42(b)所示的混凝土裂缝线(即为塑性铰线)。直到塑性铰线将板分成许多板块,各小板块沿塑性铰线转动,使双向板成为几何可变体系时,双向板达到承载力极限状态,板所承受的荷载即为极限荷载。塑性铰与塑性铰线两者的概念相似,前者发生在杆件结构中,后者发生在板式结构中。

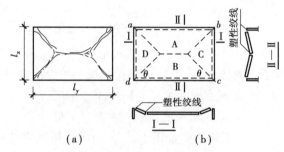

图 11.42 承受均布荷载的四边简支矩形双向板

(1)极限平衡法的基本假定

①双向板在即将破坏时,在最大弯矩处形成塑性铰线,并形成几何可变体系;

②在均布荷载作用下,塑性铰线是直线,沿塑性铰线单位长度上的弯矩为常数,等于相应板配筋的极限弯矩;

③板块的弹性变形远小于塑性铰线处的变形,故可视板块为刚性体,整块板的变形都集中在塑性铰线上,破坏时各板块都绕塑性铰线转动;

④在塑性铰线上,扭矩和剪力均很小,可忽略不计,只有塑性铰线上的极限弯矩来抵抗荷载;

⑤双向板满足几何条件及平衡条件的塑性铰线位置可能不止一组,但其中必有一组最危险,最危险的一组是相应于极限荷载为最小的一组。

(2)极限平衡法的基本方程

现以均布荷载作用下的四边固定支座的双向板为例,采用极限平衡法进行双向板的内力分析。长跨 l_y、短跨 l_x 在极限荷载 p 作用下,塑性铰线将板分割为 A,B,C,D 4 块小板,如图 11.43 所示。向四角发展的塑性铰线近似取 $\theta=45°$,每个板块均应满足力和力矩的平衡条件,按塑性理论计算双向板的内力就是计算沿塑性铰线上的极限弯矩。

设板内配筋沿两个方向均为等间距布置,则板跨内承受正弯矩的钢筋沿 l_x,l_y 方向塑性铰线上单位板宽内的极限弯矩分别为:

$$m_x = A_{sx} f_y \gamma_s h_{0x}$$

(11.17)

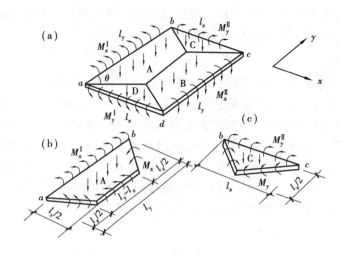

图 11.43　极限平衡法分析示意图

$$m_y = A_{sy} f_y \gamma_s h_{0y} \tag{11.18}$$

板支座上承受负弯矩的钢筋,沿 l_x, l_y 方向塑性铰线上单位板宽内的极限弯矩分别为:

$$m'_x = m''_x = A'_{sx} f_y \gamma_s h'_{0x} = A''_{sx} f_y \gamma_s h''_{0x} \tag{11.19}$$

$$m'_y = m''_y = A'_{sy} f_y \gamma_s h'_{0y} = A''_{sy} f_y \gamma_s h''_{0y} \tag{11.20}$$

式中　$A_{sx}, A_{sy}, \gamma_s h_{0x}, \gamma_s h_{0y}$——板跨内截面沿 l_x, l_y 方向单位板宽内的纵向受力钢筋截面面积及其内力偶臂;

　　　$A'_{sx}, A''_{sx}, A'_{sy}, A''_{sy}$ 及 $\gamma_s h'_{0x}, \gamma_s h''_{0x}, \gamma_s h'_{0y}, \gamma_s h''_{0y}$——板支座截面沿 l_x, l_y 方向单位板宽内的纵向受力钢筋截面面积及其内力偶臂。

沿板跨内塑性铰线上,l_x, l_y 方向的总极限正弯矩分别为 $M_x = l_y m_x$,$M_y = l_x m_y$;沿板支座塑性铰线上,l_x, l_y 方向的总极限负弯矩分别为 $M'_x = l_y m'_x$,$M''_x = l_y m''_x$,$M'_y = l_x m'_y$,$M''_y = l_x m''_y$。l_x, l_y 取值按 11.2.3 节中的塑性方法计算。

现取梯形 A 板块为脱离体,如图 11.43(b)所示。假设板 A 沿正弯矩塑性铰线截面在 x 方向的总抵抗弯矩为 M_x,根据平衡条件,对 ab 轴取矩得:

$$M_x + M'_x = l_y m_x + l_y m'_x$$

$$= p \times (l_y - l_x) \times \frac{l_x}{2} \times \frac{l_x}{4} + p \times 2 \times \frac{1}{2} \times \left(\frac{l_x}{2}\right)^2 \times \frac{1}{3} \times \frac{l_x}{2} = p l_x^2 \left(\frac{l_y}{8} - \frac{l_x}{12}\right) \tag{11.21}$$

同理,对 B 板块:
$$M_x + M''_x = p l_x^2 \left(\frac{l_y}{8} - \frac{l_x}{12}\right) \tag{11.22}$$

取三角形 C 板块为脱离体,如图 11.43(c)所示。对板支座塑性铰线 bc 取矩,根据脱离体力矩极限平衡条件得:

$$M_y + M'_y = l_x m_y + l_x m'_y = p \times \frac{1}{2} \times \frac{l_x}{2} \times l_x \times \frac{1}{3} \times \frac{l_x}{2} = p \frac{l_x^3}{24} \tag{11.23}$$

同理,对 D 板块:
$$M_y + M''_y = p \frac{l_x^3}{24} \tag{11.24}$$

将以上 4 式相加即得四边固定支承时均布荷载作用下双向板总弯矩极限平衡方程:

$$2M_x + 2M_y + M'_x + M''_x + M'_y + M''_y = p\frac{l_x^2}{12}(3l_y - l_x) \tag{11.25}$$

若四边支承板为四边简支时,由于支座处塑性铰线弯矩值等于零,即 $M'_x = M''_x = M'_y = M''_y = 0$,根据式(11.25)可得四边简支双向板总弯矩极限平衡方程为:

$$M_x + M_y = p\frac{l_x^2}{24}(3l_y - l_x) \tag{11.26}$$

式(11.25)、式(11.26)表明双向板塑性铰线上截面总极限弯矩与极限荷载 p 之间的关系,双向板计算时,塑性铰线的位置与结构达到承载力极限状态时的塑性铰线位置越接近,极限荷载 p 值的计算精度越高。因此,正确确定塑性铰线计算模式是结构计算的关键。

2)双向板按塑性理论计算的一般公式

双向板设计时,通常已知板的荷载设计值 p 和计算跨度 l_x,l_y,要求确定板的内力和配筋。一般情况下,有 4 个内力未知量:m_x,m_y,$m'_x = m''_x$,$m'_y = m''_y$,但只有 1 个方程,无法同时确定多个变量,需要补充附加条件,即预先选定内力间的比值:令 $\alpha = \dfrac{m_y}{m_x} = \left(\dfrac{l_x}{l_y}\right)^2$,$\beta = \dfrac{m'_x}{m_x} = \dfrac{m''_x}{m_x} = \dfrac{m'_y}{m_y} = \dfrac{m''_y}{m_y}$。考虑到与弹性弯矩比值相差不要太大,并便于板的配筋构造和节省钢筋,根据经验设计时宜取 $\alpha = \dfrac{1}{n^2}$,$n = \dfrac{l_y}{l_x}$,$\beta = 1.5 \sim 2.5$。于是,正截面受弯承载力的总值可以用 n,α,β 和 m_x 来表示:

$$M_x = l_y m_x = n l_x m_x \tag{11.27}$$

$$M_y = l_x m_y = \alpha l_x m_x \tag{11.28}$$

$$M'_x = M''_x = l_y m'_x = n l_x \beta m_x \tag{11.29}$$

$$M'_y = M''_y = l_x m'_y = l_x \beta m_y = \alpha \beta l_x m_x \tag{11.30}$$

将以上 4 个关系式代入式(11.25)得:

$$m_x = \frac{p l_x^2}{12} \frac{3n - 1}{2n\beta + 2\alpha\beta + 2n + 2\alpha} \tag{11.31}$$

对于四边简支板,则:

$$m_x = \frac{p l_x^2}{12} \frac{(3n-1)}{2n+2\alpha} \tag{11.32}$$

式中 p ——双向板的极限均布荷载;

m_x ——短跨跨中单位板宽上的极限弯矩,$(kN \cdot m)/m$。

设计时,长短跨比值 n 为已知,这时只要选定 α 和 β 值,即可按式(11.31)或式(11.32)求得 m_x,再根据选定的 α 和 β 值,求出其余的正截面受弯承载力设计值 m_y,$m'_x = m''_x$,$m'_y = m''_y$。

(1)单区格双向板计算

当板采用弯起式配筋时,通常将两个方向的跨中正弯矩钢筋在距支座 $l_x/4$ 处弯起 1/2 作为支座负弯矩钢筋,这样在距支座 $l_x/4$ 以内的正塑性铰线上单位板宽的极限弯矩值分别为 $m_x/2$ 和 $m_y/2$,故此时两个方向的塑性铰线上的跨中总弯矩分别为:

$$M_x = \left(l_y - \frac{l_x}{2}\right) \times m_x + 2 \times \frac{l_x}{4} \times \frac{m_x}{2} = \left(n - \frac{1}{4}\right) l_x m_x \tag{11.27a}$$

$$M_y = \frac{l_x}{2} \times m_y + 2 \times \frac{l_x}{4} \times \frac{m_y}{2} = \frac{3}{4} l_x m_y = \frac{3}{4} \alpha l_x m_x \qquad (11.28a)$$

支座上负弯矩钢筋仍各自沿全长布置,亦即各负塑性铰线上的总弯矩值没有变化,将上式代入式(11.25)得:

$$m_x = \frac{p l_x^2}{12} \frac{3n - 1}{2n\beta + 2\alpha\beta + 2\left(n - \frac{1}{4}\right) + \frac{3}{2}\alpha} \qquad (11.33)$$

当板采用分离式配筋形式时,各塑性铰线上总弯矩可直接采用式(11.27)至式(11.32)计算。

对于具有简支边的连续双向板,只需将下列不同情况下的支座弯矩和跨中弯矩代入式(11.25),即可得到相应的设计公式:

①当三边连续,一长边为简支时,此时简支边的支座弯矩等于零,其余支座弯矩和长跨跨中弯矩不变,仍按式(11.29)、式(11.30)和式(11.28a)计算,而短跨因简支边不需要弯起部分跨中钢筋,故跨中弯矩为:

$$M_x = \frac{1}{2}\left[n + \left(n - \frac{1}{4}\right)\right] m_x l_x = \left(n - \frac{1}{8}\right) l_x m_x \qquad (11.27b)$$

将上式及支座弯矩代入式(11.25),即可得到相应的设计公式,或将式(11.33)中的 $2n\beta$ 换为 $n\beta$ 即可,其他不变,即

$$m_x = \frac{p l_x^2}{12} \frac{3n - 1}{n\beta + 2\alpha\beta + 2\left(n - \frac{1}{4}\right) + \frac{3}{2}\alpha} \qquad (11.34)$$

②三边连续,一短边简支时,此时简支边的支座弯矩等于零,其余支座弯矩和短跨跨中弯矩不变,仍按式(11.29)、式(11.27a)和式(11.28a)计算。长跨跨中正截面受弯承载力设计值为:

$$M_y = \frac{1}{2}\left(\alpha + \frac{3}{4}\alpha\right) m_x l_x = \frac{7}{8} \alpha l_x m_x \qquad (11.28b)$$

或将式(11.33)中的 $2\alpha\beta$ 换为 $\alpha\beta$ 即可,其他不变,即

$$m_x = \frac{p l_x^2}{12} \frac{3n - 1}{2n\beta + \alpha\beta + 2\left(n - \frac{1}{4}\right) + \frac{3}{2}\alpha} \qquad (11.35)$$

③两相邻边连续,另两相邻边简支,此时两个方向的跨中弯矩分别取①和②两种情况的弯矩值,即

$$m_x = \frac{p l_x^2}{12} \frac{3n - 1}{n\beta + \alpha\beta + 2\left(n - \frac{1}{4}\right) + \frac{3}{2}\alpha} \qquad (11.36)$$

④当四边连续板的某一支座钢筋为已知时,通常是该支座已由相邻区格的板计算出支座的配筋,对所考虑的区格来说,该支座的极限弯矩即为已知,这时可将已知的弯矩值代入式(11.33)中相应的支座弯矩项,同样可解出 m_x。

例如,当板的一个长跨方向支座弯矩 M'_y 为已知时,即 $M'_y = l_x m'_y$,此处 m'_y 为由相邻区格板求得的单位长度支座弯矩值。代入式(11.33)可得:

$$m_x = \frac{pl_x^2}{12} \cdot \frac{(3n-1)-m'_y}{2n\beta + \alpha\beta + 2\left(n-\frac{1}{4}\right) + \frac{3}{2}\alpha} \qquad (11.37)$$

如其他支座弯矩已知,同样可推出相应的计算公式。

（2）多区格连续双向板计算

在计算连续双向板时,内区格板可按四边固定的单区格板进行计算,边区格板或角区格板可按外边界的实际支承情况的单区格板进行计算。计算时,首先从中间区格板开始,将中间区格板计算得出的各支座弯矩值作为计算相邻区格板支座的已知弯矩值。这样依次由内向外直至外区格板可一一求解。

▶ 11.3.4 双向板支承梁的设计

双向板上的荷载是沿着两个方向传到四边的支承梁上,精确地决定双向板传给梁的荷载较为困难,在设计中多采用近似方法分配,即对每一区格,从四角作45°线与平行长边的中线相交（图11.44）,将板的面积分为4小块,每小块面积上的荷载认为传递到相邻的梁上。故短跨梁上的荷载是三角形分布的,长跨梁上的荷载是梯形分布的。支承梁结构自重及抹灰荷载仍为均匀分布。梁上的荷载确定后,即可计算梁的内力。

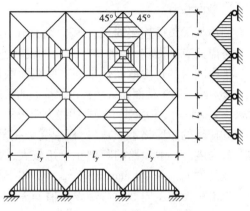

图11.44 支承双向板梁的计算简图

1）按弹性理论计算支承梁内力

按弹性方法计算承受梯形或三角形荷载的连续梁的内力时,计算跨度可仍按一般连续梁的规定取用。可用结构力学的方法进行内力计算,或查用有关手册中所列的内力系数计算。当跨度相等或相差不超过10%时,可将梯形（或三角形）分布荷载折算成能产生相等支座弯矩的等效均布荷载（图11.45）,然后利用附录9求出最不利荷载布置情况下的各支座弯矩。各支座弯矩求得后,就可根据静力平衡条件,由承受梯形（或三角形）分布荷载和支座弯矩的简支梁求出各跨跨中弯矩值和支座剪力值。

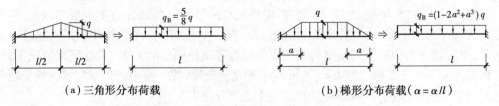

（a）三角形分布荷载　　　　　　　　（b）梯形分布荷载（$\alpha = a/l$）

图11.45 分布荷载换算为等效均布荷载

图11.45中,$q = q' \cdot l/2 = (g+p) \cdot l/2$,$g,p$分别为板面的均布恒荷载和均布活荷载。计算支承梁时,对于活荷载还应考虑活荷载的最不利布置。

2）按塑性理论计算支承梁内力

按塑性理论计算支承梁时,可在弹性理论计算所得支座截面弯矩的基础上,应用调幅法确定支座截面塑性弯矩值,再按支承梁实际荷载求得跨内截面弯矩值和支座剪力值。

3）支承梁配筋

按连续梁的内力包络图及材料图确定纵筋弯起和切断。梁的截面设计、裂缝及变形验算,以及配筋构造等(包括箍筋形式、数量和布置),与支承单向板的梁完全相同。

▶ 11.3.5 双向板截面设计及构造要求

1）截面设计

周边与梁整体连接的板在竖向荷载作用下,周边支承梁对板也会产生推力而使弯矩减小。考虑此有利影响,可将一些截面的设计弯矩乘以下列折减系数予以降低:

①中间跨的跨中截面及中间支座截面取 0.8。

②边跨的跨中截面和从楼板边缘算起的第二支座截面:当 $l_2/l_1 < 1.5$ 时取 0.8,当 $1.5 \leqslant l_2/l_1 \leqslant 2$ 时取 0.9。其中,l_1 为垂直于楼板边缘方向板的计算跨度;l_2 为沿楼板边缘方向板的计算跨度。

③楼板的角区格不予减少,板中受力钢筋在跨内纵横两向叠置,计算时应分别采用各自的有效高度。一般短跨的跨内正弯矩较大,故沿短跨的钢筋应置于外层。一般可取短跨的截面有效高度 $h_{01} = h - 20$ mm,长跨 $h_{02} = h - 30$ mm,h 为板厚。

求出单位宽度内截面弯矩设计值 m 后,可按矩形截面正截面承载力计算受力钢筋面积:

$$A_s = \frac{m}{\gamma_s h_0 f_y} \tag{11.38}$$

式中,内力臂系数 $\gamma_s = 0.90 \sim 0.95$。

2）构造要求

双向板的厚度一般不小于 80 mm,通常在 80~160 mm。当满足板厚 $h \geqslant l/45$(单区格简支板)、$h \geqslant l/50$(多区格连续板)时,可不进行变形验算,l 为板短向跨度。

配筋形式类似单向板,有弯起式和分离式两种。按弹性方法计算出的板跨中最大弯矩是板中点板带的弯矩,故所求出的钢筋用量是中间板带单位宽度内所需要的钢筋用量。四边支承板在破坏时的形状好像一个倒置的四面排水的坡屋面,各板条之间不仅受弯而且受扭,靠近支座的板带,其弯矩比中间板带的弯矩要小,它的钢筋用量也比中间板带的钢筋用量要少。

考虑到施工方便,可按图 11.46 处理,即将板在两个方向各划分为 3 个板带,边缘板带的宽度均为较小跨度 l_1 的 1/4,其余为中间板带。在中间板带,按跨中最大弯矩值配筋。在边缘板带,单位宽度内的钢筋用量则为其相应中间板带钢筋用量的 1/2。但在任何情况下,每米宽度内的钢筋不少于 5 根。当 $l_1 < 2.5$ m 时可不划分板带,统一按中间板带配置钢筋。在同样配筋率时,采用直径较小的钢筋对抑制混凝土裂缝开展有利。

由支座最大弯矩求得的支座钢筋数量,则沿板边均匀配置,不得分带减少。

按塑性理论计算时,板的跨内及支座截面钢筋通常均匀设置。

在简支的单块板中,考虑到简支支座实际上仍可能有部分嵌固作用产生负弯矩,可设置每个方向跨内截面钢筋总面积 1/3 的负弯矩钢筋,且每米宽度内不少于 5 根 8 mm 钢筋,两侧边嵌固在墙体内的板角处,与单向板相同,亦应双向配置承受负弯矩的构造钢筋,且每米宽度内不少于 5 根 8 mm 钢筋。

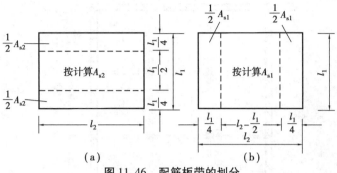

图 11.46 配筋板带的划分

在连续双向板中,承担支座负弯矩的钢筋,可由相邻两跨跨中钢筋各弯起 1/3 ~ 1/2 来承担,不足部分另加直钢筋;由于边缘板带内跨中钢筋较少,而且弯起也较困难,可在支座上面另设附加钢筋,如图 11.47 所示。

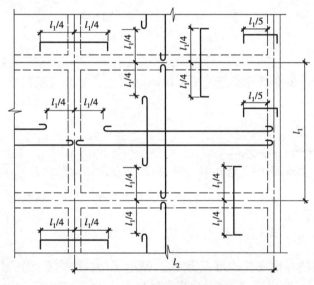

图 11.47 连续双向板配筋图

▶ 11.3.6 现浇双向板肋梁楼盖设计例题

某厂房双向板肋梁楼盖的结构平面布置如图 11.48 所示。

设计资料:楼面活荷载标准值 6 kN/m²,板厚选用 100 mm,板面 20 mm 厚水泥砂浆找平,板底 15 mm 厚混合砂浆抹灰。混凝土强度等级采用 C25,板中钢筋采用 HPB300 级(f_y = 270 N/mm²),请计算板的内力并进行截面配筋设计。

1)荷载计算

找平层	20×0.02 kN/m² = 0.4 kN/m²
板自重	25×0.10 kN/m² = 2.5 kN/m²
混合砂浆抹灰	17×0.015 kN/m² = 0.26 kN/m²
恒荷载标准值	$g_k = 3.16$ kN/m²

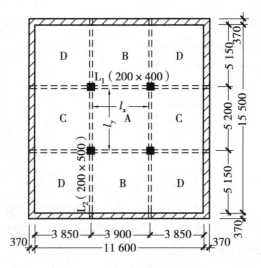

图 11.48　双向板楼盖平面布置

活荷载标准值 $q_k = 6$ kN/m²

恒荷载设计值 $g = 1.3 \times 3.16$ kN/m² $= 4.11$ kN/m²

活荷载设计值(由于活载标准值大于 4.0 kN/m²,故荷载分项系数为 1.4)

$$q = 1.4 \times 6 \text{ kN/m}^2 = 8.4 \text{ kN/m}^2$$

合计 $g+q = 12.51$ kN/m²

2)按弹性理论计算

在计算每一区格板的跨中正弯矩时,按恒荷载均布及活荷载棋盘式布置计算,取荷载:

$$p' = g + \frac{q}{2} = \left(4.11 + \frac{8.4}{2}\right) \text{kN/m}^2 = 8.31 \text{ kN/m}^2$$

$$p'' = \frac{q}{2} = 4.2 \text{ kN/m}^2$$

在 p' 作用下,板的各内支座均可视为固定,某些区格板跨内最大正弯矩不在板的中心点处,为了简单起见,对于跨中正弯矩,只计算各区格板中心点的弯矩。在 p'' 作用下,各区格板四边均可视为四边简支,板中心处的弯矩即为跨中最大正弯矩。计算时,可近似取以上两者之和作为每一区格板跨内最大正弯矩值。

在计算每一区格板的支座最大负弯矩时,按恒荷载及活荷载均满布各区格板计算,取荷载:

$$p = g + q = 12.51 \text{ kN/m}^2$$

按附录 7 进行内力计算,将计算结果汇总于表 11.15 中。

由表可见,板间支座弯矩是不平衡的,实际应用时可近似地取相邻两区格板支座弯矩的平均值,即

AB 支座　　$m'_y = \dfrac{-10.75 - 10.88}{2}(\text{kN}\cdot\text{m})/\text{m} = -10.82 \ (\text{kN}\cdot\text{m})/\text{m}$

AC 支座　　$m'_x = \dfrac{-13.34 - 15.93}{2}(\text{kN}\cdot\text{m})/\text{m} = -14.64 \ (\text{kN}\cdot\text{m})/\text{m}$

BD 支座 $m'_x = \dfrac{-14.27 - 17.85}{2}(kN \cdot m)/m = -16.06\ (kN \cdot m)/m$

CD 支座 $m'_y = \dfrac{-13.87 - 14.46}{2}(kN \cdot m)/m = -14.17\ (kN \cdot m)/m$

表 11.15   双向板单位板宽弯矩计算   单位:(kN·m)/m

区格板		A 区格	B 区格
l_x, l_y		$l_x = 3.90\ m$ $l_y = 5.20\ m$	$l_x = 3.90\ m$ $l_y = (5.15+0.1/2)m = 5.20\ m$
l_x/l_y		$3.90/5.2 = 0.75$	$3.90/5.2 = 0.75$
$\nu = 0$	m_x	$(0.062 \times 4.2 + 0.029\ 6 \times 9.31) \times 3.9^2 = 7.70$	$(0.062 \times 4.2 + 0.033\ 1 \times 8.31) \times 3.9^2 = 8.14$
	m_y	$(0.031\ 7 \times 4.2 + 0.013 \times 8.31) \times 3.9^2 = 3.67$	$(0.031\ 7 \times 4.2 + 0.010\ 9 \times 8.31) \times 3.9^2 = 3.40$
$\nu = 0.2$	m_x^ν	$7.70 + 0.2 \times 3.67 = 8.43$	$8.14 + 0.2 \times 3.40 = 8.82$
	m_y^ν	$3.67 + 0.2 \times 7.70 = 5.21$	$3.40 + 0.2 \times 8.14 = 5.03$
m'_x		$-0.070\ 1 \times 12.51 \times 3.9^2 = -13.34$	$-0.075 \times 12.51 \times 3.9^2 = 14.27$
m'_y		$-0.056\ 5 \times 12.51 \times 3.9^2 = -10.75$	$-0.057\ 2 \times 12.51 \times 3.9^2 = -10.88$
区格板		C 区格	D 区格
l_x, l_y		$l_x = (3.85+0.1/2)m = 3.90\ m$ $l_y = 5.20\ m$	$l_x = (3.85+0.1/2)m = 3.90\ m$ $l_y = (5.15+0.1/2)m = 5.20\ m$
l_x/l_y		$3.90/5.20 = 0.75$	$3.90/5.20 = 0.75$
$\nu = 0$	m_x	$(0.062 \times 4.2 + 0.032\ 9 \times 8.31) \times 3.9^2 = 8.12$	$(0.062 \times 4.2 + 0.039 \times 8.31) \times 3.9^2 = 8.89$
	m_y	$(0.031\ 7 \times 4.2 + 0.020\ 8 \times 8.31) \times 3.9^2 = 4.65$	$(0.031\ 7 \times 4.2 + 0.018\ 9 \times 8.31) \times 3.9^2 = 4.41$
$\nu = 0.2$	m_x^ν	$8.12 + 0.2 \times 4.65 = 9.05$	$8.89 + 0.2 \times 4.41 = 9.77$
	m_y^ν	$4.65 + 0.2 \times 8.12 = 6.27$	$4.41 + 0.2 \times 8.89 = 6.19$
m'_x		$-0.083\ 7 \times 12.51 \times 3.9^2 = -15.93$	$-0.093\ 8 \times 12.51 \times 3.9^2 = -17.85$
m'_y		$-0.072\ 9 \times 12.51 \times 3.9^2 = -13.87$	$-0.076 \times 12.51 \times 3.9^2 = -14.46$

　　考虑到周边支承梁对板的推力作用,弯矩应进行折减。A 区格板四边与梁整体连接,跨中弯矩乘以折减系数 0.8。由于楼盖周边未设圈梁,故区格板 B,C,D 都不是四边与梁整体连接,弯矩均不予折减。各跨中及支座弯矩求得后,即可近似地按 $A_s = m/(0.95h_0 f_y)$ 计算出相应的钢筋截面积。计算时截面有效高度 h_0:对短向跨中取 $h_0 = 80\ mm$,对长向跨中取 $h_0 = 70\ mm$,各支座截面取 $h_0 = 80\ mm$,具体计算不再赘述。

3)按塑性理论计算

(1)弯矩计算

①中间区格板 A(四边连续):

$l_x = (3.90 - 0.20)m = 3.7\ m$ $l_y = (5.20 - 0.20)m = 5.00\ m$

$\alpha = (3.7/5.0)^2 = 0.55$,取 $\alpha = 0.6$,$\beta = 2$

采用弯起式配筋,跨中钢筋在距支座 $l_x/4$ 处弯起 $1/2$,故得跨内及支座塑性铰线上的总弯矩为:

$$M_x = \left(l_y - \frac{l_x}{4}\right)m_x = \left(5 - \frac{3.7}{4}\right)m_x = 4.075m_x$$

$$M_y = \frac{3}{4}\alpha l_x m_x = \frac{3}{4} \times 0.6 \times 3.7m_x = 1.665m_x$$

$$M'_x = M''_x = \beta l_y m_x = 2 \times 5m_x = 10m_x$$

$$M'_y = M''_y = \beta \alpha l_x m_x = 2 \times 0.6 \times 3.7m_x = 4.44m_x$$

将以上各值代入式(11.25),得:

$$2M_x + 2M_y + M'_x + M''_x + M'_y + M''_y = p\frac{l_x^2}{12}(3l_y - l_x)$$

$$2 \times 4.075m_x + 2 \times 1.665m_x + 2 \times 10m_x + 2 \times 4.44m_x = 12.51 \times 3.7^2 \times (3 \times 5 - 3.7)/12$$

$$m_x = 4.0 \ (\text{kN} \cdot \text{m})/\text{m}$$

$$m_y = \alpha m_x = 0.6 \times 4.0 \ (\text{kN} \cdot \text{m})/\text{m} = 2.40 \ (\text{kN} \cdot \text{m})/\text{m}$$

$$m'_x = m''_x = \beta m_x = 2 \times 4.0 \ (\text{kN} \cdot \text{m})/\text{m} = 8.0 \ (\text{kN} \cdot \text{m})/\text{m}$$

$$m'_y = m''_y = \beta m_y = 2 \times 2.40 \ (\text{kN} \cdot \text{m})/\text{m} = 4.80 \ (\text{kN} \cdot \text{m})/\text{m}$$

②区格板 B(三边连续一短边简支):

$$l_x = 3.7 \ \text{m} \quad l_y = (5.15 - 0.1 + 0.1/2)\text{m} = 5.10 \ \text{m}$$

仍取 $\alpha = 0.6$,$\beta = 2$。由于 B 区格为三边连续一边简支板,无边梁,内力不做折减,由于短边支座弯矩为已知(由区格 A 得),$m''_y = 4.80 \ (\text{kN} \cdot \text{m})/\text{m}$,则

$$M''_y = 4.80 \ (\text{kN} \cdot \text{m})/\text{m} \times 3.7 \ \text{m} = 17.76 \ \text{kN} \cdot \text{m}$$

$$M'_y = 0$$

$$M_x = \left(5.1 - \frac{3.7}{4}\right)m_x = 4.175m_x$$

$$M_y = \frac{3}{4} \times 0.6 \times 3.7m_x = 1.665m_x$$

$$M'_x = M''_x = 2 \times 5.1m_x = 10.2m_x$$

将以上各值代入式(11.25),得:

$$2 \times 4.175m_x + 2 \times 1.665m_x + 2 \times 10.2m_x + 0 + 17.76 = 12.51 \times 3.7^2 \times \frac{3 \times 5.1 - 3.7}{12}$$

$$m_x = 4.61 \ (\text{kN} \cdot \text{m})/\text{m}$$

$$m_y = \alpha m_x = 0.6 \times 4.61 \ (\text{kN} \cdot \text{m})/\text{m} = 2.77 \ (\text{kN} \cdot \text{m})/\text{m}$$

$$m'_x = m''_x = \beta m_x = 2 \times 4.61 \ (\text{kN} \cdot \text{m})/\text{m} = 9.22 \ (\text{kN} \cdot \text{m})/\text{m}$$

$$m'_y = 0$$

$$m''_y = 4.80 \ (\text{kN} \cdot \text{m})/\text{m}[\text{也可计算} m''_y = \beta m_y = 2 \times 2.77 \ (\text{kN} \cdot \text{m})/\text{m} = 5.54 \ (\text{kN} \cdot \text{m})/\text{m}]$$

③区格板 C(三边连续一长边简支):

$$l_x = (3.85 - 0.10 + 0.10/2)\text{m} = 3.8 \ \text{m} \quad l_y = 5.0 \ \text{m}$$

仍取 $\alpha=0.6,\beta=2$。

由区格板 A 已知，$M''_x = 8.0$ (kN·m)/m × 5.0 m = 40 kN·m

$$M'_x = 0$$

$$M_x = \left(5.0 - \frac{3.8}{4}\right)m_x = 4.05m_x$$

$$M_y = \frac{3}{4} \times 0.6 \times 3.8m_x = 1.71m_x$$

$$M'_y = M''_y = 2 \times 0.6 \times 3.8m_x = 4.56m_x$$

将以上各值代入式(11.25)，得：

$$2 \times 4.05m_x + 2 \times 1.71m_x + 0 + 40 + 2 \times 4.56m_x = 12.51 \times 3.8^2 \times \frac{3 \times 5.0 - 3.8}{12}$$

$$m_x = 6.23(\text{kN·m})/\text{m}$$

$$m_y = \alpha m_x = 0.6 \times 6.23 \ (\text{kN·m})/\text{m} = 3.74 \ (\text{kN·m})/\text{m}$$

$$m'_x = 0$$

$$m''_x = 8.0 \ (\text{kN·m})/\text{m}$$

$$m'_y = m''_y = \beta m_y = 2 \times 3.74 \ (\text{kN·m})/\text{m} = 7.48 \ (\text{kN·m})/\text{m}$$

④区格板 D(两邻边连续两邻边简支)：

$$l_x = (3.85 - 0.10 + 0.1/2)\text{m} = 3.8 \text{ m} \quad l_y = (5.15 - 0.10 + 0.1/2)\text{m} = 5.1 \text{ m}$$

仍取 $\alpha=0.6,\beta=2$。

由区格板 B 及区格板 C 已知，$M''_x = 9.22 \times 5.1 \ (\text{kN·m})/\text{m} = 47.02 \ (\text{kN·m})/\text{m}$

$$M''_y = 7.48 \times 3.8 \ (\text{kN·m})/\text{m} = 28.42 \ (\text{kN·m})/\text{m}$$

$$M_x = \left(5.1 - \frac{3.8}{4}\right)m_x = 4.15m_x$$

$$M_y = \frac{3}{4} \times 0.6 \times 3.8m_x = 1.71m_x$$

$$M'_x = M'_y = 0$$

将以上各值代入式(11.25)，得：

$$2 \times 8.33m_x + 2 \times 1.71m_x + 0 + 47.02 + 0 + 28.42 = 12.51 \times 3.8^2 \times \frac{3 \times 5.1 - 3.8}{12}$$

$$m_x = 8.33(\text{kN·m})/\text{m}$$

$$m_y = \alpha m_x = 0.6 \times 8.33 \ (\text{kN·m})/\text{m} = 5.0 \ (\text{kN·m})/\text{m}$$

(2)配筋计算

各区格板跨内及支座弯矩已求得，取截面有效高度 h_0：l_x 方向跨中截面的 $h_0 = 80$ mm；l_y 方向跨中截面的 $h_0 = 70$ mm；支座截面的 $h_0 = 80$ mm。即可按下式算出相应的钢筋截面积：

$$A_s = \frac{m}{0.95h_0 f_y}$$

截面设计用的设计弯矩，由于楼盖周边未设圈梁，故只将区格板 A 的跨中弯矩乘以折减系数 0.8，其余弯矩均不予折减。计算结果见表 11.16，配筋图如图 11.49 所示。

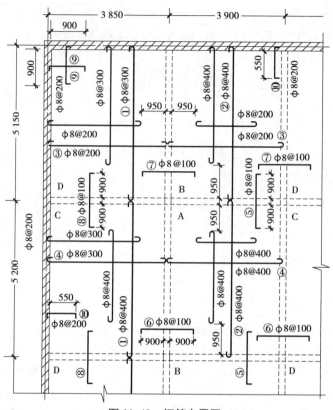

图 11.49　钢筋布置图

表 11.16　双向板配筋计算

截　面			h_0/mm	m/(kN·m)	A_s/mm²	配　筋	实际配筋 A_s
跨中	A 区格	l_x	80	4.0×0.8	156	Φ8@200	251
		l_y	70	2.4×0.8	107	Φ8@200	251
	B 区格	l_x	80	4.61	225	Φ8@200	251
		l_y	70	2.77	154	Φ8@200	251
	C 区格	l_x	80	6.23	304	Φ8@150	335
		l_y	70	3.74	208	Φ8@200	251
	D 区格	l_x	80	8.33	406	Φ8@100	503
		l_y	70	5.0	278	Φ8@150	335
支座	A—B		80	4.8	234	Φ8@200	251
	A—C		80	8.0	390	Φ8@100	503
	B—D		80	9.22	449	Φ8@100	503
	C—D		80	7.48	365	Φ8@100	503

　　通过计算比较,用弹性理论计算出的跨中及支座弯矩大于用塑性理论计算的弯矩。在实际工程设计中,根据对建筑物的要求不同,可选择一种计算方法计算内力。

11.4 井式楼盖

▶ 11.4.1 结构布置及受力特点

1)结构布置

井式楼盖是由双向板与交叉梁系共同组成的楼盖。两个方向的梁不分主梁和次梁,其高度相同。交叉梁的布置方式主要有正交正放和正交斜放两种,如图 11.50 所示。井式梁是双向板的发展,它的跨度比双向板大得多,因此长短跨的比值要比双向板控制得更严格些,一般不宜大于 1.5。交叉梁形成的网格边长,即双向板的边长不宜太大,一般为 2~4 m,最好做成正方形或矩形,以免短跨跨中部的小梁负担过大,造成不经济。可取梁高 $h=(1/16 \sim 1/18)l$,l 为井式梁的跨度。这种楼盖除了楼板是四边支承在梁上的双向板之外,两个方向的梁又各自支承在四边的墙上(或周边有足够刚度的大梁上),整个梁格成为四边支承的双向受弯结构体系。

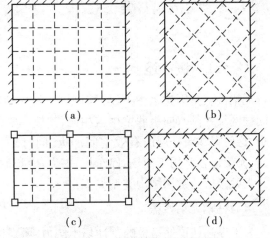

(a)　　　　　　　　　(b)

(c)　　　　　　　　　(d)

图 11.50　井式楼盖的平面布置

2)受力特点

井式梁两个方向的跨度比对梁的受力影响很大。当 $l_x/l_y = 1$ 时,其弯矩、剪力、变形仅为同跨简支梁的 1/2 左右;当 $l_x/l_y < 1.5$ 时,梁的弯矩、剪力、变形都将大于简支梁的对应值。因此,井式梁的合理跨度比应控制在 $0.66 \leqslant l_x/l_y \leqslant 1$。

▶ 11.4.2 井式楼盖的设计要点

①井式楼盖中的板可按普通双向板计算,这时可以不考虑小梁(即板的支点)各部分沉陷不均的影响。

②井式楼盖中的小梁可看作是一高次超静定结构,其内力和变形计算十分复杂。通常井字梁的内力和变形,在静力计算手册中已有现成表格,可以直接查得弯矩系数和剪力系数,可比较方便地求出小梁的 M、V。有了 M 和 V,就可以按受弯构件进行常规的计算和设计。

③井式楼盖梁上的荷载,当板边长相同时,承受的都是三角形分布荷载;当板边长不同时,则短边承受三角形分布荷载,长边承受梯形分布荷载。

④单跨井式梁可按活荷载满布考虑,连续跨井式梁通常要考虑活荷载的不利布置。

⑤对于钢筋混凝土井式梁,应考虑现浇板的整体作用,其截面惯性矩的取值:矩形梁 $I=\dfrac{1}{12}bh^3$,

T 形梁 $I \approx 2.0 \times \dfrac{1}{12} bh^3$，Γ 形梁 $I = 1.5 \times \dfrac{1}{12} bh^3$。$b$ 和 h 分别为梁或肋的截面宽度和高度。

⑥井式梁的配筋计算与一般矩形梁或 T 形梁相同。由于梁截面等高，所以梁内纵向钢筋相交叉。在梁相交的格点处，短向梁的受力钢筋应设置在长向梁的受力筋之下，因此计算时两个方向梁的有效高度 h_0 也不同。在格点处的梁顶，两个方向的梁应各配置相当于各自纵向主筋 20% ~ 50% 的纵向构造筋，长度则为由格点起 4 个方向外伸各自格宽的 1/4 加上小梁宽的 1/2，以保证在荷载不均匀情况下承受负弯矩。为防止梁在交叉点处的相互冲切作用，通常采用箍筋加密的方法（或加吊筋）来解决。

11.5　无梁楼盖

▶ 11.5.1　概　述

无梁楼盖是因楼盖中不设梁而得名，是一种双向受力的板柱结构。因为楼盖无梁，故与相同柱网尺寸的双向板肋梁楼盖相比，其板厚要大些。但无梁楼盖的建筑构造高度比肋梁楼盖小，这使得建筑楼层的有效空间加大，同时平滑的板底可以大大改善采光、通风和卫生条件，故无梁楼盖常用于商场、停车场、书库、冷藏库、仓库等。

无梁楼盖的常用结构类型如下：

1）有柱帽无梁楼盖

为了提高柱顶处平板的受冲切承载力，增强板与柱的整体连接，通常在柱顶上设置柱帽。设置柱帽还可以有效地减小板的计算跨度，从而减小楼板中的内力。柱和柱帽的截面形状可根据建筑的要求设计成矩形或圆形。

2）无柱帽无梁楼盖

当柱网尺寸较小且楼面活荷载较小时，也可不设柱帽。

3）双向密肋式无梁楼盖

为了减轻楼板自重，无梁楼盖可采用正交密肋式楼盖，肋梁间距为 0.9 ~ 1.2 m，但在柱顶附近为实心楼板，以保证楼板的抗冲切承载力。

无梁楼盖的周边也可做成悬臂板，以减小中间区格楼板的跨中弯矩。当悬臂板挑出的长度接近 $l/4$ 时（l 为中间区格跨度），边支座负弯矩约等于中间支座的弯矩值，弯矩分布较为合理。

无梁楼盖每一方向的跨数通常不少于 3 跨，可为等跨或不等跨，柱网为正方形时最经济。根据经验，当楼面活荷载标准值在 5 kN/m² 以上，柱距在 6 m 以内时，无梁楼盖比肋梁楼盖经济。

无梁楼盖因没有梁，其抗侧刚度较小，整个结构抵抗水平荷载作用的能力比较差，这是无梁楼盖的致命缺点。因此，当层数较多或有抗震要求时，宜设置剪力墙来抵抗水平荷载。

▶ 11.5.2 无梁楼盖的受力特点

无梁楼盖在竖向均布荷载作用下,可将楼板在纵横两个方向假想划分为两种板带,如图 11.51 所示。柱中心线两侧各 $l_x/4$(或 $l_y/4$)宽的板带称为柱上板带,柱距中间宽度 $l_x/2$ (或 $l_y/2$)的板带称为跨中板带。柱上板带相当于以柱为支承点的连续梁(当柱的线刚度相对 较小时)或与柱直接形成框架。根据条带法的概念,柱上板带是另一方向跨中板带的弹性支 承,故跨中板带可视为支承于柱上板带的连续梁,只是需注意此时的支座是有弹性变形的,而 不是固定不变的。图 11.52 为纵横板带变形示意图。可见,板在柱顶为凸曲面,即板顶面为 双向受拉;板在区格中部为凹曲面,即板底双向受拉。设柱上板带跨中的挠度为 f_1,跨中板带 相对于柱上板带的跨中挠度为 f_2。因此,区格中部的实际挠度为 $f = f_1 + f_2$,它比相同柱网尺 寸的肋梁楼盖挠度要大,故无梁楼盖的板厚要大些。

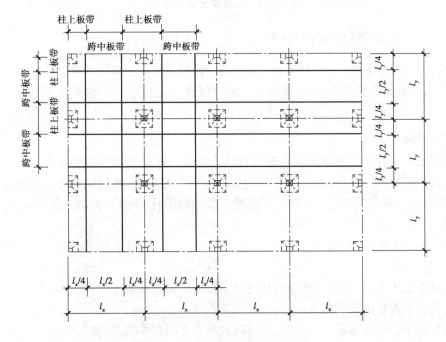

图 11.51 无梁楼盖的板带划分

试验表明,在均布荷载作用下,无梁楼盖在开 裂前基本处于弹性工作阶段,随着荷载的增加,首 先在沿柱(帽)边缘板顶面出现裂缝;继续加载,沿 柱列轴线的板顶面上出现裂缝;随着荷载的不断增 加,板顶裂缝不断发展,在跨中中部也相继出现成 批的板底裂缝,这些裂缝相互正交且平行于柱列轴 线。即将破坏时,在柱(帽)顶面和柱列轴线的板顶 及跨中板底的裂缝中出现一些特别大的主裂缝,垂 直于这些裂缝处受拉钢筋屈服,形成塑性铰线,并

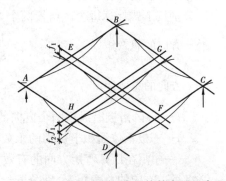

图 11.52 无梁楼盖一个区格的变形示意图

使楼板形成破坏机构而最终导致楼板破坏。破坏时,无梁楼板的板顶和板底裂缝分布情况如图 11.53 所示。

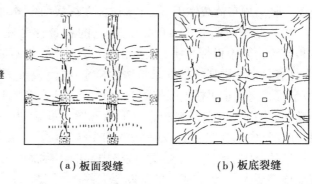

—— 新出现的裂缝
········· 很宽的裂缝
·········· 混凝土压碎

（a）板面裂缝　　　　　　（b）板底裂缝

图 11.53　无梁楼板裂缝分布

▶ 11.5.3　无梁楼盖的内力计算

无梁楼盖的计算方法有按弹性理论和塑性理论两种分析方法。按弹性理论的计算方法,有精确计算法、经验系数法和等代框架法等。本节仅介绍工程中常用的经验系数法和等代框架法。

1）经验系数法

经验系数法又称为总弯矩法或直接设计法。此法是在试验和实践经验基础上提出了一整套弯矩分配系数,计算时先算出两个方向板的截面总弯矩,再乘以同一方向的弯矩分配系数,即可得出结构各控制截面的弯矩值。经验系数法使用时,必须符合下列条件:

①每个方向至少应有 3 个连续跨;

②同一方向上的最大跨度与最小跨度之比应不大于 1.2,且端跨的跨度不大于其相邻跨的内跨跨度;

③区格必须为矩形,任一区格内的长跨与短跨的比值不应大于 1.5;

④活荷载不大于恒荷载的 3 倍;

⑤仅适用于竖向均布荷载下的内力分析,且不考虑活荷载的不利组合。

经验系数法的计算步骤如下:

①分别按下式计算每个区格板两个方向的总弯矩设计值:

沿 x 方向的总弯矩 $\qquad M_{0x} = \dfrac{1}{8}(g+q)l_y\left(l_x - \dfrac{2}{3}c\right)^2$ （11.39）

沿 y 方向的总弯矩 $\qquad M_{0y} = \dfrac{1}{8}(g+q)l_x\left(l_y - \dfrac{2}{3}c\right)^2$ （11.40）

式中　l_x, l_y——区格板沿纵横两个方向的柱距;

　　　g, q——板单位面积上作用的永久荷载和可变荷载设计值;

　　　c——柱帽在计算弯矩方向的有效宽度。

②将每一方向的总弯矩,分别分配给柱上板带和跨中板带的支座截面和跨中截面,即将总弯矩 M_{0x} 或 M_{0y} 乘以表 11.17 中所列系数。

表 11.17　无梁双向板的弯矩计算系数

截　面	边　跨			内　跨	
	边支座	跨　中	内支座	跨　中	支　座
柱上板带	-0.48	0.22	-0.50	0.18	-0.50
跨中板带	-0.05	0.18	-0.17	0.15	-0.17

③在保持总弯矩值不变的情况下,允许将柱上板带负弯矩的 10% 分配给跨中板带负弯矩。

必须指出,在计算板钢筋截面面积时,考虑板穹拱作用的有利影响,应将上述方法确定的弯矩再乘以折减系数 0.8 后作为截面的弯矩设计值。

对于支柱的内力计算,当楼盖可变荷载在荷载中所占比例很小时,无梁楼盖的支柱可按轴心受压构件计算。由楼盖传给支柱的轴心压力为:

$$N = (g + q)l_x l_y \tag{11.41}$$

当楼盖可变荷载在荷载中所占比例较大时,尚需考虑由于可变荷载的不均匀分布所引起的附加弯矩,无梁楼盖支柱应按偏心受压构件进行承载力设计。

2)等代框架法

当无梁楼盖不满足经验系数法所要求的 5 个条件时,可采用等代框架法。等代框架法适用于任一区格的长跨与短跨之比不大于 2 的情况。

等代框架法是把整个结构分别沿纵向柱列和横向柱列划分为具有"等代框架柱"和"等代框架梁"的纵向等代框架和横向等代框架,分别进行计算分析。其中,等代框架梁就是各层的无梁楼板。计算步骤如下:

①等代框架梁的几何特征。等代框架梁的宽度取与梁跨方向相垂直的板跨中心线间的距离(l_x 或 l_y);水平荷载作用时,则取为板跨中心线间距离的 1/2。等代框架梁的高度取板厚,跨度取为($l_x-2c/3$)或($l_y-2c/3$),其中 c 为柱(帽)顶宽或直径。

②等代框架柱的几何特征。等代框架柱的截面即原柱截面,柱的计算高度取为层高减去柱帽高度,对于底层柱高度取为基础顶面至楼板底面的高度减去柱帽高度。

③按框架计算内力。当仅有竖向荷载作用时,可近似按分层法计算。

按等代框架计算时,应考虑活荷载的不利组合。但当活荷载不超过 75% 恒荷载时,可按整个楼盖满布活荷载考虑。

④计算所得的等代框架控制截面总弯矩,按照划分的柱上板带和跨中板带分别确定支座和跨中弯矩设计值,即将总弯矩值乘以表 11.18 或表 11.19 中所列的分配系数,用此弯矩设计值进行板带的截面设计。

表 11.18　方形板的柱上板带和跨中板带的弯矩分配系数

截　　面	端　跨			内　跨	
	边支座	跨　中	内支座	跨　中	支　座
柱上板带	0.90	0.55	0.75	0.55	0.75
跨中板带	0.10	0.45	0.25	0.45	0.25

表 11.19　矩形板的柱上板带和跨中板带的弯矩分配系数

l_x/l_y	0.50~0.60		0.60~0.75		0.75~1.33		1.33~1.67		1.67~2.0	
弯　矩	$-M$	M	$-M$	M	$-M$	M	$-M$	M	$-M$	M
柱上板带	0.55	0.50	0.65	0.55	0.70	0.60	0.80	0.75	0.85	0.85
跨中板带	0.45	0.50	0.35	0.45	0.30	0.40	0.20	0.25	0.15	0.15

▶ 11.5.4　无梁楼盖柱帽设计

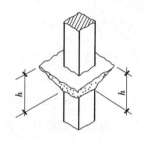

图 11.54　楼板受冲切破坏面

柱帽的作用是避免板面荷载直接传给柱,造成应力集中,使得板的抗冲切承载力不足。楼板在发生冲切破坏时,将沿柱周边产生 45°方向斜裂缝,板柱之间发生错位,如图 11.54 所示。设置柱帽可以增大板柱连接面积,提高受冲切承载力,还可以减少板的计算跨度、增加楼面刚度,但给施工带来诸多不便。对于跨度较小的无梁楼盖可以不设柱帽,板的受冲切承载力不足时,可通过在板内设置钢梁或在柱顶板内加设箍筋或弯起钢筋的办法防止冲切破坏。

常用的柱帽平面形式为方形和圆形,剖面有 3 种形式,如图 11.55 所示。第一种无顶板柱帽,适用于板面荷载较轻的情况;第二种折线形柱帽,适用于板面荷载较重的情况,它的传力过程比较平缓,但施工较为复杂,h_1/h_2 宜取为 2/3;第三种有顶板柱帽,使用条件同第二种,其传力条件稍次于第二种,但施工方便。图中,c 为柱帽的计算宽度,为 $(0.2~0.3)l$,l 为板区格长边计算跨度;a 为顶板宽度,一般取 $a \geqslant 0.35l$;顶板厚度一般取楼板厚的 1/2。这些柱帽中的拉、压应力均很小,因此钢筋都可按构造放置。边柱半柱帽的钢筋配置与中间柱帽相仿。柱帽尺寸还应满足柱帽边缘处楼板的抗冲切承载力要求。当满布荷载时,无梁楼盖中的内柱柱帽边缘处楼板可认为承受中心冲切作用。

无梁楼盖的柱帽计算主要是指柱帽处楼板支承面的受冲切承载力验算,如图 11.56 所示,其计算公式如下:

①对于不配置箍筋或弯起钢筋的混凝土楼板,其抗冲切承载力计算公式为:

$$F_l \leqslant F_{lu} = 0.7\beta_h f_t \eta u_m h_0$$
（11.42）

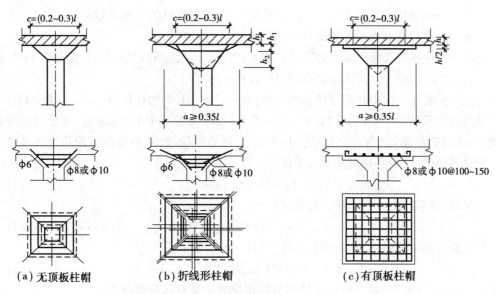

（a）无顶板柱帽　　　（b）折线形柱帽　　　（c）有顶板柱帽

图 11.55　柱帽形式及构造配筋

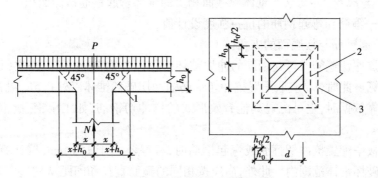

图 11.56　楼盖受冲切承载力计算

1—冲切破坏锥体的斜面；2—距荷载面积周边 $h_0/2$ 处的周长；3—冲切破坏锥体的底面线

式中　F_l——冲切荷载设计值，即柱所承受轴向力设计值的层间差值减去柱顶冲切破坏锥体范围内楼板所承受的荷载设计值，可按下式计算（x,y 如图 11.56 所示，其中 x 与 y 方向垂直）：

$$F_l = (g + q) \left[l_{0x} l_{0y} - 4(x + h_0)(y + h_0) \right] \tag{11.43a}$$

β_h——截面高度影响系数，当 $h \leqslant 800$ mm 时，取 1.0；当 $h \geqslant 1\ 200$ mm 时，取 0.9；其间按线性内插法取用。

f_t——混凝土的抗拉强度设计值。

u_m——距冲切破坏锥体周边 $h_0/2$ 处的周长。

h_0——板冲切破坏锥体的有效高度。

η——系数，按下式计算并取其中较小值：

$$\eta_1 = 0.4 + \frac{1.2}{\beta_s} \qquad \eta_2 = 0.5 + \frac{\alpha_s h_0}{4 u_m} \tag{11.43b}$$

式中　η_1——局部荷载或集中反力(冲切荷载)作用面积形状的影响系数;

　　　η_2——临界截面周长与板截面有效高度之比的影响系数;

　　　β_s——冲切荷载作用面积为矩形时的长边与短边尺寸的比值,β_s 不宜大于 4;当 $\beta_s<2$ 时,取 $\beta_s=2$;当面积为圆形时,取 $\beta_s=2$;

　　　α_s——板柱结构中柱类型的影响系数,对中柱取 40,对边柱取 30,对角柱取 20。

②当冲切承载力不满足式(11.42)的要求,且板厚大于等于 150 mm 时,可配置抗冲切钢筋(箍筋或弯起钢筋)。为防止板厚过小,抗冲切钢筋数量过多,避免在使用阶段因冲切发生的斜裂缝开展过宽,则必须满足下式条件:

$$F_l \le 1.05 f_t \eta u_m h_0 \qquad (11.44)$$

当配置箍筋时,受冲切承载力按式(11.45)计算:

$$F_l \le F_{lu} = 0.35 f_t \eta u_m h_0 + 0.8 f_{yv} A_{svu} \qquad (11.45)$$

当配置弯起钢筋时,受冲切承载力按式(11.46)计算:

$$F_l \le F_{lu} = 0.35 f_t \eta u_m h_0 + 0.8 f_y A_{sbu} \sin\alpha \qquad (11.46)$$

式中　A_{svu}——与成 45°冲切破坏锥体斜截面相交的全部箍筋截面面积;

　　　A_{sbu}——与成 45°冲切破坏锥体斜截面相交的全部弯起钢筋截面面积;

　　　$f_{yv}、f_y$——箍筋和弯起钢筋的抗拉强度设计值;

　　　α——弯起钢筋与板底面的夹角。

对于配置抗冲切箍筋或弯起钢筋的冲切破坏锥体以外的截面,仍应按式(11.42)进行受冲切承载力验算。此时,u_m 应取配置抗冲切钢筋的冲切破坏锥体以外 $0.5h_0$ 处的最不利周长计算。当有可靠依据时,也可配置其他有效形式的抗冲切钢筋,如工字钢、槽钢、抗剪锚栓和扁钢 U 形箍等。

无梁楼盖板中配置抗冲切箍筋或弯起钢筋时,板厚不小于 150 mm;按计算所需的箍筋,应配置在冲切破坏锥体范围内。此外,尚应按相同的箍筋直径和间距从柱边向外延伸配置在不小于 $1.5h_0$ 范围内,箍筋宜为封闭式,并应箍住架立钢筋,箍筋直径不应小于 6 mm,其间距不应大于 $h_0/3$,如图 11.57(a)所示。

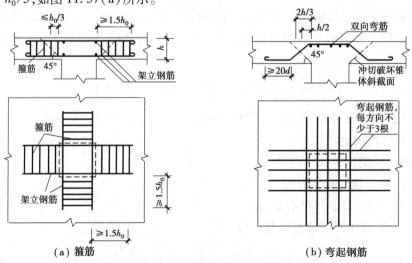

图 11.57　楼盖抗冲切钢筋布置

　　按计算所需的弯起钢筋应配置在冲切破坏锥体范围内,弯起钢筋可由一排或两排组成,其弯起角可根据板的厚度在 30°~45°选取。弯起钢筋的倾斜段应与冲切破坏斜截面相交,其交点应在离柱边以外 $h/2$ ~ $2h/3$ 范围内,如图 11.57(b)所示。弯起钢筋直径不应小于 12 mm,且每方向不应少于 3 根。

▶ 11.5.5　无梁楼盖的截面设计与构造

1)截面的弯矩设计值

　　当竖向荷载作用时,有柱帽的无梁楼板内跨具有明显的穿顶作用,这时截面的弯矩设计值可以适当折减。除边跨及边支座外,所有其余部位截面的弯矩设计值均为按内力分析得到的弯矩乘以折减系数 0.8。

2)板厚及板的截面有效高度

　　无梁楼板通常是等厚的,板厚除满足承载力的要求外,还要满足刚度的要求,以控制板的挠度变形。目前,对于无梁楼板的挠度尚无完善的计算方法,一般情况下不予计算,根据经验用板厚 h 与长跨 l_0 的比值来控制其挠度,无顶板柱帽时,可取 $h/l_0 \geq 1/32$,且柱上板带可适当加厚,加厚部分的宽度取相应板跨的 30%;有顶板柱帽时,可取 $h/l_0 \geq 1/35$。

　　板的有效截面高度取值与双向板类似,同一部位的两个方向弯矩同号时,由于纵横钢筋叠置,应分别取各自的截面有效高度。当为正方形时,为了计算方便,可取两个方向截面有效高度的平均值。

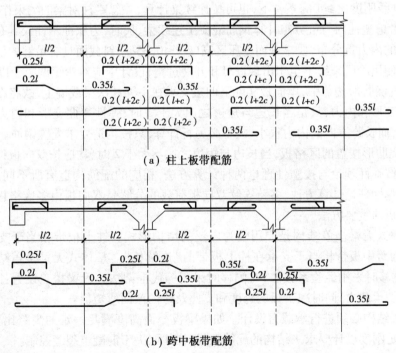

图 11.58　无梁楼盖的配筋构造

3）板的配筋

板的配筋通常采用绑扎钢筋的双向配筋方式。为减少钢筋类型，又便于施工，一般采用一端弯起，另一端直线段的弯起式配筋。钢筋弯起点和切断点的位置必须满足图 11.58 所示的构造要求。对于支座上承受负弯矩的钢筋，其直径不宜小于 12 mm，以保证施工时具有一定的刚度。

4）边梁

无梁楼盖的周边应设置边梁，其截面高度不小于板厚的 2.5 倍。边梁除与半个柱上板带一起承受弯矩外，还须承受未计及的扭矩，因此应另设置必要的抗扭构造钢筋。

本章小结

（1）肋形结构设计的步骤是：结构选型和布置；结构计算，包括确定简图、计算荷载、内力分析、组合及截面配筋计算等；绘制结构施工图，包括结构布置、构件模板及配筋图。上述步骤不仅适用于肋形结构，也适用于其他结构设计。

（2）结构的选型和布置对其可靠性和经济性有重要意义。因此，应熟悉各种结构的受力特点及其结构适用范围，以便根据不同的建筑要求和使用条件选择合适的结构类型。

（3）在现浇单向板肋形楼盖中，板和次梁均可按连续梁并采用折算荷载进行计算。对于主梁，在梁柱线刚度比≥4 的条件下，也可按连续梁计算，并忽略柱对梁的约束作用。

（4）在考虑塑性内力重分布计算钢筋混凝土连续梁、板时，为保证塑性铰具有足够的转动能力和结构的内力重分布，要求截面受压区高度 $x \leqslant 0.35h_0$，斜截面具有足够的抗剪能力。为保证结构在使用阶段裂缝不至于出现过早和开展过宽，设计中应对弯矩调幅予以控制。

（5）在现浇肋形楼盖中，单向板实际上四边支承在主梁和次梁或墙上，故将在板的双向同时发生弯曲变形和内力，只是当长边与短边之比大于 2 时，弹性弯曲变形和内力才主要发生在短跨方向；而长跨方向的内力很小，故不必另行计算，只按构造要求配置钢筋。

（6）现浇肋形楼盖的区格板，当长边与短边之比不大于 2 时，均应按双向板计算。双向板的内力也有按弹性理论与按塑性理论两种计算方法，相应的配筋构造有所不同。目前，设计中多采用按弹性理论计算方法，多跨连续双向板荷载的分解是双向板由多区格板转化为单区格板结构分析的重要方法。

（7）整体式无梁楼盖结构是应用较为广泛的结构形式。柱上板带相当于支承在柱上的"连续板"，而跨中板带相当于支承在柱上板带的"连续板"。整体式无梁楼盖结构内力分析时，结构无侧移时采用经验系数法，有侧移时采用等代框架法。无梁楼盖设置柱帽主要是提高板的受冲切承载力，同时减少板的跨度和支座及跨内截面弯矩值。

（8）梁板结构必须进行承载力设计。如果梁板截面高度满足一定的高跨比要求，一般情况下即可满足刚度设计要求。结构的配筋数量，往往取决于混凝土裂缝控制。

结构的配筋方案，纵筋的布置、弯起和切断，箍筋直径、间距和肢数的变化等，应根据结构的内力包络图和材料图决定，但对多数结构可采用半理论半经验的配筋方案及构造要求，而不必做内力包络图和材料图。

思考题

11.1　简述钢筋混凝土肋形结构设计的一般步骤。

11.2　现浇单向板梁板结构的结构布置可从哪几方面来体现结构的合理性?

11.3　现浇单向梁板结构中的板、次梁和主梁,当其内力按弹性理论计算时,如何确定其计算简图? 如何绘制主梁的弯矩包络图?

11.4　求跨中最大弯矩与支座最大负弯矩的活荷载最不利位置是不同的,而求支座最大剪力与支座最大负弯矩的活荷载最不利位置却是相同的,这是为什么?

11.5　什么叫"塑性铰"? 钢筋混凝土中的"塑性铰"与结构力学中的"理想铰"有何异同?

11.6　什么叫"内力重分布"? "塑性铰"与"内力重分布"有何关系?

11.7　何谓弯矩调幅法? 按塑性内力重分布方法计算混凝土连续梁的内力时,为什么要控制弯矩调幅系数?

11.8　板和次梁(次梁和主梁)整体相连时,为什么要取支座边缘的弯矩作为配筋计算的依据?

11.9　单向板与双向板如何区别? 其受力特点有何异同?

11.10　如何利用单跨双向板的弯矩系数表计算多跨多列双向板的内力? 求支座弯矩与跨中弯矩有什么不同?

11.11　现浇单向板肋形楼盖板、次梁和主梁的配筋计算和构造有哪些要点?

11.12　整体式无梁楼盖结构按弹性理论的内力分析中,按经验系数法及按等代框架法基本假定有何区别? 如何进行柱帽设计?

习　题

双向板肋梁楼盖如图 11.59 所示。梁、板现浇,板厚 100 mm,梁截面尺寸均为 300 mm×500 mm。在砖墙上的支承长度为 240 mm;板周边支承于砖墙上,支承长度为 120 mm。楼面永久荷载(包括板自重)标准值为 3.5 kN/m²,可变荷载标准值为 7 kN/m²。混凝土强度等级为 C30,板内受力钢筋采用 HRB400 级钢筋。试分别用弹性理论和塑性理论计算板的内力和相应的配筋。

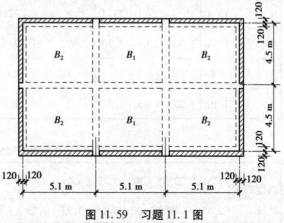

图 11.59　习题 11.1 图

附　录

附录 1　混凝土强度标准值、设计值和弹性模量

附表 1.1　混凝土强度标准值、设计值　　　单位:N/mm²

强度种类		混凝土强度等级												
		C20	C25	C30	C35	C40	C45	C50	C55	C60	C65	C70	C75	C80
标准值	f_{ck}	13.4	16.7	20.1	23.4	26.8	29.6	32.4	35.5	38.5	41.5	44.5	47.4	50.2
	f_{tk}	1.54	1.78	2.01	2.20	2.39	2.51	2.64	2.74	2.85	2.93	2.99	3.05	3.11
设计值	f_c	9.6	11.9	14.3	16.7	19.1	21.1	23.1	25.3	27.5	29.7	31.8	33.8	35.9
	f_t	1.10	1.27	1.43	1.57	1.71	1.80	1.89	1.96	2.04	2.09	2.14	2.18	2.22

附表 1.2　混凝土弹性模量 E_c　　　单位:10⁴ N/mm²

混凝土强度等级	C20	C25	C30	C35	C40	C45	C50	C55	C60	C65	C70	C75	C80
E_c	2.55	2.80	3.00	3.15	3.25	3.35	3.45	3.55	3.60	3.65	3.70	3.75	3.80

注:①当有可靠试验依据时,弹性模量可根据实测数据确定;

②当混凝土中掺有大量矿物掺合料时,弹性模量可按规定龄期根据实测数据确定。

附录 2 钢筋强度标准值、设计值和弹性模量

附表 2.1 普通钢筋强度标准值   单位:N/mm²

牌　号	符号	公称直径 d/mm	屈服强度标准值 f_{yk}	极限强度标准值 f_{stk}
HPB300	φ	6～14	300	420
HRB400 HRBF400 HRB400E RRB400	⏀ ⏀ᶠ ⏀ᴱ ⏀ᴿ	6～50	400	540
HRB500 HRBF500 HRB500E	⏀ ⏀ᶠ ⏀ᴱ	6～50	500	630
HRB600	—	6～50	600	—

附表 2.2 预应力筋强度标准值   单位:N/mm²

种　类		符号	公称直径 d/mm	屈服强度标准值 f_{pyk}	极限强度标准值 f_{ptk}
中强度 预应力钢丝	光面 螺旋肋	$φ^{PM}$ $φ^{HM}$	5,7,9	620	800
				780	970
				980	1 270
预应力 螺纹钢筋	螺纹	$φ^T$	18,25,32,40,50	785	980
				930	1 080
				1 080	1 230
消除应力钢丝	光面 螺旋肋	$φ^P$ $φ^H$	5	—	1 570
				—	1 860
			7	—	1 570
			9	—	1 470
				—	1 570
钢绞线	1×3 (三股)	$φ^S$	8.6,10.8,12.9	—	1 570
				—	1 860
				—	1 960
	1×7 (七股)		9.5,12.7, 15.2,17.8	—	1 720
				—	1 860
				—	1 960
			21.6	—	1 860

注:极限强度标准值为 1 960 N/mm² 的钢绞线作后张预应力筋时,应有可靠的工程经验。

附表2.3　普通钢筋强度设计值　　　　　　　　　单位：N/mm²

牌　号	抗拉强度设计值 f_y	抗压强度设计值 f'_y
HPB300	270	270
HRB400，HRBF400，HRB400E，RRB400	360	360
HRB500，HRBF500，HRB500E	435	435
HRB600	—	—

附表2.4　预应力筋强度设计值　　　　　　　　　单位：N/mm²

种　类	极限强度标准值 f_{ptk}	抗拉强度设计值 f_{py}	抗压强度设计值 f'_{py}
中强度预应力钢丝	800	510	410
	970	650	
	1 270	810	
消除应力钢丝	1 470	1 040	410
	1 570	1 110	
	1 860	1 320	
钢绞线	1 570	1 110	390
	1 720	1 220	
	1 860	1 320	
	1 960	1 390	
预应力螺纹钢筋	980	650	400
	1 080	770	
	1 230	900	

注：当预应力筋的强度标准值不符合附表2.4的规定时，其强度设计值应进行相应的比例换算。

附表2.5　钢筋的弹性模量　　　　　　　　　单位：10⁵N/mm²

牌号或种类	弹性模量 E_s
HPB300	2.10
HRB400，RRB400，HRB500，HRB600 HRB400E，HRBF400，HRB500E，HRBF500 预应力螺纹钢筋	2.00
消除应力钢丝、中强度预应力钢丝	2.05
钢绞线	1.95

附录3　纵向受力钢筋的最小配筋百分率

附表 3.1　纵向受力钢筋的最小配筋率 ρ_{min}

受力类型		最小配筋率/%
受压构件	全部纵向钢筋　强度等级 500 N/mm²	0.5
	全部纵向钢筋　强度等级 400 N/mm²	0.55
	全部纵向钢筋　强度等级 300 N/mm²	0.60
	一侧纵向钢筋	0.20
受弯构件、偏心受拉、轴心受拉构件一侧的受拉钢筋		0.2 和 $45f_t/f_y$ 中的较大值

注：①受压构件全部纵向钢筋最小配筋百分率，当采用 C60 以上强度等级的混凝土时，应按表中规定增加 0.10；
②板类受弯构件（不包括悬臂板）的受拉钢筋，当采用强度等级 400 N/mm²，500 N/mm² 的钢筋时，其最小配筋百分率应允许采用 0.15 和 $45f_t/f_y$ 中的较大值；
③偏心受拉构件中的受压钢筋，应按受压构件一侧纵向钢筋考虑；
④受压构件的全部纵向钢筋和一侧纵向钢筋的配筋率，以及轴心受拉构件和小偏心受拉构件一侧受拉钢筋的配筋率，均应按构件的全截面面积计算；
⑤受弯构件、大偏心受拉构件一侧受拉钢筋的配筋率应按全截面面积扣除受压翼缘面积 $(b_f'-b)h_f'$ 后的截面面积计算；
⑥当钢筋沿构件截面周围布置时，"一侧纵向钢筋"是指沿受力方向两个对边中一边布置的纵向钢筋。

附录4　混凝土构件变形及裂缝限值

附表 4.1　混凝土构件的裂缝控制等级及最大裂缝宽度限值

环境类别	钢筋混凝土结构		预应力混凝土结构	
	裂缝控制等级	w_{lim}/mm	裂缝控制等级	w_{lim}/mm
一	三级	0.30(0.40)	三级	0.20
二 a	三级		三级	0.10
二 b	三级	0.20	二级	—
三 a，三 b	三级		一级	—

注：①对处于年平均相对湿度小于 60% 地区一类环境下的受弯构件，其最大裂缝宽度限值可采用括号内的数值。
②在一类环境下，对钢筋混凝土屋架、托架及需作疲劳验算的吊车梁，其最大裂缝宽度限值应取为 0.20 mm；对钢筋混凝土屋面梁和托梁，其最大裂缝宽度限值应取为 0.30 mm。
③在一类环境下，对预应力混凝土屋面梁、托梁及双向板体系，应按二级裂缝控制等级进行验算；对一类环境下的预应力混凝土屋面梁、托梁、单向板，应按表中二 a 级环境的要求进行验算；在一类和二 a 类环境下需作疲劳验算的预应力混凝土吊车梁，应按裂缝控制等级不低于二级的构件进行验算。
④表中规定的预应力混凝土构件的裂缝控制等级和最大裂缝宽度限值仅适用于正截面的验算；预应力混凝土构件的斜截面裂缝控制验算应符合本规范第 7 章的有关规定。
⑤对于烟囱、筒仓和处于液体压力下的结构构件，其裂缝控制要求应符合专门标准的有关规定。
⑥对于处于四、五类环境下的结构构件，其裂缝控制要求应符合专门标准的有关规定。
⑦表中的最大裂缝宽度限值用于验算荷载作用引起的最大裂缝宽度。

附表 4.2　受弯构件的挠度限值

构件类型		挠度限值
吊车梁	手动吊车	$l_0/500$
	电动吊车	$l_0/600$
屋盖、楼盖及楼梯构件	当 $l_0 < 7$ m 时	$l_0/200$（$l_0/250$）
	当 7 m $\leqslant l_0 \leqslant 9$ m 时	$l_0/250$（$l_0/300$）
	当 $l_0 > 9$ m 时	$l_0/300$（$l_0/400$）

注：①表中 l_0 为构件的计算跨度；计算悬臂构件的挠度限值时，其计算跨度 l_0 按实际悬臂长度的 2 倍取用。

②表中括号内的数值适用于使用上对挠度有较高要求的构件。

③如果构件制作时预先起拱，且使用上也允许，则在验算挠度时，可将计算所得的挠度值减去起拱值；对预应力混凝土构件，尚可减去预加力所产生的反拱值。

④构件制作时的起拱值和预加力所产生的反拱值，不宜超过构件在相应荷载组合作用下的计算挠度值。

附录 5　截面抵抗矩塑性影响系数 γ_m

附表 5.1　截面抵抗矩塑性影响系数基本值 γ_m

项　次	1	2	3		4		5
截面形状	矩形截面	翼缘位于受压区的T形截面	对称 I 形截面或箱形截面		翼缘位于受拉区的倒 T 形截面		圆形和环形截面
			$b_f/b \leqslant 2$，h_f/h 为任意值	$b_f/b > 2$，$h_f/h < 0.2$	$b_f/b \leqslant 2$，h_f/h 为任意值	$b_f/b > 2$，$h_f/h < 0.2$	
γ_m	1.55	1.50	1.45	1.35	1.50	1.40	$1.6 - 0.24 r_1/r$

注：①对 $b_f' > b_f$ 的 I 形截面，可按项次 2 与项次 3 之间的数值采用；对 $b_f' < b_f$ 的 I 形截面，可按项次 3 与项次 4 之间的数值采用；

②对于箱形截面，b 系指各肋宽度的总和；

③r_1 为环形截面的内环半径，对圆形截面取 r_1 为零。

附录 6　等截面等跨度连续梁在常用荷载作用下的内力系数表

均布荷载：

$$M = \alpha g l_0^2 + \alpha_1 q l_0^2 \quad V = \beta g l_n + \beta_1 q l_n$$

集中荷载：

$$M = \alpha P l_0 \quad V = \beta P$$

式中 M——使截面上部受压、下部受拉为正；

V——对邻近截面所产生的力矩沿顺时针方向者为正。

支座反力为左右两截面的剪力绝对值之和。

附表6.1 两跨梁

编号	荷载简图	α 或 α_1			β 或 β_1			
		跨中弯矩		支座弯矩	支座剪力			
		M_1	M_2	M_B	V_A	V_B^l	V_B^r	V_C
1		0.070	0.070	−0.125	0.375	−0.625	0.625	−0.375
2		0.096	−0.025	−0.063	0.437	−0.563	0.063	0.063
3		0.156	0.156	−0.188	0.312	−0.688	0.688	−0.312
4		0.203	−0.047	−0.094	0.406	−0.594	0.094	0.094
5		0.222	0.222	−0.333	0.667	−1.334	1.334	−0.667
6		0.278	−0.056	−0.167	0.833	−1.167	0.167	0.167

附表6.2 3跨梁

编号	荷载简图	α 或 α_1				β 或 β_1					
		跨中弯矩		支座弯矩		支座剪力					
		M_1	M_2	M_B	M_C	V_A	V_B^l	V_B^r	V_C^l	V_C^r	V_D
1		0.080	0.025	−0.100	−0.100	0.400	−0.600	0.500	−0.500	0.600	−0.400
2		0.101	−0.050	−0.050	−0.050	0.450	−0.550	0.000	0.000	0.550	−0.450

续表

编号	荷载简图	α 或 α₁				β 或 β₁					
		跨中弯矩		支座弯矩		支座剪力					
		M_1	M_2	M_B	M_C	V_A	V_B^l	V_B^r	V_C^l	V_C^r	V_D
3		−0.025	0.075	−0.050	−0.050	−0.050	−0.050	0.500	−0.500	0.050	0.050
4		0.073	0.054	−0.117	−0.033	0.383	−0.617	0.583	−0.417	0.033	0.033
5		0.094	—	−0.067	0.017	0.433	−0.567	0.083	0.083	−0.017	−0.017
6		0.175	0.100	−0.150	−0.150	0.350	−0.650	0.500	−0.500	0.650	−0.350
7		0.213	−0.075	−0.075	−0.075	0.425	−0.575	0.000	0.000	0.575	−0.425
8		−0.038	0.175	−0.075	−0.075	−0.075	−0.075	0.500	−0.500	0.075	0.075
9		0.162	0.137	−0.175	−0.050	0.325	−0.675	0.625	−0.375	0.050	0.050
10		0.200	—	−0.100	0.025	0.400	−0.600	0.125	0.125	−0.025	−0.025
11		0.244	0.067	−0.267	−0.267	0.733	−1.267	1.000	−1.000	1.267	−0.733
12		0.289	−0.133	−0.133	−0.133	0.866	−1.134	0.000	0.000	1.134	−0.866
13		−0.044	0.200	−0.133	−0.133	−0.133	−0.133	1.000	−1.000	0.133	0.133
14		0.229	0.170	−0.311	−0.089	0.689	−1.311	1.222	−0.778	0.089	0.089
15		0.274	—	−0.178	0.044	0.822	−1.178	0.222	0.222	−0.044	−0.044

附表 6.3　4 跨梁

编号	荷载简图	α 或 α₁								β 或 β₁							
		跨中弯矩				支座弯矩			支座剪力								
		M_1	M_2	M_3	M_4	M_B	M_C	M_D	V_A	V_B^l	V_B^r	V_C^l	V_C^r	V_D^l	V_D^r	V_E
1		0.077	0.036	0.036	0.077	−0.107	−0.071	−0.107	0.393	−0.607	0.536	−0.464	0.464	−0.536	0.607	−0.393
2		0.100	−0.045	0.081	−0.023	−0.054	−0.036	−0.054	0.446	−0.554	0.018	0.018	0.482	−0.518	0.054	0.054
3		0.072	0.061	—	0.098	−0.121	−0.018	−0.058	0.380	−0.620	0.603	−0.397	−0.040	−0.040	0.558	−0.442
4		—	0.056	0.056	—	−0.036	−0.107	−0.036	−0.036	−0.036	0.429	−0.571	0.571	−0.429	0.036	0.036
5		0.094	—	—	—	−0.067	−0.018	−0.004	0.433	−0.567	0.085	0.085	−0.022	−0.022	0.004	0.004
6		—	0.074	—	—	−0.049	−0.054	0.013	−0.049	−0.049	0.496	−0.504	0.067	0.067	−0.013	−0.013
7		0.169	0.116	0.116	−0.169	−0.161	−0.107	−0.161	0.339	−0.661	0.553	−0.446	0.446	−0.554	0.661	−0.339
8		0.210	0.067	0.183	−0.040	−0.080	−0.054	−0.080	0.420	−0.580	0.027	0.027	0.473	−0.527	0.080	0.080
9		0.159	0.146	—	0.206	−0.181	−0.027	−0.087	0.319	−0.681	0.654	−0.346	−0.060	−0.060	0.587	−0.413

续表

编号	荷载简图	α 或 α₁							β 或 β₁							
		跨中弯矩				支座弯矩			支座剪力							
		M_1	M_2	M_3	M_4	M_B	M_C	M_D	V_A	V_B^l	V_B^r	V_C^l	V_C^r	V_D^l	V_D^r	V_E
10	(荷载简图)	—	0.142	0.142	—	-0.054	-0.161	-0.054	-0.054	-0.054	0.393	-0.607	0.607	-0.393	0.054	0.054
11	(荷载简图)	0.202	—	—	—	-0.100	0.027	-0.007	0.400	-0.600	0.127	0.127	-0.033	-0.033	0.007	0.007
12	(荷载简图)	—	0.173	—	—	-0.074	-0.080	0.020	-0.074	-0.074	0.493	-0.507	0.100	0.100	-0.020	-0.020
13	(荷载简图)	0.238	0.111	0.111	0.238	-0.286	-0.191	-0.286	0.714	-1.286	1.095	-0.905	0.905	-0.095	1.286	-0.714
14	(荷载简图)	0.286	-0.111	—	-0.048	-0.143	-0.095	-0.143	0.857	-1.143	0.048	0.048	0.952	-1.048	0.143	0.143
15	(荷载简图)	0.226	0.194	—	0.282	-0.321	-0.048	-0.155	0.679	-1.321	1.274	-0.726	-0.107	-0.107	1.155	-0.845
16	(荷载简图)	—	0.175	0.175	—	-0.095	-0.286	-0.095	-0.095	-0.095	0.810	-1.190	0.190	-0.810	0.095	0.095
17	(荷载简图)	0.274	—	—	—	-0.178	0.048	-0.012	0.822	-1.178	0.226	0.226	-0.060	-0.060	0.012	0.012
18	(荷载简图)	—	0.198	—	—	-0.131	-0.143	0.036	-0.131	-0.131	0.988	-1.012	0.178	0.178	-0.036	-0.036

附表 6.4　5 跨梁

编号	荷载简图	α 或 α₁							β 或 β₁									
		跨中弯矩			支座弯矩				支座剪力									
		M_1	M_2	M_3	M_B	M_C	M_D	M_E	V_A	V_B^l	V_B^r	V_C^l	V_C^r	V_D^l	V_D^r	V_E^l	V_E^r	V_F
1		0.078 1	0.033 1	0.046 2	−0.105	−0.079	−0.079	−0.105	0.394	−0.606	0.526	−0.474	0.500	−0.500	0.474	−0.526	0.606	−0.394
2		0.100	−0.046 1	0.085 5	−0.053	−0.040	−0.040	−0.053	0.447	−0.553	0.013	0.013	0.500	−0.500	−0.013	−0.013	0.553	−0.447
3		−0.026 3	0.078 7	−0.039 7	−0.053	−0.040	−0.040	−0.053	−0.053	−0.053	0.053	−0.487	0.000	0.000	0.487	−0.513	0.053	0.053
4		0.073	0.059*/0.078	—	−0.119	−0.022	−0.044	−0.051	0.380	−0.620	0.598	−0.402	−0.023	−0.023	0.493	−0.507	0.052	0.052
5		—**/0.098	0.055	0.064	−0.035	−0.111	−0.020	−0.057	−0.035	−0.035	0.424	−0.576	0.591	−0.409	−0.037	−0.037	0.557	−0.443
6		0.094	—	—	−0.067	0.018	−0.005	0.001	0.433	−0.567	0.085	0.085	−0.023	−0.023	0.006	0.006	−0.001	−0.001
7		—	0.074	—	−0.049	−0.054	0.014	−0.004	−0.049	−0.049	0.495	−0.505	0.068	0.068	−0.018	−0.018	0.004	0.004
8		—	—	0.072	0.013	−0.053	−0.053	0.013	0.013	0.013	−0.066	−0.066	0.500	−0.500	0.066	0.066	−0.013	−0.013
9		0.171	0.112	0.132	−0.158	−0.118	−0.118	−0.158	0.342	−0.658	0.540	−0.460	0.500	−0.500	0.460	−0.540	0.658	−0.342
10		0.211	0.181	0.191	−0.079	−0.059	−0.059	−0.079	0.421	−0.579	0.020	0.020	0.500	−0.500	−0.020	−0.020	0.579	−0.421
11		0.039	−0.069	−0.059	−0.079	−0.059	−0.059	−0.079	−0.079	−0.079	0.520	−0.480	0.000	0.000	0.480	−0.520	0.079	0.079
12		0.160	0.144	—	−0.179	−0.032	−0.066	−0.077	0.321	−0.679	0.647	−0.353	−0.034	−0.034	0.489	−0.511	0.077	0.077

续表

编号	荷载简图	α 或 α₁							β 或 β₁									
		跨中弯矩			支座弯矩				支座剪力									
		M_1	M_2	M_3	M_B	M_C	M_D	M_E	V_A	V_B^l	V_B^r	V_C^l	V_C^r	V_D^l	V_D^r	V_E^l	V_E^r	V_F
13		—	0.140	0.151	-0.052	-0.167	-0.031	-0.086	-0.052	-0.052	0.385	-0.615	0.637	-0.363	-0.056	-0.056	0.586	-0.414
14		0.200	—	—	-0.100	0.027	-0.007	0.002	0.400	-0.600	0.127	0.127	-0.034	-0.034	0.009	0.009	-0.002	-0.002
15		—	0.173	—	-0.073	-0.081	0.022	-0.005	-0.073	-0.073	0.493	-0.507	0.102	0.102	-0.027	-0.027	0.005	0.005
16		—	—	0.171	0.020	0.079	-0.079	0.020	0.020	0.020	-0.099	-0.099	0.500	-0.500	0.099	0.099	-0.020	-0.020
17		0.240	0.100	0.122	-0.281	-0.211	-0.211	-0.281	0.719	-1.281	1.070	-0.930	1.000	-1.000	0.930	-1.070	1.281	-0.719
18		0.287	-0.117	0.228	-0.140	-0.105	-0.105	-0.140	0.860	-1.140	0.035	0.035	1.000	-1.000	-0.035	-0.035	1.140	-0.860
19		-0.047	-0.216	-0.105	-0.140	-0.105	-0.105	-0.140	-0.140	-0.140	1.035	-0.965	0.000	0.000	0.965	-1.035	0.140	0.140
20		0.227	0.189	0.198	-0.319	-0.057	-0.118	-0.137	0.681	-1.319	1.262	-0.738	-0.061	-0.061	0.981	-1.019	0.137	0.137
21		—	0.172	0.198	-0.093	-0.297	-0.054	-0.153	0.821	-0.093	0.796	-1.204	1.243	-0.757	-0.099	-0.099	1.153	-0.847
22		0.274	—	—	-0.179	0.048	-0.013	0.003	-0.131	-1.179	0.227	0.227	-0.061	-0.061	0.016	0.016	-0.003	-0.003
23		—	0.198	—	0.131	-0.144	-0.038	-0.010	0.035	-0.131	0.987	-1.013	0.182	0.182	-0.048	-0.048	0.010	0.010
24		—	—	0.193	0.035	-0.140	-0.140	0.035	0.035	0.035	-0.175	-0.175	1.000	-1.000	0.175	0.175	-0.035	-0.035

注:* 分子及分母分别为 M_2 及 M_4 的 α_1 值。
** 分子及分母分别为 M_1 及 M_5 的 α_1 值。

附录7 双向板计算系数表

一、符号说明

$M_x, M'_{x,\max}$——平行于 l_x 方向中心点弯矩和板跨内的最大弯矩;

$M_y, M'_{y,\max}$——平行于 l_y 方向中心点弯矩和板跨内的最大弯矩;

M_x^0——固定边中点沿方向的弯矩;

M_y^0——固定边中点沿方向的弯矩;

M_{0x}——平行于 l_x 方向自由边的中点弯矩;

M_{0x}^0——平行于 l_x 方向自由边上固定端的支座弯矩。

代表固定边　　　　　　代表简支边　　　　　　代表自由边

二、计算公式

$$弯矩 = 表中系数 \times pl_x^2$$

式中　p——作用在双向板上的均布荷载,kN/m^2;

　　　l_x——板跨,见表中插图所示。

表内弯矩系数均为单位板宽的弯矩系数。

表中系数为泊松比 $\nu = 1/6$ 时求得的,适用于钢筋混凝土板。

表中系数是根据《建筑结构静力计算手册》中 $\nu = 0$ 的弯矩系数表,通过换算公式 $M_x^{(\nu)} = M_x^{(0)} + \nu M_y^{(0)}$ 及 $M_y^{(\nu)} = M_y^{(0)} + \nu M_x^{(0)}$ 得出的。表中 $M_{x,\max}$ 及 $M_{y,\max}$ 也按上列换算公式求得,但由于板内两个方向的跨内最大弯矩一般不在同一点,因此由上式求得的 $M_{x,\max}$ 及 $M_{y,\max}$ 仅为比实际弯矩偏大的近似值。

附表7.1　弯矩系数表

边界条件	(1)四边简支		(2)三边简支、一边固定								
l_x/l_y	M_x	M_y	M_x	$M_{x,\max}$	M_y	$M_{y,\max}$	M_y^0	M_x	$M_{x,\max}$	M_y	$M_{y,\max}$	M_x^0
0.50	0.099 4	0.033 5	0.091 4	0.093 0	0.035 2	0.039 7	−0.121 5	0.059 3	0.065 7	0.015 7	0.017 1	−0.121 2
0.55	0.092 7	0.035 9	0.083 2	0.084 6	0.037 1	0.040 5	−0.119 3	0.057 7	0.063 3	0.017 5	0.019 0	−0.118 7
0.60	0.086 0	0.037 9	0.075 2	0.076 5	0.038 6	0.040 9	−0.116 6	0.055 6	0.060 8	0.019 4	0.020 9	−0.115 8
0.65	0.079 5	0.039 6	0.067 6	0.068 8	0.039 6	0.041 2	−0.113 3	0.053 4	0.058 1	0.021 2	0.022 6	−0.112 4

续表

l_x/l_y	M_x	M_y	M_x	$M_{x,616}$	M_y	$M_{y,max}$	M_x^0	M_x	$M_{x,max}$	M_y	$M_{y,max}$	M_x^0
0.70	0.073 2	0.041 0	0.060 4	0.061 6	0.040 0	0.041 7	-0.109 6	0.051 0	0.055 5	0.022 9	0.024 2	-0.108 7
0.75	0.067 3	0.042 0	0.053 8	0.054 9	0.040 0	0.041 7	-0.105 6	0.048 5	0.052 5	0.024 4	0.025 7	-0.104 8
0.80	0.061 7	0.042 8	0.047 8	0.049 0	0.039 7	0.041 5	-0.101 4	0.045 9	0.049 5	0.025 8	0.027 0	-0.100 7
0.85	0.056 4	0.043 2	0.042 5	0.043 6	0.039 1	0.041 0	-0.097 0	0.043 4	0.046 6	0.027 1	0.028 3	-0.096 5
0.90	0.051 6	0.043 4	0.037 7	0.038 8	0.038 2	0.040 2	-0.092 6	0.040 9	0.043 8	0.028 1	0.029 3	-0.092 2
0.95	0.047 1	0.043 2	0.033 4	0.034 5	0.037 1	0.039 3	-0.088 2	0.038 4	0.040 9	0.029 0	0.030 1	-0.088 0
1.00	0.042 9	0.042 9	0.029 6	0.030 6	0.036 0	0.038 8	-0.083 9	0.036 0	0.038 8	0.029 6	0.030 6	-0.083 9

边界条件	（3）两对边简支、两对边固定						（4）两邻边简支、两邻边固定					

l_x/l_y	M_x	M_y	M_y^0	M_x	M_y	M_x^0	M_x	$M_{x,max}$	M_y	$M_{y,max}$	M_x^0	M_y^0
0.50	0.083 7	0.036 7	-0.119 1	0.041 9	0.008 6	-0.084 3	0.057 2	0.058 4	0.017 2	0.022 9	-0.117 9	-0.078 6
0.55	0.074 3	0.038 3	-0.115 6	0.041 5	0.009 6	-0.084 0	0.054 6	0.055 6	0.019 2	0.024 1	-0.114 0	-0.078 5
0.60	0.065 3	0.039 3	-0.111 4	0.040 9	0.010 9	-0.083 4	0.051 8	0.052 6	0.021 2	0.025 2	-0.109 5	-0.078 2
0.65	0.056 9	0.039 4	-0.106 6	0.040 2	0.012 2	-0.082 6	0.048 6	0.049 6	0.022 8	0.026 1	-0.104 5	-0.077 7
0.70	0.049 4	0.039 2	-0.101 3	0.039 1	0.013 5	-0.081 4	0.045 5	0.046 5	0.024 3	0.026 7	-0.099 2	-0.077 0
0.75	0.042 8	0.038 3	-0.095 9	0.038 1	0.014 9	-0.079 9	0.042 2	0.043 0	0.025 4	0.027 2	-0.093 8	-0.076 0
0.80	0.036 9	0.037 2	-0.090 4	0.036 8	0.016 2	-0.078 2	0.039 0	0.039 7	0.026 3	0.027 8	-0.088 3	-0.074 8
0.85	0.031 8	0.035 8	-0.085 0	0.035 5	0.017 4	-0.076 3	0.035 8	0.036 6	0.026 9	0.028 4	-0.082 9	-0.073 3
0.90	0.027 5	0.034 3	-0.076 7	0.034 1	0.018 6	-0.074 3	0.032 8	0.033 7	0.027 3	0.028 8	-0.077 6	-0.071 6
0.95	0.023 8	0.032 8	-0.074 6	0.032 6	0.019 6	-0.072 1	0.029 9	0.030 8	0.027 3	0.028 9	-0.072 6	-0.069 8
1.00	0.020 6	0.031 1	-0.069 8	0.031 1	0.020 6	-0.069 8	0.027 3	0.028 1	0.027 3	0.028 9	-0.067 7	-0.067 7

边界条件	（5）一边简支、三边固定					

l_x/l_y	M_x	$M_{x,max}$	M_y	$M_{y,max}$	M_x^0	M_y^0
0.50	0.041 3	0.042 4	0.009 6	0.015 7	-0.083 6	-0.056 9
0.55	0.040 5	0.041 5	0.010 8	0.016 0	-0.082 7	-0.057 0
0.60	0.039 4	0.040 4	0.012 3	0.016 9	-0.081 4	-0.057 1
0.65	0.038 1	0.039 0	0.013 7	0.017 8	-0.079 6	-0.057 2
0.70	0.036 6	0.037 5	0.015 1	0.018 6	-0.077 4	-0.057 2
0.75	0.034 9	0.035 8	0.016 4	0.019 3	-0.075 0	-0.057 2
0.80	0.033 1	0.033 9	0.017 6	0.019 9	-0.072 2	-0.057 0
0.85	0.031 2	0.031 9	0.018 6	0.020 4	-0.069 3	-0.056 7
0.90	0.029 5	0.030 0	0.020 1	0.020 9	-0.066 3	-0.056 3
0.95	0.027 4	0.028 1	0.020 4	0.021 4	-0.063 1	-0.055 8
1.00	0.025 5	0.026 1	0.020 6	0.021 9	-0.060 0	-0.050 0

续表

边界条件	(6)一边简支、三边固定					(7)四边固定				

l_x/l_y	M_x	$M_{x,max}$	M_y	$M_{y,max}$	M_y^0	M_x^0	M_x	M_y	M_x^0	M_y^0
0.50	0.055 1	0.060 5	0.018 8	0.020 1	−0.078 4	−0.114 6	0.040 6	0.010 5	−0.082 9	−0.057 0
0.55	0.051 7	0.056 3	0.021 0	0.022 3	−0.078 0	−0.109 3	0.039 4	0.012 0	−0.081 4	−0.057 1
0.60	0.048 0	0.052 0	0.022 9	0.024 2	−0.077 3	−0.103 3	0.038 0	0.013 7	−0.079 3	−0.057 1
0.65	0.044 1	0.047 6	0.024 4	0.025 6	−0.076 2	−0.097 0	0.036 1	0.015 2	−0.076 6	−0.057 1
0.70	0.040 2	0.043 3	0.025 6	0.026 7	−0.074 8	−0.090 3	0.034 0	0.016 7	−0.073 5	−0.056 9
0.75	0.036 4	0.039 0	0.026 3	0.027 3	−0.072 9	−0.083 7	0.031 8	0.017 9	−0.070 1	−0.056 5
0.80	0.032 7	0.034 8	0.026 7	0.027 6	−0.070 7	−0.077 2	0.029 5	0.018 9	−0.066 4	−0.055 9
0.85	0.029 3	0.031 2	0.026 8	0.027 7	−0.068 3	−0.071 1	0.027 2	0.019 7	−0.062 6	−0.055 1
0.90	0.026 1	0.027 7	0.026 5	0.027 3	−0.065 6	−0.065 3	0.024 9	0.020 2	−0.058 8	−0.054 1
0.95	0.023 2	0.024 6	0.026 1	0.026 9	−0.062 9	−0.059 9	0.022 7	0.020 5	−0.055 0	−0.052 8
1.00	0.020 6	0.021 9	0.025 5	0.026 1	−0.060 0	−0.055 0	0.020 5	0.020 5	−0.051 3	−0.051 3

边界条件	(8)三边固定、一边自由											

l_x/l_y	M_x	M_y	M_x^0	M_y^0	M_{0x}	M_{0x}^0	l_x/l_y	M_x	M_y	M_x^0	M_y^0	M_{0x}	M_{0x}^0
0.30	0.001 8	−0.003 9	−0.013 5	−0.034 4	0.006 8	−0.034 5	0.85	0.026 2	0.012 5	−0.055 8	−0.056 2	0.040 9	−0.065 1
0.35	0.003 9	−0.002 6	−0.017 9	−0.040 6	0.011 2	−0.043 2	0.90	0.027 7	0.012 9	−0.061 5	−0.056 3	0.041 7	−0.064 4
0.40	0.006 3	−0.000 8	−0.022 7	−0.045 4	0.016 0	−0.050 6	0.95	0.029 1	0.013 2	−0.063 9	−0.056 4	0.042 2	−0.063 8
0.45	0.009 0	0.001 4	−0.027 5	−0.048 9	0.020 7	−0.056 4	1.00	0.030 4	0.013 3	−0.066 2	−0.056 5	0.042 7	−0.063 2
0.50	0.011 6	0.003 4	−0.032 2	−0.051 3	0.025 0	−0.060 7	1.10	0.032 7	0.013 3	−0.070 1	−0.056 6	0.043 1	−0.062 3
0.55	0.014 2	0.005 4	−0.036 8	−0.053 0	0.028 8	−0.063 5	1.20	0.034 5	0.013 0	−0.073 2	−0.056 7	0.043 3	−0.061 7
0.60	0.016 6	0.007 2	−0.041 2	−0.054 1	0.032 0	−0.065 2	1.30	0.036 8	0.012 5	−0.075 8	−0.056 8	0.043 4	−0.061 4
0.65	0.018 8	0.008 7	−0.045 3	−0.054 8	0.034 7	−0.066 1	1.40	0.038 0	0.011 9	−0.077 8	−0.056 8	0.043 3	−0.061 4
0.70	0.020 9	0.010 0	−0.049 0	−0.055 3	0.036 6	−0.066 3	1.50	0.039 0	0.011 3	−0.079 4	−0.056 9	0.043 3	−0.061 6
0.75	0.022 8	0.011 1	−0.052 6	−0.055 7	0.038 5	−0.066 1	1.75	0.040 5	0.009 9	−0.081 9	−0.056 9	0.043 1	−0.062 5
0.80	0.024 6	0.011 9	−0.055 8	−0.056 0	0.039 9	−0.066 5	2.00	0.041 3	0.008 7	−0.083 2	−0.056 9	0.043 1	−0.063 7

附录8 钢筋的公称直径、公称截面面积及理论质量

附表8.1 钢筋的公称直径、公称截面面积及理论质量

公称直径 /mm	不同根数钢筋的公称截面面积/mm²									根钢筋理论质量/(kg·m⁻¹)
	1	2	3	4	5	6	7	8	9	
6	28.3	57	85	113	142	170	198	226	255	0.222
8	50.3	101	151	201	252	302	352	402	453	0.395
10	78.5	157	236	314	393	471	550	628	707	0.617
12	113.1	226	339	452	565	678	791	904	1 017	0.888
14	153.9	308	461	615	769	923	1 077	1 231	1 385	1.21
16	201.1	402	603	804	1 005	1 206	1 407	1 608	1 809	1.58
18	254.5	509	763	1 017	1 272	1 527	1 781	2 036	2 290	2.00(2.11)
20	314.2	628	942	1 256	1 570	1 884	2 199	2 513	2 827	2.47
22	380.1	760	1 140	1 520	1 900	2 281	2 661	3 041	3 421	2.98
25	490.9	982	1 473	1 964	2 454	2 945	3 436	3 927	4 418	3.85(4.10)
28	615.8	1 232	1 847	2 463	3 079	3 695	4 310	4 926	5 542	4.83
32	804.2	1 609	2 413	3 217	4 021	4 826	5 630	6 434	7 238	6.31(6.65)
36	1 017.9	2 036	3 054	4 072	5 089	6 107	7 125	8 143	9 161	7.99
40	1 256.6	2 513	3 770	5 027	6 283	7 540	8 796	10 053	11 310	9.87(10.34)
50	1 963.5	3 928	5 892	7 856	9 820	11 784	13 748	15712	17 676	15.42(16.28)

注:①括号内为预应力螺纹钢筋的数值。

附表8.2 钢绞线公称直径、公称截面面积及理论质量

种 类	公称直径/mm	公称截面面积/mm²	理论质量/(kg·m⁻¹)
1×3	8.6	37.7	0.296
	10.8	58.9	0.462
	12.9	84.8	0.666

种　类	公称直径/mm	公称截面面积/mm²	理论质量/(kg·m⁻¹)
1×7 标准型	9.5	54.8	0.430
	12.7	98.7	0.775
	15.2	140	1.101
	17.8	191	1.500
	21.6	285	2.237

附表 8.3　钢丝的公称直径、公称截面面积及理论质量

公称直径/mm	公称截面面积/mm²	单根钢筋公称质量/(kg·m⁻¹)
5.0	19.63	0.154
7.0	38.48	0.302
9.0	63.62	0.499

附表 8.4　每米板宽各种钢筋间距时的钢筋截面面积

钢筋间距/mm	钢筋直径(mm)为下列数值时的钢筋截面面积/mm²															
	6	6/8	8	8/10	10	10/12	12	12/14	14	14/16	16	16/18	18	20	22	25
70	404	561	718	920	1 122	1 369	1 616	1 907	2 199	2 536	2 872	3 254	3 635	4 488	5 430	7 012
75	377	524	670	859	1 047	1 278	1 508	1 780	2 053	2 367	2 681	3 037	3 393	4 189	5 068	6 545
80	353	491	628	805	982	1 198	1 414	1 669	1 924	2 218	2 513	2 847	3 181	3 927	4 752	6 136
85	333	462	591	758	924	1 127	1 331	1 571	1 811	2 088	2 365	2 680	2 994	3 696	4 472	5 775
90	314	436	559	716	873	1 065	1 257	1 484	1 710	1 972	2 234	2 531	2 827	3 491	4 224	5 454
95	298	413	529	678	817	1 009	1 190	1 405	1 620	1 968	2 116	2 398	2 679	3 307	4 001	5 167
100	383	393	503	644	785	958	1 131	1 335	1 539	1 775	2 011	2 278	2 545	3 142	3 801	4 909
110	257	357	457	585	714	871	1 028	1 214	1 399	1 614	1 828	2 071	2 313	2 856	3 456	4 462
120	236	327	419	537	654	798	942	1 113	1 283	1 480	1 676	1 899	2 121	2 618	3 168	4 091
125	226	314	402	515	628	767	905	1 068	1 232	1 420	1 608	1 822	2 036	2 513	3 041	3 927
130	217	302	387	495	604	737	870	1 027	1 184	1 366	1 547	1 752	1 957	2 417	2 924	3 776
140	202	280	359	460	561	684	808	954	1 100	1 268	1 436	1 627	1 818	2 244	2 715	3 506
150	188	262	335	429	524	639	754	890	1 026	1 183	1 340	1 518	1 696	2 094	2 534	3 272
160	177	245	314	403	491	599	707	834	962	1 110	1 257	1 424	1 590	1 963	2 376	3 068

续表

钢筋间距 /mm	钢筋直径(mm)为下列数值时的钢筋截面面积/mm²														
	6	6/8	8	8/10	10	10/12	12	12/14	14	14/16	16	16/18	18	20	22	25
170	166	231	296	379	462	564	665	785	906	1 044	1 183	1 340	1 497	1 848	2 236	2 887
180	157	218	279	358	436	532	628	742	855	985	1 117	1 266	1 414	1 745	2 112	2 727
190	149	207	265	339	413	504	595	703	810	934	1 058	1 199	1 339	1 653	2 001	2 584
200	141	196	251	322	393	479	565	668	770	888	1 005	1 139	1 272	1 571	1 901	2 454
220	129	178	228	293	357	436	514	607	700	807	914	1 036	1 157	1 428	1 728	2 231
240	118	164	209	268	327	399	471	556	641	740	838	949	1 060	1 309	1 584	2 045
250	113	157	201	258	314	383	452	534	616	710	804	911	1 018	1 257	1 521	1 963
260	109	151	193	248	302	369	435	514	592	682	773	858	979	1 208	1 462	1 888
280	101	140	180	230	280	342	404	477	550	634	718	814	909	1 122	1 358	1 753
300	94	131	168	215	262	319	377	445	513	592	670	759	848	1 047	1 267	1 636
320	88	123	157	201	245	299	353	417	481	554	630	713	795	982	1 188	1 534
330	86	119	152	195	238	290	343	405	466	538	609	690	771	952	1 152	1 487

注：表中钢筋直径有写成分式者如6/8，系指φ6，φ8钢筋间隔配置。

附表8.5　钢筋排成一行时梁的最小宽度

钢筋直径 d/mm	3 根	4 根	5 根	6 根	7 根
12	180/150	200/180	250/220		
14	180/150	200/180	250/220	300/300	
16	180/180	220/200	300/250	350/300	400/350
18	180/180	250/220	300/300	350/300	400/350
20	200/180	250/220	300/300	350/350	400/400
22	200/180	250/250	350/300	400/350	450/400
25	220/200	300/250	350/300	450/350	500/400
28	250/220	350/300	400/350	450/400	550/450
32	300/250	350/300	450/400	550/450	

注：斜线以左数值用于梁的上部，斜线以右数值用于梁的下部。

附录9　各种荷载化成具有相同支座弯矩的等效均布荷载表

附表9.1　等效均布荷载表

编号	实际荷载简图	支座弯矩等效均布荷载 p_E	编号	实际荷载简图	支座弯矩等效均布荷载 p_E
1		$\dfrac{3}{2}\dfrac{p}{l_0}$	7	$\dfrac{a}{l_0}=\alpha$	$\dfrac{\alpha(3-\alpha^2)}{2}p$
2		$\dfrac{8}{3}\dfrac{p}{l_0}$	8		$\dfrac{14}{27}p$
3		$\dfrac{n^2-1}{n}\dfrac{p}{l_0}$	9		$\dfrac{2(2+\beta)\alpha^2}{l_0^2}p$
4		$\dfrac{9}{4}\dfrac{p}{l_0}$	10		$\dfrac{5}{8}p$
5		$\dfrac{2n^2+1}{2n}\dfrac{p}{l_0}$	11	$\dfrac{a}{l_0}=\alpha$	$(1-2\alpha^2+\alpha^3)p$
6		$\dfrac{11}{16}p$	12	$\dfrac{a}{l_0}=\alpha$	$\dfrac{\alpha}{4}\left(3-\dfrac{\alpha_2}{2}\right)p$
			13		$\dfrac{17}{32}p$

注:对连续梁来说支座弯矩按下式确定:$M_c=\alpha p_E l_0^2$,式中,p_E 为等效均布荷载值;α 相当于附录9表中均布荷载系数。

参考文献

[1] 中华人民共和国住房和城乡建设部. 混凝土结构设计规范:GB 50010—2010[S].2015 年版.北京:中国建筑工业出版社,2016.

[2] 中华人民共和国住房和城乡建设部. 工程结构可靠性设计统一标准:GB 50153—2008[S].北京:中国建筑工业出版社,2009.

[3] 中华人民共和国住房和城乡建设部. 建筑结构荷载规范:GB 50009—2012[S].北京:中国建筑工业出版社,2012.

[4] 中华人民共和国住房和城乡建设部. 建筑结构可靠性设计统一标准:GB 50068—2018[S].北京:中国建筑工业出版社,2019.

[5] 中华人民共和国住房和城乡建设部.混凝土结构通用规范:GB 55008—2021[S].北京:中国建筑工业出版社,2022.

[6] 中华人民共和国住房和城乡建设部.工程结构通用规范:GB 55001—2021[S].北京:中国建筑工业出版社,2021.

[7] 东南大学,天津大学,同济大学.混凝土结构上册 混凝土结构设计原理[M].5 版.北京:中国建筑工业出版社,2012.

[8] 沈蒲生.混凝土结构设计原理[M].5 版.北京:高等教育出版社,2020.

[9] 哈尔滨工业大学,大连理工大学,北京建筑大学,等.混凝土及砌体结构:上册[M].2 版.北京:中国建筑工业出版社,2014.

[10] 朱玉华,赵昕.混凝土结构疑难释义及解题指导[M].上海:同济大学出版社,2006.

[11] 王社良,熊仲明,等.混凝土结构设计原理题库及题解[M].北京:中国水利水电出版社,2004.

[12] 东南大学,天津大学,同济大学.混凝土结构学习辅导与习题精解[M].北京:中国建筑工业出版社,2006.

[13] 江见鲸.混凝土结构工程学[M].北京:中国建筑工业出版社,1998.

[14] 王铁梦.工程结构裂缝控制[M].2 版.北京:中国建筑工业出版社,2017.

[15] 熊学玉.预应力混凝土结构原理与设计[M].北京:中国建筑工业出版社,2018.